浙江省普通本科高校“十四五”重点立项建设教材

CLINICAL AUDIOLOGY

临床听力学

主　　编 ◎胡旭君

编　　委 ◎（按姓氏拼音排序）

曹　宇　陈　源　傅鑫萍　高珊仙
管锐瑞　郭浩伟　胡迪菲　刘国益
刘天翊　孙　进　汪　玮　王尚齐郭
谢林怡　熊　芬　徐　飞　于　澜

编写秘书 ◎胡迪菲

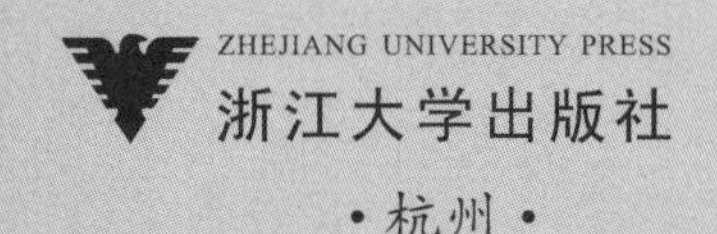

ZHEJIANG UNIVERSITY PRESS

浙江大学出版社

·杭州·

图书在版编目（CIP）数据

临床听力学 / 胡旭君主编. -- 杭州 : 浙江大学出版社，2024.3（2024.9重印）
ISBN 978-7-308-24460-2

Ⅰ. ①临… Ⅱ. ①胡… Ⅲ. ①听力 Ⅳ. ①Q437

中国国家版本馆CIP数据核字(2023)第238635号

临床听力学
LINCHUANG TINGLIXUE
胡旭君 主编

策划编辑 汪荣丽
责任编辑 秦 瑕
责任校对 徐 霞
封面设计 春天书装
出版发行 浙江大学出版社
（杭州市天目山路148号 邮政编码 310007）
（网址：http：//www.zjupress.com）
排 版 杭州林智广告有限公司
印 刷 杭州宏雅印刷有限公司
开 本 787mm×1092mm 1/16
印 张 22.75
字 数 539千
版 印 次 2024年3月第1版 2024年9月第2次印刷
书 号 ISBN 978-7-308-24460-2
定 价 79.00元

前　言

我国听力残疾人较多，但在听力损失的筛查、诊断、治疗、干预方面，我们仍缺乏健全的组织和体系，且我国的听力专业人员数量也远不能满足听力损失人群的需求。我国高校自1999年开始培养听力学人才，2001年开设听力学高等教育本科专业，至今已有10多所高等院校培养听力与言语康复专业人才。尽管发展不慢，但面对庞大的听力残疾人口，听力专业人员数量仍存在巨大缺口，且可供听力与言语康复专业学生学习和实践的教材也存在缺口。

党的二十大报告提出，统筹职业教育、高等教育、继续教育协同创新，推进职普融通、产教融合、科教融汇，优化职业教育类型定位。本书从临床听力师的角度，介绍其在临床上所需的知识和技能，结合科学研究的新进展和临床实际病例，为听力与言语康复学专业学生夯实基础。

本书内容分为三个篇章。第一篇章是听力学基础知识，简单介绍听力学需掌握的基础知识如声学和耳部解剖；第二篇章是临床检查及应用，介绍各种检查项目在临床中的应用；第三篇章是特殊类型障碍人群，对常见影响听力与平衡问题的疾病进行系统性介绍，并应用各项检查项目，结合疾病症状特点和检查结果进行分析。本书对每个内容都涵盖其相关的解剖知识与生理基础、案例分析与操作指导，案例为各位编者在临床中遇到的真实案例，对其进行分析和点评，以加深读者对知识点的理解与应用。本书从临床听力师角度出发，介绍听力师在临床工作中的实用知识以及处在研究阶段或发展中的知识点。

本书由浙江中医药大学胡旭君主编，编写各个章节的作者在临床听力工作中有着丰富的经验和扎实的基础。具体章节编写情况如下：其中第一章由胡旭君、于澜（耳科学基础）编写，第二章由胡旭君、于澜（病史询问与记录、耳科查体、紧急情况的处理建议）编写。第三、四、五章由郭浩伟编写；第六章由陈源编写；第七章由汪玮编写；第八章由曹宇编写；第九章由傅鑫萍、谢林怡编写；第十章由熊芬编写；第十一章由谢林怡编写；第十二章由刘天翊编写；第十三章由管锐瑞、汪玮编写；第十四章由刘国益（助听器简介与现代助听器验配，现代听力康复中的咨询理念），胡旭君（耳蜗组成及工作原理，人工耳蜗植入标准，影响耳蜗植入效果的因素，耳蜗近几年的研究关注点），胡迪菲（耳蜗组成及工作原理，人工耳蜗植入标准），高珊仙（中耳植入，脑干植入），孙进（听觉言语康复训练），郭浩伟（人工耳蜗案例分析）编写。第三篇由汪玮（耳硬化症），曹宇（年龄相关性听力损失，非器质性耳聋），管锐瑞（突发性耳聋，听神经病），胡旭君（药物性聋，听神经病，中枢听觉处理障碍），傅鑫萍（噪声性听力损失，梅尼埃病），孙进（大前庭水管综合征），胡迪菲（听神经病，中枢听觉处理障碍），徐飞（耳鸣，综合征性听力损失），郭浩伟（新生儿听力筛查），于澜（遗传性听力损失），王尚齐郭（认知与听觉言语理解：认知测试在临床听力学中的意义）编写。在此特别感谢刘志全博士、刘天翊对文稿的修订，感谢胡迪菲对全书的校对、整理。感谢各位作者在本书编写过程中的群策群力。

真心希望《临床听力学》的出版对听力学在我国的发展有所裨益，有助于培养心中有仁爱、学术知识扎实、技术本领过硬的人民听力健康守护者。学科在不停发展，书中难免存在不足，期盼同行批评指正，共建听力学良好的学习沟通平台。

目录 CONTENTS

第一篇　听力学基础知识

第二篇　听力相关临床检查及应用

第一篇

听力学基础知识

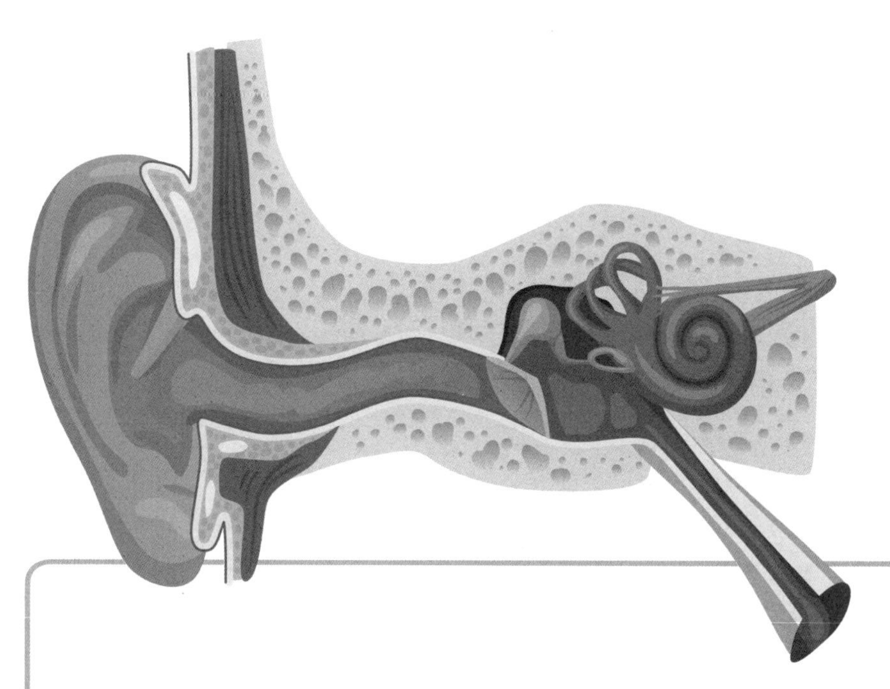

听力学是一个跨越多个领域的综合学科。为了帮助听力师在临床工作中更好地分析检查结果，实现主客观相互验证，本书加入了听力学基础知识相关内容。此部分内容包括声学基础理论和耳科学知识，是后续知识的基础，针对性强，便于理解。

临　床　听　力　学

第一章　基础知识

第一节　听觉声学基础

什么是声音？在物理意义上，声音是通过某种弹性介质传播引起的粒子扰动。例如，当敲击鼓时，鼓皮向前向后振动，空气粒了受到扰动，产生一种在空间中传播的波浪（声波），媒体粒子协助声波的传播，而后恢复到原来的状态，当耳朵接收到声波时，我们就会听到鼓声。声波的弹性媒体，除空气外，还有水和金属。而在真空中，没有粒子，声音则无法传播。在心理声学（pyschoacoustics）意义上的声音，是指人类感知到的各种声音。更具体地说，感知声音（包括噪声、语音和音乐）涉及相关的心理反应，例如音调和响度。因此，心理声学是对声音感知和听力学的科学研究，包括我们听到的语音、音乐和其他声音频率。

一、声波的基本特性（物理特性及声学单位）

1. 简谐运动（simple harmonic motion）

声波传播靠介质中的一系列压缩（compressions）和稀疏（rarefactions）的重复向前移动。当声波穿过空间中的某个点时，该处的空气压力会升高（空气压缩时）和降低（空气稀疏时），这种基本的气压变化，便可由正弦波表示。声学（acoustics）就是与声音的产生、控制、传输、接收和响应有关的科学。声音的物理特性为频率、声强和波长。

2. 频率

声音的频率是指其每秒的周期（循环）数。

3. 纯音

一般称声波最简单的气压简谐运动为纯音，即声波的所有能量都以正弦波的一个频率传播，而一个纯音周期是由空气中粒子的一次压缩和一次稀疏（扩散）组成的。频率单位是赫兹（Hz）。频率越高，每秒的波数就越多。人耳的听觉带宽为 20 ～ 20000 Hz。

4. 复杂声音

复杂声音由多个不同正弦波频率的纯音组成。我们日常生活中的大多数声音，本质上都是复杂声音，例如语音、噪声、音乐等。

5. 基频（fundamental frequency，F0）

基频是指复杂声音中的最低频率和能量最大的频率。以语音为例，一般成年男性在谈话时声音的基频为80 ～ 180 Hz，而成年女性的基频在165 ～ 255 Hz。除了基频，我们还对基频倍数的频率感兴趣，称之为谐波（octave）。谐波所包含的能量小于基频和其前面的谐波。例如基频是100 Hz，第四谐波就是400 Hz，而第四谐波的能量小于第三、第二谐波。

6. 波长

波长指声波在一个振动周期内所传播的距离。因此，低频声音的波长较长，高频声音的波长较短。高频一般与高音（明亮的声音）相联系，低频则与低音（柔和的声音）相联系。

7. 粒子速度

粒子速度指媒体中的粒子在声波作用下偏离其随机运动的速度，单位为m/s。粒子速度与声速不同，声速可定义为声波在空气中传播的速度，约为340 m/s。

8. 声压（sound pressure）

声压是由声音引起的空气压力的平均变化，单位是帕斯卡Pascal（Pa）或N/m^2，即每平方米所承受的压力。

9. 声强（sound intensity）

声强是声波流过指定区域的能量。单位为瓦特每平方米（W/m^2）。

10. 声压级（sound pressure level，SPL）

声压级是声音的压力级，以分贝（decibel，dB）为测量单位，分贝是以对数计算的。声压级用声压计度量，当声音通过声压计的传感器时，声压计会将声强值转换为电信息来评估声压值，并显示以分贝为单位的测量值。一般的声压计可以显示20 ～ 140 dB SPL的声压级范围，也有更宽的声压级范围，亦有长时间或按设定时间进行测量的设置——这在测量环境噪声时特别有用。正常耳朵可以检测到从0到140 dB SPL的声压级范围。噪声测量也可显示“瞬时”声压级、“最大”声压级和“峰值”声压级。

二、听力测试中常用的声音信号

声音强度除了用声压计客观地测量，还可用感觉上的主观衡量。声音的响度（loudness）是听力测试中常用的测量指标。听力是一种心理声学特性，代表人类对各种声音强度、类型的感知。

在听力测试中，在不同的测试仪器会采用不同类型的声音信号。听力计给出经过校准的纯音、窄带噪声和白噪声；声导抗设备给出特定频率或宽频音的探测音；脑干诱发电位测试给出的短声/短音等。几乎所有的设备都是通过所给声音来观察相关反应。因此我们要了解测试的目的和设备的工作原理，以选择给什么样的声音。比如，纯音测试时要考虑从哪个频率和多少强度的声音开始；鼓室图测试要考虑选择低频还是高频的探测音；脑干诱发电位是选择没有频率特异性的短声，还是有频率特异性的短纯音/短音。除此之外，在调试助听器或人工耳蜗时也要仔细调整声音的三个基本参数。

测试人耳的听力，所用的声音信号有以下特性需要考虑。

1. 纯音频率

用听力计测试听力，刺激声音通常是纯音，频率从125 Hz到12000 Hz，人类语音就在这个范围。常用测试听力的频率为倍频或谐频，包括250、500、1000、2000、4000、8000 Hz。

2. 听阈（hearing threshold，HL）

听阈是人的耳朵可以听到声音的最低声级。我们的耳朵对声音的频率没有平坦的敏感度，对中频（500 ～ 2000 Hz）比对其他频率更敏感。正常人的听力在1000 Hz时的平均听力阈值为7 dB SPL，但在近50 dB SPL声压级处才能听到125 Hz的声音。这些在每个频率以dB SPL为单位的正常听力级别，在听力图都以0 dB HL（听力零）代表。听力图是反映纯音听力测试结果的图表，显示不同频率的声音需要多响才能让测试者听到。例如当一个人只能听到30 dB HL的1000 Hz纯音时，他的1000 Hz纯音阈值就是30 dB HL，这意味着此时他听到的声音强度要比听力正常人相同感受的声音强度要高30 dB。

3. 感觉水平（sensation level，SL）

感觉水平是声音强度超过受测者的听阈的值。例如，受测者在某个频率的听阈是30 dB HL，若给其该频率50 dB HL的声音，声音的感觉水平就是20 dB SL。

在听力测试中，有时我们可能需要用噪声遮蔽一只耳朵，以便只有另一只耳朵能听到声音刺激，所用的掩蔽噪声有白噪声、宽带噪声、窄带噪声和语音噪声。

1. 白噪声（white noise）

白噪声是将所有人可以听到的不同频率的声音组合起来的噪声。

2. 宽带噪声（broadband / wideband noise）

宽带噪声是具有连续频谱的噪声，即能量存在于很宽的频率范围内，例如电器中的噪声。

3. 窄带噪声（narrowband noise）

窄带噪声的能量分布在相对较小的可听范围，例如嘶嘶声或齿音。

4. 言语噪声（speech noise）

言语噪声匹配人类语音的频谱，频谱可绘制出每个频率的声音强度。

常用于脑干诱发电位反应的刺激声音包括短声、短纯音（短音）和线性调频脉冲。

1. 短声（clicks）

短声又称咔嗒声，突然开始，持续时间短，并且具有广泛的频谱。宽频谱旨在唤起沿耳蜗分区的众多神经纤维的反应。通常听性脑干反应测试用短声来评估高频听力。

2. 短音（tone pips/tone bursts）

短音是指持续在较短时间、突发的单一频率声音，用于在不同频率范围内引起脑干反应。

3. 线性调频脉冲（chirp）

chirp是效率随着时间而改变的信号，可用于补偿与耳蜗延迟相关的时间分散。

第二节 耳科学基础

一、外耳对声音的放大功能

低等动物的耳郭呈喇叭状，竖耳肌发达，可探测声源。相较于人类，猫、狗、鼠等动物能感受更高频率的声波（20 kHz ～ 40 kHz）。人类的竖耳肌已经退化，但仍有一定作用。传到外耳的声源方向与头的矢状位方向呈45°角时，外耳的传音效能最大。耳郭边缘可使声压在3 kHz ～ 6 kHz增加约3 dB。耳甲腔的共振作用使4 kHz ～ 5 kHz的声音增加10 dB。根据物理学原理，一端封闭的管子对波长比其长4倍的声波能够产生共振作用。外耳道长约2.5 cm，其共振频率约在3 kHz。乳突根治术后，共振频率会发生改变。耳甲腔对5300 Hz的声音放大5 ～ 9 dB（韩东一 等，2008）。

二、中耳的结构及功能

听骨包括锤骨、砧骨和镫骨。中耳肌肉主要为鼓膜张肌和镫骨肌。中耳部分的重要神经为鼓室神经丛和鼓索神经。中耳韧带包括锤骨上韧带、锤骨前韧带、锤骨外侧韧带、砧骨上韧带、砧骨后韧带和镫骨底环韧带。

中耳的阻抗匹配功能：鼓膜与镫骨底板面积比增益17倍（25 dB），锤骨柄与砧骨杠杆增益1.3倍（2.3 dB），弧形鼓膜变形机制增益2倍（6 dB）。

三、耳蜗的结构及功能

骨螺旋板是从蜗轴伸出至螺旋形管道的骨片，会随管道呈螺旋形盘旋，其游离缘与螺旋管外侧壁之间为一富有纤维的膜性结构，称基底膜。前庭膜和基底膜将耳蜗分为前庭阶、鼓阶和中阶，中阶的上边为前庭膜，下边为基底膜，外侧壁为血管纹。中阶为一膜性管状结构，称为蜗管。前庭阶向蜗底止于前庭窗，鼓阶向蜗底止于蜗窗，二者在耳蜗顶部经蜗孔相通。Corti器坐落在基底膜上，基底膜与Corti器合称“蜗隔”（cochlear partition）。

耳蜗螺旋器是耳蜗内感受声音的器官，位于基底膜上，由感觉上皮和支持细胞以及其他一些附属结构组成。在Corti器上面，有胶质和纤维混合而成的结构，称为盖膜。盖膜与外毛细胞上最长的感觉纤毛紧密接触，与网状板之间的相对运动会引起纤毛偏斜。基底膜由横行纤维和上皮细胞构成，底端较窄，仅0.08 mm宽，向蜗顶逐渐变宽，近蜗顶末端处最宽，为0.5 mm。内柱细胞和外柱细胞顶端紧密连接，体部斜行分开坐落于基底膜上，形成Corti器的机械支架，与基底膜一起形成切面呈三角形的管道，称为Corti隧道，毛细胞和其他支持细胞附于Corti隧道的两侧。Corti器的大小从耳蜗底端到顶端逐渐增大，表现为横切面上的宽度增宽，高度增高。外毛细胞从耳蜗底转到顶转逐渐增大变长，向基底膜的倾斜度也越来越大，蜗隔的劲度逐渐降低，质量逐渐增大，这是耳蜗对声音频率选择性的机械学基础。

Corti器有1排内毛细胞和3排外毛细胞，后者在顶转可多达5排。人类耳蜗有内毛细胞3000 ～ 3500个，外毛细胞9000 ～ 12000个。内毛细胞呈烧瓶状，外毛细胞呈圆柱状。内毛细胞由汇聚性地传入神经支配，20个神经元支配1个内毛细胞，外毛细胞是由分散性的传入神经支配，1个神经元支配10个外毛细胞。传出神经纤维直接支配外毛细胞，传出神经纤维支配内毛细胞的传入纤维，传出神经纤维来源于橄榄耳蜗束。毛细胞的顶端有数排静纤毛，纤毛根植于表皮板上，毛细胞通过其顶端的纤毛感受声音的机械刺激。外毛细胞的纤毛从上面看呈“W”或“V”形排列，内毛细胞的纤毛呈弧形排列（李兴启 等，2011）。

四、声波在耳蜗中的传播

声波撞击鼓膜引起的振动经中耳听骨链传至前庭窗，引起蜗内液体和蜗隔结构运动，并将蜗内液体推向蜗窗，从而引发基底膜上的振动波；该振动波始于耳蜗基底部然后传向耳蜗顶端，形成行波。行波是耳蜗组织结构和液体“被动”机械特性（质量、劲度和阻尼）的表现。在耳蜗听觉细胞功能丧失的情况下，行波依然存在。

行波学说：声刺激引起的镫骨振动通过淋巴液引起基底膜的位移振动，这种振动以行波的形式从蜗底传向蜗顶。对于某一个频率的振动来说，基底膜的振动幅度随着行波从基底端向蜗顶移行而逐渐增大并在某一部位达到最大值，之后很快衰减消失。最大振幅出现的部位及行波的距离取决于刺激声频率：低频声引起的行波经较长的距离而在近蜗顶处达到高峰；而高频声只引起较短程行波，在靠近基底端达到高峰。行波的传播速度远远低于声波在水中传播的速度。行波的速度从蜗底向蜗顶逐渐减慢，蜗隔振动的相位也随行波的距离发生变化，波长也逐渐变短，但振动的频率在蜗内各处保持不变。基底膜调谐曲线在低频侧平缓，在高频侧较陡（李兴启 等，2015）。

第二章　听力问题诊断的原则与方法

第一节　听力问题诊断原则

听力学是研究听力和平衡障碍的学科，其范围涉及听觉和平衡功能障碍的预防、诊断和康复。临床听力学是应用型学科，它将基础研究和技术手段相结合，使用专业设备来确定问题的类型和程度，并给出康复治疗建议。

听力测试的结果是诊断听力障碍的临床线索。听力师在评估听觉系统时，需要用多种测试项目或方法进行组合测试，以便交叉验证。测试组合指一系列或不同类型的测试，用于评估听觉和前庭功能。在听力评估方面，常用的测试包括纯音气导和骨导测试、言语测试、声导抗鼓室图、声反射阈值、耳声发射和客观电生理检查。在前庭功能评估方面，常用的有耳石器功能检查如前庭诱发肌源性电位，半规管功能检查如温度试验和视频头脉冲试验等。此外，随着对中枢听觉系统的了解逐步加深，一些新的评估方法也逐渐应用于临床，如双耳分听检查和噪声下间隙检查等。本书将对这些测试进行详细介绍，请参考相关章节了解具体的操作步骤和标准。

在临床工作中，选择合适的测试项目和方法很重要，不能只依靠一项测试来完成诊断，而应该考虑如何组合多项测试来提高准确性。选择测试项目的基本原则是交叉检查原则，也就是用不同的测试项目来互相验证结果是否一致。例如，可以比较言语阈值和纯音阈值、电生理阈值和行为阈值是否相符。但是，听力测试项目众多，需要根据患者的具体情况和疾病类型来选择最有效的测试组合。有些特殊类型的疾病，比如听觉处理障碍，只有通过测试组合才可进行诊断，因此优化这些测试组合也是临床工作的重要部分。表2.1是以纯音测听为例，交叉检查的示例。

表2.1 交叉检查示例

检查方法1	检查方法2	交叉检查
气导纯音测听	骨导纯音测听声导抗	观察气骨导差确定是否有传导性听力损失，再结合声导抗，有助于确定传导性听力损失成分是来自中耳病变还是内耳病变
纯音听阈	言语觉察阈	通过比较阈值验证两项测试的可靠性
行为观察测听	电生理测试	更好地估计/确认真实阈值，辅助诊断特殊疾病，例如听神经病

第二节 听力问题诊断方法

诊断听力问题需要通过询问病史了解患者的基本情况，并对患者进行查体。临床常用的耳镜检查可以了解外耳道和鼓膜情况，音叉试验可以初步帮助判断听力损失性质。在此基础上结合详细的诊断性检查结果，明确听力损失的性质及程度从而鉴别诊断疾病。

一、病史采集

（一）病史询问与记录

病史采集是在与患者交流中获取个人与疾病的相关信息，主要包括主诉、现病史、既往史、个人史、家族史及婚育史。

主诉：促使患者就诊的主要症状或体征及持续时间，要求简明扼要。

现病史：记录患者患病的全过程，包括疾病的发生、发展和诊治经过。现病史七要素包括起病情况与患病时间、主要症状特点、病因与诱因、病情发展及演变、伴随症状、诊治经过、病程中的一般情况。

既往史：既往健康状况（饮食习惯等）及过去曾患过的疾病，如外伤手术史、疫苗接种史和过敏史等。

个人史：出生地、居住地、文化程度、接触史、吸烟史和饮酒史等。

家族史：患者的家族成员及患同样疾病的发病情况。

（二）主诉症状

1. 听力下降

听力下降是病人就诊于耳鼻咽喉科常见的主诉之一。如果是低龄儿童，主诉可能是家长发现小患者的言语发展滞后。

对于儿童，应首先询问新生儿听力筛查结果，并记录以下信息。

（1）母亲孕期情况：妊娠中所患疾病、用药史、流产史和有无宫内感染等。

（2）出生史：出生方式、Apgar评分、有无胎膜早破、有无羊水污染、有无脐带绕颈、有无宫内窘迫、有无畸形。

（3）新生儿期情况：有无NICU住院史及住院天数、有无新生儿窒息、有无新生儿肺炎或吸入性肺炎、有无胎粪吸入综合征、有无呼吸窘迫综合征、有无心脏病、有无高胆红素血症、有无新生儿溶血、有无缺血缺氧性脑病、有无颅内出血等。

（4）小儿运动发育情况：竖颈、翻身、坐、爬、走和头后仰等发育的里程碑是否在正常时间范围内能达到。言语与语言的发展情况也应详细记录。

（5）干预情况：有助听器验配史的应记录验配时间及年龄，人工耳蜗植入者应记录手术时间及年龄，言语康复训练应记录开始时间、年龄、治疗转归等。

对于成人，需了解并记录以下信息。

（1）听力情况：听力损失是急性发生还是慢性发展而来。急性通常提示突发性听力损失；慢性则需询问是否有加重情况或呈波动性变化。若为缓慢加重，提示耳硬化症、自身免疫性内耳病、听神经瘤、老年性聋、噪声性聋、遗传性进行性感音神经性聋等可能；若呈波动性变化，提示慢性分泌性中耳炎、早期梅尼埃病、大前庭水管综合征等疾病可能。

（2）伴发症状：是否伴发耳闷、耳痛、耳鸣；是否伴前庭平衡相关症状如头晕、眩晕、平衡障碍等。

（3）既往史：是否经历过头部创伤、噪声暴露；是否存在全身其他器官或系统性疾病。

2. 耳鸣

耳鸣是耳鼻咽喉科门诊常见的主诉。传统上它被认为是一种耳科疾病，但也有很多学者将它归为一个症状。它可以与耳科疾病相关，如梅尼埃病、耳硬化症；也可以在非耳科患者身上出现，如有精神系统疾病或内分泌问题的患者。它可以是听力损失的伴随症状，随着听力损伤程度的加重，耳鸣出现的概率也相应增加。但也有一部分患者的耳鸣不知起因。一般情况下，耳鸣是患者感知到的声音。大部分耳鸣是整个听觉通路的病理变化引起的。任何听觉改变的以及中枢神经结构的异常活动都可能与耳鸣的产生有关。也有一部分耳鸣声音可以被接诊医师和或听力师听到。耳鸣通常与中耳血流异常或中耳肌肉收缩有关，常见原因有中耳鼓室的颈静脉球高位、乙状窦憩室和中耳肌肉痉挛等。

耳鸣病史询问：一是耳鸣发生的时间、耳别、是否近期有加重、耳鸣加重或缓解的因素。二是区分主观性耳鸣和客观性耳鸣。客观性耳鸣与心跳声相似，患者常主诉与心跳同步。三是关注除了耳鸣以外的其他症状，如听力下降、眩晕、头痛等。四是评估耳鸣对患者生活质量的影响，是否困扰生活，尤其是对睡眠产生影响。可采用问卷评估的方法，对情绪、听力、睡眠和注意力方面进行评估，必要时转诊心理科或精神卫生科。

3. 眩晕/头晕

眩晕/头晕是临床中常见的症状之一。源于英语里眩晕（vertigo）和头晕（dizziness）。但临床上往往难以区分头晕与眩晕患者。考虑到医学术语的统一性与简洁性，目前临床上常采用“眩晕/头晕”来描述平衡功能障碍症候。2009年前庭症状国际分类将本问题分为4类，分别是眩晕、头晕、前庭–视觉症候（vestibule-visual symptoms）和姿势性症候（postural symptoms）。其中对头晕、眩晕进行了症状的描述与限定。头晕主要是针对头部的感受，如头昏、头闷胀、头沉重等症状，不同患者的描述也存在很大的差别，比较常见的是一种像是踩在棉花上，走路不稳，头重脚轻的感受。眩晕主要是针对旋转感受，患者有自身或外界空间的旋转感，常伴发恶心、呕吐、出汗、胸闷等自主神经功能紊乱的症状。

由于其发病机制和临床表现涉及神经科、耳科、眼科、精神科等许多专业领域的交叉知识，就更要求接诊医生具有全面扎实的临床技能和知识储备。2009年Bárány协会将前庭疾病按照发作情况分为急性前庭综合征、发作性前庭综合征及慢性前庭综合征。其中急性前庭综合征最常见的疾病为前庭神经炎，发作性前庭综合征中最常见的疾病为良性阵发性位置性眩晕、前庭性偏头痛和梅尼埃病；慢性前庭综合征最常见的疾病为持续性姿势-知觉性头晕。与眩晕相关的排名前六的疾病分别是良性阵发性位置性眩晕，持续性姿势-知觉性头晕，前庭性偏头痛，后循环缺血，前庭神经炎和心血管病源性眩晕（武霞，2020）。以下是问诊中需要询问的问题。

（1）症状描述

眩晕：旋转性或是线性运动错觉（包括上下移动或晃动）。

头晕：头部昏沉感。

（2）发作情况

初次发作；发作时间；持续时间。

反复发作：发作时间及次数；每次持续时间。

持续性昏沉感：发作时间；持续时间。

（3）客观诱发因素：体位变换、头部运动、视觉诱发、声音诱发、Valsalva动作诱发等。

（4）主观诱发因素：熬夜、情绪波动、过量饮酒、刺激性食物等。

（5）存在平衡障碍：站立不稳、平衡相关的跌倒。

（6）伴发症状：听力下降、耳闷、耳鸣、耳痛、头痛、恶心呕吐、视物模糊、四肢无力、意识丧失、说话含糊等。

（7）其他：耳部既往史、家族史、药物史等。

4. 耳溢液/耳痛/耳闷胀

问诊时应该询问耳溢液的质地和颜色，并配合耳镜检查进行判断。如果溢液呈化脓性，可能是外耳道或中耳感染所致。如果溢液呈血性，可能是恶性肿瘤的表现。如果溢液清亮或淡红色，类似水样，且有外伤或手术史，则须警惕脑脊液漏或外淋巴液漏的可能。

耳痛也是临床常见主诉。可能是耳鼻喉疾病引起的，也可能是其他相关疾病引起的。问诊时需要了解部位和持续时间，并检查邻近的组织器官，如扁桃体、颞颌关节和口腔问题。耳科中与耳痛最相关的疾病是外耳或者中耳的炎症。

引起耳闷胀感症状的原因有耵聍栓塞、突发性耳聋、外耳或中耳炎症及咽鼓管功能障碍等。耵聍栓塞、突发性耳聋及外耳或中耳炎症可以经查体和相关检查后诊断。但对于咽鼓管功能障碍目前临床上并没有可靠的检查手段，许多研究试图通过问卷和影像学等检查来帮助评估，但也未能得到较高的敏感指数。面对大量的咽鼓管功能障碍患者，临床急需可靠的咽鼓管功能评估测试和诊治方法。

听力评估技术也在不断地发展，耳科医生与听力师的专业交叉越来越大。为提高临床疗效，两个团队应该紧密合作，耳鼻咽喉科医生应深入了解听力学，并把自己对病人的初步诊断告诉听力师，供后者在进行听力检测时参考。同时听力师也可将自己对疾病的考虑反馈给临床医生。

（三）耳科查体

1. 耳镜检查

电耳镜是耳科医生对就诊者进行查体的主要工具之一，目的是了解外耳道及鼓膜的状态。要想熟练掌握这项设备的应用，首先需要了解的是鼓膜的表面标志（图2.1）及组织学结构。鼓膜中心最凹处为脐部，自脐向上稍向前达紧张部上缘，有一灰色突起，名锤凸，临床上叫锤骨短突。鼓膜脐与锤凸之间有白色的锤纹，自锤凸向前至鼓切迹前端为锤骨前襞，向后至鼓切迹后端为锤骨后襞，二者是鼓膜紧张部与松弛部的分界线。自脐向下达鼓膜边缘有三角形反光区，名光锥。临床上将鼓膜分为前上、前下、后上、后下象限。组织学结构分为上皮层、纤维组织层（松弛部无此层）和黏膜层。

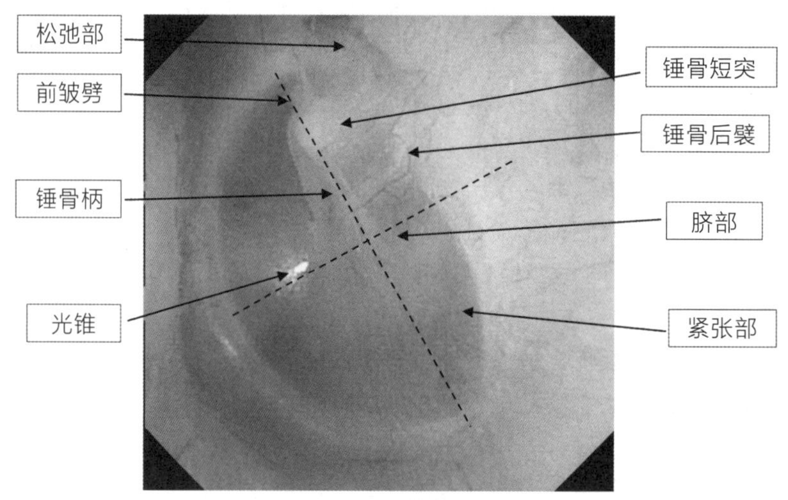

图2.1　鼓膜表面标志

电耳镜自带光源和放大镜，操作方法如下：打开光源，将耳郭向后上方拉起（婴幼儿是向后下）。牵拉的目的是将弯曲的外耳道变直，便于医生观察。

检查前需选择口径型号合适的窥耳器（深入耳道部分），再将电耳镜前端缓缓插入外耳道外1/3，观察鼓膜的形态。操作时需注意，手持电耳镜时应伸出小拇指并靠在受试者脸庞作为支撑来避免耳镜尖端戳伤耳道引起疼痛，尤其是在给儿童做检查时不能忽略这一细节。

外耳道观察的内容主要包括外耳道是否通畅，有无红肿、积液、异物、耵聍栓塞、耳道塌陷等。如果有耵聍栓塞或异物要根据情况请患者返回门诊医生处由医生选择合适的工具进行处理。对于鼓膜主要是观察有无充血、内陷或穿孔等。正常的鼓膜上可观察到鼓膜的紧张部、松弛部、锤骨柄、光锥等结构和标志。患急性化脓性中耳炎时鼓膜充血向外膨出，可见放射状的扩张血管。鼓膜穿孔前在隆起最明显的部位出现黄点，穿孔常位于紧张部，清除外耳道分泌物后可见穿孔处有闪烁搏动的亮点，称星烁征或灯塔征。

2. 音叉试验（tuning fork test）

音叉试验是耳鼻喉科门诊最常用的基本听力检查法之一，用于初步判定与鉴别耳聋性质，但不能判断听力损失的程度。常用C调倍频程频率音叉（图2.2），其振动频率分别为128、256、512、1024和2048 Hz，其中最常用的音叉为C256和C512。音叉试验包括林纳试验（Rinne test，RT）、韦伯试验（Weber test，WT）、施瓦巴赫试验（Schwabach test，ST）和盖莱试验（Gelle test，GT）。

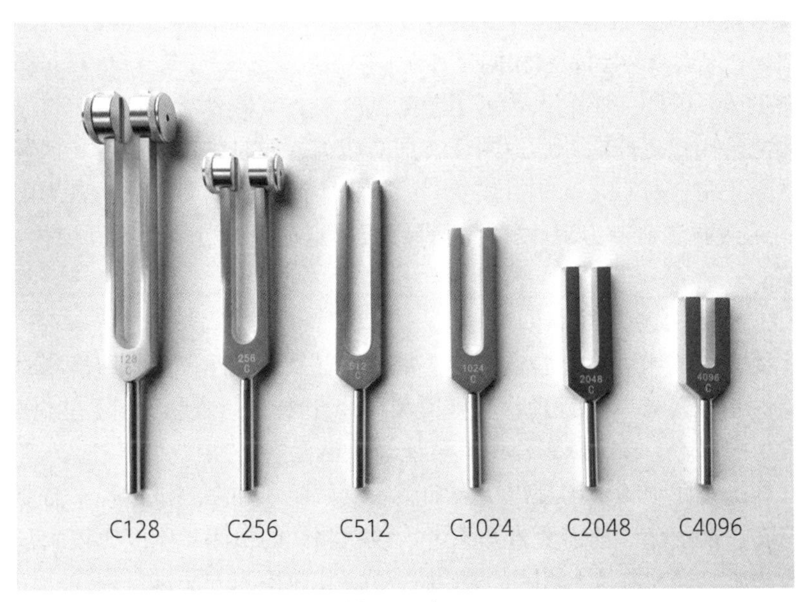

图2.2　音叉

（1）林纳试验：为气骨导对比试验，通过比较同侧耳气导和骨导来判断听力损失的性质。将振动的音叉放置于测试耳乳突处（骨导），当患者自觉听不到声音后，将音叉放置于耳道口（气导），受试者需指出何时听不到声音。因为对正常人来说空气传导比骨传导更敏感，所以正常听力的人或感音神经性听力损失者在音叉放置于耳道口后仍能听到声音（+），其时间通常是骨导时间的两倍，且因为听骨链的放大作用，受试者在耳道口听到的声音会更大，而传导性听力损失者通常描述未听到声音（−）。因此，林纳试验常用来怀疑传导性听力损失者，比如可用来确定耳硬化患者是否可从镫骨手术中受益。但不对称的重度及以上感音神经性听力损失可能会有假阴性现象，声音可能通过骨传导传向好耳，而受试者无法分辨是哪侧耳听到的声音，此时可用韦伯试验验证听力损失性质。

（2）韦伯试验：将振动的音叉放置于受试者头颅顶点或前额正中处，并让其指出哪一侧听到的声音更大（左耳/右耳/一样）。临床上也可用骨导振子代替音叉进行此测试。若患者为传导性听力损失，患者反馈声音偏向患侧；若仅部分频率存在气骨导差，通常选择该部分频率进行测试，其结果通常偏向气骨导差大的一侧。若为感音神经性听力损失患者，结果通常偏向健侧。因此，韦伯试验常用来测试不对称传导性听力损失患者。传导性听力损失的韦伯试验的原理可以用两点来解释：第一，与较好耳相比，通过气导途径传至差耳耳蜗的能量减少，其中包含环境噪声，而骨导振动的能量并未减少（可以理解为掩蔽声能量减弱），因此差耳对骨传导更敏感；第二，大部分通过骨传导进入的低频能量会在耳道中减弱，但传导性听力损失使低频能量减弱的路径被破坏（空气传导路径被破坏），导致差耳的耳蜗刺激增加，对骨传导的声音更加敏感。

（3）施瓦巴赫试验：为测试耳和正常耳的骨导比较试验。将振动的音叉放置于测试耳乳突处，当受试者自觉无声音时随即将音叉放置于正常耳处，若正常耳能听到声音，则表示缩短（－），提示感音神经性听力损失；若正常耳听不到，则需将测试顺序颠倒再进行一次，若测试耳能听到正常耳听不到的声音，则表示骨导时间较正常人延长（＋），提示传导性听力损失；若都听不到表示相同（±）。

（4）盖莱试验：鼓膜完整的患者可用盖莱试验检查其镫骨活动情况。将鼓气耳镜置于外耳道内密闭之。用橡皮球向外耳道内交替加减压力，同时将振动的音叉柄置于患者鼓窦区。若镫骨活动正常，所听之音在由强变弱的过程中尚有强弱不断波动者为阳性，表明镫骨活动正常；无强弱波动者为阴性，为镫骨底板固定征象，可能存在耳硬化或镫骨固定、听骨链中断等。

（四）听力及前庭检查注意事项

这部分主要介绍临床可能会遇到的一些紧急情况及处理建议。听力检测时常常会遇到突发状况，有些情况需要紧急处理，有些需要防患于未然，如果我们不能做到未雨绸缪，不了解可能发生的风险，在临床工作中就可能会手足无措。

原则上，在进行每项检查前都需要告知患者测试要求和在测试过程中需要患者配合的情况。例如，在声反射测试前需要告知患者，该项测试的探测音响度比较大，有任何不适请及时告诉听力师，若实在无法耐受，可通过更换其他检测方法进行替代。切记不可在违背患者本人意愿的情况下强制进行测试，这容易导致患者突发眩晕，甚至出现或加重心理问题。因为调查显示，耳鼻咽喉科10%的患者可能存在不同程度的精神问题。鼻塞、耳鸣、咽喉不适等症状可能会增加患者的心理压力，导致情绪焦虑。身为临床工作者，在工作中需加强沟通技巧以及加强心理学知识的储备，以更好地评估患者所处的心理状态，在一定程度上避免医患矛盾的激化。在一些可能出现疼痛或有创的检测项目上（例如耳蜗电图），测试前应告知患者可能发生的情况，并签署知情同意书。

前庭功能检查时，应在患者进入检查室至检查完毕离开检查室的整个过程中，随时注意扶稳受试者，以免因耳石危象等情况导致患者的头部或肢体其他部位摔倒在地后发生头部外伤、骨折、脱位等严重的不良事件。在测试结束后，也应告知患者日常生活中的注意事项，如耳石症的患者在复位后两天内禁止开车，建议患者避免劳累、头部剧烈活动和独自行走等，以防跌倒。为加深印象，下面就几种临床上常见的突发状况进行阐述。

1. Tumarkin耳石危象（前庭坠落发作）

1936年，Tumarkin认为椭圆囊耳石器异常兴奋，使前庭脊髓束运动神经元异常放电，产生运动性的迷路症状而摔倒，这种无眩晕感的跌倒亦称猝倒或椭圆囊危象。它是伸肌肌力丧失产生的，属于严重的短暂眩晕，发作时跌倒，意识清醒，恢复迅速。目前多采用以调节自主神经功能、改善内耳微循环、解除迷路积水为主的药物综合治疗。

2. Tullio现象

Tullio现象是由眩晕和异常的眼球和（或）头部运动联合产生的，这种运动由声音刺激引起。这种对声音的前庭反应由Tullio在1926年研究鸽子的迷路瘘管时首先描述。人们提出两个Tullio现象可能的病因：耳石症和半规管刺激。Tullio现象与梅尼埃病、先天性内耳异常、感染如梅毒、慢性耳疾、外伤、上半规管裂综合征、外淋巴瘘和医源性瘘如开窗术等有关。Tullio现象主要是指强声刺激可能引起头晕或眩晕的现象。

3. Hennebert征

Hennebert征在1909年由比利时耳科医师首先报道，多发生于儿童。其主要特征为在向外耳道加减压力时出现眼球震颤及眩晕加剧，提示膜迷路积水、镫骨足板粘连等。

4. 高血压危象（Hypertensive crisis）

高血压危象指原发性和继发性高血压在疾病发展过程中，在某些诱因作用下，使周围小动脉发生暂时性强烈痉挛，引起血压急剧升高，病情急剧恶化以及由于高血压引起的心脏、脑、肾等主要靶器官功能严重受损的并发症，此外，若舒张压高于18.3 ～ 19.6 kPa（140 ～ 150 mmHg）和（或）收缩压高于28.8 kPa（220 mmHg），无论有无症状亦应视为高血压危象。

5. 幽闭恐惧症

幽闭恐惧症属于恐惧症中的一种常见类型，发病与个性、环境、遗传因素等有关。其典型表现为身处密闭且狭小的环境中出现恐惧感、濒死感、惊恐发作等症状。临床较为常见，通常呈急性起病，一般需要药物治疗联合心理治疗，大部分患者预后尚可。

6. 抑郁症

抑郁症以情感低落、思维迟缓、言语动作减少以及言语迟缓为典型症状。抑郁症严重困扰患者的生活和工作，给家庭和社会带来沉重的负担。

二、诊断目标

诊断目标包括听力损失的有无、听力损失的程度以及听力损失的部位。

听力损失的有无：一般通过纯音测听来判断配合的患者是否有听力损失，也可以通过耳声发射、听觉脑干诱发电位等客观检查来判断不能配合的患者是否有听力损失。但也有部分患者在听觉敏感性上无损失，但在有竞争声环境下表现为对语言的理解能力下降。所以，听力损失的有无需要考虑两个方面：第一是听到声音的能力，第二是听懂语言的能力。听懂语言能力的评估主要采用主观评估方法，判断结果时还需要综合考虑患者的就诊动机、心理健康等因素。

听力损失的程度：可以根据2021年世界卫生组织（World Health Organization，WHO）的标准进行分类分级。一般来说，听力损失超过50 dB HL时，言语沟通就会出现困难。普通话中音调的成分有助于听者对言语的理解。因此在阅读文献时常会发现，中外就诊听力门诊的患者中，我国因言语沟通困难前来就诊的患者其听力损失程度较其他国家的患者会更严重些。

听力损失部位：这是诊断过程中最困难的一部分。除了进行常规的听力和前庭的评估，有时还需要进行影像学检查。中耳问题有时还要通过鼓室探查手术来帮助诊断。基因检查也有助于对病位的判断，这对人工耳蜗植入的预后有所帮助。

三、诊断工具

表2.2展示了目前临床上常用的听力检查项目与耳鼻喉科专科检查，涉及耳镜检查、音叉试验、主观测听、客观测听、前庭功能检查等。

表2.2 听力检查项目与耳鼻喉科专科检查

检查项目	主要临床作用
纯音测听	评估听力损失程度，判断性质
言语测听	评估对语言的理解能力
声导抗	评估中耳功能
耳声发射	评估毛细胞功能
听觉诱发电位	客观评估听力损失程度，判断性质
前庭功能检查（包括凝视、扫视、视跟踪等视动系统检查，前庭诱发肌源性电位，视频头脉冲试验，双温试验等）	评估前庭-眼反射通路，评估外周耳石器和半规管功能

第三节　前庭问题的诊断原则与方法

眩晕、头晕可能是前庭病变的表现，也可能是脑血管和心血管源性等危及生命疾病引发的症状。因此，耳鼻咽喉科医师在初步判断后，通常会让患者先去其他科室排除血管源性疾病的可能性，然后再考虑耳源性眩晕相关疾病。在确定没有其他危险因素后，再按照Bárány协会制定的前庭疾病国际分类，根据患者的具体情况和发作特点（急性、慢性还是反复发作），进行详细问诊和检查，并给出诊断和治疗方案。

1. 问诊

听力问题在检查上有交叉验证的要求，前庭疾病的问诊和检查两者本身就是交叉验证，患者的症状和检查结果必然是对应的，因此问诊在诊断前庭疾病上有着举足轻重的作用。

2. 检查

前庭检查和听力检查类似，都是通过对不同部位的功能进行检查，综合各个检查结果对前庭功能进行定性定位定量评估。但不同于听力检查的是，前庭检查对同一部位的功能可能有不同的结果，这些结果并不是相互验证的，而是相互补充的。

具体内容在本书的相关章节会做详细介绍，读者可以从这些方法中寻找提供定性和定量诊断的信息。

第四节 案例分析

案例一

章X，男，19岁。

主诉：右耳鸣1个月，自觉有听力下降。

病史：1个月前无明显诱因下头部改变位置时出现右耳耳鸣，为“咔嚓”声，伴听力下降，无耳闷耳痛，无头痛头晕。就诊于当地医院，诊断“耵聍栓塞”，给予多次外耳道冲洗后仍有“耵聍”。两天前来我院就诊，电耳镜检查示右侧耵聍栓塞伴渗液，左侧鼓膜完整。

检查结果：

（1）视频耳内镜：见右耳外耳道耵聍栓塞和胆脂瘤上皮，伴渗液，无法窥及鼓膜。

（2）声导抗测试：发现右耳峰值左移，声顺下降。左耳正常（图2.3a）。

（3）纯音测听：显示右耳存在气骨导差，骨导基本正常，提示有传导性听力损失。左耳听力在正常范围（图2.3b）。

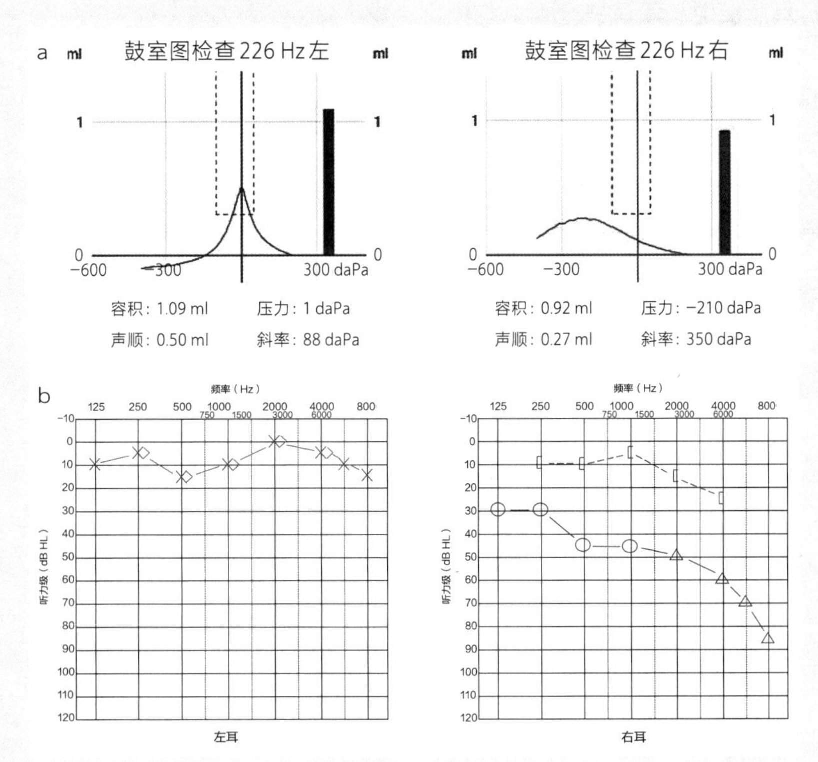

图2.3 案例一测试结果

为了进一步诊断病位，患者进行了乳突CT检查，显示右侧外耳道炎、中耳炎伴胆脂瘤形成，右侧听小骨局部显示欠清晰。

诊断：右外耳道胆脂瘤伴中耳炎，右耳中重度传导性听力损失。

分析与总结：本案例虽然一开始被判断为耵聍栓塞，但通过仔细的耳部检查、鼓室图与纯音测听检查，都提示患者有传导性的听力损失。此处，鼓室图与纯音测听是交叉验证的检查。

案例二

訾X，男，23岁，神经外科要求听力中心对其听力进行评估。

主诉：发现右桥小脑角占位两天。

病史：10天前出现不明诱因的头痛、头胀，伴血压升高，无头晕，无步态不稳。就诊于当地医院，行头颅MRI，示右桥小脑角占位，约2.2 cm。梗阻性脑积水表现，予降血压、止痛等对症治疗，稍好转，建议转院。两天前于我院就诊，以“颅内占位性病变”收住医院的神经外科。因神经外科的医生想了解右桥小脑角肿瘤是否影响听力，故来做听力测试。

检查结果：

（1）声导抗测试：双耳鼓室图A型（图2.4a）。

（2）纯音测听：双耳各频率听阈均＜20 dB HL（图2.4b）。

（3）耳声发射：双耳1—6 kHz均引出（图2.4c）。

（4）听性脑干反应：90 dB HL左耳各波潜伏期和波间期在正常范围；右耳I-III、I-V波间期延长，III、V潜伏期延长（图2.4d）。

从鼓室图和听力图结果来看患者中耳无异常，听力敏感性正常。耳声发射双耳的信噪比都大于6 dB，提示耳蜗毛细胞功能正常，但是听觉脑干诱发反应却提示高强度给声下，波间潜伏期延长，提示有蜗后病变。

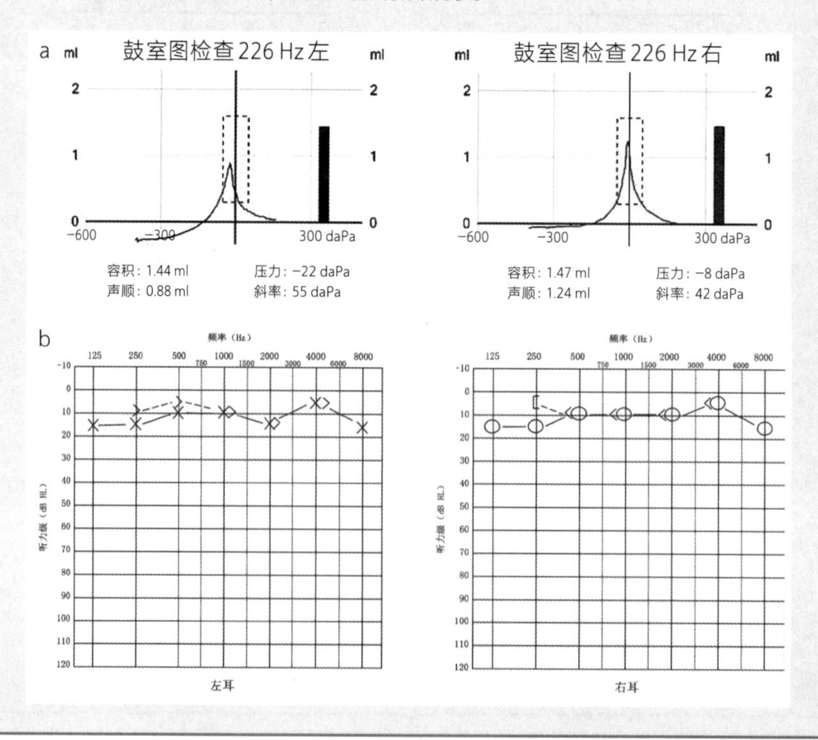

c

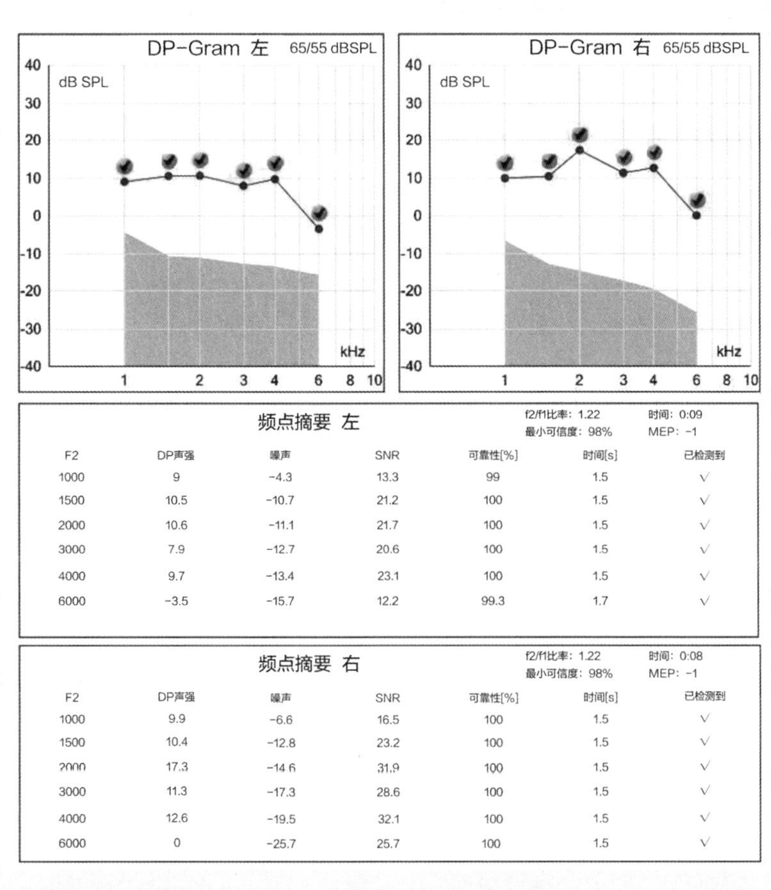

频点摘要 左

f2/f1比率：1.22 时间：0:09
最小可信度：98% MEP：-1

F2	DP声强	噪声	SNR	可靠性[%]	时间[s]	已检测到
1000	9	-4.3	13.3	99	1.5	√
1500	10.5	-10.7	21.2	100	1.5	√
2000	10.6	-11.1	21.7	100	1.5	√
3000	7.9	-12.7	20.6	100	1.5	√
4000	9.7	-13.4	23.1	100	1.5	√
6000	-3.5	-15.7	12.2	99.3	1.7	√

频点摘要 右

f2/f1比率：1.22 时间：0:08
最小可信度：98% MEP：-1

F2	DP声强	噪声	SNR	可靠性[%]	时间[s]	已检测到
1000	9.9	-6.6	16.5	100	1.5	√
1500	10.4	-12.8	23.2	100	1.5	√
2000	17.3	-14.6	31.9	100	1.5	√
3000	11.3	-17.3	28.6	100	1.5	√
4000	12.6	-19.5	32.1	100	1.5	√
6000	0	-25.7	25.7	100	1.5	√

d

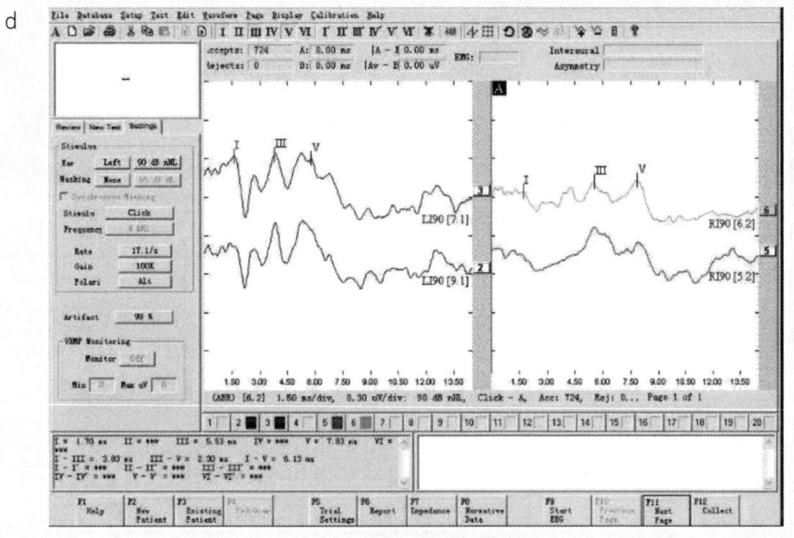

图2.4 案例二测试结果

分析与总结：本案例是蜗后病变引起了听觉问题。但患者的临床表现并无听觉敏感性下降，也无耳鸣眩晕等症状。这与肿瘤的位置、大小有关。从检查情况可以观察到，纯音测听与鼓室图的结果相互验证患者无中耳问题。耳声发射的结果提示外毛细胞的功能正常。脑干诱发电位潜伏期、波间期的改变与蜗后占位性病变引起的神经传导速度改变相一致。

我们将在下面的各章节里中结合基础理论，用具体的案例来体现不同检查项目的实际应用，加深对知识点的理解。

参考文献

韩东一，翟所强，韩维举，2008. 临床听力学[M]. 北京：中国协和医科大学出版社.

李兴启，孙建和，杨仕明，等，2011. 耳蜗病理生理学[M]. 北京：人民军医出版社.

李兴启，王秋菊，2015. 听觉诱发反应及应用[M]. 北京：人民军医出版社.

武霞，2020. 头晕的病因调查及5-*HTR6*基因多态性与前庭性偏头痛的相关性研究[D]. 广州：南方医科大学.

第二篇

听力相关临床检查及应用

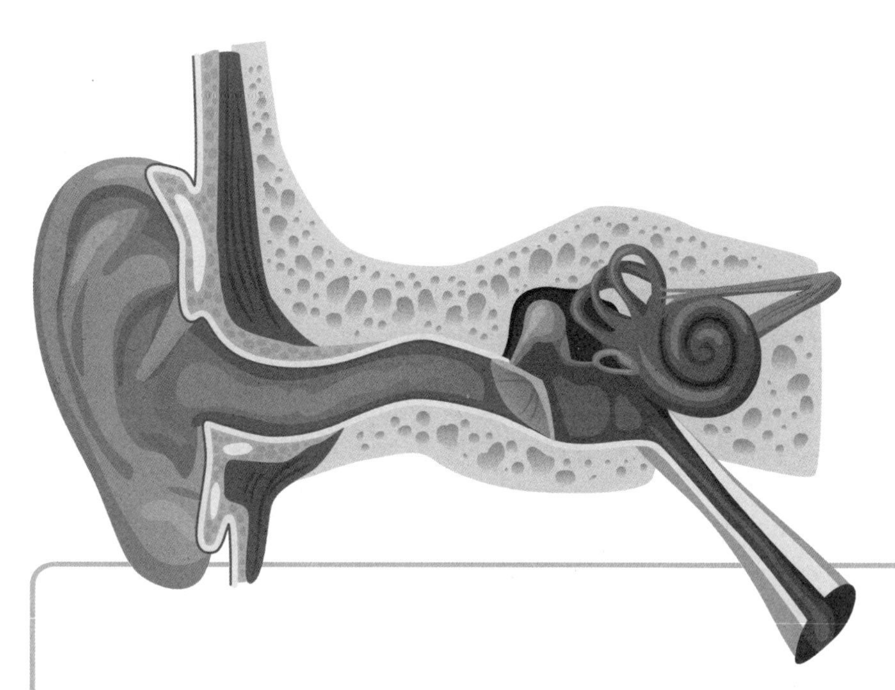

听力学的临床检查是评估听力功能和前庭功能的主要手段之一，对于诊断与治疗听力和平衡障碍具有重要的临床意义。本篇将对各项检查及其临床应用进行具体阐述。

临 床 听 力 学

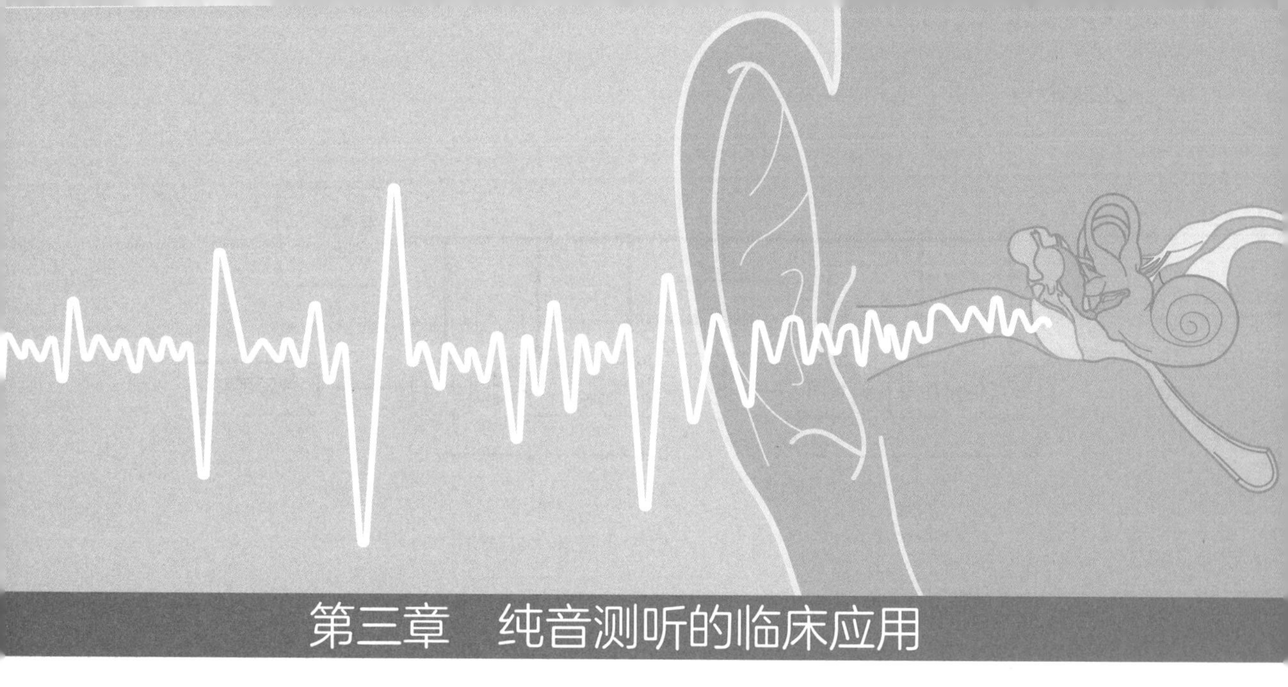

第三章 纯音测听的临床应用

自1943年Bunch首次介绍纯音听阈测试的方法以来，该技术不断发展和完善，目前已成为临床上最基本、最常用的听力学评估方法。纯音测听的结果可以反映受试者在不同频率上的听敏度，判断听力损失的程度和性质，为临床诊断和干预提供重要的参考依据，同时也作为听力残疾评定、职业病鉴定、司法鉴定等的重要依据。在大多数人的印象中，纯音测听操作简单，实际上，想要精通该技术并非易事。一定的知识储备和实践经验，是顺利完成测试和正确解释结果的前提。本章将详细介绍纯音测听相关的原理和方法，为临床听力学工作者更好地理解和运用该技术提供参考。

第一节 理论基础

一、气导听力和骨导听力

如图3.1所示，声音从外界传入内耳主要通过两种方式。一种是气导（air conduction，AC）传导路径，即声音在空气中经外、中耳传入内耳的过程，由此产生的听力称为气导听力，这是我们日常获取听力的主要方式；另一种是骨导（bone conduction，BC）传导路径，即由颅骨的机械振动将声音传入内耳的过程，由此产生的听力称为骨导听力（全国声学标准化技术委员会，2018）。纯音测听的主要测试内容即为气导测听和骨导测听。气导测听可以了解是否存在听力损失及听力损失的程度，而比较气骨导测听结果可以判断听力损失的性质。为了方便读者更好地理解这两个测试内容，下面先介绍其产生机制。

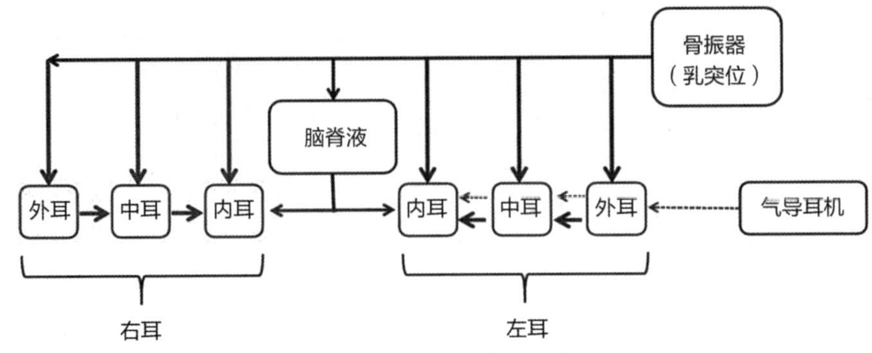

图3.1　气导和骨导的传导路径

（一）气导听力的产生机制

声波通过耳郭的集声作用传递至外耳道，随后到达外耳道末端的鼓膜处，振动鼓膜，带动与之相连的听骨链振动。其中，位于前庭窗处的镫骨足板做来回往复运动，带动耳蜗外淋巴液运动产生行波。外淋巴的流动使Corti器上的盖膜和纤毛发生剪切运动，产生神经冲动，完成机械能和生物电能的转换（徐飞 等，2010）。

（二）骨导听力的产生机制

骨导刺激会引起多个方向上复杂的颅骨振动，并产生多个共振和反共振，能量最终会到达耳蜗，产生行波，引发神经冲动（Katz，2006）。骨导听力的产生机制较为复杂，涉及外耳、中耳和内耳的骨导成分。对于听力正常者，这些成分同时存在、共同作用引起听觉反应（Katz et al.，2015）。

1. 外耳的骨导成分

外耳的骨导成分主要发生在低频，尤其是1000 Hz及以下频率。当颅骨振动时，能量传递至外耳道，引起外耳道骨壁（尤其是软骨壁）的振动（Tonndorf，1968；Stenfelt et al.，2005），这部分能量会通过正常开放的外耳道释放出去，作用不大。但在闭塞的外耳道中，其却起较大的作用，可增强最高约20 dB的低频骨导听力（Stenfelt et al.，2005），即所谓的堵耳效应（occlusion effect，OE）。

2. 中耳的骨导成分

中耳的骨导成分主要由听骨链的惯性滞后作用产生。听骨链并非直接附着在颅骨上，而是通过韧带和肌腱悬吊于中耳，其两端分别为具有弹性的鼓膜和前庭窗。当声波振动颅骨时，听骨链由于惯性作用产生相位与颅骨相反的运动，但其运动周期却与颅骨一致，于是便将能量传递至内耳，引起听觉感受。中耳的骨导成分主要出现在1500 Hz及以上，集中在2000 Hz附近，与中耳的共振频率相近（Stenfelt et al.，2003）。值得注意的是，只有把骨振器放置于乳突位时，这种成分才起重要作用，此时颅骨振动方向与听骨链的运动轴一致。

3. 内耳的骨导成分

内耳的骨导成分，主要包括耳蜗的压缩或变形、耳蜗内液体的惯性、耳蜗骨螺旋板的惯性和颅骨内容物（如脑组织、细胞膜等）的声压传递四个因素（Tonndorf，1968；Stenfelt et al.，2003，2005）。

二、相关重要概念

（一）听阈

人的听阈受多种因素的影响，包括身体状况、心理状态以及声刺激的类型、频率、持续时间等，使每次测得的听阈存在一定差异。这造成听阈测试的不便。为了方便临床测试，将其定义为：在规定条件下，受试者在重复试验中做出50%正确察觉反应所对应的最低声压级或振动力级（全国声学标准化技术委员会，2018）。

（二）基准等效阈声压级

基准等效阈声压级（reference equivalent threshold sound pressure level，RETSPL）指对规定的频率，用规定类型的气导耳机，测得数量足够多的男女两性、年龄为18至25岁耳科正常人听阈的中位数在规定的声耦合器或耳模拟器中产生的对应声压级（全国声学标准化技术委员会，2018）。表3.1列出了几种不同型号压耳式耳机的基准等效阈声压级（王永华 等，2013；全国声学标准化技术委员会，2004），可见不同型号耳机之间存在的差异。因此，对某一型号压耳式耳机进行听力级校准时，需参照相应的国家标准规定的基准等效阈声压级。

表3.1　不同型号压耳式耳机的基准等效阈声压级

频率/Hz		125	250	500	750	1000	1500	2000	3000	4000	6000	8000
基准等效阈声压级/dB	DT-48耳机	47.5	28.5	14.5	9.5	8.0	7.5	8.0	6.0	5.5	8.0	14.5
	TDH-39耳机	45.0	25.5	11.5	7.5	7.0	6.5	9.0	10.0	9.5	15.5	13.0
	THD-49/50耳机	47.5	26.5	13.5	8.5	7.5	7.5	11.0	9.5	10.5	13.5	13.0

（三）基准等效阈振动力级

基准等效阈振动力级（reference equivalent threshold vibratory force level，RETFL）指对规定的频率，用规定型号的骨振器，测得数量足够大的男女两性、年龄为18至25岁耳科正常人听阈的中位数在规定的力耦合器中产生的对应振动力级。表3.2显示了B-71型骨振器分别放置于前额和乳突位时的基准等效阈振动力级（王永华 等，2013；全国声学标准化技术委员会，2022）。

表3.2　B-71型骨振器的基准等效阈振动力级

频率/Hz		250	500	750	1000	1500	2000	3000	4000
B-71型骨振器的基准等效阈振动力级（基准值为1μN）/dB	前额	79.0	72.0	61.5	51.5	47.5	42.5	42.0	43.5
	乳突	67.0	58.0	48.5	42.5	36.5	31.0	30.0	35.5

（四）听力级

由表3.1和表3.2可知，不同型号耳机以及同一型号耳机不同频率的基准等效阈声压级和基准等效阈振动力级均不相同。为了方便应用，将这些数据进行转换，作为基线“0”，这样便产生了一个新的单位，即听力级（hearing level，HL）。GB/T 16296.1—2018将听力级定义为：在规定的频率，采用规定类型的换能器，以规定的佩戴方式，由换能器在规定的耳模拟器或力耦合器中产生的声压级或振动力级，减去相应的基准等效阈声压级或基准等效阈振动力级（全国声学标准化技术委员会，2018）。因此，目前使用的听力计上显示的输出强度单位，一般都是减去基准等效阈声压级或基准等效阈振动力级得到的听力级。

第二节　纯音测听的方法

纯音测听可以分为手控测听和自动测听两种。手控测听完全由测试者控制给声，而自动测听主要由计算机程序自动播放刺激声，强度根据患者做出的反应而变化。目前临床以手控测听方法为主，本节内容主要介绍此法。此外，根据换能器的不同，纯音测听还可分为气导测听、骨导测听、声场测听和扩展高频测听。

一、测试方法

目前临床多采用改良的Hughson-Westlake上升法（简称H-W法）寻找阈值，它属于限定法的范畴。具体操作方法如下：当受试者做出反应时，以10 dB为一档降低刺激声强度，直至受试者不再做出反应；然后再以5 dB为一档增加刺激声强度，直至受试者做出反应（“升5降10”法）。重复上述步骤，直至3次上升中在同一强度至少做出2次反应，即为阈值（全国声学标准化技术委员会，2018；Katz et al.，2015）。

关于刺激声的起始强度，建议使用受试者较熟悉的音调，从远低于听阈的强度或阈上强度开始给声，多数临床听力师习惯采用后者。对于无明显听力损失的受试者，起始给声为1000 Hz、30 dB HL的纯音；对于有明显听力损失的受试者，起始给声可以为1000 Hz、70 dB HL的纯音。初始给声频率选用1000 Hz，是因为人对于该频率的纯音较为敏感，且具有较好的复测信度。测试一般从较好耳开始，如果两只耳听力相近，则先从右耳开始测试。

刺激声的持续时间是影响测试结果的一个重要因素，持续时间过低会影响刺激声的响度，导致阈值升高，持续时间过长又会延长测试时间，降低效率。相关研究表明（Watson et al.，1969），用持续时间小于200 ms的刺激声测试获得的阈值显著高于用持续时间大于200 ms的刺激声测试获得的阈值。因此，给声持续时间应控制在1～2 s。给声的间隔时间不得短于持续时间，且给声间隔应不规则（韩东一 等，2008）。

刺激信号常采用纯音，但在某些情况下，采用脉冲音或啭音更有利于测试。如受试者患有耳鸣，使用脉冲音或啭音可有效区分信号声和耳鸣声，减少假阳性反应，提高测试结果的准确性。但需要注意的是，每一个脉冲音的持续时间都应大于200 ms（Watson et al.，1969），目前听力计对于脉冲音的设置通常为225 ms的给声和225 ms的间隔。

纯音测听的测试顺序一般先气导后骨导。气导的测试频率为250至8000 Hz的6个倍频程频率，即250 Hz、500 Hz、1000 Hz、2000 Hz、4000 Hz和8000 Hz，测试频率的顺序依次为：1000 Hz、2000 Hz、4000 Hz、8000 Hz、1000 Hz、250 Hz、500 Hz。在1000 Hz处需要进行复测，目的是检验测试的可靠性，如果两次测试的结果相差大于10 dB，则说明结果不可靠，需向受试者重新讲解测试要求并重测。如果相邻倍频程频率间的结果相差≥20 dB，则需加测半倍频程频率的听阈（750 Hz、1500 Hz、3000 Hz和6000 Hz）。气导听阈测试完成后，更换骨导耳机，进行骨导听阈测试。骨导的测试频率为250至4000 Hz内的五个倍频程频率，即250 Hz、500 Hz、1000 Hz、2000 Hz和4000 Hz，测试顺序可参照气导测试。测完骨导听阈后，应根据情况决定是否需要进行气、骨导的掩蔽测试。测试时间通常不超过20 min，否则可能导致受试者疲劳而影响测试结果（全国声学标准化技术委员会，2018）。

二、声场测听

声场测听指通过扬声器播放测试信号，获得受试者在校准好的声场中的听觉功能的方法。它适用于不能或不愿佩戴气导耳机的受试者，如婴幼儿的听力评估、助听器或人工耳蜗使用者的效果评估等。声场主要包括三种：①自由声场：指房间的边界（房顶、四壁和地面）对声波的作用可以忽略不计的声场；②扩散声场：指能提供一个能量分布均匀区域的声场，在此区域内任意点的声波传播方向均随机分布；③准自由声场：指房间的边界对声波作用适度的声场（王永华 等，2013；韩东一 等，2008）。在日常工作中，自由声场和扩散声场很难实现，通常采用的是准自由声场。不同声场条件下的测试信号选择不同，自由声场为纯音，扩散声场和准自由声场为啭音或窄带噪声。声场测听的缺陷是无法区分单耳听力，解决的方法是在非测试耳（nontest ear, NTE）加掩蔽噪声或者使用护耳器堵耳（全国声学标准化技术委员会，2016）。但这种方法并不适于所有受试者，比如婴幼儿进行声场测听时，无法配合掩蔽测试，而使用护耳器获得的声衰减又较为有限。

三、扩展高频测听

人耳可听到的频率为20～20000 Hz，临床常用的纯音测听的频率仅为125～8000 Hz，扩展高频测听的频率通常为8000～16000 Hz，对前者进行了补充。扩展高频测听又称为延伸高频测听，指使用具有扩展高频功能的听力计，采用与纯音测听相同的方法测试8000～16000 Hz频率范围的听阈的测听方法。一般可以进行8000 Hz、9000 Hz、10000 Hz、11200 Hz、12500 Hz、14000 Hz和16000 Hz七个频率的测试（中国计量科学研究院，1998）。高频测听需采用特定型号的耳机，常用的有HDA系列耳罩式高频测听耳机。相关研究表明，扩展高频测听可用于早期发现噪声对听觉系统的损伤，在隐性听力损失的诊断中具有一定价值（Prendergast et al.，2017a，2017b）。

四、影响测试结果的重要因素

（一）受试者的配合度

纯音测听是一种主观性检查，结果的准确性与受试者的配合度密切相关。如果受试者不能良好地配合，结果将产生较大偏差。导致配合度不佳的主要原因有：第一，文化程度、智力水平等存在差异，部分受试者不能完全理解测试规则。有些受试者，在开始阶段能很好地配合，但在变换频率、侧别、耳机或加掩蔽噪声后，就会出现配合度变差的情况。还有些受试者从最初就未理解测试规则。若发现上述情况，要及时重新讲解规则，直至受试者完全理解后再继续测试。第二，受试者患有某些疾病，如精神异常、智力障碍、肢体残疾、心理疾病、耳鸣等，无法很好地配合检查。听力师可以根据患者的情况，适当调整测试方法，让测试能够顺利完成。如受试者存在肢体残疾，无法使用应答器，则可改用口头应答等方式；若受试者有耳鸣，可以把刺激声由纯音改为啭音或脉冲音，便可与耳鸣有效区分。第三，受试者为了达到某种目的，如想获得赔偿、补助等，主观上不愿配合测试，可根据情况增加客观检查项目，如电生理检查。

（二）振触觉

在为听力损失较重的患者测试时，气导耳机和骨振器产生的声音振动可以通过触觉被感知到，即所谓的振触觉。这种由触觉而非听觉感受到的声信号能量，会导致受试者的听阈降低。振触觉主要发生在1000 Hz及以下频率，频率越低，振触觉越明显。气导和骨导测试均可能产生振触觉，但个体差异较大，表3.3显示了气导和骨导振触觉的参考阈值（vibrotactile threshold）（王永华 等，2013；韩德民 等，2005），可见在骨导测试中易受到振触觉的影响，尤其是在250 Hz和500 Hz处。在临床测试中，给声强度如果超过表中参考阈值患者才做出反应，应考虑是否由振触觉引起。此时，应告知患者，在听到声音而非感觉到振动时，才能做出应答。通过解释，多数患者可有效区分，但仍有少数患者会将振触觉当作听觉来应答。因此，在解读报告时，若低频存在明显气骨导差且骨导阈值大于等于表3.3中的参考阈值，但又没有其他证据表明该患者存在传导性病变时，应考虑是否为振触觉引起的偏差。

表3.3　气导和骨导振触觉参考阈值

频率 /Hz	250	500	1000
气导振触觉参考阈值 /dB HL	100	115	—
骨导振触觉参考阈值 /dB HL	25	55	70

（三）声辐射

在骨导测试中，骨振器振动时可以带动周围的空气振动，振动产生的能量向周围辐射，经气导路径传递至受试者耳内，这种现象称为声辐射。当未堵耳时，声辐射会导致测试耳骨导听阈降低。声辐射一般发生在2000 Hz以上的高频，尤其在4000 Hz最易出现。因此，若高频部分的气骨导差大于10 dB，而声导抗测试结果正常，提示没有明显的中耳病变，可以在进行2000 Hz以上频率的骨导听阈测试时，用耳机或耳塞堵住双耳（Frank et al.，1986），以排除声辐射造成的不利影响。

（四）堵耳效应

堵耳效应（OE）指用耳机或耳塞堵住耳时，在外耳和耳机间或外耳道内形成一个密闭的含气空腔，从而使该耳的骨导听阈降低的现象（全国声学标准化技术委员会，2018）。在骨导测试中，骨振器的振动在使颅骨振动的同时，也会引起外耳道软骨壁的振动。当外耳道开放时，这种振动能量会被释放出去，不会对骨导阈值产生影响。但当外耳道被堵住时，这部分能量会沿着鼓膜和听骨链进入内耳，使得骨导听阈下降。

OE一般发生在1000 Hz及以下的低频部分，且频率越低越明显。表3.4显示了骨导测试中佩戴不同类型气导耳机产生的OE值（Katz，2006）。在进行骨导掩蔽测试时，由于非测试耳被耳机堵住（且没有明显的传导性听力损失），OE会导致骨导听阈降低，计算初始掩蔽级时应加上OE修正值。

表3.4 骨导测试中佩戴不同类型气导耳机产生的堵耳效应值

频率/Hz	250	500	1000	2000	4000
压耳式耳机/dB	30	20	10	0	0
插入式耳机/dB	10	10	0	0	0

（五）耳道塌陷

部分受试者的外耳道先天狭窄或因外耳疾病导致狭窄，佩戴耳机会引起其外耳道塌陷，影响刺激声的传入，导致气导听阈提高，高频部分更加明显。此类人群可改用插入式耳机，或用中空软管将外耳道撑起后再佩戴气导耳机进行测试。

（六）其他

除了上述常见的影响因素外，测试环境噪声水平是否符合标准、设备是否定期校准、测试者是否经过正规培训等因素均可能影响纯音测听结果的准确性。因此，在怀疑测试结果的准确性时，应全面考虑，逐一排查上述影响因素，尽可能保证结果真实、有效。

第三节 测试结果的分析与解释

一、听力图

自1943年Bunch首次提出听力图的画法以来，纯音测听的结果一直以这种方式记录。听力图指用图或表的形式表示的，在规定条件下，按规定方法测得的听阈级与频率之间的关系（全国声学标准化技术委员会，2018）。图3.2和图3.3为标准的听力图和国际通用的标记符号。图3.2中，横坐标表示频率，单位为Hz，频率范围通常为125～8000 Hz，扩展高频一般为8000～16000 Hz；纵坐标表示强度，单位为dB HL，强度范围通常为－10～120 dB HL。在听力图中，横坐标上一个倍频程的刻度距离，等于纵坐标上20 dB的刻度距离。相邻的气导听阈符号用实线连接，骨导听阈用虚线连接。左右耳侧可用不同颜色予以区分，避免混淆，一般左耳符号和连线用蓝色标记，右耳符号和连线用红色标记。

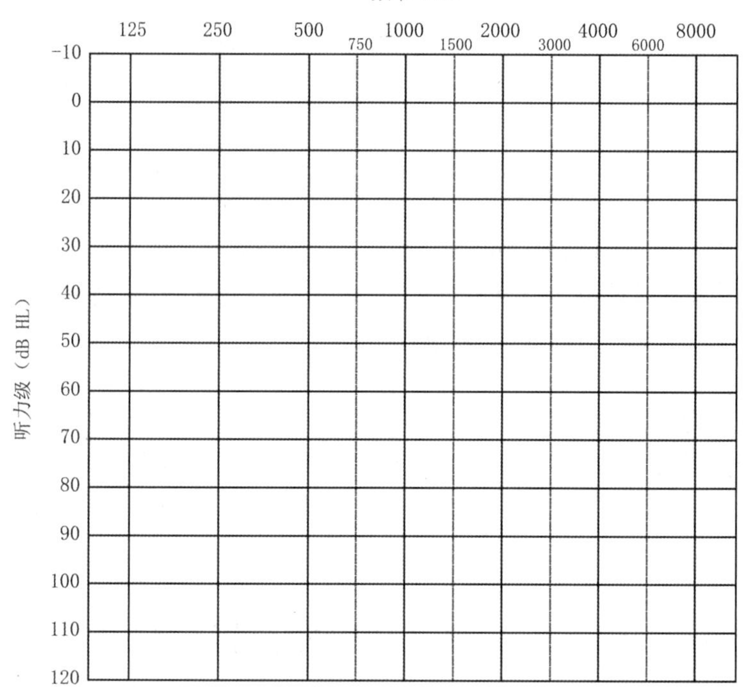

图 3.2　听力图

<table>
<tr><th colspan="2"></th><th>分类</th><th>左耳</th><th>右耳</th></tr>
<tr><td colspan="2" rowspan="4">气导</td><td>无掩蔽</td><td>x</td><td>o</td></tr>
<tr><td>无掩蔽、无反应</td><td>x↘</td><td>↙o</td></tr>
<tr><td>掩蔽</td><td>□</td><td>△</td></tr>
<tr><td>掩蔽、无反应</td><td>□↘</td><td>↙△</td></tr>
<tr><td rowspan="8">骨导</td><td rowspan="4">乳突部位</td><td>无掩蔽</td><td>></td><td><</td></tr>
<tr><td>无掩蔽、无反应</td><td>>↘</td><td>↙<</td></tr>
<tr><td>掩蔽</td><td>]</td><td>[</td></tr>
<tr><td>掩蔽、无反应</td><td>]↘</td><td>↙[</td></tr>
<tr><td rowspan="4">前额部位</td><td>无掩蔽</td><td colspan="2">v</td></tr>
<tr><td>无掩蔽、无反应</td><td colspan="2">v↓</td></tr>
<tr><td>掩蔽</td><td>⌈</td><td>⌉</td></tr>
<tr><td>掩蔽、无反应</td><td>⌈↘</td><td>↙⌉</td></tr>
<tr><td colspan="2" rowspan="2">声场</td><td>有反应</td><td colspan="2">s</td></tr>
<tr><td>无反应</td><td colspan="2">s↓</td></tr>
</table>

图 3.3　听力图中国际通用的标记符号

二、听力损失的分级

描述听力图的一种常用方式是听力损失的程度。气导测听可以反映外周到中枢听觉系统的状况，因此，通常作为划分听力损失程度的依据。可通过计算几个言语频率的气导平均听阈（pure tone average，PTA）来划分听力损失的程度。其中言语频率的组合较多，不同国家及标准存在差异。目前国内常用的分级标准的频率组合有两种：①500 Hz、1000 Hz和2000 Hz；②500 Hz、1000 Hz、2000 Hz和4000 Hz，这些频率对于言语的理解相当重要，据此划分的听力损失程度可用于估计言语交流障碍的程度。

关于听力损失的分级，目前尚无统一标准，表3.5列出了常用的三种分级方法（Goodman，1965；Clark，1981）。

表3.5　三种常用的听力损失分级方法

听力损失分级	Goodman（1965） PTA（500 Hz、1000 Hz和2000 Hz）	Clark（1981） PTA（500 Hz、1000 Hz和2000 Hz）	WHO（1997） PTA（500 Hz、1000 Hz、2000 Hz和4000 Hz）
正常	≤25 dB HL	≤15 dB HL	≤25 dB HL
轻微听力损失	/	16～25 dB HL	/
轻度听力损失	26～40 dB HL	26～40 dB HL	26～40 dB HL
中度听力损失	41～55 dB HL	41～55 dB HL	41～60 dB HL
中重度听力损失	56～70 dB HL	56～70 dB HL	/
重度听力损失	71～90 dB HL	71～90 dB HL	61～80 dB HL
极重度听力损失	＞90 dB HL	＞90 dB HL	＞80 dB HL

WHO在2021年3月3日发布的《世界听力报告》中给出了最新的听力损失分级标准（WHO，2021），如表3.6所示。与1997的WHO分级标准相比，差异主要有以下五点：①正常听力由≤25 dB HL降低到＜20 dB HL；②增加了完全听力损失等级，去掉了轻微听力损失等级；③由每一级20 dB变为15 dB；④增加了单侧听力损失的标准；⑤除了根据PTA分级外，还增加了不同等级听力损失的多数成年人在安静和噪声环境下对应的听觉表现。

表3.6　2021年WHO听力损失分级标准

听力损失分级	较好耳PTA（500 Hz、1000 Hz、2000 Hz和4000 Hz）	多数成年人在安静环境下的听力体验	多数成年人在噪声环境下的听力体验
正常听力	＜20 dB HL	听声音没有问题	听声音没有或几乎没有问题
轻度听力损失	20～35 dB HL	谈话没有问题	可能听不清谈话声
中度听力损失	35～50 dB HL	可能听不清谈话声	在谈话中有困难
中重度听力损失	50～65 dB HL	在谈话中困难，提高音量后可以正常交流	大部分谈话都很困难

续表

听力损失分级	较好耳PTA（500 Hz、1000 Hz、2000 Hz和4000 Hz）	多数成年人在安静环境下的听力体验	多数成年人在噪声环境下的听力体验
重度听力损失	65～80 dB HL	谈话大部分内容都听不到，即便提高音量也不能改善	参与谈话非常困难
极重度听力损失	80～95 dB HL	听到声音极度困难	听不到谈话声
完全听力损失/全聋	≥95 dB HL	听不到言语声和大部分环境声	听不到言语声和大部分环境声
单侧聋	好耳＜20 dB HL 差耳≥35 dB HL	除非音量靠近较差的耳朵，否则不会有问题，可能存在声源定位困难	可能在言语声、对话中和声源定位存在困难

我国《第二次全国残疾人抽样调查残疾标准》规定了听力残疾的评定标准，以较好耳500 Hz、1000 Hz、2000 Hz和4000 Hz的气导PTA进行分级，一共分为四级，如表3.7所示。

表3.7　2005年听力残疾评定标准

听力残疾分级	较好耳PTA/dB HL
一级	＞90
二级	81～90
三级	61～80
四级	41～60

三、听力损失性质的分类

描述听力图的另一种方式是听力损失的性质。纯音测听主要包括气导和骨导测试两部分，气导测试可以反映整条听觉通路的状况，骨导测试主要反映的是内耳和蜗后的功能状态。因此，通过比较气导听阈和骨导听阈，可大致判断听力损失发生的位置，并对听力损失的性质进行划分，主要分为传导性听力损失、感音神经性听力损失和混合性听力损失。

传导性听力损失：气导阈值超出正常范围，骨导阈值正常，且气骨导差（air bone gap）大于10 dB，但一般不超过65 dB（Katz et al.，2015），如图3.4所示。提示存在外耳和（或）中耳病变。

感音神经性听力损失：气导和骨导阈值均超出正常范围，且气骨导差小于等于10 dB，如图3.5所示。提示存在耳蜗或/和蜗后病变。

混合性听力损失：气导和骨导阈值均超出正常范围，且气骨导差大于10 dB，如图3.6所示。提示既存在外耳或/和中耳病变，又存在耳蜗或/和蜗后病变。

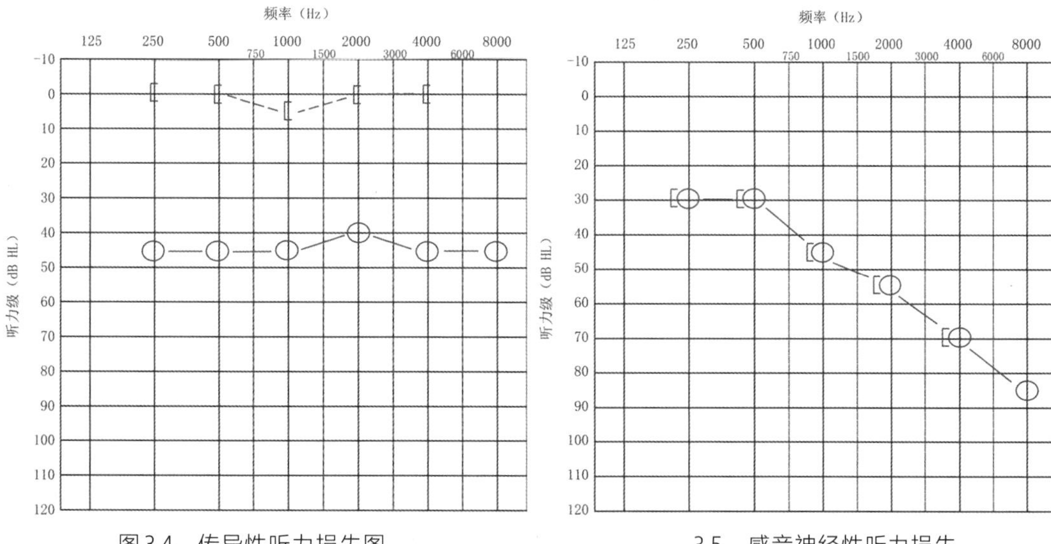

图3.4　传导性听力损失图　　　　3.5　感音神经性听力损失

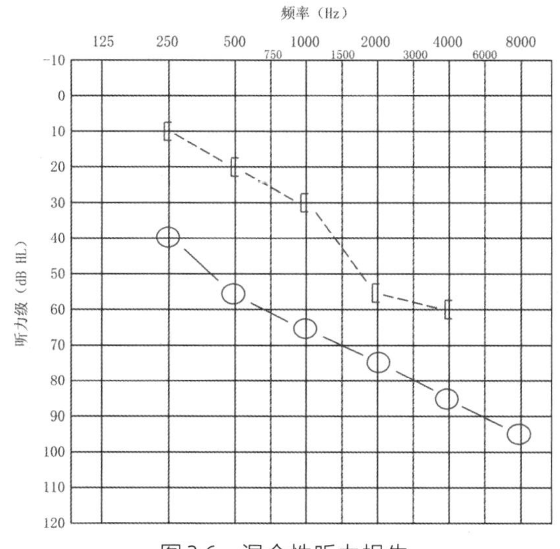

图3.6　混合性听力损失

四、听力曲线的类型

除了上述两种描述方式外，还可通过听力曲线的类型对听力图进行描述。听力曲线的类型通常可以分为平坦型、渐降型、下降型、陡降型、上升型、碟型、槽型和切迹型，表3.8为各类型听力曲线的划分标准。

表3.8　听力曲线类型的划分标准

听力曲线类型	定义
平坦型	相邻倍频程听阈增加或减少≤5 dB
渐降型	随着频率增加，每倍频程听阈增加5～10 dB
下降型	随着频率增加，每倍频程听阈增加15～20 dB

续表

听力曲线类型	定义
陡降型	随着频率增加，刚开始呈平坦或缓降，然后从某一频率处开始每倍频程听阈增加≥25 dB
上升型	随着频率增加，每倍频程听阈减少≥5 dB
碟型	听力图的两端频率（250 Hz和8000 Hz）比中间频率的听阈高≥20 dB
槽型	听力图的两端频率（250 Hz和8000 Hz）比中间频率的听阈低≥20 dB
切迹型	在某一频率突然下降，高出相邻倍频程20 dB或更多，相邻倍频程频率处的听阈呈恢复趋势

第四节　案例分析

案例一

分泌性中耳炎

林X，男，9岁。

主诉：自觉双耳听力下降、耳闷一周。

病史：一周前因感冒导致双耳听力下降、耳闷，无耳鸣、头晕等。1天前来我院就诊。

听力检查结果如下：

纯音听力报告（图3.7）显示双耳均存在气骨导差，气导呈轻度听力下降，骨导基本正常，提示有传导性听力损失。

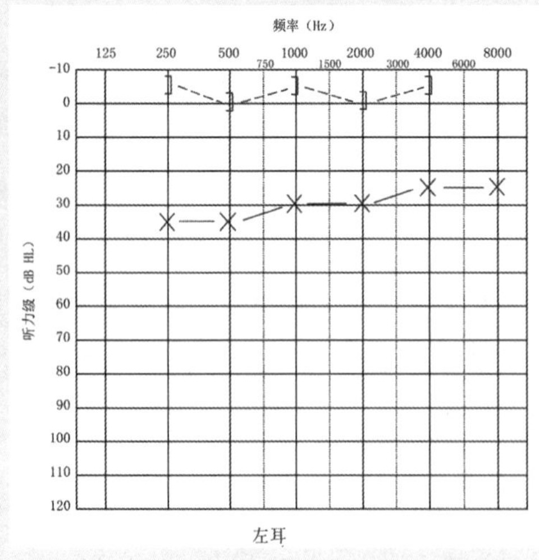

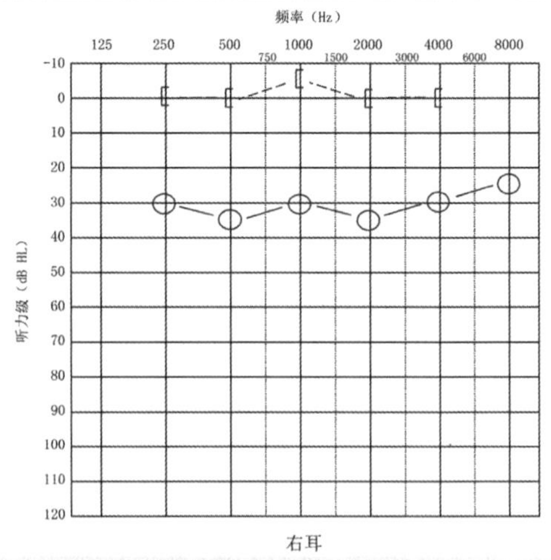

图3.7　纯音听力报告

案例二

老年性聋

王X，男，76岁。

主诉：自觉双耳听力下降十余年，近期尤甚，与他人交流困难，偶有耳鸣。

病史：十余年前开始出现不明原因的听力下降，偶有耳鸣，近期听力下降明显，与他人交流困难，耳鸣出现频次增多，无耳闷耳痛，无头痛头晕。有高血压史。两天前来我院就诊，听力检查结果如下：

纯音听力报告（图3.8）显示双耳气、骨导均呈中至重度下降，无明显气骨导差，提示有感音神经性听力损失。

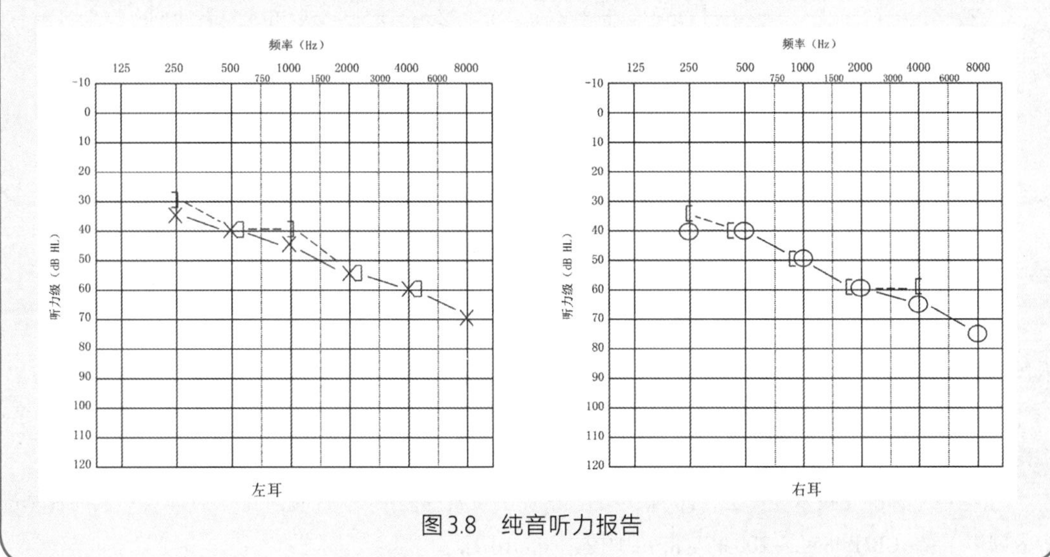

图3.8 纯音听力报告

案例三

鼻咽癌放射性治疗后听力下降

刘X，女，53岁。

主诉：自觉双耳听力下降一月，伴耳鸣。

病史：1月前因鼻咽癌术后放射性治疗导致双耳听力下降，伴耳鸣，无耳闷耳痛，无头痛头晕。两天前来我院就诊。

听力检查结果如下：

纯音听力报告（图3.9）显示双耳气、骨导均下降，有一定气骨导差，其中，低、中频气导呈轻至中度听力下降，高频气导呈重至极重度听力下降，提示有混合性听力损失。

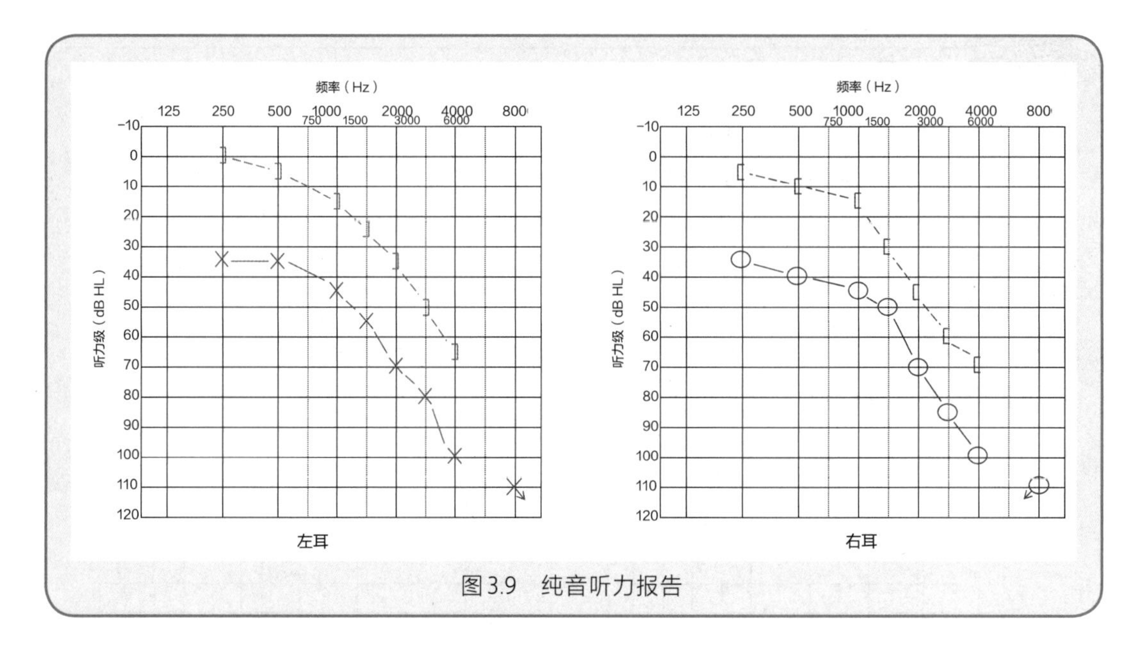

图3.9 纯音听力报告

参考文献

World Health Organization (WHO), 2021. 世界听力报告[M]. 韩德民，黄丽辉，傅新星，等，译. 北京：人民卫生出版社.

中国计量科学研究院，1998. 听力计：第四部分延伸高频测听的设备：GB/T 7341.4—1998[S]. 北京：中国标准出版社.

全国声学标准化技术委员会，2004. 声学校准测听设备的基准零级：第1部分压耳式耳机纯音基准等效阈声压级：GB/T 4854.1-2004[S]. 北京：中国标准出版社.

全国声学标准化技术委员会，2016. 声学测听方法：第2部分用纯音及窄带测试信号的声场测听：GB/T 16296.2-2016[S]. 北京：中国标准出版社.

全国声学标准化技术委员会，2018. 声学测听方法：第1部分纯音气导和骨导测听法：GB/T 16296.1-2018[S]. 北京：中国标准出版社.

全国声学标准化技术委员会，2022. 声学校准测听设备的基准零级：第3部分骨振器纯音基准等效阈振动力级：GB/T 4854.3—2022[S]. 北京：中国标准出版社.

徐飞，赵乌兰，田成华，2010. 实用听力学基础[M]. 杭州：浙江大学出版社.

王永华，徐飞，王枫，等，2013. 诊断听力学[M]. 杭州：浙江大学出版社.

韩东一，翟所强，韩维举，等，2008. 临床听力学[M]. 第2版. 北京：中国协和医科大学出版社.

韩德民，许时昂，王树峰，等，2005. 听力学基础与临床[M]. 北京：科学技术文献出版社.

Clark JG，1981. Uses and abuses of hearing loss classification[J]. American Speech-Language-Hearing Association，23(7)：493-500.

Frank T，Crandell CC，1986. Acoustic radiation produced by B-71，B-72，and KH 70 bone vibrators[J]. Ear and Hearing，7(5)：344-347.

Goodman A，1965. Reference zero levels for pure tone audiometer[J]. American Speech-Language-Hearing Association，7：262-273.

Katz J，2006. 临床听力学[M]. 5版. 韩德民，莫玲燕，卢伟，等，译. 北京：人民卫生出版社.

Katz J，Chasin M，English K，et al.，2015. Handbook of clinical audiology[M]. 7th ed. Philadelphia：Wolters Kluwer Health.

Prendergast G，Guest H，Munro KJ，et al.，2017a. Effects of noise exposure on young adults with normal audiograms Ⅰ：electrophysiology[J]. Hearing Research，344：68–81.

Prendergast G，Millman RE，Guest H，et al.，2017b. Effects of noise exposure on young adults with normal audiograms Ⅱ：behavioral measures[J]. Hearing Research，356：74–86.

Stenfelt S，Goode RL，2005. Bone-conducted sound：physiological and clinical aspects[J]. Otology & Neurotology，26(6)：1245–1261.

Stenfelt S，Puria S，Hato N，et al.，2003. Basilar membrane and osseous spiral lamina motion in human cadavers with air and bone conduction stimuli[J]. Hearing Research，181(1–2)：131–143.

Tonndorf J，1968. A new concept of bone conduction[J]. Archives of Otolaryngology – Head and Neck Surgery，87(6)：595–600.

Watson CS，Gengel RW，1969. Signal duration and signal frequency in relation to auditory sensitivity[J]. Journal of the Acoustical Society of America，46(4)：989–997.

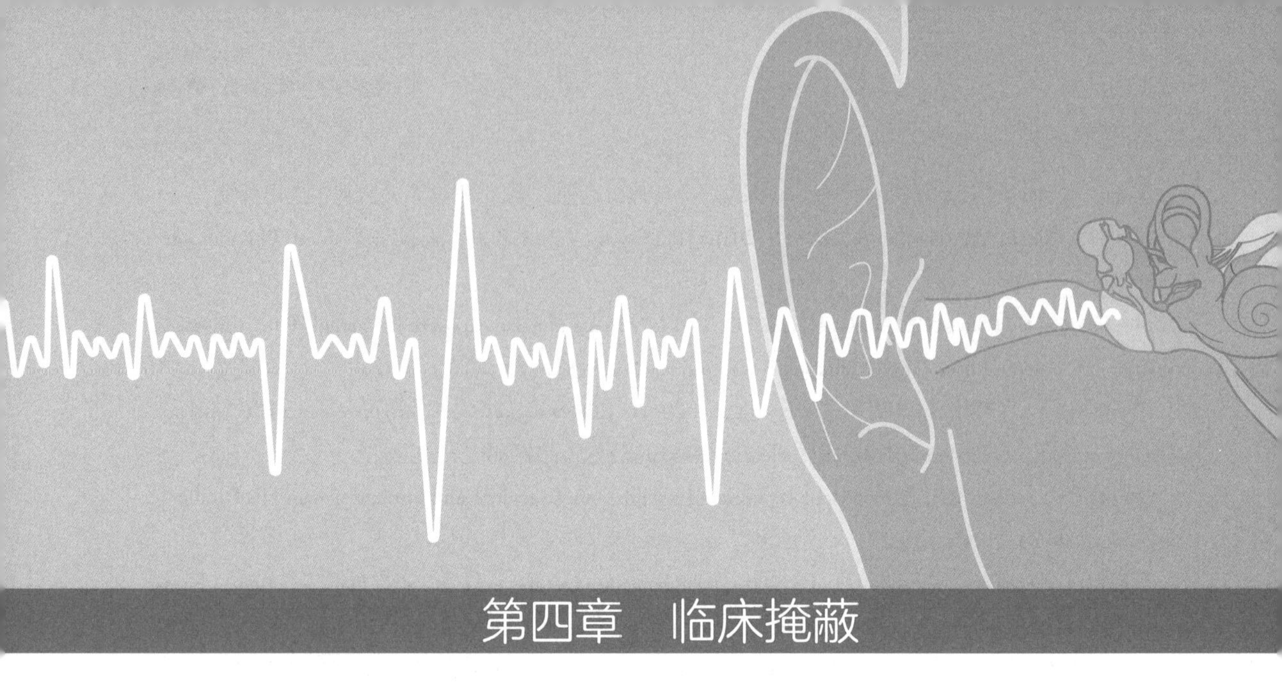

第四章　临床掩蔽

掩蔽技术是听力学的一项重点内容，也是难点。本节将重点介绍掩蔽的基本原理和方法，初学者应在充分理解原理的基础上，严格按照掩蔽的方法和流程进行反复练习，在临床实践中积累经验，待熟练掌握之后方可灵活应用。

第一节　掩蔽的原因

在纯音测听检查中，常出现以下情况：受试者的测试耳（test ear，TE）还未听到刺激声时，非测试耳（nontest ear，NTE）已经听到，并做出反应，最终导致结果不准确，可能造成错误的诊断和治疗。为了获得TE的真实听阈，避免上述情况的发生，需在NTE施加噪声，进行掩蔽测试。

一、交叉听力和影子曲线

图4.1和4.2分别为一位患者掩蔽前、后测得的听力图。由图4.1可知，掩蔽前左耳听力正常，右耳为中度传导性听力损失。由图4.2可知，掩蔽后右耳为重度感音神经性听力损失，与掩蔽前测得的结果大相径庭。哪一个才是真实的结果呢？答案显然是后者。由于该患者两耳听力相差较大（左耳明显好于右耳），在测右耳时，较高强度的刺激声还未被右耳听到时，已被较好的左耳听到了，而患者被告知听到声音即要做出反应，于是便得到图4.1的结果。这种由于测试耳给声足够大时，声音通过振动颅骨及其内容物传至对侧耳蜗，引起非测试耳产生听觉的现象叫作交叉听力（Katz，2006）。从图4.1中还可发现，右耳的听力曲线与左耳的形状一致，这种曲线叫作影子曲线。影子曲线是由于交叉听力产生的一种特征性曲线，此时，只有通过加掩蔽噪声才能避免NTE参与，得到TE的真实阈值。

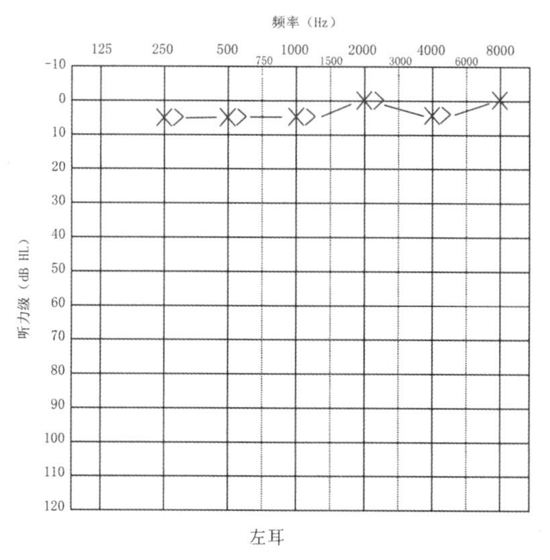

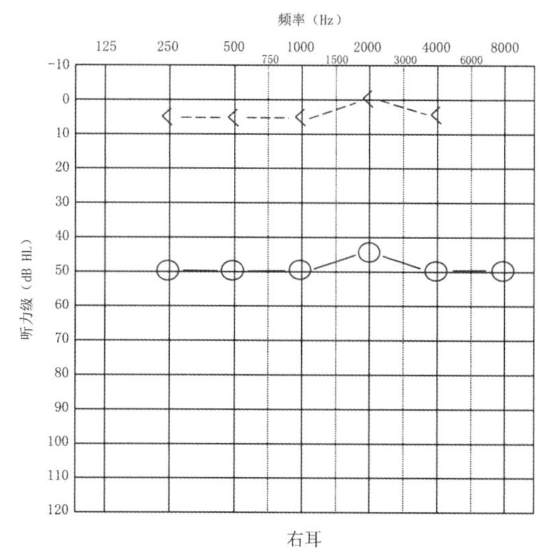

图4.1　未掩蔽的听力图

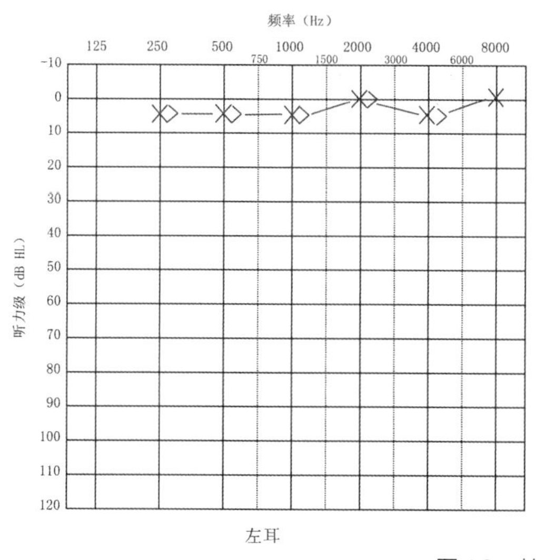

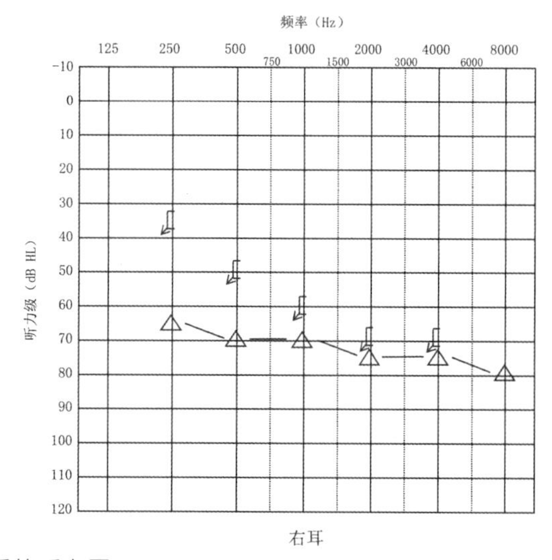

图4.2　掩蔽后的听力图

二、交叉听力的产生机制

交叉听力的产生机制目前有两种说法。第一，通过骨导路径产生。耳机以足够的能量产生振动，导致颅骨变形，能量通过骨导路径传递至NTE的耳蜗。第二，通过气导路径产生。TE侧的耳机发出的声能绕过头颅到达NTE，并进入外耳道，然后通过气导路径传递至NTE的耳蜗。由于在气导测试中NTE被耳机覆盖，通过气导路径传递至对侧耳的能量被大大衰减，该方式对气导测试中的交叉听力贡献较小，可忽略不计。因此，在气导测试中，交叉听力被认为是由骨导机制产生的（Rintelmann，1979）。

三、耳间衰减

由图4.1可知，未掩蔽情况下，右耳的气导给声强度达到50 dB HL左右时才能被左耳的耳蜗感受，但左耳的骨导听阈约为0 dB HL，两者相差较大，说明声信号从右耳传递至左耳的过程中消耗了能量，这种TE与NTE间能量的衰减被称为耳间衰减（interaural attenuation，IA）。IA值对于掩蔽来说至关重要，明确IA值是判定交叉听力是否存在，以及在NTE加的掩蔽噪声强度是否过度的前提。测试中的IA值主要受三个因素影响：换能器类型、测试信号的频率和个体受试者（Katz et al.，2015）。其中，涉及掩蔽的换能器主要为气导耳机和骨导耳机。气导耳机的IA值较大，主要原因是振动颅骨需消耗较多能量。目前临床常用的气导耳机主要有三种：压耳式耳机、耳罩式耳机和插入式耳机。一般来说，换能器与颅骨接触面积越大，IA值越小（Zwislocki，1953）。因此，三种气导耳机中，插入式耳机的IA值最大，耳罩式耳机的IA值最小。

由于IA值的个体差异较大，不同研究结果存在较大差异，在实际测试中获得每位受试者的IA值并不可行。因此，一般根据各研究中的最小IA值判断是否需要进行掩蔽测试。

有关压耳式耳机的IA值的研究显示，IA值随受试者和测试频率而异，一般为40 ~ 85 dB（Lidén et al.，1959a；Snyder，1973；Smith et al.，1981；Sklare et al.，1987），高频稍高于低频。目前临床常用40 dB作为所有常规测试频率的最小IA估计值。这种方法虽然方便记忆和计算，但可能会增加一些不必要的掩蔽和测试时间。表4.1列出了推荐使用的压耳式耳机在不同频率的最小IA值，方便临床应用。

表4.1 推荐使用的压耳式耳机的最小IA值

频率/Hz	250	500	1000	2000	4000	8000
最小IA值/dB	40	40	40	45	50	50

插入式耳机具有比压耳式耳机更大的IA值（尤其在低、中频）。其原因主要有两点：①它与颅骨的接触面积减小；②堵耳效应（OE）减小（Katz et al.，2015）。IA值的增大对于掩蔽测试来说尤为重要，它可以有效减少交叉听力的发生，降低掩蔽测试的需求，节约测试时间，还能解决部分掩蔽难题。但需要注意的是，测试过程中耳机插入的深度会影响IA值，主要与OE有关。当插入深度较浅时（耳塞外缘突出于外耳道口），并不能有效减少OE（Berger et al.，1983），其IA值显著降低，不能发挥优势（Sklare et al.，1987；Killion et al.，1985；Van Campen et al.，1990）；当插入深度为中等（耳塞外缘与外耳道口齐平）或深（耳塞外缘在外耳道口内2 ~ 3 mm）时，OE显著降低，甚至可忽略不计，其IA值显著增大（尤其在低、中频）（Killion et al.，1985；Van Campen et al.，1990）。虽然有研究显示，中等插入的IA值与深插入的IA值无显著差异，但为了获得最大的IA值，Killion等（1985）推荐采用深插入的方式。基于相关文献数据，推荐使用的ER-3A插入式耳机的最小IA值为：≤1000 Hz频率时为75 dB、>1000 Hz频率时为50 dB（Sklare et al.，1987；Killion et al.，1985；Van Campen et al.，1990；Yacullo，1996）。

骨导耳机的IA值远低于气导耳机。骨振器可以放置于前额位或耳后乳突位，当放置于前额位时，所有频率的IA值几乎均为0 dB；当放置于乳突位时，IA值在250 Hz处约为0 dB，在4000 Hz处增加至15 dB（Studebaker，1967）。一般认为无论放置于何位（前额或乳突），骨导耳机在所有频率的IA值均为0 dB（Studebaker，1967；Katz et al.，2015），即骨振器发生振动时，传递至两侧耳蜗的能量是相同的。因此，在未掩蔽的情况下，所得到的双侧骨导阈值均来源于较好的一侧耳。

第二节　掩蔽噪声的选择

广义来讲，掩蔽是指一个声音的听阈因为另一个掩蔽声的存在而上升的现象（全国声学标准化技术委员会，2018）。在临床听力检测中，掩蔽主要指在测试一耳时，对另一耳施加噪声以避免其参与的方法（王永华 等，2013）。要选择合适的噪声，先要理解临界频带。

一、临界频带

纯音测听使用的刺激信号为频率单一的纯音，要对其进行掩蔽，噪声必须包含测试信号频率，且只有以该纯音信号频率为中心的、有限的一段频带具有掩蔽效应，这一频带即为临界频带（Katz，2006）。用临界频带的噪声掩蔽纯音时，掩蔽效应最大，某一强度的噪声刚好可掩蔽同等强度的纯音信号，此时处于临界状态，纯音和噪声可同时被听到。因此，当掩蔽噪声强度大于或等于听阈时，掩蔽后的听阈将达到与掩蔽噪声强度相同的水平。

二、掩蔽噪声的选择

目前临床使用的大多数听力计可提供以下三种掩蔽噪声：①窄带噪声；②宽带噪声或白噪声；③言语噪声。它们分别用于不同类型听力学测试的掩蔽。

纯音测听中若使用频带比临界频带宽的噪声（如言语噪声、宽带噪声或白噪声），则临界频带以外的能量并不能发挥掩蔽作用，只会增加噪声的整体响度，易使受试者产生不适感，并限制噪声的输出上限。若使用频带比临界频带窄的噪声，则需增加噪声强度，才能保持整体能量不变，达到掩蔽效果（Katz，2006）。显然，临界频带的窄带噪声才是掩蔽纯音的最佳选择。但需要注意的是，听力计中使用的窄带噪声的频带并非等于临界频带，而是比临界频带略宽（王永华 等，2013），因此，需要按照国家标准规定的窄带掩蔽噪声基准级进行修正（全国声学标准化技术委员会，1999）。

三、有效掩蔽级

有效掩蔽级（effective masking level，EML）是一个用来评价掩蔽噪声效力的单位，指当纯音信号和以该纯音频率为中心频率的窄带噪声同时在一耳时，使该纯音听阈发生改变的噪声强度（Katz，2006）。当噪声的EML大于或等于纯音听阈时，可以使纯音听阈移动至与噪声强度相同的水平。比如一个40 dB EML的噪声同时施加于纯音听阈分别为20 dB HL、40 dB HL和60 dB HL的三位受试者耳朵上，掩蔽后只有听阈为20 dB HL的受试者发生了阈移，且掩蔽前听阈小于40 dB HL的受试者，掩蔽后的听阈均会提高至40 dB HL；听阈为40 dB HL的受试者刚好被40 dB EML的噪声掩蔽，此时处于临界状态，受试者可同时听到纯音和噪声，但听阈不会发生变化；而听阈为60 dB HL的受试者未被噪声掩蔽，听阈不变。

第三节 掩蔽的条件

当交叉听力发生时，需通过施加掩蔽噪声来排除NTE的影响，获取TE的真实阈值。而交叉听力的发生与IA值密切相关，前文已列出各种情况下的最小IA推荐值，据此可判断是否需进行掩蔽。

一、气导测试的掩蔽条件

判断气导测试是否需要进行掩蔽由TE的未掩蔽气导听阈、NTE的骨导听阈和最小IA值三者共同决定。如果TE的未掩蔽气导听阈减去NTE的骨导听阈大于或等于最小IA值，即$AC_{TE}-BC_{NTE}\geq$最小IA值则需要进行掩蔽（Katz et al.，2015）。其中，AC_{TE}表示TE的未掩蔽气导听阈，BC_{NTE}表示NTE的骨导听阈，最小IA值参考前文。需要注意的是，由于骨导听阈通常低于气导，如果满足$AC_{TE}-AC_{NTE}\geq$最小IA值（AC_{TE}表示TE的未掩蔽气导听阈，AC_{NTE}表示NTE的气导听阈），也同样需要掩蔽。

表4.2为一位受试者未掩蔽的纯音听阈，这些频率的最小IA值均为40 dB，250 Hz的右耳气导听阈与左耳骨导听阈相差35 dB，未满足掩蔽条件，无须进行掩蔽。500 Hz和1000 Hz的右耳气导听阈与左耳骨导听阈相差分别为40 dB和50 dB，均满足掩蔽条件，需进行掩蔽。

表4.2 某受试者未掩蔽的纯音听阈

频率/Hz	250	500	1000
左耳气导听阈/dB HL	10	15	15
左耳骨导听阈/dB HL	5	10	10
右耳气导听阈/dB HL	40	50	60

二、骨导测试的掩蔽条件

由于骨导耳机的IA值通常被视为0，骨振器放置于任意一侧乳突位，能量均可无衰减地传递至两侧耳蜗。因此，未掩蔽的两耳测试结果均为较好耳的骨导听阈。然而，测试者在多数情况下无法准确判断哪一侧的骨导听阈更好，故从理论上说，所有的骨导测试都应进行掩蔽。但在临床上，判断骨导是否需要进行掩蔽，除上述因素外，还需考虑骨导测试的目的。

如前文所述，进行骨导测试的目的主要是判断听力损失的性质，尤其是外、中耳病变导致的传导性耳聋（Katz et al.，2015）。当气骨导差≤10 dB时，听力损失的性质被定义为感音神经性，此时气骨导差是0 dB、5 dB或10 dB并不重要，其结果均相同。而当气骨导差＞10 dB时，存在传导性听力损失和混合性听力损失两种可能的结果，前者的骨导听阈正常，而后者的骨导听阈异常。因此，当气骨导差＞10 dB时，必须获得准确的骨导阈值，才能对传导性聋和混合性聋进行区分。

综上所述，骨导测试的掩蔽条件为：同侧气骨导差＞10 dB，即$AC_{TE}-BC_{TE}>10$ dB，

其中 AC_{TE} 表示TE的气导听阈，BC_{TE} 表示TE的未掩蔽骨导听阈。

表4.3为一位受试者未掩蔽的左耳纯音听阈。250 Hz和500 Hz的气骨导差分别为5 dB和10 dB，均未满足掩蔽条件，无须进行掩蔽。1000 Hz的气骨导差为40，满足掩蔽条件，需进行掩蔽。1000 Hz的骨导在进行掩蔽后结果存在三种可能性：第一种是掩蔽后骨导听阈不变或稍提高（不超过25 dB HL），为传导性听力损失；第二种是掩蔽后骨导听阈提高，且介于25 dB HL和40 dB HL之间，为混合性听力损失；第三种是掩蔽后骨导听阈明显提高（40 dB HL ≤骨导听阈≤ 50 dB HL），为感音神经性听力损失。

表4.3　某受试者未掩蔽的左耳纯音听阈

频率/Hz	250	500	1000
左耳气导听阈/dB HL	15	30	50
左耳骨导听阈/dB HL	10	20	10

三、初始掩蔽级和最小掩蔽级

初始掩蔽级（initial masking level）指在非测试耳引入的第一个噪声水平。这一水平的噪声往往不足以完全掩蔽由TE传递至NTE的能量，但要求至少能掩蔽其中部分能量（Katz et al.，2015）。因此，初始掩蔽级应至少为NTE气导听阈阈上5 dB。Martin（1974）建议初始掩蔽级的设置应考虑受试者间的变异性，至少应在NTE气导听阈上加10 dB，即初始掩蔽级$=AC_{NTE}+10$ dB（AC_{NTE} 表示NTE的气导听阈）。但要注意的是，在不同的掩蔽方法中，初始掩蔽级并不相同，而且即使采用同一种掩蔽方法，气导和骨导掩蔽测试的初始掩蔽级也存在差异（骨导掩蔽测试需考虑OE的影响）。

最小掩蔽级（minimum masking level）指为了消除NTE的参与，建立测试耳真实听阈所需的最小噪声水平（Katz et al.，2015）。在某些特殊情况下，它与初始掩蔽级在数值上是相等的，但代表的意义不同。

四、过度掩蔽和最大掩蔽级

在NTE加掩蔽噪声时，若强度过大，会引起过度掩蔽。过度掩蔽（over masking）指掩蔽噪声的强度太大，以至于通过骨导从NTE传递至TE，干扰了TE的测试，导致TE阈值升高的现象（Katz，2006）。多少强度噪声才会造成过度掩蔽？无论是气导测试的掩蔽，还是骨导测试的掩蔽，都是在NTE通过气导耳机加掩蔽噪声。所以只需知道气导耳机输出的窄带噪声经过衰减到达TE时，是否大于TE的骨导听阈，即可判断是否产生过度掩蔽。因此，当NTE噪声的EML大于或等于TE的骨导听阈加上最小IA值再加上5 dB，即 $EML_{NTE} \geq BC_{TE}+$最小IA值$+5$（EML_{NTE} 表示NTE噪声的有效掩蔽级，BC_{TE} 表示TE的骨导听阈）时，就会产生过度掩蔽（Katz，2006）。

明确了过度掩蔽的条件，就不难推测出最大掩蔽级。最大掩蔽级（maximum masking level）指在NTE施加噪声而不造成过度掩蔽情况下的最大有效掩蔽级。如果NTE的窄带噪声经过衰减到达TE，小于或等于TE的骨导阈值，就不会造成过度掩蔽。因此，最大掩蔽级应为经过衰减刚好等于TE骨导听阈的强度，此时纯音信号和噪声同时被听到，噪声不会引起听阈改变，即最大掩蔽级＝BC_{TE}＋最小IA值（BC_{TE}表示TE的骨导听阈）。

第四节　掩蔽的方法

目前临床常用的掩蔽方法有两种，即平台法和阶梯法。平台法由Hood（1960）提出，是最经典的掩蔽方法，对于初学者来说，充分理解该方法是灵活进行掩蔽的前提。平台法的优点是精细，可以获得精准的结果；缺点是使用起来较为耗时，且容易造成患者疲劳，在目前临床工作繁重的情形下并不适合常规使用，而在一些特殊情况下，如NTE的气导听阈和最大掩蔽级相差很小时，仍需使用该方法。阶梯法是一种更适合临床的掩蔽方法，相对于平台法，它精简了步骤，缩短了用时，但不适用于NTE的气导听阈和最大掩蔽级相差很小的情况。两种方法各有利弊，都应熟练掌握，在需要掩蔽时根据情况灵活使用。

一、平台法

平台法通过逐步增加NTE的掩蔽噪声强度来寻找TE的真实听阈。为了便于读者理解，用图4.3所示的坐标图来直观地描述平台法的测试过程。横轴表示NTE的掩蔽噪声强度，纵轴表示TE的纯音听阈，*O*点表示NTE的气导听阈，*A*点表示NTE的初始掩蔽级，*B*点表示NTE的最小掩蔽级，*C*点表示NTE的最大掩蔽级，*D*点表示听力计的噪声最大输出强度。测试过程可以分为三个阶段：第一阶段为上升期1，即*AB*段，从初始掩蔽级（*A*点）开始逐渐增加噪声强度，TE的听阈随之逐渐增大，直至达到临界点（*B*点），此时为TE达到真实听阈所需的最小噪声水平，即最小掩蔽级，这一阶段掩蔽不足（*B*点除外），仍然存在交叉听力。第二阶段为平台期，即*BC*段，随着噪声继续增加，TE的听阈不再变化，直至临界点（*C*点），此时为TE的真实听阈所对应的最大噪声强度，即最大掩蔽级，这一阶段交叉听力被完全消除，TE的听阈为真实阈值。第三阶段为上升期2，即*CD*段，随着噪声强度增大，TE的听阈会继续随之升高直至听力计的噪声最大输出强度（*D*点），这一阶段产生过度掩蔽，TE的听阈受到噪声的掩蔽而偏离真实值。

平台法的初始掩蔽级在气导和骨导掩蔽测试中存在差异。在气导掩蔽测试中，全频的初始掩蔽级均为NTE阈上10 dB。而在骨导掩蔽测试中，需考虑低、中频（250 Hz、500 Hz和1000 Hz）OE的影响，应在NTE阈上10 dB的基础上额外加上OE修正值。使用压耳式耳机的OE修正值为：250 Hz和500 Hz为15 dB，1000 Hz为10 dB（Katz，2006）。使用插入式耳机的OE修正值为：250 Hz和500 Hz为10 dB，1000 Hz为0 dB（Katz et al.，2015）。需要注意的是，传导性听力损失会使OE降低或消失，若NTE存在20 dB或更多的气骨导差，就不需要考虑OE对骨导掩蔽测试的影响，无须在初始掩蔽级上加修正值（Martin，1974）。

在施加初始掩蔽级的噪声后，需对TE的听阈进行复测。然后，以10 dB为步距增加噪声强度，每次增加噪声强度后均需对TE听阈进行复测，直至噪声强度连续增加20 dB，TE听阈均未发生变化，则此时的TE听阈即为真实阈值。

除了Hood（1960）建议的以10 dB为步距的测试方法外，Martin（1980）建议以5 dB

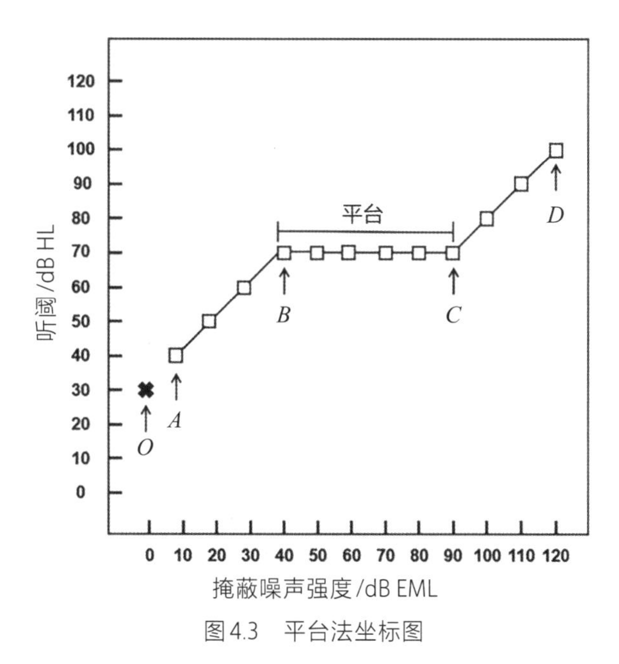

图4.3 平台法坐标图

为步距增加噪声级，这种方法在掩蔽平台很窄时更有意义，可有效避免过度掩蔽的发生。以5 dB为步距增加噪声级时，若噪声强度连续增加15 ～ 20 dB，TE听阈均未发生变化，则此时的TE听阈即为真实阈值。

二、阶梯法

阶梯法采用较大的初始掩蔽级和步距，用较少的步骤即可获得较为准确的结果，是目前临床使用频率最高的方法。同平台法一样，阶梯法在气导和骨导掩蔽测试中存在差异。

气导掩蔽测试采用阶梯法时，全频的初始掩蔽级均为NTE阈上30 dB，施加掩蔽的同时对TE的气导听阈进行复测，并根据阈移情况决定是否需要进一步掩蔽。若阈移≤15 dB，则阈移后的听阈为TE的真实气导听阈，无须进一步掩蔽；若阈移≥20 dB，说明掩蔽可能不足，交叉听力的影响仍可能存在，需进一步掩蔽。

进一步掩蔽需在原有噪声级基础上再加20 dB，施加掩蔽的同时对TE的气导听阈进行复测，并根据阈移情况决定是否需要进一步掩蔽。若阈移≤10 dB，说明阈移后的听阈为TE的真实听阈，无须进一步掩蔽；若阈移≥15 dB，说明掩蔽可能不足，需进一步掩蔽，重复该步骤，直至获得真实听阈或达到听力计最大输出（Katz，2006）。为方便临床应用，表4.4对气导测试的阶梯掩蔽法进行了总结。

表4.4 气导测试的阶梯掩蔽法总结

掩蔽阶段	TE的气导听阈阈移	是否需要进一步掩蔽
初始掩蔽 （NTE阈上30 dB）	≤15 dB	否
	≥20 dB	是
进一步掩蔽 （在初始掩蔽级上再加20 dB）	≤10 dB	否
	≥15 dB	是

骨导掩蔽测试采用阶梯法时，初始掩蔽级与气导掩蔽测试存在较大差异，除了在所有频率上加NTE阈上20 dB的噪声外，还需考虑低、中频（250 Hz、500 Hz和1000 Hz）OE的影响（前提是NTE气骨导差＜20 dB，即无明显的传导性听力损失），应额外加上OE修正值（同上述平台法中的OE修正值）。在施加初始掩蔽级的噪声后，复测TE的骨导听阈，并根据阈移情况决定是否需要进一步掩蔽。若阈移≤10 dB，则阈移后的听阈为TE的真实骨导听阈，无须进一步掩蔽；若阈移≥15 dB，说明掩蔽可能不足，交叉听力的影响仍可能存在，需进一步掩蔽。进一步掩蔽即在原有的噪声级基础上再加20 dB，然后重复上述步骤，直至获得真实听阈或达到听力计最大输出（Katz，2006）。为方便临床应用，表4.5对骨导测试的阶梯掩蔽法进行了总结。

表4.5　骨导测试的阶梯掩蔽法总结

掩蔽阶段	TE的骨导听阈阈移	是否需要进一步掩蔽
初始掩蔽（NTE阈上20 dB+OE修正值）	≤10 dB	否
	≥15 dB	是
进一步掩蔽（在初始掩蔽级上再加20 dB）	≤10 dB	否
	≥15 dB	是

第五节　掩蔽难题

临床中常出现如下情况：若NTE存在明显的听力损失且TE存在明显的传导性听力损失，加在NTE上的最小初始掩蔽级（NTE阈上5 dB）的噪声已产生过度掩蔽，导致无法进行掩蔽，这一现象被称为掩蔽难题（Katz et al.，2015）。掩蔽难题中最具代表性的案例是双耳均存在明显气骨导差的传导性聋，表4.6中的数据为一位患者未掩蔽情况下的双耳听阈。假设气导耳机的各频率最小IA值均为40 dB，通过计算可知，任一频率上噪声的最小初始掩蔽级均已超过最大掩蔽级，产生了过度掩蔽，故无法进行掩蔽。

表4.6　某患者的未掩蔽听阈

频率/Hz	250	500	1000	2000	4000	8000
左耳气导听阈/dB HL	55	50	45	45	45	40
左耳骨导听阈/dB HL	−5	0	−5	5	0	
右耳气导听阈/dB HL	50	45	50	45	45	45
右耳骨导听阈/dB HL	−5	0	0	0	5	

解决掩蔽难题的最有效方法是改用插入式耳机（Hosford-Dunn et al.，1986）。插入式耳机的最小IA值大于常用的压耳式耳机，尤其是在低、中频，当插入较深时，1000 Hz及以下频率的最小IA值可达75 dB，1000 Hz以上频率的最小IA值为50 dB。假设表4.6中的患

者改用插入式耳机进行测试，由于最小IA值的增加，原本达到掩蔽条件的频率均不再符合掩蔽条件，即不再需要掩蔽，掩蔽难题便迎刃而解。

第六节 中枢掩蔽

在未产生过度掩蔽的情况下，对侧噪声的引入会使TE的纯音听阈产生小幅度升高，这种现象被称为中枢掩蔽（Katz et al.，2015）。中枢掩蔽的产生机制尚不完全清楚，Lidén等（1959b）猜测可能与中枢神经系统介导的某些机制有关。不同研究的结果虽然存在差异，但均表明中枢掩蔽产生的阈值升高幅度很小，一般认为约5 dB（Konkle et al.，1983）。

在临床掩蔽测试中，不建议用掩蔽后阈值减去中枢掩蔽效应值。主要原因有两点：①一般认为阈值偏移 ±5 dB表示复测信度良好，结果可靠，而中枢掩蔽效应产生的阈移正好在此范围，故无法确定阈移是否由中枢掩蔽导致。②中枢掩蔽效应的个体差异较大，很难确定一个合适的校正因子。虽然中枢掩蔽效应一般可忽略不计，但若掩蔽测试中出现不明原因的少量阈移，在解释结果时应加以考虑（Katz et al.，2015）。

参考文献

全国声学标准化技术委员会，1999. 声学校准测听设备的基准零级：第4部分窄带掩蔽噪声的基准级：GB/T 4854.4-1999[S]. 北京：中国标准出版社.

全国声学标准化技术委员会，2018. 声学测听方法：第1部分纯音气导和骨导测听法：GB/T 16296.1-2018[S]. 北京：中国标准出版社.

王永华，徐飞，王枫，等，2013. 诊断听力学[M]. 杭州：浙江大学出版社.

Berger EH，Kerivan JE，1983. Influence of physiological noise and the occlusion effect on the measurement of real-ear attenuation at threshold[J]. Journal of the Acoustical Society of America，74(1)：81-94.

Hood JD，1960. The principles and practice of bone-conduction audiometry：a review of the present position[J]. Laryngoscope，70：1211-1228.

Hosford-Dunn H，Kuklinski AL，Raggio M，et al.，1986. Solving audiometric masking dilemmas with an insert masker[J]. Archives of Otolaryngology -Head and Neck Surgery，112(1)：92-95.

Katz J，Chasin M，English K，et al.，2015. Handbook of clinical audiology[M]. 7th ed. Philadelphia：Wolters Kluwer Health.

Katz J，2006. 临床听力学[M]. 第5版. 韩德民，莫玲燕，卢伟，等，译. 北京：人民卫生出版社.

Killion MC，Wilber LA，Gudmundsen GI，1985. Insert earphones for more interaural attenuation[J]. Hearing Instruments，36(2)：34-36.

Konkle DF，Rintelmann WF，1983. Principles of speech Audiometry[M]. Baltimore，MD：University Park Press.

Lidén G，Nilsson G，Anderson H，1959a. Narrow-band masking with white noise[J]. Acta Oto-Laryngologica，50(2)：116-124.

Lidén G, Nilsson G, Anderson H, 1959b. Masking in clinical audiometry[J]. Acta Oto-Laryngologica, 50(2): 125-136.

Martin FN, 1974. Minimum effective masking levels in threshold audiometry[J]. Journal of Speech and Hearing Disorders, 39(3): 280-285.

Martin FN, 1980. The masking plateau revisited[J]. Ear and Hearing, 1(2): 112-116.

Rintelmann WF, 1979. Hearing Assessment[M]. Baltimore: University Park Press.

Sklare DA, Denenberg LJ, 1987. Interaural attenuation for Tubephone insert earphones[J]. Ear and Hearing, 8(5): 298-300.

Smith BL, Markides A, 1981. Interaural attenuation for pure tones and speech[J]. British Journal of Radiology, 15(1): 49-54.

Snyder JM, 1973. Interaural attenuation characteristics in audiometry[J]. Laryngoscope, 83(11): 1847-1855.

Studebaker GA, 1967. Clinical masking of the non-test ear[J]. The Journal of Speech and Hearing Disorders, 32: 360-371.

Van Campen LE, Sammeth CA, Peek BF, 1990. Interaural attenuation using Etymotic ER-3A insert earphones in auditory brainstem response testing[J]. Ear and Hearing, 11(1): 66-69.

Yacullo WS, 1996. Clinical masking procedures[M]. Needham Heights, MA: Allyn & Bacon.

Zwislocki J, 1953. Acoustic attenuation between the ears[J]. Journal of the Acoustical Society of America, 25: 752-759.

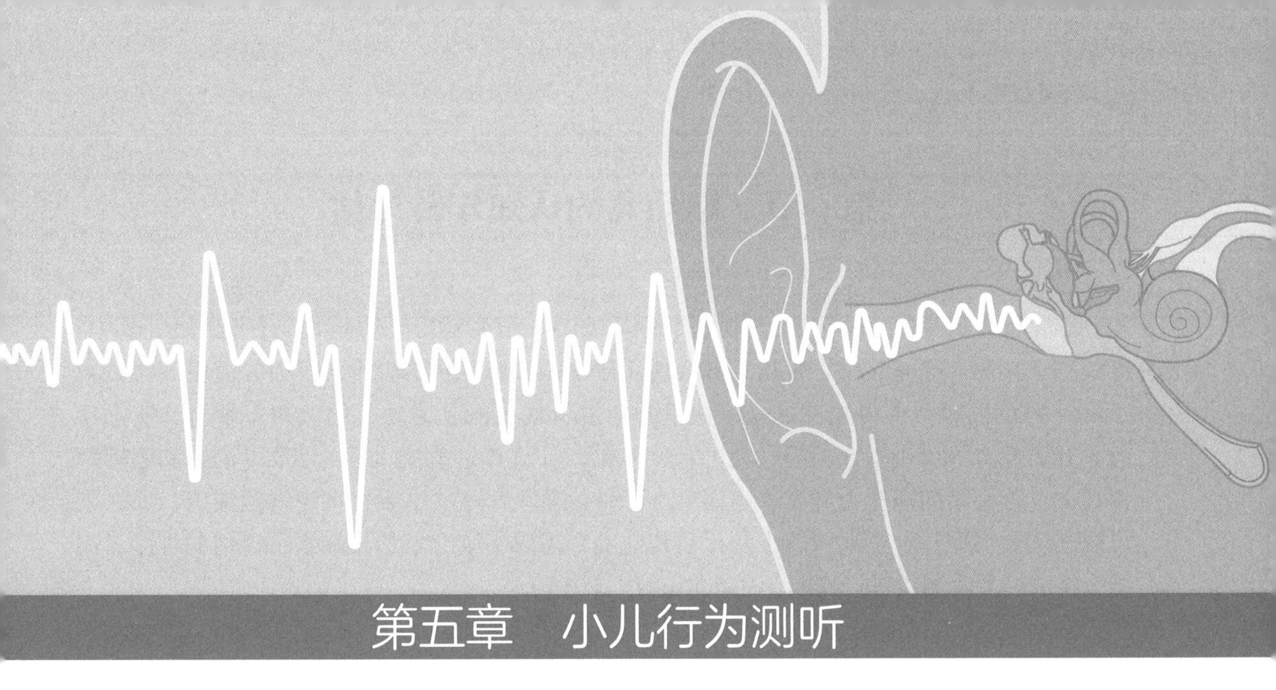

第五章　小儿行为测听

在听力学评估中，纯音测听是评价听觉功能的最常用、最直观的方法，但该法仅适用于5岁及以上的人群（Katz et al.，2015）。而5岁以下的婴幼儿缺乏主观配合能力，无法完成纯音测听，故需要根据各年龄段婴幼儿身心发育特点设计的小儿行为测听（pediatric behavioral audiometry），判断其听力水平。小儿行为测听指通过观察小儿对声音的反应来评估其听阈的测试方法，测试结果的可靠性取决于小儿的发育程度及测试者的经验和技巧。根据被试者年龄段的不同，小儿行为测听可细分为行为观察测听（behavioral observation audiometry，BOA）、视觉强化测听（visual reinforcement audiometry，VRA）和条件化游戏测听（conditioned play audiometry，CPA）（Katz，2006）。

依照我国目前的标准，新生儿听力筛查未通过的婴幼儿需在3个月内进行全面的医学和听力学评估，而确诊为永久性听力损失的患儿则应在出生6个月内尽早进行适当的医学和听力学干预。助听器验配通常是听力学干预的第一步，而精准验配的前提便是准确获取有关患儿听力损失的侧别、性质和程度等相关信息（Madell et al.，2019）。

临床上常使用客观生理学测试来评估婴幼儿的听敏度，如听性脑干反应测试、耳声发射测试和听性稳态反应测试等（国家卫生和计划生育委员会新生儿疾病筛查听力诊断治疗组，2018）。这些测试是诊断听力学的重要组成部分，可以对听觉系统特定部位的功能进行评估，但并不是对听力的直接测试（Delaroche et al.，2004；Hicks et al.，2000）。相比之下，主观行为测试可以直接测量听敏度，得到婴幼儿对声音的实际感知能力，且测试部位包含了从外耳到听觉中枢的整条听觉传导通路。因此，在进行儿科听力学评估时，应综合运用主观行为测试与客观生理学测试，交叉验证其结果，判定婴幼儿的听力水平（Madell et al.，2019；Hicks et al.，2000；Jerger et al.，1976）。

第一节　婴幼儿的认知年龄评估

小儿行为测听的三种方法（BOA、VRA和CPA）分别对应婴幼儿的三个年龄段。其中，BOA适于年龄小于6个月的婴儿，VRA适用于5—36个月的婴幼儿，而CPA适用于年龄大于30个月的儿童。值得注意的是，这里的年龄所代表的是婴幼儿的认知年龄而非实际年龄。有多种方式可用于评估婴幼儿的认知年龄，如详细的病史询问、言语-语言和心理教育评估。若小儿的病史无异常，言语-语言和心理教育评估结果也在正常范围内，那么则可视其认知水平基本正常；若小儿存在其他发育障碍，则会增加认知水平评估的难度，需结合特定的发育测试进行判断（Madell et al.，2019）。

第二节　行为观察测听的理论基础

根据《婴幼儿听力损失诊断与干预指南》的建议，针对6个月以下的婴儿的听力学成套测试应包括主观行为测试（BOA）和客观生理学测试（耳声发射测试、听性脑干反应测试和听性稳态反应测试等），且应遵循以客观测试为主、主观测试为辅的原则。这是因为该年龄段婴儿的听觉行为发育程度尚低，而BOA仅能观察婴儿对声刺激的粗略反应，结果的变异性较大，故不宜作为首选测试方法（国家卫生和计划生育委员会新生儿疾病筛查听力诊断治疗组，2018）。不过，BOA在验证客观生理学测试的准确性方面仍具有一定价值，亦可用于预测患儿听觉发展的潜在困难，从而为听力学家制定听觉康复策略提供参考（Katz et al.，2015）。

一、各阶段婴幼儿的听觉行为反应

BOA主要是通过观察婴幼儿是否出现对声刺激的听觉行为反应来评估其听力水平。表5.1显示了0—2岁发育正常的婴幼儿在不同年龄段的听觉行为反应，以及用三种不同类型刺激声（啭音、言语声和噪声）诱发这些行为反应所需的最低强度。该表被称为听觉行为指数表（auditory behavior index）（吴皓 等，2004；王永华 等，2013），是听力学家开展BOA和VRA的重要依据。

表5.1　婴幼儿听觉行为指数表

年龄	啭音/dB HL	言语声/dB HL	噪声/dB SPL	听觉行为反应
0—6周	75	40～60	50～70	眨眼、睁大眼、觉醒、惊跳反射
6—16周	70	45	50～60	睁大眼、转动眼睛、变安静
4—7个月	50	20	40～50	水平方向转头寻声源、学会聆听
7—9个月	45	15	30～40	水平方向的声源可直接定位、下方的声源不能直接定位，需寻找

续表

年龄	啭音/dB HL	言语声/dB HL	噪声/dB SPL	听觉行为反应
9—13个月	38	10	25 ~ 35	除上方声源不能直接定位外，其他方向声源均可直接定位
13—16个月	30	5	25 ~ 30	各方向声源均可直接定位
16—21个月	25	5	25	各方向声源均可直接定位
21—24个月	25	5	25	各方向声源均可直接定位

数据显示，随着婴幼儿年龄的增长，诱发听觉行为反应所需的最低强度逐渐降低。需要注意的是，这里的最低强度并不是指听阈，而是指诱发行为反应的反应阈。

二、观察的内容

由表5.1可知，6个月以下的婴儿存在多种听觉行为反应，如眨眼、睁大眼、觉醒和惊跳反射等。然而，这些反应缺乏良好的重复性，且其往往是由阈上水平的刺激诱发的，故不能作为良好的阈值指标。有听力学家提出观察吸吮反应可以得到接近阈值水平的结果。在观察吸吮行为时，开始或停止吸吮都可作为有效的反应。在实践中，有些婴儿可能在同一次测试中交替出现两种反应，故需要仔细观察和判断（Madell et al.，2019）。

观察吸吮反应时，应根据婴儿的习惯来选择具体采用何种方式（奶瓶、奶嘴、哺乳等），但前提始终是要保证其处于舒适的状态。需告知家长在检查前让孩子处于适度饥饿的状态，以便让其在检查过程中能持续吸吮。测试中通常由一名听力师（诱导者）近距离观察婴儿的反应，也可通过带有变焦镜头的摄像机观察。

三、反应的判断

有效的听觉行为反应通常表现为在特定的时间窗内、对给予的刺激声所做出的可重复反应，即反应与刺激声呈时间锁定关系。婴儿通常在刺激声出现后的数秒内做出反应，且反应时间可随着刺激声强度的提高而缩短（Madell et al.，2014）。若婴儿反应时间过长或重复性不佳，则需要考虑反应的有效性。此外，婴儿的听觉行为反应具有较好的内在一致性，即一部分婴儿总是对声音的出现做出反应，而另一部分婴儿总是对声音的消失做出反应。

四、小儿的安置

婴儿的姿势和位置是影响BOA结果准确性的重要因素。在测试中，婴儿应处于舒适的姿势和位置，头部和躯干得到充分支撑，并且听力师能够清晰地观察到婴儿的嘴部。通常情况下，婴儿可由母亲抱着或独坐于婴儿车中。若选择前者，则需提前告知母亲在测试过程中应保持安静，避免对婴儿造成暗示从而导致假阳性反应（Madell et al.，2019）。

五、测试步骤

BOA测试可按以下步骤进行：

（1）将适度饥饿的婴儿带入测试室，安置于支撑良好的位置上，且听力师（诱导者）可清楚看到婴儿的嘴部。

（2）测试开始前应告知家长保持安静，不对小儿的行为或刺激声做出任何反应。

（3）诱导者负责观察婴儿的行为反应，并监测婴儿和家长的状态。若测试中发现婴儿出现焦躁不安的情况，应暂停测试。

（4）先进行声场测试，初始给声强度应略高于婴儿的听阈，优先测试500 Hz和2000 IIz，其他频率次之。具体测试方法是以10 dB为步距增减刺激声强度，确定人致阈值范围，然后缩小步距至5 dB，逐步调整刺激声强度，直至在最低强度下诱发三次重复反应，那么此时的强度即为BOA阈值。

（5）如果声场测试结果表明婴儿存在听力损失，且反应良好，接下来应采用插入式耳机和骨导耳机以进一步测试。

（6）测试过程中可适当休息，安抚婴儿。

六、结果的解读

临床实践表明，婴儿的听觉行为反应往往在较高强度的刺激声下才能被诱发，故认为BOA阈值通常高于婴儿的实际听阈。Olsho等（1988）推测这可能与婴儿的感觉发育不成熟有关，他们建议对于年龄较小的婴儿，若能在60～70 dB SPL强度下诱发出反应，则可以认为其听力正常。但Madell等（2019）则持有不同观点，他们认为将吸吮反应作为观察内容，部分婴儿可得到接近听阈的可靠结果。他们比较了4名儿童从出生至3岁期间多次行为测试的结果，包括BOA、VRA和CPA，结果显示通过三种方法获得的阈值相近，这表明BOA在评估听敏度方面具有较高的临床价值。

BOA在以下两种临床情况下具有重要作用。第一，当BOA阈值显著低于ABR预估的听阈时，应考虑复测ABR，并在助听器验配时将BOA阈值作为重要的参考依据；第二，对于患有听神经病的患儿，ABR不能作为预估听敏度的有效指标，而BOA可能有助于确定听敏度。

第三节　视觉强化测听的理论基础

VRA指通过视觉奖励训练婴幼儿，使其在听到刺激声时能够转头寻找声源并形成条件化反射的测试方法，主要适用于5—36个月的婴幼儿。Widen（1990）的研究表明，发育成熟的婴幼儿更容易完成VRA测试。90%的认知年龄为5.5—6.5个月的婴儿可完成VRA测试，而特殊儿童完成测试的最小年龄略大，88%的智力低下小儿在9个月时能完成测试（Thompson et al.，1979），80%的唐氏综合征小儿在12个月时可完成测试（Mencher et al.，1983）。相较于非条件化的BOA测试，条件化的VRA测试具有更好的重复性，故在评估婴幼儿听力方面更具价值，是婴幼儿听力诊断成套测试中不可或缺的核心检查项目。

一、视觉强化物

研究表明，最佳的视觉强化物应该是新颖、有趣、稍复杂的，如闪光的机械玩具，能够吸引小儿对刺激声产生更多反应（Moore et al.，1975）。临床上常用的视觉强化物主要有两种：一种是视觉强化玩具箱，包括半透明玻璃箱和内部可活动的闪光玩具。当打开控制开关时，箱内的玩具会发光、发声和活动。部分VRA系统可单独控制玩具的灯光、声音和动作，对于害怕玩具的声音或动作的小儿，可根据情况关闭玩具的声音或（和）动作。另一种是计算机动画显示器，可通过控制VRA系统在显示器上播放不断变化的动画或图片以持续吸引被测试者，适合对视觉强化玩具不再感兴趣的年龄较大的儿童。

二、吸引玩具

在VRA测试中，诱导者通常会使用一些简单、有趣的玩具来吸引受试小儿的注意力，使其注视正前方以便观察头部转动；同时防止小儿在未给声时频繁看向视觉强化物，避免产生过多的假阳性反应。常用的吸引玩具包括指套玩偶、木偶、积木、小卡片等，通常由诱导者操作以免过度分散小儿的注意力。对于部分年龄较大的儿童，可以尝试让其自己操作，但也应避免过于投入。

三、小儿的安置

与BOA类似，婴幼儿的位置也是影响VRA结果可靠性的重要因素。一般而言，婴幼儿应被安置于稳定、舒适的座位上，保证其注意力能够集中于正前方，且容易转头看向视觉强化物。对于因年龄或发育问题而难以完成转头动作的小儿，则应让其靠于父母怀中或躺椅上，保证其有足够的力量转头看向强化物；对于年龄较大的小儿，可让其独立坐于儿童椅上。

四、VRA条件化的建立

在进行VRA测试前应先建立条件化，通常有两种方法：①同时给予阈上刺激声和视觉强化物，受试小儿会转头看向视觉强化物，经过几次训练便可建立条件化。若小儿未转头，诱导者应进行引导。②先给阈上刺激声，待小儿转头寻找声源后立即给予视觉强化物。若发现小儿似乎听到了声音但并未转头，则应增加刺激声强度，先保证小儿可清楚地听到声音，再由诱导者进行引导。在小儿看向强化物后，应同时呈现刺激声和强化物，以促进刺激与强化之间的配对。接下来应再次给予一个相同强度的刺激声，以确定小儿是否可以独立完成转头动作。经过训练后，若小儿能连续数次做出正确反应，则表明条件化建立成功。

在建立条件化的过程中，刺激声强度的确定至关重要，必须保证是小儿可清楚听到的阈上强度（通常为阈上15～20 dB HL）。此外，每一次正确的转头都应该被强化，否则会导致小儿无法建立起刺激与强化之间的联系。对于听力正常的小儿，初始刺激声强度可为30 dB HL；而对于听力障碍儿童，则应根据其听力水平选择较大强度的初始刺激声。若初始刺激声不能建立条件化反射，在排除设备和校准等因素后，应考虑增加刺激强度（Katz，2006）。

五、测试步骤

VRA测试可按如下步骤进行：

（1）将小儿带入测试室并安置于合适的位置，诱导者用吸引玩具将小儿的注意力集中于正前方。

（2）按照前文所述方法进行条件化的建立，待条件化建立成功后，进入正式测试。

（3）只有在确定小儿做出正确反应时，才可启动强化物。

（4）优先测试500 Hz和2000 Hz，其他频率次之。具体测试方法是以10 dB为步距增减刺激声强度，确定大致阈值范围，然后缩小步距至5 dB，逐步调整刺激声强度，直至在最低强度下诱发三次重复反应，此时的强度即为VRA阈值。

（5）若条件允许，可使用插入式耳机和骨导耳机进一步测得小儿的气导和骨导VRA阈值。

六、结果的解释

相关研究表明，VRA的结果在6个月至2岁的年龄内基本保持稳定，且较为可靠（Bess，1988），具有较高的临床应用价值。但需要注意的是，6—12个月的婴幼儿的VRA阈值比大龄儿童或成人的行为听阈高10 ～ 15 dB（Nozza et al.，1984），故对VRA结果进行分析和解释时应加以考虑。

第四节　条件化游戏测听的理论基础

对于30个月左右大的小儿，他们对VRA测试中的视觉强化物已不再表现出足够的兴趣，故此时可采用条件化游戏测听（CPA）来进行听力评估。CPA是指通过条件化的方法让受试小儿对一个刺激声做出游戏化的动作反应，从而获得其听阈的行为测试。相关研究表明，少数2岁的小儿也能够配合并完成CPA测试（Thompson et al.，1989），但多数需达到2.5岁才能获得准确的结果（Thompson et al.，1974）。听力损失程度较重或患有多发性残疾的儿童，即使年龄达到10岁也可尝试采取此法（吴皓 等，2004）。相较于BOA和VRA，CPA在本质上更接近成人的纯音测听，故具有更高的临床价值。

一、游戏的选择

在CPA测试中，诱导者需要通过一些有趣的游戏来吸引受试小儿对刺激声做出条件化的行为反应。其中，游戏的选择至关重要，其决定测试能否顺利进行。首先，游戏应该具有趣味性与一定的挑战性，能让小儿保持较长时间的兴趣；其次，游戏难度应与小儿的动作发育水平相匹配，以确保小儿能顺利地完成游戏任务。临床中最常用的游戏方法是“听声放物”，即在听到刺激声后，小儿将积木放入盒中。此方法相对简单，适合年龄较小或手部灵活度不佳的小儿。除此之外，套圈、拼图、钓鱼和拨算盘等也是常用的方法。建议各听力中心配备多种不同类型的玩具，以便在小儿对一种游戏失去兴趣后，更换另一种游戏，从而延长有效的测试时间。

二、CPA条件化的建立

在进行正式CPA测试前，需要建立刺激信号与游戏动作之间的条件反射，其建立顺序为刺激—反应—强化。其中，刺激通常为啭音或窄带噪声，反应指小儿做出的游戏动作，而强化则是对小儿的奖励（可为口头表扬，也可以是一些小礼品）（Katz，2006）。训练开始时，诱导者会给受试小儿做演示，例如手持积木放于耳边，在听到刺激声后，说“我听到了”，再将积木放入盒中；随后将积木递给小儿，并用手扶着小儿的手将积木放于其耳边，当听到声音后，说“我们听到了”，然后移动小儿的手将积木放入盒中。经过几次训练后，可尝试让小儿独立完成游戏。若小儿能正确做出游戏动作，则立即予以口头鼓励；若孩子在听到声音后抬头看向诱导者，表现出犹豫，在确定其听到声音后应告诉小儿“你听到了，把积木放进去吧”；如果在下一次尝试中，小儿仍然向诱导者求助，诱导者应该将目光移开，示意其需要独立完成游戏任务；如果小儿仍不配合，则应重新进行训练。经过训练后，若小儿能连续几次独立做出正确的游戏动作，则表明条件化建立成功。CPA条件化建立过程中的刺激声初始强度与VRA相同。

三、测试步骤

CPA测试可按如下步骤进行：

（1）将小儿带入测试室并安置于合适的位置（坐于儿童椅上）。

（2）选择适合受试小儿的玩具和游戏。

（3）按照前文所述方法进行条件化反射的建立，待反射建立成功后，进入正式测试。

（4）只有在确定小儿做出正确反应时，才可给予奖励。

（5）优先测试500 Hz和2000 Hz，其他频率次之。具体测试方法是以10 dB为步距增减刺激声强度，确定大致阈值范围，然后缩小步距至5 dB，逐步调整刺激声强度，直至在最低强度下诱发三次重复反应，此时的强度即为CPA阈值。

（6）如果发现小儿对游戏失去兴趣，表现出不耐烦或配合度变差，则应更换其他游戏。

（7）若条件允许，可使用插入式耳机和骨导耳机进一步测得小儿的气导和骨导CPA阈值。

四、结果的解释

若刺激信号与游戏动作之间的条件反射得到了良好的建立，那么CPA测试结果将会具有较高的可信度。相关研究表明，高可信度的CPA阈值与成人的纯音听阈结果无显著差异（Gerwin et al.，1974）。对于结果的分析和解释，可参考纯音测听相关章节的内容。

第五节　小儿行为测听的测试条件

一、测试环境

小儿行为测听应在符合相关国家标准的隔音室中进行，建议使用双间隔音室：其中一间为测试室，面积应至少为12 m^2，且布置简洁，可容纳一名听力师（诱导者）和受试婴幼儿及家长。除了扬声器和视觉强化系统外，测试室内还需放置桌椅，且表面最好铺设衬垫绒布以避免小儿活动撞击桌椅发出噪声影响测试。此外，室内灯光亮度应适宜，还应安装通风和空调设备，以保证小儿处于良好的状态。另一间为控制室，由另一名听力师（测试者）操作听力计控制给声并给予视觉强化奖励。测试室和控制室之间需安装双层单向可视玻璃，既能保证小儿免受外界干扰，又能保证测试者能通过玻璃观察到小儿的测试表现。若条件有限，仅有单间隔音室，那么测试者应尽可能位于小儿的视野外以避免干扰。

二、测试设备

小儿行为测听中使用的设备主要包括纯音听力计和视觉强化系统。听力计应配备压耳式耳机（或耳罩式耳机）、插入式耳机、骨导耳机和扬声器，以满足不同的测试需求。

三、测试人员

通常情况下，测试应由两名专业听力师配合完成。其中一名为测试者，主要负责控制听力计给声，掌控整个测试进程，并记录测试结果。在VRA测试中，测试者需判断受试小儿反应的可靠性，决定是否给予视觉强化奖励。另一名为诱导者，主要负责控制小儿的测试状态，引导其配合测试。在BOA测试中，诱导者负责监测并调整小儿的位置，保证其处于舒适且平衡的状态，同时观察并判断小儿的听觉行为反应；在VRA测试中，诱导者需将小儿的注意力集中于正前方，并训练小儿建立条件化反射；在CPA测试中，诱导者需引导小儿在刺激声出现后做出游戏动作，帮助其建立条件化反射。由于诱导者与受试小儿近距离接触，能观察到小儿对声刺激反应的更多细节，故可协助测试者判断反应的可靠性，通常两位测试者可通过红外线无线对讲系统或调频广播对讲系统进行沟通（王永华 等，2013）。

四、家长的参与

通常小儿的家长也需要参与到测试中，原因有两点：

（1）有助于家长了解小儿的听力情况，以及听力损失可能造成的影响，这有利于后续的咨询。如果来访的家长不止一位，可以让其中一位在测试室内抱着小儿或陪伴在其身旁，而另外的家长在控制室内观察测试过程。

（2）家长陪伴在小儿身旁可起到安抚作用，尤其对于年幼的小儿。但需注意部分家长对孩子过分宠爱，测试中看到孩子因不愿配合而痛苦或沮丧时，可能会阻止测试，影响测试进程。若出现此种情况，应让家长离开测试室并前往控制室内观察。

五、设备和人员的位置

（1）扬声器的位置：扬声器通常位于小儿的左右两侧，距离1 m，呈90°夹角，如图5.1所示的A和B点。

（2）视觉强化物的位置：视觉强化物通常位于扬声器附近，左右各一，同样位于A和B点。

（3）小儿及其家长的位置：小儿位于C点，家长位于其后D点。年龄较大的婴幼儿可独立坐于儿童椅上，年龄较小的婴幼儿可由家长抱于怀中或坐在大腿上，此时家长坐于C点。

（4）诱导者的位置：诱导者应坐于小儿前侧方，位于E点。

（5）测试者的位置：测试者位于控制室内F点，通过单向可视玻璃观察小儿和诱导者的动作。若仅有一间隔音室，测试者应位于诱导者后方的角落，避免对小儿产生干扰。

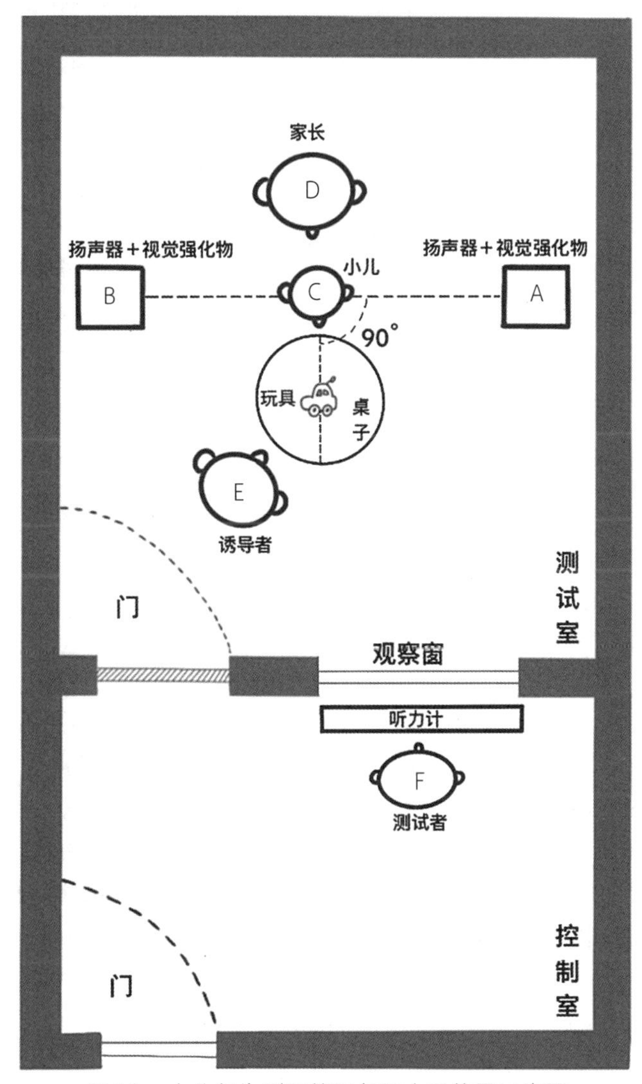

图5.1 小儿行为测听的设备和人员位置示意图

第六节 小儿行为测听的注意事项

一、换能器的选择和测试顺序

婴幼儿行为测听的配合时间有限，需要用最少的反应获得最多的有效信息，故换能器（transducer）的选择和测试顺序至关重要。

如果小儿配合良好，应优先选择气导耳机进行测试，分别获得两耳的阈值。但多数首次接触小儿行为测听的婴幼儿可能会拒绝佩戴气导耳机。在这种情况下，可优先进行声场测试。获得一至两个声场阈值可以帮助小儿熟悉测试内容，为随后的测试做准备。此外，声场测试还可提供一些关于小儿听力水平的信息，为后续的决策提供参考。如果声场阈值在正常范围内，说明至少一只耳听力良好，其听力水平能够保证语言和言语的发育，那么可以在后续的回访中进行单耳测试；如果声场阈值不在正常范围内，则应尽早获得两耳的阈值，以便及时对小儿进行听觉干预。

在完成声场测试后，应进行气导耳机的测试。插入式耳机是首选，因其佩戴较为舒适，容易被婴幼儿接受，而且能够将婴幼儿塌陷的耳道撑起以获得更准确的结果。压耳式或耳罩式耳机对于婴幼儿来说太大，难以保持良好的位置，不宜作为首选。

如果气导测试显示婴幼儿存在听力损失，那么下一步应进行骨导测试。如果使用金属头环固定骨振器，则应将泡沫等软材料垫在头环下方，以保持舒适性，还可防止头环移动；如果使用软带固定骨振器，则应用尼龙搭扣加固，防止滑落。

二、刺激信号的选择

小儿行为测听中常使用啭音或窄带噪声作为刺激信号，因为它们具有频率特异性，能够反映不同频率的听力水平。相关研究表明，窄带噪声比啭音更易诱发小儿的听觉反应，故阈值可偏低5～10 dB（Madell et al.，2019）。此外，宽带噪声、言语声和音乐等也可用于特殊情况下的测试，但不具备频率特异性，无法获取准确的频率信息。

三、频率的测试顺序

听力测试的关键频段为500～4000 Hz，言语声频率多分布于此。此外，国际听力损失分级标准也常以500 Hz、1000 Hz、2000 Hz和4000 Hz的平均听阈（PTA）进行划分。因此，对于小儿行为测听，应优先测试这四个频率，通常建议从500 Hz和2000 Hz开始测试。针对不同类型的听力损失，测试顺序也有所区别。对于正常或疑似感音神经性听力损失的婴幼儿，建议先从高频（2000 Hz）开始测试，成功获取听阈后再进行500 Hz的测试；而对于疑似传导性听力损失的婴幼儿，则应先从低频（500 Hz）开始测试。如果使用的是气导耳机，应在获得同一频率的两耳阈值后，再进行下一个频率的测试。1000 Hz和4000 Hz的测试顺序则由500 Hz和2000 Hz的测试结果决定。若500 Hz和2000 Hz均正常，建议先测4000 Hz再测1000 Hz；若500 Hz和2000 Hz相差较大，应先进行1000 Hz的测试，再进行4000 Hz的测试。

四、其他建议

（1）为了提高测试的准确性，可采用对照法，即在测试过程中随机使用无刺激声的对照试验，观察小儿是否仍做出行为反应。Moore（1995）建议在给4次刺激声后进行一次对照试验，此时若小儿仍做出反应，则为假阳性反应。若假阳性率大于25%，则应怀疑测试的准确性，须找出引起假阳性反应的原因，并在排除这些因素后再继续进行测试；若仍存在较高的假阳性率，则应重新建立条件化。

（2）测试过程中，应叮嘱家长保持安静，不可对刺激声做出任何反应（包括动作和表情），避免对小儿产生暗示。

（3）若小儿在测试中出现不耐烦或配合度变差，应暂停测试，让家长带其离开隔音室进行安抚，待状态恢复后再继续测试。若当天无法继续进行，则可改约其他时间。

（4）在BOA测试中，如果已经决定以吸吮反应作为观察的内容，则应忽略小儿的其他行为反应。

（5）为了提高BOA测试的准确性，可多名观察者一起判断反应是否存在（Katz et al.，2015）。

（6）重度或极重度聋听力损失患儿的条件化建立较难，可采用骨振器进行训练，因为即使没有听力的小儿也能感受到250 Hz的振动。进行训练时，可以把骨振器放置于小儿的乳突位或膝盖上，一旦条件化建立成功就可返回进行常规气导测试。此外，还可利用助听器进行测试前训练。

（7）在VRA测试中，如果测试人员只有一名，可在小儿正前方桌子上放置一个机械玩具，以吸引小儿的注意，但需放置于小儿触摸不到的位置。同时，测试前还应对家长进行简单培训，让家长协助诱导小儿。这种方法虽有一定可行性，但会因测试者对小儿的控制力不足以及家长的非专业性，而导致小儿的假阳性反应增多和结果的准确性下降。

参考文献

Katz J，2006. 临床听力学[M]. 5版. 韩德民，莫玲燕，卢伟，等，译. 北京：人民卫生出版社.

国家卫生和计划生育委员会新生儿疾病筛查听力诊断治疗组，2018. 婴幼儿听力损失诊断与干预指南[J]. 中华耳鼻咽喉头颈外科杂志，53(3)：181–188.

王永华，徐飞，王枫，等，2013. 诊断听力学[M]. 杭州：浙江大学出版社.

卫生部办公厅，2010. 新生儿疾病筛查技术规范(2010年版)[S]. 北京：中华人民共和国卫生部.

吴皓，黄治物，孙喜斌，等，2004. 新生儿听力筛查[M]. 2版. 北京：人民卫生出版社.

Bess FH，1988. Hearing impairment in children[M]. Parkton，MD：York Press.

Delaroche M，Thiebaut R，Dauman R，2004. Behavioral audiometry：protocols for measuring hearing thresholds in babies aged 4–18 months[J]. International Journal of Pediatric Otorhinolaryngology，68(10)：1233–1243.

Gerwin KS，Glorig A，1974. Detection of hearing loss and ear disease in children[M]. Springfield，IL：Charles C Thomas.

Hicks CB，Tharpe AM，Ashmead DH，2000. Behavioral auditory assessment of young infants：methodological limitations or natural lack of auditory responsiveness? [J] American Journal of Audiology，9(2)：124–130.

Jerger JE，Hayes D，1976. The cross–check principle in pediatric audiometry[J]. Archives of Otolaryngology–Head and Neck Surgery，102(10)：614–620.

Katz J，Chasin M，English K，et al.，2015. Handbook of clinical audiology[M]. 7th ed. Philadelphia：Wolters Kluwer Health.

Madell JR，Flexer C，2014. Pediatric audiology：diagnosis，technology，and management[M]. 2nd ed.

New York：Thieme.

Madell JR，Flexer C，Wolfe J，et al.，2019. Pediatric audiology：diagnosis，technology，and management[M]. 3rd ed. New York：Thieme.

Mencher GT，Gerber SE，1983. The multiply handicapped hearing impaired child[M]. New York：Grune & Stratton.

Moore JM，1995. Behavioural assessment procedures based on conditioned head-turn responses for auditory detection and discrimination with low-functioning children[J]. Scandinavian audiology. Supplementum，41：36-42.

Moore JM，Thompson G，Thopmson M，1975. Auditory localization of infants as a function of reinforcement conditions[J]. The Journal of Speech and Hearing Disorders，40(1)：29-34.

Nozza RJ，Wilson WR，1984. Masked and unmasked pure-tone thresholds of infants and adults：development of auditory frequency selectivity and sensitivity[J]. Journal of Speech Language and Hearing Research，27(4)：613-622.

Olsho LW，Koch EG，Carter EA，et al.，1988. Pure-tone sensitivity of human infants[J]. Journal of the Acoustical Society of America，84(4)：1316-1324.

Thompson G，Weber BA，1974. Responses of infants and young children to behavior observation audiometry (BOA)[J]. The Journal of Speech and Hearing Disorders，39(2)：140-147.

Thompson G，Wilson WR，Moore JM，1979. Application of visual reinforcement audiometry (VRA) to low-functioning childern[J]. The Journal of Speech and Hearing Disorders，44(1)：80-90.

Thompson M，Thompson G，Vethivelu S，1989. A comparison of audiometric test methods for 2-year-old children[J]. The Journal of Speech and Hearing Disorders，54(2)：174-179.

Widen JE，1990. Behavioral screening of high-risk infants using visual reinforcement audiometry[J]. Seminars in Hearing，11(4)：342-355.

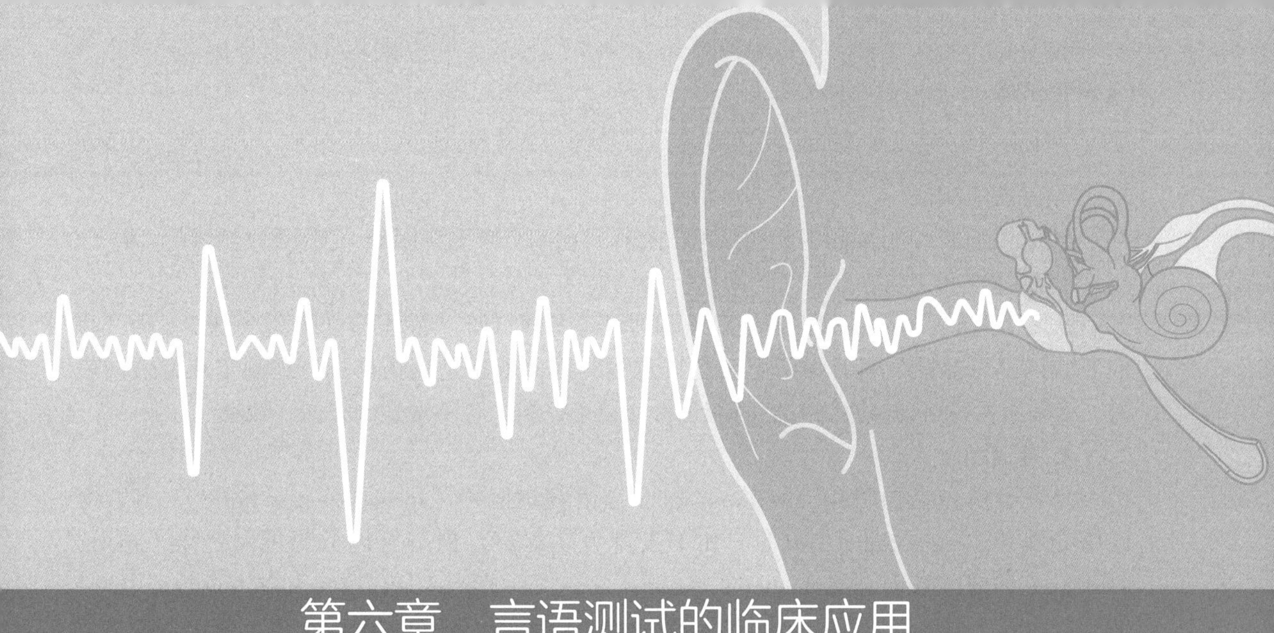

第六章　言语测试的临床应用

语言是人类特有的交流手段。听力诊断和康复的最终目的之一就是帮助患者恢复交流能力。因此言语测试（speech audiometry）在听力门诊中有重要作用。本章着重介绍言语测试的基本概念、言语测试的选择和运用。

第一节　基本知识

一、言语测试的概念

言语测试是用言语声作为刺激信号，检查受试者对言语信号的敏感程度。言语信号可为音素（元音、辅音）、字、词、句子或段落。根据测试形式可分为：觉察（detection）——意识到有声音，不要求听懂；区别（discrimination）——闭合项测试，判断言语信号是否一样；辨别（identification）——闭合项测试，选择合适选项；识别（recognition）——开放项测试，无选项。另外，根据有无噪声，可分为噪声和安静环境下进行的言语测试。

二、言语测试目标

言语测试的目标可大致分为两类。一是同一受试者的纵向比较，起到评估作用，如佩戴助听器、人工耳蜗前后，言语识别能力有无改善，从而来评估助听器、人工耳蜗效果。二是不同受试者间的横向比较，起到诊断作用，比如测试结果和正常人群比较，用于听神经病等疾病的诊断。

三、言语测试的术语

1. 闭合项测试

闭合项测试（closed-set）是从几个选项中，选择正确答案。闭合测试相对简单，多用于儿童。

2. 开放项测试

开放项测试（open-set）无选项可供选择，比闭合项测试困难，但更贴近实际生活。

3. 扬扬格词

扬扬格词（spondee words）指双重音的双音节词，如“牛奶”“工人”“气球”。而“我们”“爷爷”“看看”等因为两个字的重音不一样，就不是扬扬格词。在制定双音节词表时，多采用扬扬格词，因为它们的声学特征易于控制，容易做到词表的一致性。

4. 背景噪声

背景噪声包括白噪声（white noise）、言语频谱噪声（speech-shaped noise）、多人交谈嘈杂噪声（multi-talker babble）和单人竞争言语声。掩蔽可以分为能量掩蔽（energy masking）和信息掩蔽（informational masking）。这几种噪声（从白噪声到单人竞争言语声）的能量掩蔽（energy masking）依次下降，信息掩蔽（informational masking）依次增加。信息掩蔽相较于能量掩蔽会需要更多的认知储备（cognitive resources），比如工作记忆、注意力、执行功能。

5. 信噪比（signal-to-noise ratio，SNR）

SNR等于信号声强度减去噪声强度。比如信号声强度和噪声强度分别为10 dB SPL和4 dB SPL，信噪比就是6 dB SPL。

6. 音素平衡（phonetically balanced，PB）

PB 是指在每张词表中，元音和辅音出现的频率基本相同。研制中文词表时，也常常会将音调考虑在内。

7. 言语觉察阈（speech detection threshold，SDT）

SDT是指受试者刚好能听到（但不需要听懂）50% 言语测试项时的言语强度。

8. 言语识别阈 (speech reception threshold，SRT）

SRT是指受试者刚好能听懂50% 言语测试项目时的言语强度或者信噪比。通常SRT＝PTA±12 dB（PTA 是500，1000，2000，4000 Hz气导平均听阈）。当SRT和PTA的差值大于12 dB时，可能提示听神经病/听觉失同步（郗昕，2011）。

9. 言语识别率

其测试方法是在某一言语强度或不同的信噪比，量度受试者的正确识别率。言语强度可设置50，65，80 dB SPL，分别代表轻声、中等和大声的言语强度水平。

10. 最大识别率（PB-Max）

PB-Max指受试者所能达到的最大言语识别率。通常给声强度在言语识别阈的阈上30 ～ 40 dB。当听力损失较重时，起始给声强度可基于PTA（500，1000，2000，4000 Hz）的平均值，而非言语识别阈（韩德民，2007）。

11. 言语识别率与强度的函数曲线（*P–I*曲线，performance-intensity curve）

在不同言语强度下，依次使用相互等价的测试表，可获得言语识别率与强度的函数曲线。*P–I*曲线的形态有助于确定听力损失的性质。图6.1显示，A型为正常听力；B型为平移型，提示传导性听力损失，只要提高语音能量，*P–I* 曲线就会如正常A型。C型为平缓型，提示轻、中度感音神经性听力损失。虽然C型曲线较平缓，但言语识别率还是可以随着言语强度增加而增加的，并不能接近100%。D型为回跌型，言语强度增加到一定程度后，可能下降，这个现象叫作回跌效应（roll-over effect），提示蜗后病变和可能存在中枢听觉处理问题。

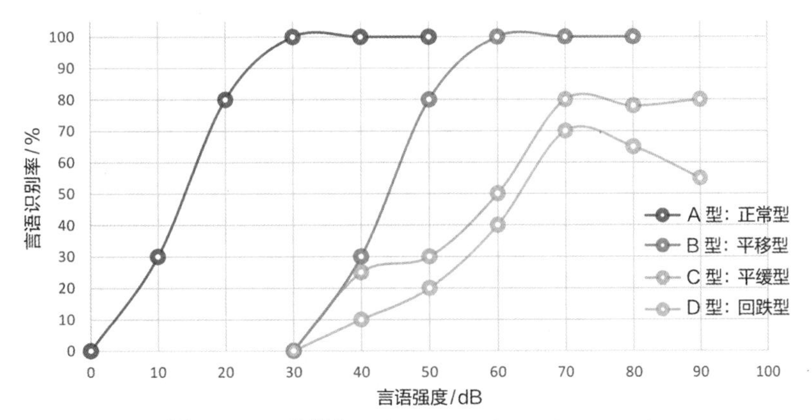

图6.1　*P-I* 曲线（performance-intensity curve）

第二节　言语测试优劣的判断

随着言语测试材料的普及，言语测试工具的选择越来越多。而且言语测试工具的选择会显著影响测试结果，临床上常常需要听力师选择合适的言语测试工具。因此学会判断言语测试的优劣越来越重要。我们可以从文献中对某言语测试材料的信度（reliability）、效度（validity）和敏感度（sensitivity）等参数，了解其临床应用的优劣。另外，在研究某项目的设计阶段，若难以选择合适的测试工具，不妨考虑自己开发言语测试或问卷。

第三节　个人言语识别能力提高的判断

在临床实践中，可能会遇到以下问题：一位佩戴助听器的小朋友在经过一段时间的言语康复后，言语识别得分提高了10%。但这个提高是否真的显著呢？在助听器验配中，一位听障人士在不同的测试程序中得分也可能存在10%的差异。这个差异可能是测试的随机误差造成的，只有当提高的分数显著大于随机误差时，才能确信言语测试或验配结果的显著性。

Thornton 等（1978）用一个数学模型来估算言语测试的随机误差，用95%的置信区间（confidence interval，CI）表示言语识别率的真实值可能在测量结果的周围，区间覆盖真值的概率是95%。只有测试的得分超过这95%的置信区间，才有统计学意义。

根据表6.1我们还可以得到以下结论：

（1）当测试项目数目（n）为50，得分为50%时，95%区间的随机误差的范围为32%～68%。只有下次测试的分数小于32%或者大于68%时，我们才可以说这个受试者两次测试的结果有显著的退步（＜32%）或进步（＞68%）。

（2）随着测试项目数量（n）的增加，CI变小。比如，言语识别率为60%，测试项目（n）为10时，其CI为30%～90%；但是当n＝50时，言语识别率为60%对应的CI为42%～76%。言语测试项目越多，得分的变异度越小，信度越好，但是花费的时间也越多，所以在测试项目数量选择时要做到信度和临床适用性相平衡（郗昕，2008）。

（3）不同得分对应的CI范围大小是不一样的，越接近0或100%，CI范围越小。比如当n＝50时，88%得分对应的CI数值为74%～96%，而50%得分的CI数值为32%～68%。那么，当一受试者的言语识别提高了10%（n＝50），而第一次得分为88%时，两次分数的差异（即第二次得分98%）是有统计学意义的（＞96%）；但是当第一次得分为50%时，两次分数的差异（即第二次得分60%）无统计学意义（＜68%）。

表6.1　各得分相对的95%置信区间（测试项目n=10，25，50和100）

得分%	95%置信区间（CI）				得分%	95%置信区间（CI）			
	n=100	n=50	n=25	n=10		n=100	n=50	n=25	n=10
0	0—3	0—6	0—12	0—20	52	39—65	34—70	28—76	
2	0—7	0—10			54	41—67	36—72		
4	1—11	0—14	0—20		56	43—69	38—74	32—80	
6	1—14	0—18			58	45—71	40—76		
8	3—17	2—20	0—28		60	47—72	42—76	36—84	30—90
10	4—19	2—24		0—40	62	49—74	44—78		
12	5—22	4—26	0—32		64	51—76	46—80	40—84	
14	6—24	4—28			66	53—78	48—82		
16	8—27	6—32	4—40		68	55—80	50—84	44—88	
18	9—29	6—34			70	57—81	52—84		30—90
20	11—32	8—36	4—44	0—50	72	59—83	54—86	48—92	
22	12—34	10—38			74	62—85	56—88		
24	14—36	10—42	8—48		76	64—86	58—90	52—92	
26	15—38	12—44			78	66—88	62—90		
28	17—41	14—46	8—52		80	68—89	64—92	56—96	50—100
30	19—43	16—48		10—70	82	71—91	66—94		
32	20—45	16—50	12—56		84	73—92	68—94	60—96	
34	22—47	18—52			86	76—94	72—96		
36	24—49	20—54	16—60		88	78—95	74—96	68—100	
38	26—51	22—56			90	81—96	76—98		60—100
40	28—53	24—58	16—64	10—70	92	83—97	80—98	72—100	
42	29—55	24—60			94	86—99	82—100		

续表

得分%	95%置信区间(CI)			
	n=100	n=50	n=25	n=10
44	31—57	26—62	20—68	
46	33—59	28—64		
48	35—61	30—66	24—72	
50	37—63	32—68		20—80
96	89—99	86—100	80—100	
98	93—100	90—100		
100	97—100	94—100	88—100	80—100

注：表格来自 Carney & Schlauch（2007）。单数得分和空白格的CI数字可以根据上下两个相邻CI数字估计。

第四节　操作步骤技术

一、言语测试设备

言语测试需要的设备包括言语材料、言语测听室、言语听力计和声级计。

二、言语材料

近年来，词表研制发展迅速。本篇选取临床上较常用的言语测试材料（表6.2）进行介绍。

三、安静环境下言语测试材料

1. 单音节词表

为了适应临床快速的要求，言语识别率多用单音节词表。张华等（2006）和冀飞等（2008）都根据音素平衡原则开发了具有难度等价性的单音节词表。

2. 双音节词表

双音节词表多以扬扬格词作为测试材料。张华等（2006）和李剑挥等（2010a）等都开发了双音节词表，每张表之间的等价性得到了验证。

3. 句子词表

与单、双音节词相比，句子词表语句更加接近日常生活交流模式。House耳研所付前杰等（Fu et al.，2011）编制了安静环境下中文言语感知（mandarin speech perception，MSP）词表。词表在正常人群中（模拟人工耳蜗4通道声刺激）进行了表间等价性验证。

4. 双耳二分听力数字及字母表

双耳二分听力测试（dichotic listening test，DL）用于研究与语言大脑半球优势相关的听觉功能。通常，该测试要求在同时、分别向左耳和右耳播放两种刺激后，听者回忆起单只耳朵听到的声音。为了评估语言偏侧化，刺激可以是无意义的单音节、数字、单词或句子。双耳二分听力测试可用作筛选听觉处理障碍的工具。Hu 等（2019，2020）先后研发了普通话双耳二分听力数字测试（mandarin dichotic digits test）和普通话双耳二分听力声母单词测试（mandarin dichotic CV-words test）。

表6.2　安静环境下言语测试材料

类型	作者	年份	机构	测试项目	是否音素平衡	是否验证了每张表的等价性
单音节词表	张华 等	2006	首都医科大学附属北京同仁医院	7张表，每张50个词	是	是
	冀飞 等	2011	解放军总医院	22张表，每张25个词	是	是
双音节词表	张华 等	2006	首都医科大学附属北京同仁医院	9张表，每张50个词	是	是
	李剑挥 等	2010a	解放军总医院	6张表，每张40个词	是	是
句子词表	付前杰 等	2011	House耳研所	一共10张表，每张表有10句，每句7个字	是	是
双耳二分听力数字表	Hu 等	2019	浙江中医药大学	数字排列成3组，每组有20个二分对，每对由2、3或4个数字组成	否	刺激声是随机的
双耳二分听力声母单词表	Hu 等	2020	浙江中医药大学	每组有6个二分对，每对由1个声母单词组成（共6个：八，趴，搭，它，伽，喀）	否	刺激声是随机的

四、噪声下言语测试材料

噪声下言语测试可以更好地预测和评估患者在日常生活中的交流能力。Wang等（2007）开发了普通话版本的HINT测试（mandarin hearing in noise test，MHZNT），一共有12张等难度的表，每张20个句子，声为言语频谱噪声。可以测试句子识别率和用自适应（adaptive）的方法快速确定言语识别阈。赵阳等（2009）开发了噪声下普通话儿童短句识别表，适合儿童以及成人人工耳蜗植入者、助听器佩戴者，一共由240句同难度的6～8个字的短句组成，噪声为4人嘈杂语（4人交谈的混叠噪声）。陈艾婷等（2010）开发了普通话版的快速噪声下言语测试（mandarin quick speech in noise，Quick SPIN），由12张等价表组成，每张表6句话，每句话5个关键词，噪声为4人嘈杂语。Xi等（2018）开发了普通话版的噪声下矩阵句子测试（mandarin chinese matrix sentence test，CMNmatrix），测试句子是按照“名字–动词–数词–形容词–名词”的形式构成，每个位置都有10个替换词，总词库为50个词，测试可以分别在闭合式或开放式模式下完成。相比于HINT中的句子，矩阵测试的句子包含更少的上下文信息，因为句子只是按语法规则组成，语义上可能并不十分合理，如“郭毅–拿起–十个–奇怪的–板凳”。也因为句子包含更少的上下文信息，在噪声下识别矩阵句子也需要更多认知能力。

五、言语测试室和听力计

言语测试室的声学要求与纯音测听隔声室的要求相同，并且分为内外两间。测试者、言语听力计、CD播放器。测试者在外间，受试者在里间。房间应该安装冷暖通风装置，通风装置内需安装消音器材。

听力计是一种符合国家标准（GB/T 7341.2—1998）的诊断型听力计。它不仅可以进行纯音测听，还具有音量控制表（VU），可连接外部播放设备（如CD），有扬声器等功能。当听力计和外部播放设备连接时，需要进行VU表的校准、耳机和扬声器的校准。但是随着计算机技术的发展，越来越多的言语测试已经不需要听力计了，在计算机上完成即可。有些听力计已经内置言语材料，而不需要进行上述校准。校准言语测试所用的听力计设备，可参照制造商提供的手册操作。

六、言语识别阈的测定

言语识别阈的测定有很多方法，下面介绍临床上常用的“升十降五”法和美国言语语言听力协会推荐的测试方法。在测试前，应该确保所用词在受试者的词汇范围内且受试者熟悉测试过程。

（一）“升十降五”法

1. 探索初始给声强度

（1）取500，1000，2000 Hz中两个最低阈值（最差值）来计算2个频率的PTA。

（2）起始点为2个频率的PTA加上25 dB。

（3）如果受试者不能复述听到的词，加大给声强度10 dB，直到受试者可以复述出听到的词（一个声强度给一个词）。

（4）当受试者可以复述出听到的词，持续降低给声强度5 dB，直到受试者不能复述（一个声强度给一个词）。

2. 正式测试

（1）再将给声强度提高10 dB。此时一个强度用6个词。

（2）继续以5 dB的步距降低给声强度，直到言语识别率达到50%。

（3）如果受试者得分徘徊在50%左右，比如在25 dB时得分为4/6而在20 dB时得分2/6，计20 ～ 25 dB HL。

（二）美国言语语言听力协会推荐的测试方法(ASHA, 1988).

1. 探索初始给声强度

（1）将给声强度设置为预估言语识别阈值上30 ～ 40 dB，并播放一个测试项。在无法预估言语识别阈值的情况下，可以采用Martin和Stauffer（1975）报告的确定初始给声强度的方法，即在50 dB HL的水平上为受试者播放第一个测试项，而不是在预估言语识别阈值之上30 ～ 40 dB的水平上。

1）如果受试者答对，则以10 dB 的步距降低强度，并在每一给声强度播放一个测试项，直到受试者回答错误。

2）如果受试者答错，则以20 dB的步距增加强度，直到获得正确回答。然后开始以10 dB 的步距下降，直到受试者回答错误。

（2）当有一个测试项答错时，在同一声级上播放第二个测试项。如果答对则降10 dB，直到连续两个测试项在同一声级都听错。

（3）将该给声强度（即连续两个测试项都听错的声级）提高10 dB，即为初始给声强度。

2. 测试阶段

（1）以初始给声强度，播放5个测试项，理论上受试者应该全部答对。如果不能全部答对，适当增加初始给声强度(4~10 dB)，直到受试者将5个测试项全部答对。

（2）以5 dB为步距降低给声强度。每降低5 dB，播放5个测试项，直到在某一强度上，受试者5个测试项都答错，测试结束。

3. 言语识别阈计算方法

SRT＝初始给声强度（5个测试项全部答对时的强度）－正式测试中答对的词数（从全部答对到全部答错）＋2 dB（校准因子）

（三）掩蔽问题

插入式耳机的耳间衰减可达60 dB。当一侧耳言语识别阈减去另一侧骨导500，1000，2000 Hz平均听阈≥60 dB，或者双耳SRT差≥60 dB时，需要掩蔽。对于耳罩式耳机，其耳间衰减为40 dB。所以当一侧耳言语识别阈减去另一侧骨导500，1000，2000 Hz平均听阈≥40 dB，或者双耳SRT差≥40 dB时，需要掩蔽。以下为掩蔽步骤：

（1）提醒受试者忽视在一侧耳听到的噪声，并尽力复述听到的句子。

（2）将噪声（优先选择听力计上的言语噪声）加到非测试耳。强度为非测试耳的PTA气导阈值＋30 dB。

（3）测试耳维持原有给声强度，播放6个词，如果正确率低于50%，提高给声强度。

（4）如果测试耳SRT阈值升高幅度小≤15 dB，无须再次掩蔽。此阈值为真实阈值。

（5）如果SRT阈值升高幅度≥20 dB，进一步增加噪声强度20 dB。

七、言语识别率的测定

言语识别率指在统一的给声强度下测得的言语识别正确率。所以在报告言语识别率时，必须注明给声强度。

（一）最大言语识别率测试

（1）如果听力为正常或者传导性听力损失，起始强度为SRT＋30 dB，或者PTA＋30 dB。

（2）如果在第一个给声强度，没有达到100%的言语识别率（一个给声强度一张表），将给声强度提高20 dB。如此时还没有达到100%的言语识别率，可继续加20 dB（如受试者感觉太吵，可加10 dB）来测得最大言语识别率。

（二）言语识别－强度曲线的测定

（1）先通过上述步骤获得最大言语识别率。

（2）再以10 dB为步距降低给声强度，为了获得比较精确的*P–I*曲线，一般需要测试5～6个给声强度，覆盖10%～90%的言语识别率。

（3）考虑到蜗后病变的可能，需要测得SRT＋50 dB HL给声强度下的言语识别率，测试是否存在回跌效应。回跌效应的程度可用以下公式计算：回跌效应的程度＝（最大言语识别率－回跌后的最小言语识别率）/最大言语识别率（刘博，2022）。

（三）言语识别率测试的掩蔽

当给声强度－（非测试耳骨导500，1000，2000 Hz平均听阈）≥40 dB（耳罩式耳机）

或≥60 dB（插入式耳机）时，需要给以掩蔽。掩蔽时的给声强度依赖以下参数。

1. 最低言语识别率级（minimum discrimination score level，MDSL）

选取一组听力正常年轻人进行言语识别率测试，记录受试者言语识别率为大于0但小于等于5%时的给声强度。该组受试者中的最低给声强度，即为最低言语识别率级。

2. 有效言语掩蔽级（effective speech masking level，ESML）

选取一组听力正常的年轻人进行针对某种言语测听材料的言语识别率测试，给声强度为言语识别阈上30 dB，其言语识别率应为100%。保持该给声强度不变，在同侧施加言语噪声以改变其言语识别率，使言语识别率降为大于0但是小于等于5%，记录这个时候的言语噪声给声强度。该言语噪声给声强度减去言语信号强度，即为单耳的有效言语掩蔽级。全组所有受试耳的平均有效言语掩蔽级，即为有效言语掩蔽级。

3. 言语偷听量

言语偷听量＝测试耳言语信号强度－耳间衰减（40 dB耳罩式耳机或60 dB插入式耳机）－最低言语识别率级（MDSL）－非测试耳平均骨导听阈（PTA值）。

需要在对侧施加的掩蔽强度为：掩蔽强度＝非测试耳言语频率气导平均听阈（500 Hz、1000 Hz、2000 Hz）＋有效言语掩蔽级（ESML）＋言语偷听量。但是很多言语测试材料并没有给出最低言语识别率和有效言语掩蔽级。临床上为了操作的便利，也常用下面的方法粗略估计掩蔽强度：掩蔽强度＝测试耳给声强度－耳间衰减＋20 dB（安全值）。当非测试耳在任意频率气骨导差大于15 dB时，还需要加上气骨导阈值的差值，即掩蔽强度＝测试耳给声强度－耳间衰减＋非测试耳最大的气骨导阈值的差值＋20 dB（安全值）。

第五节　言语测试的研究进展

一、助听器佩戴效果预测和人工耳蜗适应证

在安静环境下，裸耳最大言语识别率≥80%时，佩戴助听器效果较好；在最大言语识别率处于60%～79%时，佩戴效果一般，而且比裸耳言语识别率≥80%的验配者需要更长的适应和语训时间。如果裸耳最大言语识别率≤60%，助听器佩戴效果比较差（Kodera et al.，2016；彭珊 等，2020）。

言语测试结果是评估患者是否适合人工耳蜗植入的重要指标。根据我国《人工耳蜗植入工作指南（2013）》，语后聋潜在植入对象的助听后开放性短句识别率须小于70%（较好耳）；语前聋潜在植入对象的助听后封闭项双音节测试须小于等于70%。

二、对于突聋预后的评估

《2012美国突聋临床指南》推荐突聋患者在诊断治疗后6个月内，接受纯音听阈和言语识别测试，这是因为部分患者虽然纯音听阈没有变化，但是言语测听结果可能会出现显著提高（Stachler et al.，2012），可能与蜗后病变改善有关。但是国内目前对突聋多用纯音听力测试，言语测试使用得较少（彭珊 等，2020）。

三、蜗后病变和听神经病

蜗后病变和听神经病的一个显著特征是言语识别和纯音听阈不成比例。李剑挥等（2010b）推荐当PB-max低于$y=100-10PTA/11$时，就可以称不成比例。PB-max这里指每位患者所能达到的最大言语识别率（音位平衡单音节词表），PTA为500 Hz、1000 Hz、2000 Hz和4000 Hz的平均听阈。

四、方言影响

方言对言语测听的影响与方言间差异大小和受试者对普通话的掌握程度有关。北京方言在北方话受试者中的平均识别率为96%，在南方话受试者中为81%。老年人与年轻人的普通话掌握程度也存在差异。建立各个方言的言语测试词表很重要。如果没有这个条件，可考虑建立普通话言语测试的常模或使用受方言影响小的测试材料，如数字识别测试。

第六节　儿童言语测试

一、注意事项

测试时，须确保测试项在儿童的词汇范围内，否则测试的就不是单纯的言语识别。不确定词汇是否在儿童词汇范围内时，可以让家长快速看一下，询问是否在儿童词汇范围内。不要透露测试项目给家长。有些家长会记下或询问测试项回去练习，这个是不被允许的，因为这会造成成绩虚高。儿童，特别是听障儿童的言语识别个体差异性很大。如果单纯用一个测试，很可能面临地板或天花板效应，临床上可用测试组（test battery）来追踪他们的言语发展。

二、常用言语材料测试组

中文常用测试组的开发依据Fink（2007）的研究，可以包括普通话版婴幼儿有意义听觉整合量表（Mandarin Infant-toddler Meaningful Auditory Integration Scale，IT-MAIS）（Zheng et al.，2009a），有意义听觉整合量表（Meaningful Auditory Integration Scale，MAIS）（Zheng et al.，2009a），普通话早期言语感知测试（Mandarin Early Speech Perception Test，MESP）（Zheng et al.，2009b），普通话儿童言语清晰度测试（Mandarin Pediatric Speech Intelligibility Test，MPSI）（Zheng et al.，2009c），普通话单音节相邻性词表（Mandarin Monosyllabic Iexical Neighborhood Test，LNT）、双音节相邻性词表（Multisyllabic Lexical Neighborhood Test，MLNT）（Liu et al.,2013）和普通话噪声下测试（Mandarin Hearing in Noise Test for Children,MHINT-C）（Chen et al.，2021）。

普通话版婴幼儿有意义听觉整合量表（IT-MAIS）和有意义听觉整合量表（MAIS），采用家长问卷形式来评估幼儿的听力发展。两个测试都有10个问题，只有最前面两个问题不同。所以常常将两者合并分析。

普通话早期言语感知测试（MESP）包括两个版本：标准版和低词汇版，两者都是闭合项测试。标准版和低词汇版分别有6个和4个分测试。前三个分测试两个版本都一样：分测试1——言语觉察；分测试2——类型觉察（是否可以区别一个字、两个字和三个字）；分测试3——双音节词识别；分测试4——元音识别（标准版）或单音节词识别（低词汇版）。除此之外，标准版还包括分测试5——辅音测试和分测试，分测试6——音调测试。标准版已经计算机化，通过电脑给声和图片，并自动记录结果。低词汇版使用实物和拥有更少的测试项。所以当幼儿不能完成标准版时，可以使用低词汇版。MESP的各个分测试的难度是递进的，只有达到了一定的目标分，才可以进入下一个分测试。测试结果是儿童所能达到的层级。

普通话儿童言语清晰度测试（MPSI）是安静和噪声环境下闭合项句子识别测试。当儿童通过MESP分测试3和4的时候，就可以尝试MPSI。受测者需要在6张图片中选出听到的句子。测试先从安静环境下开始，然后依次进行+10，+5，0，−5和−10 dB信噪比下的测试。因为是闭合项测试，有一定猜对的概率，只有分数显著高于猜对的概率才需要进行下一个信噪比下的测试。

普通话单音节相邻性词表（LNT）和双音节相邻性词表（MLNT）是两个开放项言语识别测试。LNT/MLNT包括3个单音节/双音节简单表和3个单音节/双音节难表。每张表20个字。简单表里的单音节字/双音节词是日常生活中常用的且相邻性浓度低（即和目标词发音相似的词少）。相反，单音节/双音节难表里的字词使用率低且存在大量发音相似的情况。当受试者在LNT/MLNT达到天花板效应或者6岁时，可以尝试儿童版噪声下听力测试（MHINT–C），其由12张等价的表组成，每个句子10个字。噪声为言语频谱噪声，操作和计分方法同成人的版本。

儿童人工耳蜗植入者需要在术后进行多次调试，要对他们的言语识别发展进行监控，以确保他们后续的语言发展。监控时需要比对儿童人工耳蜗植入者言语识别发展节点，以确定患儿言语识别发展的快慢。chen等（2017）收集了14篇人工耳蜗植入儿童的言语识别发展，标记了50%的儿童可以在各个植入后各时间点达到的能力（表6.3，仅供参考）。当儿童发展慢于这个发展速率时，家长和专家应该注意，可采取的措施包括①检查助听仪器是否正常；②将语训任务分解，小步子教学；③和父母，语训老师沟通了解平时情况；④排除其他病变和残疾；⑤继续观察和监测。但要注意的是，人工耳蜗植入儿童的个体差异度较大。

表6.3　言语识别发展里程碑（chen et al.，2017）

言语识别能力	人工耳蜗植入后				
	3个月	6个月	12个月	24个月	48个月
语前听力能力得到很大提升（如MAIS/IT-MAIS里的测试项目）	✓	—	—	—	—
可以区分一些闭合项字词	—	✓	—	—	—
开始可以区别一些闭合项韵母和声母	—	—	✓	—	—
可以在安静或噪声环境下区分闭合项句子	—	—	✓	—	—
开始可以区别音调	—	—	✓	—	—

续表

言语识别能力	人工耳蜗植入后				
	3个月	6个月	12个月	24个月	48个月
开放项单音节/双音节词识别得到很大发展	—	—	—	✓	—
高水平开放项单音节/双音节词识别能力	—	—	—	—	✓

三、操作步骤

不同儿童言语材料的操作不同，如有些用图片，有些用触摸屏，有些用实物。另外，校准的方式、距离、角度和给声强度都不同。但一般都会由软件控制给声和给分。推荐根据各个言语材料的说明书校准操作。

第七节 案例分析

案例一

陈X，女，42岁。

主诉：7月前无诱因出现右耳耳鸣，为持续性嗡嗡样声。

病史：3月前，在漳州某医院行颞骨CT及颅脑核磁共振检查发现“右侧内听道占位”，纯音测听发现右耳轻度听力下降。1月前，患者出现眩晕，视物旋转，走路向右侧倾倒，经保守治疗1周好转，不伴恶心呕吐，无面部麻木及疼痛，无口角歪斜，无闭眼露白，无饮水呛咳，无声嘶。现为手术治疗，入我院，门诊以“内听道占位（右）”收入院。因神经外科医生想了解内听道肿瘤是否影响听力，来进行听力和言语识别测试。

结果：患者的鼓室图提示右耳存在负压（表6.4），纯音听力（图6.2）、ABR和言语识别测试均提示患者无明显听力和言语识别问题（表6.4），但患者的DPOAE病变耳引出的频率减少。

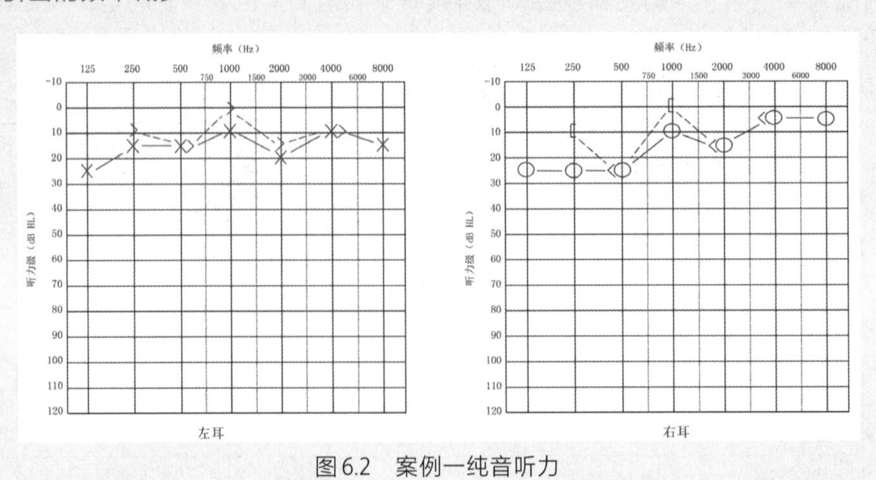

图6.2 案例一纯音听力

表6.4 案例一测试结果汇总

声导抗测试（仪器型号：GSI TymStarPro）

指示耳	226 Hz 鼓室曲线	鼓室压力/daPa	声顺值/ml	刺激耳	声反射阈			
					500k	1000k	2000k	4000k
左	A	N	0.3	右侧	100	100	100	100
				左侧		95	95	
右	C	−194	0.5	右侧		95	95	
				左侧	100	100	100	100

言语识别率（测试材料：测试材料为解放军总医院郗昕编制的《普通话言语测听：单音节识别率测试》）

	平均听阈/dB HL	刺激声强度（掩蔽强度）/dB HL	最大言语识别率/%
左耳	14	44	92
右耳	14	44	92

40 HzAERP（40 Hz听觉相关电位）

刺激声	tone burst				频率	1000 Hz
阈值	左	20 dB nHL			右	20 dB nHL

DPOAE（畸变产物耳声发射）（NeuroAudioDPOAE）

两纯音频率比$f2/f1$=1.22	$L1$=65 dB SPL	$L2$=55 dB SPL
左：各频率均引出有意义的DPOAE		
右：0.75 kHz-1.5 kHz，3 kHz-8 kHz引出DPOAE，余下频率未引出DPOAE		

听性脑干反应潜伏期（NeuroAudio）

刺激信号	click				刺激速率：		11.1次/s
	dB nHL	I（ms）	III（ms）	V（ms）	I-III（ms）	III-V（ms）	I-V（ms）
左	100	1.19	3.31	5.03	2.12	1.72	3.84
右	100	1.30	3.49	5.32	2.19	1.83	4.02

听性脑干反应阈值

刺激信号	click				刺激速率：	11.1次/s
左	25 dB nHL				右	25 dB nHL

总结与分析：听神经瘤患者常伴随着单纯听力（特别是高频）进行性下降。一般患者患侧言语识别率和听力下降不成正比。ABR除I波外其余波潜伏期延长或波形异常。但是患者之间的差异性很大，推测可能和听神经瘤大小、内听道深入程度和侵蚀情况有关。比如Gordon 等（1995）发现听神经瘤大于2.1 cm的患者，他们的ABR结果均呈现异常。但是听神经瘤小于9 mm时，只有69%的患者ABR异常。另外，我们还可以在最大言语识别率时，继续加大给声强度，观察是否出现回跌效应

(图6.1)，比如此患者听力和言语识别基本正常。理由是：

(1)双耳听力基本正常且对称(两耳间听阈＜15 dB，且双耳各频率听阈之差＜15 dB)。

(2)双耳言语识别率之间无明显差异(差异＜20%)。

(3)最人言语识别率和听力情况符合(根据y=100−10PTA/11，y=87，言语识别率需要小于87时，才可认定最大言语识别率和听力情况不符合)。

案例二

蒋X，55岁，男，大学老师。

主诉：双耳佩戴助听器5年，想进一步提高言语识别率。

病史：双耳对称性感音神经性聋，右耳平均听力69 dB。左耳70 dB。患者已多次调试且无意愿更换助听器(顾客期望)。

总结与分析：其他参数均已多次调节，效果良好。未调主要参数为压缩(compression)。压缩根据启动时间(attack time)和释放时间(release time)的长短，可分为快压缩和慢压缩。快压缩可以提高小声音的音量，从而可能提高言语识别率。但是也会引入更多的失真。慢压缩的声音更加还原，也更加舒适。但对小声音的放大不及时。同时对压缩的选择，存在很大的个体差异性。工作记忆强的，对声音中精细结构敏感的人更容易受益于快压缩(专家意见/专业知识)。

此款助听器可调节的主要是快压缩和一种新的压缩模式——双压缩。因此我们的问题是：双压缩能否比快压缩提供更好的言语识别率。但搜索文献发现只有一篇文章与主题相关，Chen等(2021)，结论是双压缩可结合快压缩和慢压缩，提供更大的动态范围和更小的失真，从而提高言语识别率。但是文章非双盲，非综述。文章的证据质量(quality of evidence)较低(证据/外部)。

因此我们分别选用快压缩和双压缩，用中文HINT词表进行验证。噪声下言语识别阈(能识别出50%句子的信噪比)在快压缩和双压缩的环境下分别是2.0 dB和0.8 dB。也就是说言语识别率提高了12%(1.2 dB x 10%)(10%为HINT的言语识别率和信噪比之间的斜率)。因为测试的是言语识别阈，而非言语识别率，我们无法通过表6.1计算提高的分数是否有意义。根据助听器选配的评估指南(Kodera et al., 2016)，如果言语识别率提高10%以上，可认为有效。初步判断双压缩可以比快压缩更好地提高言语识别率(证据/内部)。

我们向患者介绍了新的压缩方式和现有内外部证据。然后将双压缩作为一个程序，希望患者可以回去体验在现实环境中的表现，再做进一步优化。经过一段时间适应后，患者随访表示满意。

总结与分析：上述过程，我们完成了一个助听器验配过程中的循证实践(evidence-based practice)。其将顾客期望、内外部证据、专家意见/专业知识等结合在一起，从而做出一个针对患者需求的高质量的决断(图6.3)。主要步骤包括：①提出临床问题，②收集证据，③评估证据，④做出临床决断。如想了解更多听力学循证实践的内容，可参考***Evidence-based practice in audiology***（Chisolm et al.，2012）。

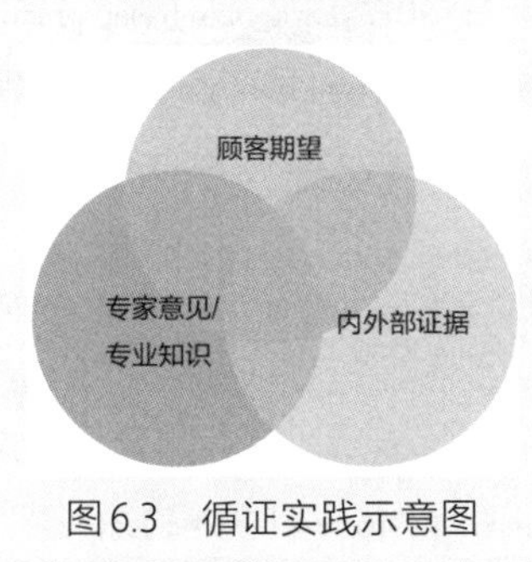

图6.3 循证实践示意图

参考文献

陈艾婷，郗昕，赵乌兰，等，2010.噪声下言语识别速测表(Quick SIN)普通话版的编制[J].中国听力语言康复科学杂志，4：27-30.

韩德民，2007.临床听力学[J].听力学及言语疾病杂志，15(1)：1-3.

冀飞，郗昕，陈艾婷，等，2008.汉语普通话单音节测听字表的等价性研究[J].中华耳科学杂志，6(1)：17-20.

李剑挥，郗昕，冀飞，等，2010a.一组汉语普通话双音节测听词表的等价性分析[J].中华耳科学杂志，8(1)：75-77.

李剑挥，郗昕，赵阳，等，2010b.单音节最大言语识别率与纯音听力不成比例下降的判定[J].中华耳鼻咽喉头颈外科杂志，45(7)：565-569.

刘博，2022.诊断听力学[M].北京：人民卫生出版社.

彭珊，李刚，郑芸，2020.言语分辨率测试的研究进展[J].听力学及言语疾病杂志28(3)：351-354.

郗昕，2008.言语测听工具的效度，信度与敏感度[J].中华耳科学杂志，6(1)：1-6.

郗昕，2011.言语测听的基本操作规范（下）[J].听力学及言语疾病杂志，19(6)：582-584.

张华，王靓，王硕，等，2006.普通话言语测听单音节词表的编辑与初步等价性评估[J].中华耳鼻咽喉头颈外科杂志，41(5)：341-345.

赵阳，郗昕，冀飞，等，2009.嘈杂语噪声下汉语语句测听中的学习效应[J].听力学及言语疾病杂志，17(2)：107-111.

American Speech-Language-Hearing Association. Determining Threshold Level for Speech [EB/OL]. [2024-08-29].https://www.asha.org/policy/gl1988-00008/.

Carney E，Schlauch RS，2007. Critical difference table for word recognition testing derived using computer simulation[J]. Journal of Speech Language and Hearing Research，50(5)：1203-9.

Chen Y，Wong LLN，2017. Speech perception in Mandarin-speaking children with cochlear implants：A systematic review[J]. International Journal of Audiology，56(sup2)：S7-S16.

Chen Y，Wong LLN，2020. Development of the mandarin hearing in noise test for children[J]. International Journal of Audiology，59(9)：707-712.

Chen Y，Wong LL，Kuehnel V，et al.，2021. Can dual compression offer better mandarin speech intelligibility and sound quality than fast-acting compression[J]? Trends in hearing，25：2331216521997610.

Chisolm T，Arnold M，Wong L，et al.，2012. Evidence-based practice in audiology：Evaluating interventions for children and adults with hearing impairment[M]. Plural Publishing，237-266.

Dillon H，1982. A quantitative examination of the sources of speech discrimination test score variability[J]. Ear and Hearing，3(2)：51-8.

Fink NE，Wang N，Visaya J，et al.，2007. Childhood development after cochlear implantation (CDaCI) study：Design and baseline characteristics[J]. Cochlear implants international，8(2)：92-116.

Fu Q，Zhu M，Wang X，2011. Development and validation of the Mandarin speech perception test[J]. Journal of the Acoustical Society of America，129(6)：EL267-EL273.

Gordon ML，Cohen NL，1995. Efficacy of auditory brainstem response as a screening test for small acoustic neuromas[J]. American Journal of Otolaryngology，16(2)：136-139.

Hu XJ，Lau CC，2019. Factors affecting the Mandarin dichotic digits test[J]. International Journal of Audiology，58(11)：774-779.

Hu XJ，Lau CC，2020. Dichotic listening using Mandarin CV-words of six plosives and vowel /a/[J]. International Journal of Audiology，59(12)：941-947.

Kodera K，Hosoi H，Okamoto M，et al.，2016. Guidelines for the evaluation of hearing aid fitting (2010)[J]. Auris Nasus Larynx，43(3)：217-228.

Liu H，Liu S，Wang S，et al.，2013. Effects of Lexical Characteristics and Demographic Factors on Mandarin Chinese Open-Set Word Recognition in Children With Cochlear Implants[J]. Ear and Hearing，34(2)：221-228.

Martin FN, Stauffer ML, 1975. A modification in the Tillman-Olsen methods for speech threshold measurement[J]. Journal of Speech and Hearing Disorders, 40(1): 25-28.

Stachler RJ，Chandrasekhar SS，Archer SM，et al.，2012. Clinical practice guideline：sudden hearing loss[J]. Otolaryngology—Head and Neck Surgery，146(3_suppl)：S1-S35.

Thornton AR，Raffin MJ，1978. Speech-discrimination scores modeled as a binomial variable[J]. Journal of speech and hearing research，21(3)：507-518.

Wong L，Soli S，Liu S，et al.，2007. Development of the Mandarin Hearing in Noise Test (MHINT) [J]. Ear and Hearing，28(2 Suppl)：70S-74S.

Xi X，Hu H，Wong L，et al.，2018. Development and validation of the Mandarin matrix sentence test in noise[J]. Journal of Hearing Science，92：125-131.

Zheng Y，Meng Z，Wang K，et al.，2009a. Development of the Mandarin early speech perception test：children with normal hearing and the effects of dialect exposure[J]. Ear and Hearing，30(5)：600-612.

Zheng Y，Soli SD，Wang K，et al.，2009b. A Normative Study of Early Prelingual Auditory Development[J]. Audiology and Neurotology，14(4)：214-222.

Zheng Y，Soli SD，Wang K，et al.，2009c. Development of the Mandarin pediatric speech intelligibility (MPSI) test[J]. International Journal of Audiology，48(10)：718-728.

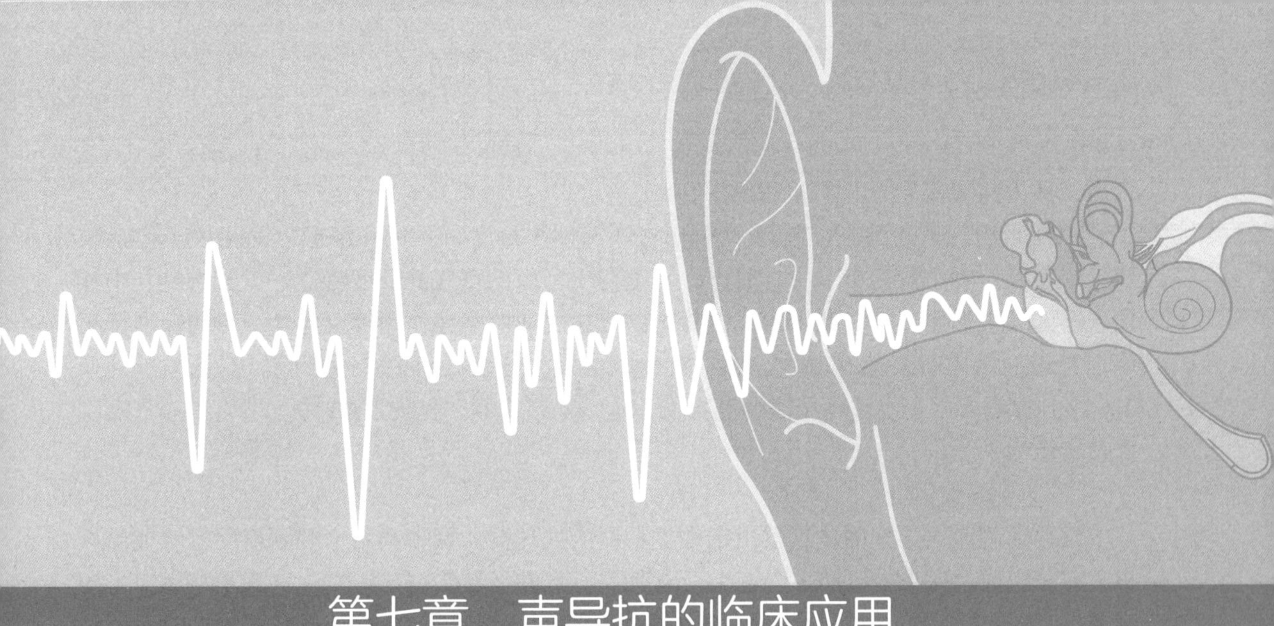

第七章　声导抗的临床应用

声导抗测试主要用于中耳功能评估，包括鼓室图测试和声反射测试两大内容。因其客观、无创、高效，且其主要测试结果可辅助临床医生诊治各类耳科疾病，为临床常用。

第一节　理论基础

一、声导抗鼓室图测试

鼓室图测试主要用于观察中耳系统在大气压力的动态变化下（作用于外耳道内）对声能的反应。目前临床最常用的是226 Hz和1000 Hz鼓室图，宽频鼓室图作为新技术也在临床逐步应用。

（一）关键术语

声导抗（acoustic immittance）指的是声导纳（acoustic admittance，Y_a）或声阻抗（acoustic impedance，Z_a），或者两者的总称。声导纳（Y_a）是声音通过一个声学系统（例如中耳）的难易程度，而声阻抗（Z_a）是声音通过一个声学系统（例如中耳）所遇到的抵抗程度。因此，Y_a与Z_a之间互为倒数关系，即$Y_a=1/Z_a$。当中耳的Y_a下降时，则Z_a上升，反之亦然。临床常用的传统声导抗设备主要测试中耳的Y_a，因此在测试原理和传统声导抗临床应用中，主要介绍Y_a相关的测试原理、参数、方法和技术。

（二）声导抗测试原理

声学与电学系统有相似之处，电学中的欧姆定律可以在声学系统中进行类比以便于理解。交流电中的欧姆定律为：电压（V）＝电流（I）× 电阻抗（Z_a）。在声学系统中进行类比，则为：声压（P）＝体积速度（U）× 声阻抗（Z_a），进一步公式转换为：$Z_a=P/U=1/Y_a$，故可得$Y_a=U/P$。当外耳道内的声压P增大时，相应的Y_a就会降低。可通过测量P而推算Y_a。声导抗仪的测试原理就是通过监测耳道内声信号（频率为226 Hz，声强为80 dB SPL的声音，称为探测音）的声压级SPL来推算Y_a。

中耳系统的Y_a与解剖结构的声学与力学特性（劲度、质量和摩擦力）相关，包括鼓膜、蜗窗膜、听小骨韧带、中耳肌肉、耳道与中耳内的空气的劲度特性，以及听骨与中耳内气体的惯性作用、空气摩擦力、镫骨与前庭窗之间的摩擦作用等。此外，不同探测音频率，各解剖结构所表现的声学与力学特性也会发生改变，对Y_a产生影响。在低频（例如226 Hz）探测音下，中耳系统以劲度特性为主，而在高频（例如1000 Hz）下，中耳系统以质量特性为主。

（三）测试仪器

常用的临床声导抗测试仪器由带有显示器的处理器、探头和用于对侧声反射的气导耳机三部分组成。探头中包括多个管头，分别用于输送探测音（扬声器）、声反射刺激声（扬声器）、气压（气泵）以及拾取外耳道内的声压变化（麦克风）。进行鼓室图测试时，扬声器发出探测音，当气泵改变外耳道的压力（−400 ～ 300 daPa）时，耳道内探测音的声压级（SPL）也会随之发生改变，改变的声压级被麦克风探测到并拾取后再转换成电信号，随后处理器根据电信号计算Y_a（电压与声压级成正比，声压级与Y_a成反比）。

（四）226 Hz鼓室图的临床应用

226 Hz鼓室图是单一成分鼓室图，测量成分只有一个——声导纳（Y_a）。选226 Hz最关键的原因在于226 Hz鼓室图对常见中耳疾患具有较高的敏感性和特异性。其临床应用价值主要凸显于以下方面：①评估中耳传声系统的劲度特性；②常见疾病的识别，例如分泌性中耳炎，主要影响劲度特性；③其他中耳疾病的鼓室图也有一定的特征性表现。

临床希望观察中耳在不同气压下的传声功能状态，即Y_a的变化。气压与Y_a之间动态变化的关系可以通过图形展示，即鼓室图。如前所述，在环境大气压（0 daPa附近）下，鼓膜和听骨链的活动状态最利于声能的传导，即中耳对声能吸收得最多，但气压增加或减少时都会引起鼓膜和听骨链劲度的增大（变硬），导致中耳对声能的吸收减少。当外耳道内的气压达到测试允许的最大负压或最大正压时，鼓膜如一面坚硬的墙，探测音的能量将无法进入中耳，几乎全部被反射回外耳道。因为声压级与声导纳Y_a成反比，当鼓膜劲度增加时，反射入外耳道内的声能较多，声压级升高，则Y_a下降；而当鼓膜处于最佳活动状态，大部分声能传入中耳，则反射回外耳道的声能较少，声压级降低，相应出现Y_a升高。因此，鼓室图实际上是在以气压为横坐标、Y_a为纵坐标的坐标图中绘制的一条可以代表气压与Y_a之间关系的曲线。在典型的正常鼓室图中，曲线的峰值，即Y_a最大值，出现在0 daPa附近，随着气压向正压或负压方向变化，Y_a不断下降趋于最低值。

临床研究发现，不同中耳疾患的226 Hz鼓室图有不同特点。为了进一步扩大临床的应用，Jerger（1970）和Lidén等（1974）基于大量的临床研究对226 Hz鼓室图进行归类并分为A、B、C三型。其中A型进一步细化成As和Ad型，后有学者提出C型可分为C1型（−195 ～−100 daPa）和C2型（−395 ～−200 daPa）（Ovesen et al.，1993）但临床仍以C型为主。一般认为，A型正常，其他均为异常情况，但仍需根据患者主诉和结合其他临床结果做最后判断。

临床积累发现，仅仅依靠曲线形态判断异常与否往往会有一定的偏差。为了更加精准地判断226 Hz鼓室图结果，学者们开始总结归纳正常及各类患者的耳等效容积、鼓室图峰压和峰补偿声导纳，目的在于根据具体测得的受试者参数，将鼓室图分型量化。

1. 外耳道等效容积（equivalent ear canal volume，V_{ea}）

V_{ea}指探头内侧外耳道的气体体积（正常情况下），单位为cm^3，是根据外耳道内的探头顶端与鼓膜间空气的Y_a推算而来的。在标准大气压下，采用226 Hz探测音时，1 cm^3的气体体积声导纳为1 mmho，如果探头与鼓膜间气体声导纳为1.5 mmho，则等效容积为1.5 cm^3。因为这是一种间接测试容积的方法，而非直接测试，所以称之为等效容积。当等效容积异常增大时，则可能实际测得为外耳道和中耳（和乳突）气体容积，原因可能为鼓膜穿孔、中耳炎术后改变等；而当容积异常减少时，可能为外耳道内因耵聍、肿物或异物等原因发生堵塞。中国健康成人V_{ea}正常值为0.61～1.87 cm^3，平均1.01 cm^3（管燕平 等，2007）。当出现B型曲线，且成人V_{ea}超过2.5 cm^3时，则提示V_{ea}过大，穿孔可能（钟乃川，1995）；小于0.2 cm^3，则提示V_{ea}过小。

2. 鼓室图峰压（tympanometric peak pressure，TPP）

TPP是Y_a峰值对应的气压，此时外耳道压力与中耳压力相等，鼓膜活动度最佳，Y_a最大。TPP对有峰的鼓室图曲线意义较大，测试所得的异常正压和负压都具有临床参考价值。中国健康成人TPP范围为－54～4 daPa，平均值为－1.58 daPa，其中5%～95%的峰压值为－35～6 daPa（管燕平 等，2007）。

3. 峰补偿静态声导纳（peak-compensated static acoustic admittance，Y_{tm}）

Y_{tm}主要反映鼓膜平面处鼓室功能最佳状态下的Y_a，单位mmho。因为外耳道内的探头与鼓膜之间具有一定的距离，中间充满空气，所以探头所测得的Y_a是空气Y_a与鼓膜Y_a（理论上反映中耳Y_a）的总和。所以为获得Y_{tm}，需要将探头测试平面的Y_a减去耳道内空气的Y_a。中国健康成人Y_{tm}为0.08～3.73 mmho，平均为0.54 mmho，其中5%～95%的数值为0.15～1.39 mmho（管燕平 等，2007）。

上述三个参数的儿童正常参考值将在“儿童测试特点”中具体介绍。

临床226 Hz鼓室图的分型主要由曲线形态和三项参数测试数据共同确定。综合看，A型为正常图形，V_{ea}、TPP和Y_{tm}值位于正常范围。与A型相比，As的Y_{tm}异常减小，常见于耳硬化症（健康人群可能也表现出As曲线，特别在选用国外参考标准时，因此需临床综合判断）；Ad的Y_{tm}异常增大，常见于听骨链疾病，例如听骨链中断和畸形等。B型则是曲线平坦，波峰消失，只有V_{ea}数值存在，V_{ea}异常增大可见于鼓膜穿孔、中耳术后，V_{ea}过小则提示外耳道肿物、耵聍栓塞或探头触壁。C型则是TPP为负压（异常范围），常见于中耳炎、咽鼓管功能不良（表7.1）。

表7.1 鼓室图分型总结（参数适用于成人）

分型	V_{ea}	TPP	Y_{tm}	可能情况
A	正常	正常	正常	正常人群
As	正常	正常	异常减小	中耳胆脂瘤；耳硬化症
Ad	正常	正常	异常增大	鼓膜穿孔愈合膜；听骨链中断
B	正常	无数值	无数值	鼓室积液
B	异常增大	无数值	无数值	鼓膜穿孔

续表

分型	V_{ea}	TPP	Y_{tm}	可能情况
B	异常减小	无数值	无数值	外耳道肿物；探头被耳道壁堵住；探头被耵聍堵住
C	正常	异常负压	正常	咽鼓管功能异常；中耳炎

除传统形态之外，临床还会出现曲线双峰、切迹等特殊情况。暂时没有证据说明这些情况与特定疾病之间具有关联性。在排除操作问题的情况下可复测，如果仍然为相同曲线则可备注已复测，请医师结合临床判断结果。

因为传统226 Hz声导抗测试主要在鼓膜平面对声能的输入进行评估，所以鼓膜的变化（例如鼓膜菲薄）对输入的Y_a影响可能很大（出现异常结果），但对听力影响不大；相反，当能量经听骨链作用输出进入耳蜗的这个过程（例如镫骨固定）出现问题，则会对听力造成严重影响，而对Y_a影响不大（可能接近正常结果）。

（五）1000 Hz鼓室图的临床应用

临床发现一部分存在中耳疾患的婴幼儿也可表现为A型曲线，并且正常婴幼儿226 Hz鼓室图变异度很大，存在多种曲线形态，例如M型、切迹型，因此无法单纯依据上述的分型和参数判读结果。婴幼儿外耳和中耳的解剖及生理特点与成人相比有以下不同：外耳道和中耳腔体积较小、鼓膜增厚、中耳腔内存在羊水、鼓膜更倾向于水平方向走型。婴幼儿外、中耳特性对Y_a的作用以质量为主，而成人以劲度为主（Alaerts et al.，2007），所以，以评估中耳声学系统劲度特性为主的226 Hz鼓室图可能无法为低龄儿童提供准确信息。

临床多采用以1000 Hz探测音为主的高频鼓室图评估婴幼儿的中耳功能。主要原因为：①婴幼儿正常耳1000 Hz鼓室图表现主要为单峰曲线，异常耳多为平坦曲线，便于诊断；②临床研究结果显示，1000 Hz鼓室图对婴幼儿中耳功能评估具有较高的敏感性和特异性（Carmo et al.，2013；Alaerts et al.，2007）。

临床研究表明，1000 Hz鼓室图可以更有效地诊断6月龄以下婴幼儿的中耳积液。5—7月龄婴幼儿的中耳积液耳可能存在假阴性结果（American Academy of Pediatrics et al.，2007）（循证等级①D：仅有专家点评，或大部分现有证据之间缺乏一致性或结论不确定，或大部分证据存在较大可能的偏倚）。226 Hz鼓室图对于大多数6月龄以上的儿童更加合适。此外，国际共识推荐将1000 Hz鼓室图包含在新生儿听力筛查测试组合当中，因为1000 Hz鼓室图与耳镜和OAE的测试结果之间显著相关（Kilic et al.，2012）（循证等级C：有病例报告，或非随机对照的治疗性研究和非治疗性研究结果并不能直接说明问题但相关结论可归纳），所以建议在复筛前进行耳镜和1000 Hz鼓室图检查以观察是否存在中耳积液。

但是，1000 Hz鼓室图存在无法正确评估外耳道的容积的问题，因此，6月龄及以下婴幼儿仍然需要进行226 Hz鼓室图测试，观察等效耳道容积，并且在某些疾患（例如中耳积液）中，两者所得结果可以相互印证。

（六）宽频鼓室图

宽频鼓室图（wideband tympanometry，WBT）是近年在临床中逐渐开展的中耳功能评

① 循证等级主要用于评价研究项目的质量，共分为A，B，C，D四个等级，其中A级等级最高说明该内容相关的研究质量最高，大多为随机双盲实验。

估新技术，主要用于传统单频率鼓室图所不能反映的中耳问题。与传统鼓室图测试技术相比，WBT在评价方式和内容方面有较大不同。WBT是由放置在外耳道口的探头发出宽频声（200～8000 Hz）信号，通过探头探测有多少宽频声能被反射至探头处，反射回来得越多说明中耳吸收得越少，反射回来得越少说明中耳吸收得越多。因此WBT可以计算中耳的声能吸收率或反射率（吸收率＋反射率＝1）。此外，传统鼓室图必须在加压的情况下进行，而WBT不需要对外耳道加压来修正外耳道的影响。这样可以在特殊情况（中耳术后、鼓膜穿孔等，环境压力或0 daPa）下评估中耳对声能的吸收或反射情况。

以国内现行设备为例，WBT主要以两种方式展示结果。第一种是在以声能吸收率为纵坐标，频率为横坐标的坐标图中展示，测得受试者的结果可被称为频率–声能吸收率曲线。每次测量后，都会在网格图中出现两条曲线，曲线1代表在宽频峰压下宽频范围内107个频率的吸收率情况，曲线2是在环境气压（或0 daPa）下宽频范围内107个频率的吸收率情况，图中的阴影部分为设备自带的相关年龄范围内正常人群的10%～90%吸收率范围（此种为宽频研究普遍采用的方法）。图7.1为7岁儿童的左耳WBT结果范例，粗线为上文说的曲线1（宽频峰压为−101 daPa），细线为上文说的曲线2。如果采取外耳道不加压的方式，则只会显示曲线2。

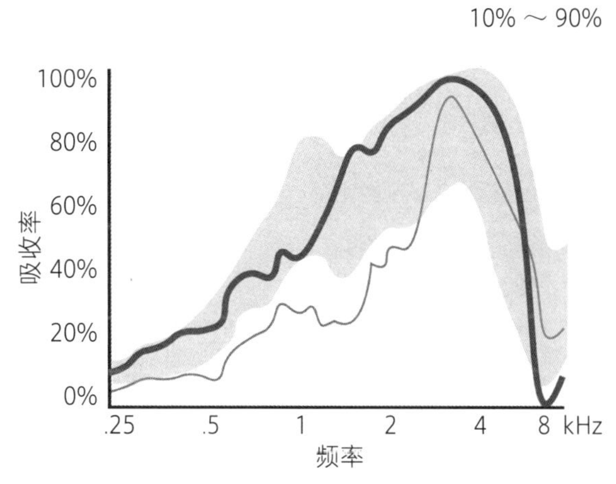

图7.1　儿童的左耳WBT结果范例

注：宽频峰压为−101 daPa，粗线为宽频峰压下的频率–声能吸收率曲线，细线为0 daPa下的频率–声能吸收率曲线。

WBT的第二种结果展现形式是WB鼓室图，它代表的是随气压改变（−300～300 daPa），频率在380～2000 Hz的所有总吸收率的变化情况。例如当气压为300 daPa时，鼓膜硬如墙壁，说明此时中耳的声能吸收率最低，在坐标中是处于曲线的最低处。WB鼓室图中最大吸收率对应的压力就是宽频峰压。

临床工作中，什么时候会用到宽频鼓室图？单一频率鼓室图对常规疾病的临床诊断可以发挥重要作用，但在特殊情况下宽频鼓室图将发挥其独特作用：①226 Hz鼓室图正常，但纯音测听提示严重的传导性听力损失，即多个频率存在非常明显或者巨大的气骨导差值的患者。此类患者影像学评估未见异常，在未行手术探查前可通过宽频鼓室图当中的频率–声能吸收率曲线明确是否由中耳病变导致传导性听力损失。部分患者通过手术探查，最后确诊为耳硬化症（听骨链固定）、听骨链粘连（中耳炎继发）、中耳胆脂瘤（听小骨缺如）、听骨链中断（外伤）、听骨链畸形。②不停提示漏气，无法加压测试的患者，例如鼓膜穿孔、鼓膜置管、中耳术后定期随访，可在0 daPa非加压下测试。③226 Hz鼓室图正常，但纯音测听提示部分频率为混合性听力损失的患者，宽频鼓室图可用于排除中耳病变成分的存在，以确定听力损失是否为单纯内耳源性，例如梅尼埃病、前庭导水管扩大、上半规管裂综合征（SSCD）。图7.2为特殊疾病或特殊情况下WBT的结果。

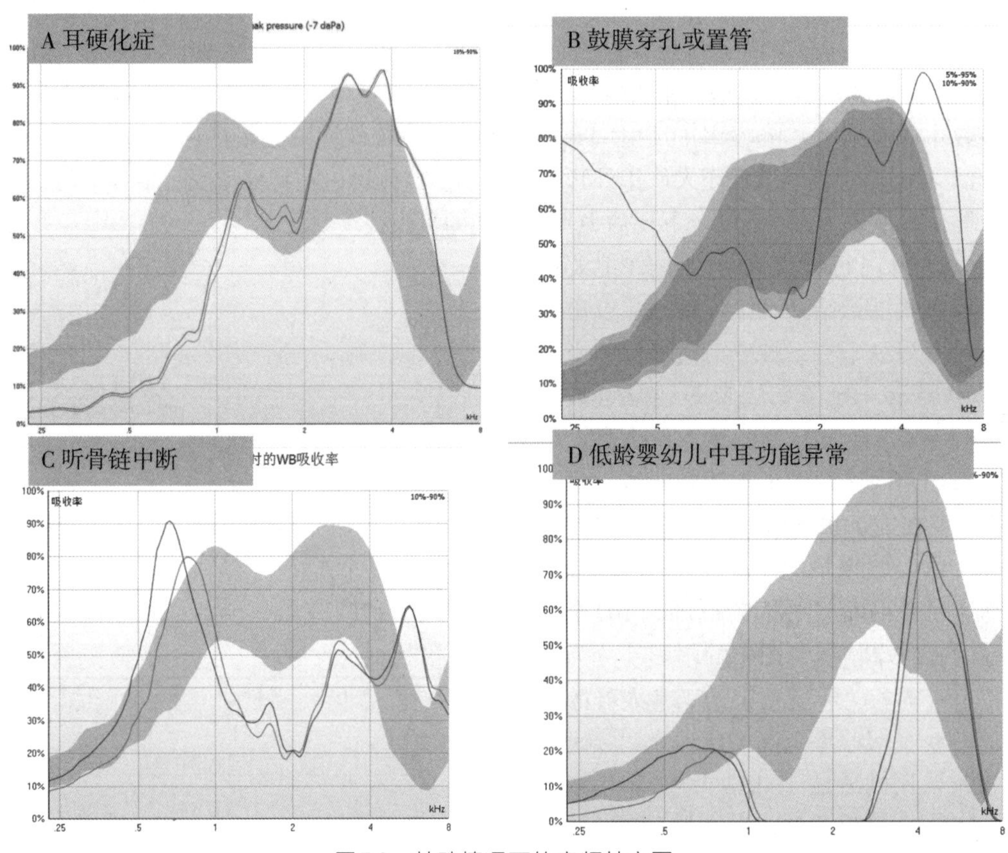

图7.2　特殊情况下的宽频鼓室图

二、声反射测试

（一）声反射路径

与听力学测试相关的声反射指的是镫骨肌反射。肌肉收缩牵拉镫骨向后运动，镫骨底板离开前庭窗，增加了中耳系统的劲度，导致阻抗增大。任一耳的高强度声刺激都会引起双侧镫骨肌发生反射性收缩，其反射弧已非常明确；一侧耳蜗在一定声强的刺激下可引发四条不同的反射路径，两条为同侧镫骨肌收缩，两条为对侧镫骨肌收缩。同侧声反射路径：耳蜗→同侧耳蜗腹侧核→同侧上橄榄核复合体→同侧面神经核→同侧镫骨肌。对侧声反射路径：耳蜗→同侧耳蜗腹侧核→对侧上橄榄核复合体→ 对侧面神经核→对侧镫骨肌。

需要注意的是，进行临床测试时，耳机或者探头（发出刺激声或者探测测试结果）放置的状态均可能对最后的结果产生影响。

（二）测试原理与设备

声反射测试（acoustic reflex，AR）主要是通过声导抗仪中的发声装置发出不同频率（500～4000 Hz）的纯音或噪声（刺激声）诱发镫骨肌反射弧。镫骨肌收缩引起听骨链劲度增加，引起中耳声导纳（Y_a）发生变化，而变化的Y_a可被放置在外耳道口的探头探测到并展示在声导抗仪的显示屏中。临床使用设备可发出的刺激声强度可达100 dB HL以上，部分设备可达120 dB HL，主要是便于声反射阈值的搜索。同侧声反射测试时只需要主探头即可（包括发声和Y_a变化接收装置）；但在进行对侧声反射测试时，主探头仅用于接收Y_a变化，另需配备耳机置于对侧耳发出诱发镫骨肌反射的刺激声。

（三）声反射阈测试

镫骨肌反射引起Y_a的变化（绝对数）会随着刺激声强度的增加而增大，因此可以通过测量受试者的声反射阈来评价镫骨肌反射弧的完整性。声反射阈（acoustic reflex threshold，ART）指引起声反射（Y_a发生0.02 mmho及以上的变化）最小的刺激声强度，具有可重复性（至少2次）。

正常人群的声反射阈一般在刺激声频率的气导行为听阈值上70 ～ 100 dB（Jerger，1970）。表7.2为国外学者报告的100例耳科正常的成人（年龄20—69岁）在500 ～ 4000 Hz的同侧和对侧声反射阈值情况。按照5% ～ 95%作为正常参考值，同侧500 Hz声反射阈为70 ～ 100 dB HL，对侧500 Hz声反射阈为95 ～ 109.75 dB HL，其他频率类似。

表7.2 耳科正常成人500 ～ 4000 Hz同侧和对侧声反射阈值(226 Hz)

项目		声反射阈/dB HL			
		500	1000	2000	4000
同侧	平均值	85.4	85.4	90.3	91.59
	SD	10.142	10.117	9.096	7.412
	5%	70	75	80	80
	95%	100	110	110	110
对侧	平均值	101.9	94.75	96.65	103.32
	SD	4.069	5.094	3.486	4.759
	5%	95	85	90	95
	95%	109.75	105	100	110

*摘自 Ferekidou et al.(2008)

声反射路径中的任一部位出现问题均会对测试结果（以声反射阈表示）产生影响，与之相关的部位可为外耳、中耳、耳蜗、前庭耳蜗神经、面神经、脑干，临床相关疾患可为分泌性中耳炎、梅尼埃病、听神经瘤、听神经病、面瘫、脑干占位。当出现以下任一结果时，提示结果异常：①声反射阈值升高；②最高刺激声强度（例如125 dB HL）下声反射无法引出。

不同病变部位的声反射测试结果表现不同。

（1）单纯蜗性听力损失：患者声反射阈变异度较大，在一定的听力损失范围内声反射阈可为正常，在听力损失加重后阈值开始升高。现有研究结果显示，当听力损失不超过50 dB，声反射阈不会有明显提高；超过50 dB，则声反射阈随着听力损失的加重而升高（Gelfand et al.，1990）；听力损失达到70 dB HL及以上，大多数患者会出现最大输出强度声反射引不出的情况（Margolis，1993）。

（2）前庭耳蜗神经病变：声刺激信号无法有效地经第Ⅷ对颅神经（前庭耳蜗神经）传至耳蜗腹侧核，镫骨肌反射阈升高或引不出。

（3）面神经病变：信号到达面神经核后无法通过面神经进一步传达给镫骨肌，因此镫骨肌不会发生收缩，即声反射引不出。

（4）中耳病变：①探测耳为病变耳，声反射可能引不出。原因在于当探头放于探测耳，因中耳病变，无法探测到因镫骨肌反射引起的声导纳变化；②刺激耳为病变耳，声反射阈升高或引不出。中耳病变会造成由外耳道内探头发出的刺激声无法高效传入耳蜗，刺激声强度需要比正常人群所需要的更高才能引起镫骨肌反射，因此可出现声反射阈升高的现象。若中耳病变导致严重的传导性听力损失，则镫骨肌反射所需的声强很可能超过设备所能提供的最大声强，因此在设备最高刺激声强度下，镫骨肌反射结果为引不出。

（5）小范围的脑干病变：脑干病变范围较小，仅对交叉通路造成影响，对侧声反射无法引出，同侧声反射可能不受影响。

（6）大范围的脑干病变：脑干病变范围较大，所有中枢核团均受到影响，同侧和对侧声反射均无法引出。

第二节　操作技术

一、技术要点

鼓室图与声反射测试可在同一设备上进行，测试技术相似，主要包括以下几个方面。

（1）设备的使用。明确主探头和对侧声反射需要的气导耳机（播放刺激声），找到相应的测试界面，熟练细节操作，如切换左右耳。警示灯不同颜色闪烁提示探头信息，如“进行中”“堵塞”“漏气”等。

（2）耳塞的选择。主探头耳塞的作用是封闭外耳道口，以进行加压测试，否则设备提示漏气无法进行。但是，不同人群的外耳道直径不同、走向不同，要选择合适大小的耳塞才能有效封闭外耳道。

（3）患者测试指导与告知工作。加压情况下鼓膜完整的患者会有明显的压力感，部分患者可能有不舒适感，因此需要在测试前告知患者整个过程的感受，希望患者可以配合听力师保持全程不动不说话完成测试。声反射测试时会有暂时性的较大声刺激，需告知患者大声出现时无需惊慌害怕。如果患者确实存在不耐受、无法完成测试的情况，请与门诊医师积极沟通找到解决方法，例如病情缓解后再行测试。

（4）声反射进行同侧和对侧测试时，注意左右耳切换正确。

（5）设备校准。部分设备有“每日校准”功能，可以在开始工作前选择日常校准模块，通过校准后才可开始测试。如若无法通过，需要对设备进行检修。

二、测试主要操作步骤

1. 鼓室图

（1）核对患者个人信息，并简单询问患者就诊原因，观察外耳道有无流脓流水情况，如有视频版的耳内镜报告可参考。

（2）查看患者外耳和外耳道口情况，为患者选择合适的耳塞。

（3）打开测试界面，选择测试内容(226或1000 Hz)，选择测试耳(左耳-L或右耳-R)。

（4）告知患者保持不动、不说话、平稳呼吸，测试时耳内可能有些压力感，为正常情况。

（5）将探头轻柔地插入患者耳内，可以正好封闭外耳道口，提示灯为“绿色”；如果耳塞感觉不合适可以根据实际情况重新选择耳塞。

（6）根据设备实际使用情况，开始测试，获取一条平滑的曲线和相关参数的数值。

（7）测试完一侧耳后再测试另一侧耳。

（8）可根据病史情况，简单判读测试结果，必要时可复测。

2. 声反射测试

（1）核对患者个人信息，并简单询问患者就诊原因。观察有无流脓流水情况，如有视频版的耳内镜报告可参考。

（2）打开声反射测试界面，选择耳侧、同侧声反射和对侧声反射。

（3）告知患者保持不动、不说话、平稳呼吸，对于较大的声音无须惊慌。

（4）主探头和刺激声耳机放置在相应位置，主探头需正好封闭外耳道，提示灯为“绿色”，如果耳塞感觉不合适可以根据实际情况重新选择耳塞。

（5）根据设备实际使用情况，开始测试，在刺激声强度下测得符合标准的平滑曲线。若曲线发生明显漂移或者伪迹则需调整耳塞的放置情况后再次测试。

（6）依次测试完成双耳的同侧和对侧声反射，记录不同频率下的声反射阈结果（有些设备可自动判读）。

（7）可根据病史情况，简单判读测试结果，必要时可复测，但因刺激声强度较大，易引起患者不适，注意复测次数。

三、临床特殊情况处理

当临床出现以下情况时，需要特别注意。

（1）耳道内流脓、流血、清理后残留液体，可停止检查，避免设备损坏（分泌物被吸入探头）。

（2）当发现患者耳道容积过小时，请使用耳内镜查看是否是耵聍过多导致，可告知患者返回接诊医生处清理；如果检查室内没有耳内镜，可告知患者返回接诊医生处查看并做必要的处理。

（3）存在明显耳痛的患者，需要做好患者告知工作。

（4）若患者处于鼓膜穿孔愈合期，要调整加压速度，避免过快的压力变化造成鼓膜再次穿孔。

（5）耳科术后复诊，观察外耳道内情况，是否存在分泌物等，必要时询问手术医师意见。

第三节　报告解读

一、226 Hz鼓室图报告解读

226 Hz鼓室图报告当中主要包括三大部分，函数坐标图、坐标图中的曲线和三个参数（V_{ea}、TPP和Y_{tm}）的测试数值。报告解读可参考以下方面：①双耳是否有引出的曲线；②引出的曲线形态如何，如平坦型，有无波峰，波峰的高低情况。获得初步印象：①三个参数的数值是否在正常参考范围之内，是否与曲线形态吻合；②常规曲线可以结合上述内容做分型，对于无法分型的曲线可做适当说明；③遵循交叉验证的原则，与其他听力学检查结果相互印证，矛盾之处思考其原因。一般而言，鼓室图报告上不需要大量文字描述，曲线形态和参数数值可表达相关内容。

二、1000 Hz鼓室图报告解读

关于1000 Hz鼓室图结果的判读，英国听力学会发布的鼓室图操作指南（British Society of Audiology，2013）中提出的方法简单实用，可以作为临床参考。具体内容如下：以两个压力极值为端点，划出一条基线找到峰，然后划出一条垂直于x轴的线，如果峰位于基线之上为正峰，则是正常；如果峰位于基线之下为负峰，则是异常；如果是正峰，无论是在正压，还是负压，均为正常；如果为平坦或水槽型，均为异常（图7.3）。

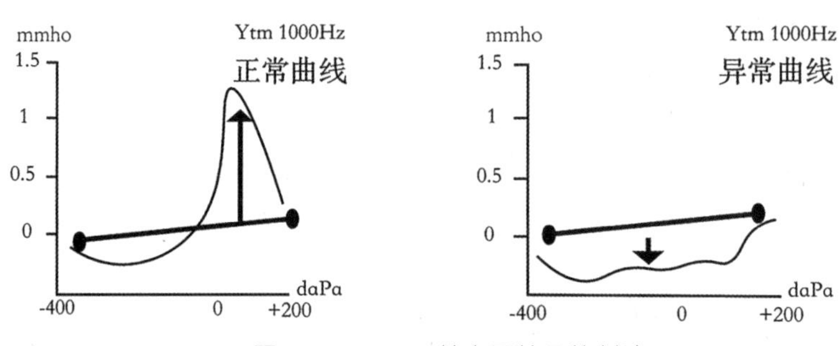

图7.3　1000 Hz鼓室图结果的判读

三、宽频鼓室图报告解读

宽频鼓室图的临床解读目前没有统一的共识，主要是根据临床经验，观察测试所得的宽频峰压和环境压力下获得的曲线与相应年龄段正常参考范围（10%～90%）之间在哪些频率存在差异，差异程度如何，与已研究总结出的典型疾病特征性曲线之间是否具有共性。暂时没有特别的参数供参考。

图7.4展示的是一位分泌性中耳炎患者的WBT结果。患者的WB吸收率图中主要包括两个部分：居于中间较大阴影面积为正常参考范围，患者的吸收率曲线图（粗线为峰压下测试曲线，细线为0 daPa下测试曲线）居于下方。从此图中可以看出，该患者226～4000 Hz的吸收率都远远低于正常参考值，所以为异常曲线图形，再结合病史、视频版的耳内镜报告、常规鼓室图报告，说明主要是中耳积液导致患者中耳对声能的吸收大大降低。

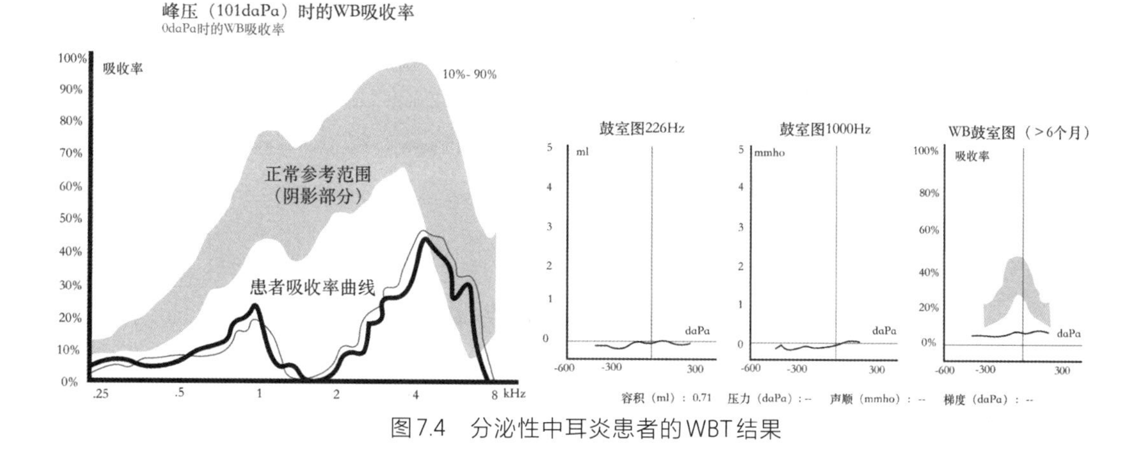

图7.4　分泌性中耳炎患者的WBT结果

四、声反射测试报告解读

声反射测试的内容主要是双耳同侧和对侧的声反射阈。临床报告包括：①测试频率下同侧与对侧声反射阈的测试曲线的形态和变化，曲线形态是否为真正引出的形态，而不是伪迹，阈值处是否具有重复性；②单独的表格标注出各测试频率（500 Hz、1000 Hz、2000 Hz、4000 Hz）的声反射阈数值，将其与正常参考范围比较，确定存在异常的频率、路径和耳侧；③与其他主客观检查相互交叉验证。

第四节　儿童测试特点

一、操作技术

在鼓室图测试方面，大龄儿童可与成人一样，按照要求在保持安静的状态下快速完成测试。但是对于低龄儿童，如果是在清醒状态下，保持1～2 min的安静状态相对较难。此时可借助一些无声玩具、消声的动画视频（家长手机）以及家属的帮助分散儿童注意力，抓住时机完成测试；如果儿童非常抗拒耳朵中有探头塞入，多次尝试无效可告知家属将儿童哄睡之后再来测试。除此之外，要为儿童选择适合他们的小耳塞，测试时需要将儿童的耳郭向后下方稍做牵拉，帮助耳塞更好封闭外耳道口，避免加压漏气。

在声反射测试方面，在大龄儿童较好配合完成的情况下，与成人操作技术无差异。对于低龄儿童，声反射的刺激声强容易惊吓儿童，引起哭闹而造成测试中止，因此声反射测试可安排在其他测试结束之后进行。此外，在预估儿童配合时间有限的情况下，可先完成双耳同侧声反射测试，对侧声反射测试视情况而定。

二、正常参考范围

儿童处于快速生长发育的阶段，226 Hz鼓室图三个参数的正常参考范围与成人存在一定的差异。评估儿童患者时要参考适用于儿童的正常参考范围。儿童的外耳道等效容积范围为0.5～1.0 ml，TPP比成人倾向于负压，甚至－200 daPa都不一定具有临床意义，儿童6月龄至6岁的Y_{tm}可低至0.2 mmho（或ml）（British Society of Audiology，2013）。

宽频鼓室图也受年龄因素的影响，因此不同年龄段的频率-声能吸收率曲线正常参考范围也应用在临床中。目前临床宽频鼓室图测试系统会根据输入的患者年龄自动展示相对应年龄组的正常参考范围（国外受试者数据）。

第五节　案例分析

案例一

患儿，男，7岁。

主诉：家属两天前无意中发现儿童一侧耳听声欠佳，至听力中心就诊。

检查结果（图7.5）：声导抗测试结果为A型，正常图形。

PTA测试结果为右耳极重度感音神经性听力损失，左耳正常。声反射阈只进行了1000 Hz测试，右耳为异常耳，同侧声反射（刺激+探测都在右耳）100 dB HL未引出。

纯音听阈结果 (dB HL)

频率Hz	250	500	1000	2000	3000	4000	6000	8000
右耳气导	95	100	100	110	115	120NR	115	105
右耳骨导	45NR	60NR	70NR	70NR		60NR		
左耳气导	15	15	15	10		5		5
左耳骨导	15	15	15	10		5		

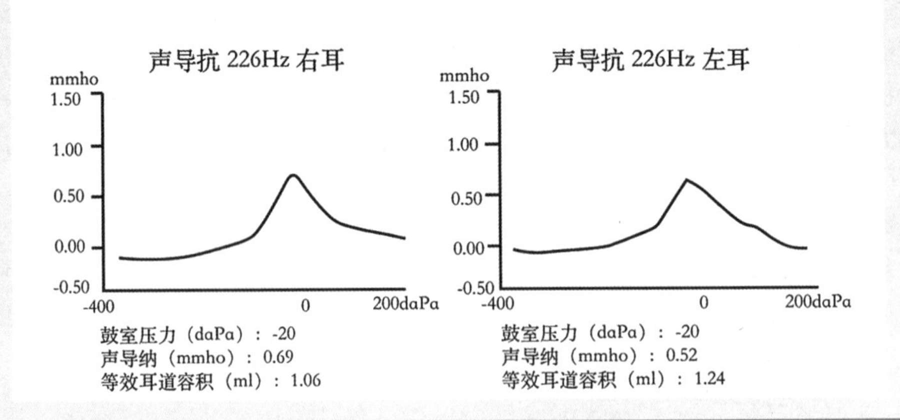

声反射阈测试		
刺激耳	同侧（1000Hz）	对侧（1000Hz）
左耳	90dBHL	85dBHL
右耳	100dBHL未引出	100dBHL未引出

图7.5 案例一听力检查结果

临床诊断：听力减退（右耳极重度感音神经性听力损失）。

总结与分析：本案例是临床交叉验证的实例，听力图提示右耳有极重度感音神经性听力损失。声导抗测试结果为A型，正常图形，提示病变在中耳以后的部位。声反射阈只进行了1000 Hz测试，右耳为异常耳，同侧声反射（刺激+探测都在右耳）100 dB HL未引出，提示同侧路径可能因耳蜗和（或）蜗神经病变传导受阻，对侧声反射（刺激左耳，探测在右耳）阈为85 dB HL，正常，说明左耳受到刺激之后，信号交叉传至右耳引发镫骨肌收缩，右耳中耳正常，因此镫骨肌收缩引起声导纳改变，可被记录到。左耳为正常耳，同侧声反射阈正常，对侧声反射（刺激在右耳，探测在左耳）100 dB HL未能引出，右耳耳蜗和（或）蜗神经存在问题，无法将信号向颅内传递并交叉传至左耳，因此左耳镫骨肌未发生收缩，故未能在左耳记录到。综合来看，声反射与纯音测听结果一致。

参考文献

管燕平，胡旭君，王枫，2007. 中青年国人鼓室导抗图正常值[J].中国中西医结合耳鼻咽喉科杂志，15(2): 97-99.

钟乃川，1995.鼓室导抗测试法(上)[J]. 听力学及言语疾病杂志，3(1)：42-45.

Alaerts J，Luts H，Wouters J，2007. Evaluation of middle ear function in young children：clinical guidelines for the use of 226- and 1000-Hz tympanometry[J]. Otology and Neurotology，28(6)：727-32.

American Academy of Pediatrics，Joint Committee on Infant Hearing，2007. Year 2007 position statement：principles and guidelines for early hearing detection and intervention programs[J]. Pediatrics，120(4)：898-921.

British Society of Audiology，2013. Recommended procedure for tympanometry[J]. British Journal of Radiology. Available from. https：//www.thebsa.org.uk/wp-content/uploads/2013/04/OD104-35-Recommended-Procedure-Tympanometry.pdf

Carmo MP，Costa NT，Momen-sohn Santos TM，2013. Tympanometry in infants：a study of the sensitivity and specificity of 226-Hz and 1,000-Hz probe tones[J]. International Archives of Otorhinolaryngology，17(4)：395-402.

Ferekidou E，Eleftheriadou A，Zarikas V，et al.，2008. Acoustic stapedial reflex in normal adults：biological behavior and determination of threshold levels[J]. ORL，70(3)：176-184.

Gelfand SA，Schwander T，Silman S，1990. Acoustic reflex thresholds in normal and cochlear-impaired ears：effects of no-response rates on 90th percentiles in a large sample[J]. Journal of Speech and Hearing Disorders，55(2)：198-205.

Jerger J，1970. Clinical experience with impedance audiometry[J]. Archives of otolaryngology，92(4)：311-324.

Kilic A，Baysal E，Karatas E，et al.，2012. The role of high frequency tympanometry in newborn hearing screening programme[J]. European Review for Medical and Pharmacological Sciences，16(2)：220-3.

Lidén G，Harford E，Hallén O，1974. Automatic tympanometry in clinical practice[J]. Audiology，13(2)：126-39.

Margolis RH，1993. Detection of hearing impairment with the acoustic stapedius reflex[J]. Ear and Hearing，14(1)：3-10.

Ovesen T，Paaske PB，Elbrönd O，1993. Accuracy of an automatic impedance apparatus in a population with secretory otitis media：principles in the evaluation of tympanometrical findings[J]. American Journal of Otolaryngology，14(2)：100-4.

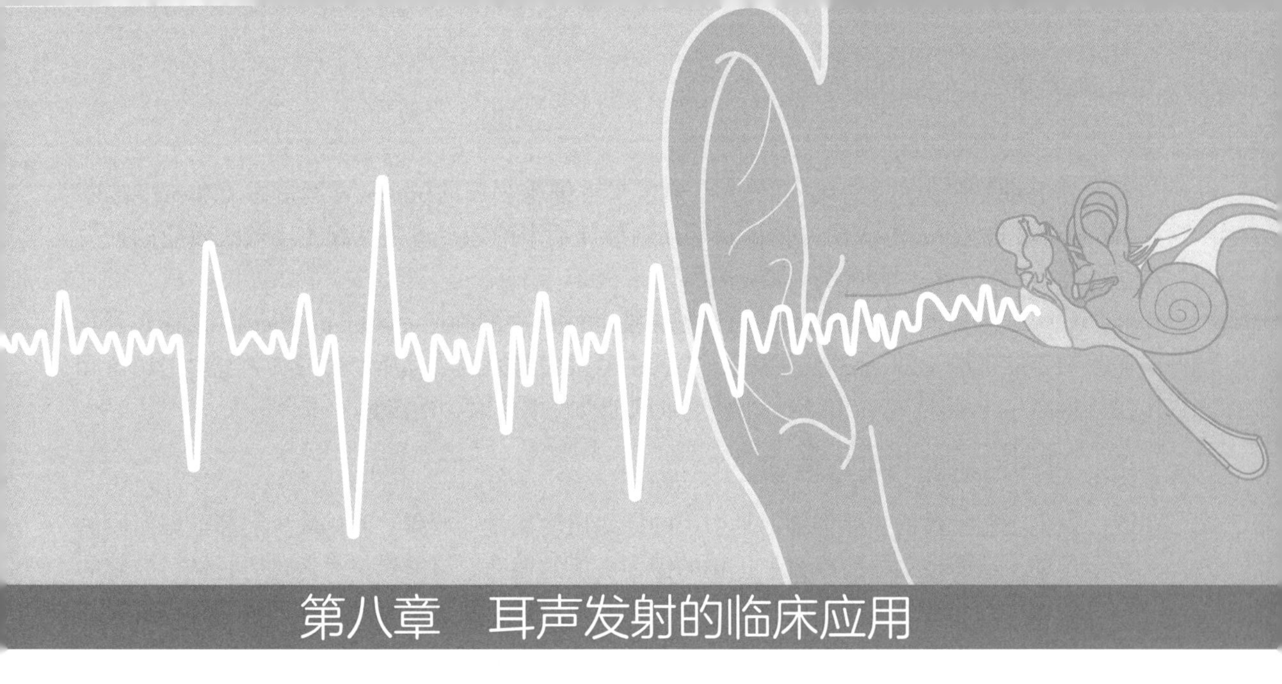

第八章　耳声发射的临床应用

外界的声音以声波的方式，经外耳、中耳的传导，到达一个至关重要的感音器官——耳蜗。耳蜗将声波的机械振动转换成神经冲动的过程称为耳蜗的感音。然而，耳蜗除了被动地感受外界的声音，还可以像一个扬声器一样，反向地向外发射声音，这一现象由英国科学家Kemp于1978年首次报道。他用短声刺激耳蜗后在外耳道内记录到了类似回声的声信号，认为该声能来自耳蜗的主动耗能，将其命名为耳声发射现象（otoacoustic emission，OAE）。

第一节　理论基础

一、外毛细胞电能动性

当低强度声刺激传入内耳时，能量以行波的方式在基底膜上由蜗底向蜗顶传播，在特征频率处行波的振幅达到最大，此为基底膜的被动反应。然而正常耳蜗对行波的处理远不止于此。科学家很早就意识到耳蜗内存在着类似于放大器功能的主动机制，能主动放大行波波峰处的基底膜振动，从而使基底膜各部位更精细地调谐。直到1985年，有研究者提出耳蜗内的主动供能可能来源于外毛细胞的胞体运动。他们观察到哺乳动物外毛细胞在受到电刺激时会以与刺激相同的频率发生胞体的快速伸长及缩短的变形运动，将这一现象称为电能动性（electromotility）。外毛细胞电能动性的发现对耳蜗力学具有至关重要的意义，为耳蜗放大器学说提供了最直接的证据。

1987年，伦敦大学学院的Jonathan Ashmore教授与BBC合作拍摄了一段有趣的视频——“会跳舞的外毛细胞”。显微镜下可见一个外毛细胞随摇滚乐的旋律不停摇摆如同跳舞，这个视频很快成为外毛细胞电能动性的经典示例。

外毛细胞胞体电能动性的动力已确定来自细胞表面的prestin马达蛋白（Zheng et al.，2003）。除此之外，亦有研究提出，毛细胞静纤毛束的运动也是耳蜗主动放大效应的动力之一（Kennedy et al.，2005；Liberman et al.，2004）。

许多证据指向耳声发射是外毛细胞电能动性产生的副产品（by product），也就是说耳声发射直接来源于外毛细胞。耳蜗放大器主动放大的幅值与其所产生的耳声发射的幅值相关性很高（Olson et al.，2012），当外毛细胞能动性消失时，OAE信号也会消失。

二、耳声发射的产生与传播

外毛细胞胞体的快速伸缩运动引起的一些振动能量“泄露”回蜗底，引起前庭窗膜的前后运动，从而带动与前庭窗相连接的镫骨底板的振动，该能量信号通过听骨链、鼓膜的向外传输，最终在耳道内形成稳定的声信号，即为耳声发射。可以这样理解，耳声发射的产生和传导过程类似耳蜗感音的逆过程。

关于产生的耳声发射信号在蜗内如何逆向传回镫骨底板，目前尚未有明确的机制。经典的理论来自Kemp提出的基底膜的双向行波机制，即基底膜上的行波不仅可以从蜗底传向蜗顶，也存在一些能量由蜗顶逆向传回蜗底。近年亦有学者质疑了行波的逆向传播理论，Ren 等（2010）使用激光干涉扫描仪未能在基底膜上的对应区域实际测得逆向行波，他提出耳声发射信号可能是以耳蜗液体中的快速压缩波的形式传向蜗底。

三、耳声发射产生机制学说

哺乳动物的耳声发射主要有两种机制：线性反射机制与非线性畸变机制（Shera et al.，1999）。这两种产生机制虽然都以外毛细胞的电能动性为基础，但产生耳声发射的过程截然不同。

（一）线性反射机制（linear coherent reflection mechanism）

正常外毛细胞的空间排布与生理功能在基底膜上某些部位不是完全规则的。外毛细胞缺失的区域会形成阻抗干扰。当行波的波峰通过此类阻抗不稳定的区域时，其平稳的能量运行因阻抗干扰而发生散射，散射出的一小部分能量反向传回镫骨底板，再经听骨链、鼓膜传至外耳道。从不同反射点折返的能量发生相互干涉，部分被抵消，部分叠加生成反射波最终在外耳道内被记录，即为反射机制产生的耳声发射。由于反射的能量仅产生于基底膜上阻抗不稳定的位置，所以该机制被称为“位置固定”机制。线性反射机制虽然并不直接来源于外毛细胞，但仍受耳蜗放大器对基底膜非线性放大的影响，所以也可体现耳蜗放大器的非线性特性。

有一种特殊的线性反射机制是主动反馈机制。主动反馈机制指基底膜在线性反射机制的基础上产生的能量反馈循环。外界或本体的噪声引起基底膜上的行波运动，行波被外毛细胞主动放大后，通过线性反射机制产生逆向波，由于耳蜗和镫骨底板阻抗的差异，声能被反射，重新产生正向波并进一步作用于之前产生主动放大的位置，该能量再次被外毛细胞放大，由此往复在基底膜上形成一种自发且持续的震荡，如此产生的持续的耳声发射信号，被称为自发性耳声发射。自发性耳声发射可能源于基底膜上的行波放大的正反馈机制。

（二）非线性畸变机制（nonlinear distortion mechanism）

耳蜗放大器对低强度声音的放大过程是非线性的，任何一个非线性系统都不可避免地会发生失真（distortion）。当两个频率相近的声音*f*1、*f*2传进耳蜗，二者在基底膜上的相邻位置产生振动，由于频率过于相近，二者在基底膜上产生的行波包络发生重叠，即两个不同频率成分在基底膜上同一区域被压缩，同时被压缩的两个频率成分会产生相互作用，发生失真而产生新的频率成分，即畸变产物（distortion product）。畸变产物的能量在基底膜上双向传播，部分沿基底膜反向传递至镫骨底板，并通过听骨链鼓膜传递到外耳道，如此产生畸变产物耳声发射的过程即为耳蜗的非线性畸变机制。畸变产生的耳声发射相位由刺激声*f*1、*f*2的行波包络决定，由于*f*1、*f*2频率关系固定不变，刺激频率的增加，仅引起基底膜上*f*1、*f*2行波波峰的同步位移，不会改变两个行波之间的相对空间位置关系，也不会改变所产生的耳声发射的相位，所以畸变机制又称为“波形固定”机制。

四、耳声发射的分型

耳声发射可按照是否需要刺激声诱发分为两大类，即自发性耳声发射与诱发性耳声发射。

（一）自发性耳声发射（simultaneous otoacoustic emission，SOAE）

顾名思义，SOAE是在没有外界声刺激的情况下，外耳道所收集的由耳蜗自发产生的稳定声信号。如上文所述，SOAE可能源于基底膜上的行波放大的正反馈机制。

SOAE在频谱图上表现为频率1～5 kHz出现的单个或数个窄带波峰。SOAE的幅值可高达20 dB SPL，听阈大于30 dB HL时SOAE消失（Kuroda，2007）。然而，SOAE检出率在正常听力人群中也有限，且各研究报道的SOAE检出率也存在很大差异。平均来看，仅约50%的正常听力者可引出SOAE。分组研究发现，SOAE引出率婴幼儿高于成人，女性高于男性，右耳高于左耳，这似乎符合女性听力优于男性以及右耳听觉优势的临床印象。SOAE检出耳的瞬态声诱发性耳声发射的幅值通常高于SOAE未检出耳，该相关性可能是因为二者产生机制一致，均来源于耳蜗放大器的线性反射机制。SOAE的检出可在一定程度上提示耳蜗放大器的增益功能较好。但SOAE的未检出不能用于判定耳蜗功能异常，因为接近一半正常听力者也不能检出SOAE。SOAE的低检出率导致其在临床上少有应用。一些SOAE检出的患者同时存在耳鸣现象，但就目前的研究来看，SOAE与耳鸣仍未建立明确可靠的相关性。

（二）诱发性耳声发射（evoked otoacoustic emission，EOAE）

诱发性耳声发射由各种类型的刺激信号诱发产生。临床上最常用的诱发性耳声发射是瞬态声诱发耳声发射（transient evoked otoacoustic emission，TEOAE）和畸变产物耳声发射（distortion-product otoacoustic emission，DPOAE）。另外，还有使用持续纯音作为刺激信号的刺激频率耳声发射（stimulus-frequency otoacoustic emission，SFOAE）和电刺激诱发耳声发射（electrically evoked otoacoustic emission，EEOAE），但这两者基本未进入临床应用。

1. 瞬态声诱发耳声发射（TEOAE）

TEOAE最常用的刺激声类型为短声（click），也可使用线性调频脉冲声（chirp）和短纯音（tone burst）。OAE信号频谱与其诱发声频谱一致，如click声频谱较宽，其诱发的

OAE也为宽频反应且频谱能量基本集中在1.5～4.0 kHz的中频区域；而tone-burst声诱发的OAE则为频谱特性与tone-burst声一致的窄带频谱。

若没有特别标明刺激声类型，通常TEOAE默认由click声诱发，又称CEOAE（click-evoked OAE）。TEOAE的测试探头由一个播放器与一个微音器组成，当播放器向耳内播放click声时，其较宽的频率成分在基底膜的相应位置迅速得到响应，基底膜上外毛细胞对各频率成分刺激产生的OAE信号依次通过中耳、鼓膜的传导，最终在耳道内被探头内的微音器探测到。微音器拾得的声信号经过前置放大与滤波处理后，由换能器转换为数字信号进行信号处理。

信号处理系统将TEOAE信号分别存储至在A、B两个不同的缓冲区，从而生成A、B两个信号，在测试界面显示为A、B两条波。通过比较A、B两者之间的相关性和差异性，系统可以得出一系列结果参数用于判读。

2. 畸变产物耳声发射（DPOAE）

DPOAE的两个刺激声同时播放，为频率相近且频率关系固定的纯音信号，二者频率分别标记为$f1$、$f2$（$f1<f2$），强度分别标记为$L1$、$L2$。如前文所述，$f1$与$f2$在基底膜上互相作用，通过失真产生新的频率成分并在此过程中释放能量生成DPOAE。畸变过程产生的频率成分有很多，其频率满足$nf1-mf2$（n，m为整数），如$f1-f2$，$2f1-f2$，$3f1-2f2$等。临床上选用频率$2f1-f2$的畸变产物作为DPOAE的发生源，因为该频率产生的OAE的幅值最大。

虽然畸变是DPOAE的重要产生机制，但实际记录到的DPOAE是线性反射机制与非线性畸变机制联合作用产生的。畸变产物的能量除了可以逆行传回外耳外，亦可以行波的方式沿基底膜上行传递，到达其自身特征频率位置（$2f1-f2$，更靠近蜗顶，因为其频率低于$f1$、$f2$）产生调谐放大，并在此处通过线性反射机制折返出一些能量至外耳道，形成另一部分耳声发射信号。两种机制产生的耳声发射成分因相位不同，在外耳道内互相作用交替产生叠加与相消，最终形成的类周期信号即畸变产物，诱发耳声发射（DPOAE）。微音器将收集到的DPOAE信号转换成数字信号并进行处理，最终生成刺激声频谱图与DP图等测试结果。

3. 刺激频率耳声发射（SFOAE）

SFOAE用纯音进行连续刺激，所产生耳声发射的频率与刺激声频率一致，导致在耳道处采集到的信号除了来自耳蜗的耳声发射信号，还包含同频率的刺激声以及耳道内反射声等，因此SFOAE在提取方面存在难度，目前未用于临床。实验室研究发现了一些SFOAE特有的潜在临床价值，例如研究发现SFOAE在超高频率刺激（高达12～15 kHz）时也可记录到。在500 Hz时，SFOAE对听力损失的敏感度高于其他诱发性耳声发射（Ellison et al.，2005）。亦有研究发现，SFOAE可用于检测耳蜗的功能，如内耳的调谐特性（Shera et al.，2003）和传出听觉系统的功能（Guinan et al.，2003）。期待随着检测技术的日渐成熟，SFOAE的潜在价值可有效服务于临床。

4. 电刺激诱发耳声发射（EEOAE）

EEOAE使用预埋电极直接对耳蜗进行电刺激后，在耳道内记录耳声发射信号。目前该技术仅应用于动物实验，以研究耳蜗毛细胞的电能动性与耳蜗的非线性特性。

第二节　OAE的操作技术

一、测试环境

OAE是来自耳蜗的、非常微弱的信号。为了顺利探测到OAE，测试必须在相对安静的环境下进行。OAE对环境噪声的要求低于纯音测听检查，如果无法实现隔声室环境，可选择一个远离噪声安静的房间，环境噪声不超过50～55 dB（A）。OAE检查时应避免空调、新风系统、室内其他设备运行的噪声。环境噪声频率多处于低频范围（＜1000 Hz），而OAE（尤其是DPOAE）在低频刺激时尤其难以记录，应当尽量减少低频噪声的干扰。另一个重要的噪声源来自受试者本身，所以在测试时受试者应该全程保持安静，并且避免咀嚼、吞咽等动作。在进行新生儿筛查时，不建议为了保持婴儿镇定而在测试过程中喂奶，因为吸吮和吞咽会带来较大的噪声，从而延长测试时间且影响测试结果。

二、测试前准备

测试前的准备包括探头检查、询问病史、外中耳功能评估以及清晰的受试者指导。

OAE测试探头的检查分为清洁检查与性能测试。OAE测试探头的声管较细，容易发生耵聍堵塞，建议在每一例被试在开始前与结束后均进行测试探头的检查与清洁。性能测试旨在保证探头内耳机的输出与微音器的敏感度均不产生偏差，可使用设备专用的测试腔进行校准，具体测试方法与标准可参照设备使用手册。听力师在每日开诊前亦可用探头进行一次OAE自测以检查设备性能是否正常。

病史方面，受试者可提供关于其状况的一些有效信息，有助于测试人员选择恰当的测试组合以及后期进行更准确的诊断。外耳、中耳的异常可阻碍OAE信号的传导，引起假阳性的结果，故OAE测试前，应首先确认受试者外、中耳的状况。

耳镜检查可用于检查耳道内是否存在耵聍、胎脂或异物堵塞，耳道中的任何堵塞都会影响测试的给声与信号采集。OAE测试前建议使用鼓室图进行中耳异常的排查。轻微的传导性听力损失有时不会引起鼓室图的异常却足以影响OAE的传导，故建议使用鼓室图与镫骨肌反射测试的组合测试。这样不仅可以排除轻微的中耳异常，亦可为后续的诊断环节提供更多听觉通路方面的信息。若中耳功能提示异常，测试者应预想到该侧耳OAE结果异常的可能性很大。针对不同的鼓室图测试结果，测试者可以进行如下考虑。

当鼓室图显示为B型时，中耳腔内往往存在积液，OAE极大概率不能传出，此时OAE测试必要性不大。

若鼓室图显示为C型，鼓室呈负压，此时可尝试进行OAE测试，但需预测到中耳异常对OAE结果的影响，结果应谨慎解读。鼓室负压可导致婴幼儿TEOAE幅值轻微下降，但几乎不影响TEOAE的检出率。尽管如此，中耳异常对OAE的影响程度仍旧无法预测，对于所测得的异常结果不能排除中耳因素导致的假阳性。

目前有部分设备试图运用加压OAE技术来降低鼓室负压对OAE测试的影响。OAE测试前先行声导抗测试，得出该耳的鼓室峰值压力。OAE探测时，探头内的气压泵会持续工作以维持鼓室峰压，使OAE探测在鼓膜顺应性最大的状态下进行，在一定程度上有助于改善C型鼓室图耳的OAE探测。

鼓膜置管也不是OAE测试的绝对禁忌证。有研究发现，在听力正常的鼓膜置管儿童中，TEOAE的引出率高达到86.7%（Charlier et al.，2004）。尽管如此，测试者仍应预测到OAE异常的可能性，尤其在低频区域可能出现异常结果，需将鼓膜置管情况注明于测试报告中。

确定外、中耳情况后，可开始进行受试者的测试指导。OAE检查在睡眠或清醒状态下均可进行，测试过程中不需受试者主动反应，测试指导仅需强调受试者保持安静且稳定的状态，婴幼儿以睡眠状态下进行检查为最佳。

若受试者为成人，可指导受试者安静放松地坐于椅子上，告知受试者该检查持续时间一般少于1 min，检查期间会听到中等偏大音量的测试声，检查过程中避免咀嚼，平稳呼吸，检查中途有问题请举手示意。

三、测试方法及注意事项

OAE测试分为诊断型和筛查型。诊断型OAE设备中一般可同时装载诊断型模块和筛查型模块，临床上也有专门用于筛查型测试的筛查仪。诊断型测试与筛查型测试的临床操作完全相同。

操作过程：选择合适大小的耳塞，用一只手将患者的耳道向外、后方牵拉（婴儿向后下方牵拉），同时另一只手将探头以平行于耳道方向塞入外耳道。合适的探头放置应注意以下几点：

（1）深浅适度，与外耳道紧密贴合。放置完成后可轻拽探头，探头以不滑落为宜。

（2）测试过程中切勿手扶探头。手扶探头不仅会带来额外的噪声，还可能使探头抵住耳道壁而堵塞刺激信号。若发现探头易滑落，应及时更换更合适的耳塞并重新放置。

（3）尽量避免连接线与衣物接触。可用连接线上的夹子固定连接线，防止其与衣物摩擦产生额外的低频噪声。

探头放入耳道后，系统自动运行探头检测程序，并判断结果，测试者任何时候均可通过观察测试界面上的探头检测结果和刺激声波形图来验证探头是否紧密贴合无堵塞。正常的click声信号由1 ms以内的一个正波和一个负波的振荡组成，随后振荡消失形成一条平直的线。需要注意的是，中耳异常耳所记录到的刺激声波形图亦与正常图存在差异，其探头检测图同样异常。

确认探头放置合适后，根据测试目的选择筛查型或诊断型OAE检查模块进行左、右耳的依次检查。确认检查项目、耳别以及相关参数，点击检查键。机器会自动进行OAE检测，待检测结束后，测试结果自动显示在屏幕上。

诊断型测试的界面会显示详尽的测试参数、结果参数以及波形图供临床人员进行分析诊断。与诊断型测试相比，筛查型测试几乎不显示详细的参数、波形等信息。测试者可根据所在机构的筛查要求设置该筛查仪的通过标准，筛查设备将依照测试结果是否达到通过标准而自动生成为“PASS通过”或“REFER转诊（未通过）”。

同其他电生理测试一样，OAE检查通过多次采样叠加增大信号，消除噪声，信号叠加的过程很难不受外部与内部因素的干扰，产生一些误差或者伪迹，从而干扰判断。所以每侧OAE测试也至少需要重复一次、进行幅值对比以保证测试可靠性，连续两次OAE测试幅值偏差≤ ±2 dB可视为结果可靠。OAE测试快速简便，对于任何有疑问的测试建议立即重测予以验证。

四、OAE测试参数

TEOAE与DPOAE的测试参数通常预设于测试设备中。目前商用的不同设备之间可能有细微差别，表8.1和表8.2所列为一些临床最常用的经典参数组合，供读者参考。

表8.1 TEOAE参数设置

项目	诊断测试	筛查测试
刺激声类型	click声	click声
刺激声强度	80 dB peSPL	80 dB peSPL
频率范围	1 ~ 5 kHz	1 ~ 5 kHz
刺激速率	50 ~ 80次/s	50 ~ 80次/s
脉冲宽度	80 μs	80 μs
扫描次数	260	260
扫描时间	20 ms	12.5 ms*
扫描延时	2.5 ~ 5 ms	2.5 ~ 5 ms

*：缩短扫描时间可降低婴幼儿低频生理噪声并缩短测试时间。

表8.2 DPOAE参数设置

项目	诊断测试	筛查测试
$L1$、$L2$测试强度	$L1$=65 dB SPL；$L2$=55 dB SPL	$L1$=65 dB SPL；$L2$=55 dB SPL
$f2/f1$ 频率比	1.22	1.22
DP频率	$2f1-f2$	$2f1-f2$
$f2$频率范围	0.5 ~ 8.0 kHz	2 ~ 5 kHz
测试频率数	每倍频程5 ~ 8个频率	每倍频程4 ~ 5个频率

除了以上的基本设置，各设备还提供更多详细的参数，多用于识别伪迹、提高测试结果可靠度或提高测试效率等。部分参数在系统中用作测试提前停止的评估指标，当这些参数达到停止标准（stopping criteria）时测试自动停止，可节省测试时间。不同设备的停止标准参数存在差异，具体可参考设备使用手册。

第三节　OAE测试结果与解读

筛查型OAE仪显示OAE是否检出，且无需人为判断。诊断型OAE则要求听力师基于众多参数对测试结果做出详尽解读，如测试的可靠性、各频率的幅值、信噪比分析等。此外，诊断过程亦包括将OAE与测试组合中其他听力测试结果交叉验证，得出听力损失程度、病变位置等更多诊断性信息。

一、TEOAE诊断型测试

图8.1以Interacoustics公司的TITAN耳声发射测试仪的结果为例，为读者直观地展示TEOAE测试系统。通过对比分析A、B两个信号所产生的结果参数，介绍测试结果的解读步骤。

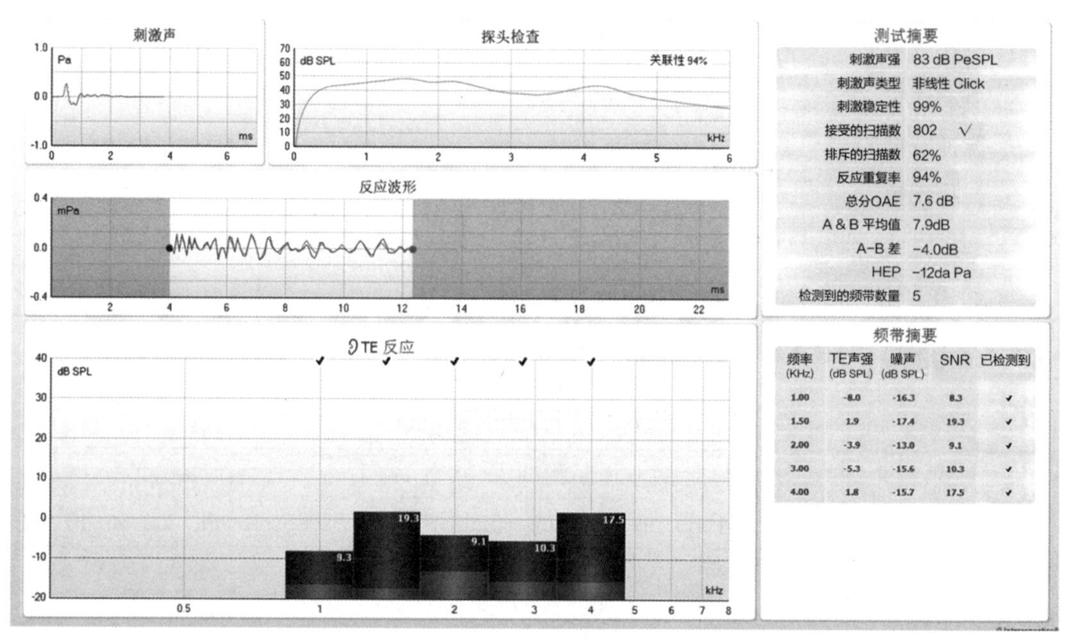

图8.1　Interacoustics TITAN耳声发射测试仪TEOAE测试界面

需要确认耳道内所检测到的刺激声特性确实与参数设置一致，可通过刺激声波形与刺激稳定性进行验证。具体验证方法如下：

可见刺激声波形（图8.1中左上角）为正向波与负向波的组合，波形清晰且后续无振荡，是标准的click声波形。

刺激稳定性（图8.1右上角测试摘要中可见）用于反映在测试过程中刺激声的强度是否出现变化。刺激稳定性100%时说明刺激声强度在整个测试过程中没有任何变化。理想的刺激稳定性需＞70%。刺激稳定性主要受探头移动的影响，在该值出现异常时，应重新指导患者在测试过程保持静止，在合理调整探头后重新进行测试。

以上结果正常，说明刺激声达标，本次测试可靠有效，可以对测试结果进行分析。TEOAE是否正常主要通过以下三个参数分析：反应重复率、信噪比与信号幅值。

（一）反应重复率

从图8.1左侧中间的反应波形图中可以直观地看到，两条响应曲线高度重合。反应重复率可用于量化两条曲线的相关性，以百分比显示（见图8.1测试摘要）。重复率越高，二者的相关性越强，所测得的OAE结果越可靠。良好的反应重复率曾被作为评判TEOAE是否引出的标准之一。然而其缺陷在于它易受低频噪声影响，会出现即使反应重复率较差，TEOAE幅值也很强的情况，此时若按照反应重复率将结果判定为异常，很明显会对中高频区域的正常TEOAE做出误判。反应重复率已较少用于诊断型TEOAE测试的通过标准。然而在筛查中，部分筛查设备仍将信号反应重复率＞50%或70%纳入设备默认通过标准。

（二）信噪比（SNR）与信号幅值

信噪比代表OAE信号高出噪声水平的幅值，由各频段信号强度减去噪声强度而得，单位为dB。临床上以信噪比≥6 dB作为TEOAE是否引出的标准。测试者通过观察各频段的信噪比确定各频段TEOAE测试是否通过。同时需满足信号幅值应处于正常听力者OAE幅值范围（−10 dB SPL～+30 dB SPL）（BSA，2022）。

TEOAE测试结果的判断无世界通用标准，通常遵循各机构规定。各机构标准的偏差主要体现在TEOAE最低可接受幅值与最高可接受噪声。以下所列为英国听力学协会指南中的标准（BSA，2022）：

（1）检出且正常：信噪比SNR≥6 dB；信号幅值处于−10 dB SPL～+30 dB SPL。

（2）检出但异常：信噪比SNR≥6 dB；信号幅值低于正常值（通常＜−10 dB SPL）。

（3）异常：信噪比＜6 dB；同时噪声≤−5 dB SPL。

二、筛查型OAE测试

筛查型OAE测试根据系统内部设置的标准自动对测试结果做出诊断。各品牌商用设备的OAE筛查通过标准存在差异，但常以大多数测试频率（DPOAE）或频段（TEOAE）（例如：5个频率中有4个）的信噪比≥3 dB或6 dB为通过。

TEOAE的信号反应重复率也常作为筛查通过的标准之一，通常反应重复率≥50%或75%视为通过。各测试频率的信号幅值、伪迹以及刺激稳定率等因素也会在系统中被综合分析，当达到筛查通过的比例要求时，测试自动停止。测试停止标准因设备而异，可查阅设备说明手册详细了解。因特殊状况需要中止测试的，系统会显示为该测试“IMCOMPLETE未完成”。

三、DPOAE诊断型测试

（一）DP图（DP-gram）

DP图是临床上分析DPOAE结果的主要工具（图8.2）。DP图的横坐标是$f2$的频率，纵坐标为DPOAE（$2f2-f1$）的信号幅值，简称DP值。频率为$2f2-f1$的DPOAE在基底膜上产生的位置位于$f2$频率附近（图8.2），故以$f2$为横坐标，各测试点即代表基底膜上$f2$频率处产生的DPOAE信号。噪声水平以下方的阴影区域表示。

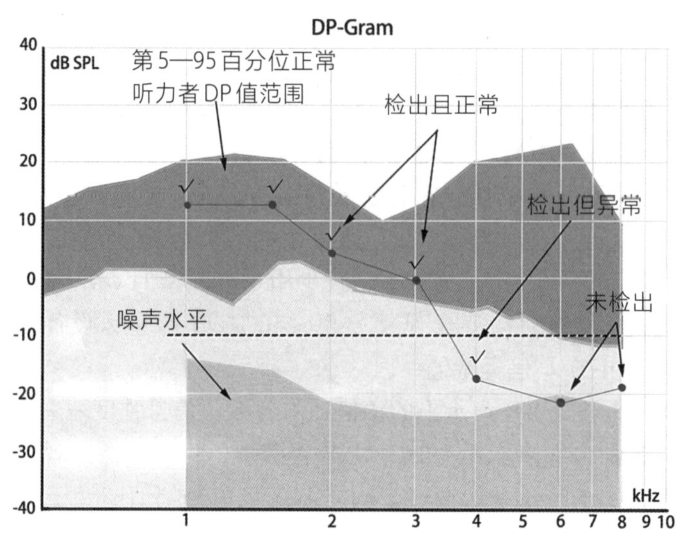

图8.2 Interacoustics TITAN耳声发射测试仪DP图

图片来源：An Overview of OAEs and Normative Data for DPOAEs（Ramos et al.，2013）

DP图的界面非常直观，类似纯音听力图，可直接观察到某频率DP值的异常降低。DPOAE频率特异性强，直接反映各频率处的外毛细胞功能，故解读时可分频进行分析。DP值分析的关键参数为信噪比SNR、DP值与噪声水平。具体分析步骤如下：

（1）首先确定噪声水平是否低于限值（通常为＜−10 dB SPL），较低的噪声水平是进行OAE结果判断的基础。

（2）观察信号幅值是否高于噪声6 dB。若SNR≥6 dB，则耳声发射检出。

（3）判断各频率DP值是否符合正常标准（通常规定大于正常听力者DP值第5百分位）。若符合，则OAE可判定为正常；若不符，则OAE判定为不正常。

由此，DPOAE的结果可分为以下三类情况，测试者需要判断所测得的结果属于哪一类。第一类可判定为DPOAE正常，第二类与第三类均判定为DPOAE异常。

（1）检出且正常：SNR≥6 dB；DP值符合正常标准（大于正常听力者DP值第5百分位）（如图8.2中1～3 kHz）。

（2）检出但异常：SNR≥6 dB；DP值低于正常标准（如图8.2中4 kHz）。

（3）未检出：SNR＜6 dB（如图8.2中6～8 kHz）。

可以看到，DPOAE的SNR并不单独用作DPOAE正常的标准。这是由于在频率高于4 kHz时，噪声的水平较低，此时即使异常微弱的DPOAE可能也会达到SNR≥6 dB的结果。虽DPOAE检出，但显然不能代表该频率DPOAE幅值正常（如图8.2中4 kHz），如果单纯按照SNR值进行评判，可能会漏诊某些高频部分的听力损失。故SNR仅代表OAE检出（present），其临床意义仅为验证所测得的DP值确实可靠，只有当DP值符合正常值标准时才可判定为正常。

DPOAE的正常值标准通常为高于正常听力者DP值的第5百分位（或第10百分位，根据各机构标准），如图8.2中阴影区域下缘折线所示，95%正常听力者高于此线，所以将其作为DP值是否正常的判定标准。OAE测试设备中通常储存了与其默认测试参数对应的

DPOAE正常值范围，并显示于DP图上。正常值范围指正常听力者的DP值第5百分位至第95百分位（或第10百分位至第90百分位，根据不同机构指南而定）。各听力门诊可自行建立正常听力者正常值范围，亦可通过采集特定群体样本的DP值（如学龄前儿童、梅尼埃病患者等）建立其正常值范围为临床所用。需要注意的是，在进行测试结果与正常值标准比对时，需使用同样的测试参数、设备，包括受试者的年龄也应该保持一致。当测试时手动修改系统默认测试参数，则系统内默认正常值范围不再适用于所测结果。

另一种判断DP值是否正常的方法是使用“Gorga模板”（Gorga et al.，1997）。Gorga等人通过统计正常听力者与听力异常者的DP值，将正常听力耳的第5和第10百分位对应的DP值，以及听力异常耳的第90和第95百分位对应的DP值绘制到同一张DP图上，即为著名的“Gorga模板”（图8.3）。“Gorga模板”体现了正常听力人群与异常听力人群的DP值分布。将DP值放入“Gorga模板”中，可通过其所在区域判断正常或异常。

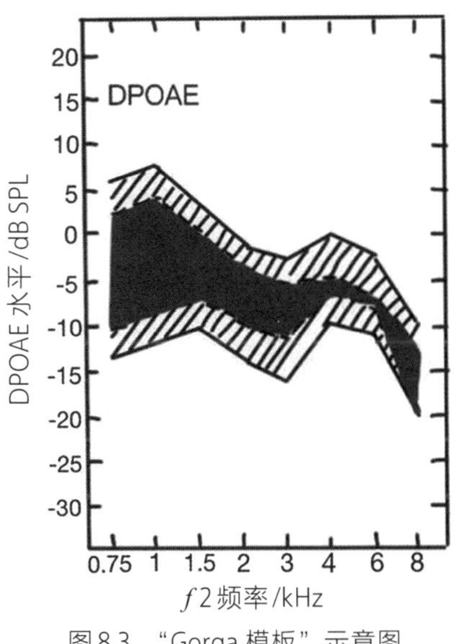

图8.3 “Gorga 模板”示意图

图8.3中最顶端的实线表示听力异常者DP值的第95百分位，即95%听力异常者的DP值低于此线，最底端的实线表示正常听力者DP值的第5百分位，即95%的听力正常者DP值高于此线。若噪声达标，即SNR ≥ 6 dB时，根据DP值在上图中所落的位置，可进行以下三种测试结果的判断：

（1）当DP值高于最顶端实线时，该OAE 强度几乎不可能来自听损患者（95%听损患者无法达到该线），判定为正常。

（2）当DP值低于最底端实线时，因为该OAE几乎不可能来源于正常听力者（95%正常听者不会低于此线），判定为异常。

（3）当DP值位于上下两条线包围的阴影区域时，结论是不确定的，因为既可能来自听损患者也可能来自正常听力者。由此可见，临床上几乎无法通过DP值百分百准确地将听力异常人群与听力正常人群分开。此时可通过纯音听阈、声导抗、ABR等测试获得更充分的听力信息，这也体现了听力诊断中多种测试交叉验证的重要性。

（二）DPOAE增长函数（DP 输入/输出曲线）

另一种DPOAE的测试结果为DP输入/输出曲线，又称DPOAE增长函数。DPOAE增长函数表示各频率下,DPOAE幅值作为刺激声强度的函数。横坐标为刺激声强度$L1$（20 ～ 75 dB SPL），纵坐标为DPOAE的幅值。正常听力耳的典型DP增长函数在低、中强度时，输出随着输入呈平均1∶1的线性增长，在刺激声强度达到75 dB SPL左右时出现饱和。

感音神经性听力损失耳的DP增长函数变陡峭，而传导性听力损失耳的DP增长函数斜率没有变化，因此，DP增长函数可能可以用于感音性听力损失与传导性听力损失的鉴别诊断（Daniel et al.，2004）。有研究发现，DP增长函数斜率可用于鉴别新生儿因咽鼓管功能不良或鼓室羊水积液等引起的听力筛查假阳性结果（Janssen，2013）。在蜗性听力损失人群中，也记录到DP增长函数的斜率伴随听力损失的增加而加大，这反映耳蜗非线性功能随听力损失的增加而减退（Neely et al.，2003；Boege et al.，2002）。

DP增长函数测试中包含从低到高各种强度的刺激，可较好地反映f2频率处耳蜗放大器对不同声强刺激的压缩处理，能比DP图更全面呈现耳蜗的非线性放大特性。有研究采用线性回归的方法从DPOAE增长函数中推算出DP阈值，并发现该DP阈值与纯音听阈的相关性远大于常规的DP图测试（Boege et al.，2002；Gorga et al.，2003；Bader et al.，2021）。在监控耳蜗功能变化方面，DP增长函数也表现出比单一强度的DPOAE测试更高的灵敏度（Sakashita et al.，1998）。亦有学者利用DPOAE增长函数建立响度感知模型（Thorson et al.，2012；Rasetshwane et al.，2013），以期为婴幼儿助听器验配的参数设置提供客观的响度依据。

实际记录到的函数增长曲线形态各异，多年来学者们亦试图从各类不同的函数曲线形态中发掘出更多直接反映听力情况的信息，但目前位置DP函数曲线形态与听觉系统病变的具体相关性仍不明确。DP增长函数目前仅多用于科研，临床上使用较少。

第四节　TEOAE、DPOAE与听力损失程度

TEOAE在纯音听阈小于20 dB HL的正常听力耳中的检出率可高达99%。随着外毛细胞的损伤加剧，TEOAE幅值逐渐降低，当纯音听阈高于45 dB HL时，TEOAE消失。

无论是低强度刺激还是高强度刺激，1～6 kHz DPOAE在正常听力耳（纯音听阈小于20 dB HL）中的检出率均高达99%至100%（Robinette et al.，2007）。频率高于8 kHz时，DPOAE的检出率可出现下降。

在常规的60～65 dB SPL声刺激下，DPOAE通常在纯音测听阈值大于35～40 dB HL时消失。当使用高强度声刺激声时（如70 dB SPL），DPOAE可能测得的最高听阈达50～60 dB HL。然而当听阈高于30 dB HL时，即使使用70～75 dB SPL的高强度刺激，DPOAE的检出率也不超过50%。若60～65 dB SPL DPOAE消失，70～75 dB SPL DPOAE检出，说明该耳可能存在轻度的听力损失（Robinette et al.，2007）。

在感音神经性（外毛细胞相关）听力损失中，DPOAE异常的频率往往对应纯音听阈图中听力下降的频率，可体现该频率处外毛细胞的功能异常。虽然DPOAE具有良好的频率特性，但有研究通过对比各频率DP幅值与纯音听阈，未发现二者间的明显相关性（Wooles et al.，2015），所以DPOAE的幅值不能直接用于预估纯音听阈。

综上，TEOAE与DPOAE的正常可排除轻度偏中度以上外周听力损失（纯音听阈>35～40 dB HL）。对于小于30 dB HL的听力损失，OAE不一定可以筛查出。TEOAE与DPOAE的异常提示外周听觉通路上存在异常，可能是感音性，即中度以上外毛细胞损伤；也可能是传导性，即外、中耳传输障碍。

第五节 OAE的影响因素

除受外周听力的影响，OAE的幅值亦受个体生理学差异、刺激声参数设置以及测试操作细节的影响，以下介绍几种主要影响因素。

一、外毛细胞排列的个体差异

TEOAE的强度受外毛细胞不规则程度影响。排列越不规则，OAE的强度越大。动物实验发现兔子和豚鼠的外毛细胞排列较人类和灵长类动物更规则，其TEOAE的强度也比较大（Zurek，1985）。不同个体间的外毛细胞不规则程度也存在差异，导致其产生的OAE信号也具有个体差异。每一例耳产生的OAE都是独特的，且除非听敏度发生改变，该独特性会在很长一段时间内保持稳定（Antonelli et al.，1986）。自发性耳声发射SOAE与TEOAE的产生机制相同，因此二者之间也存在一定相关性。若SOAE在某耳可被记录到，则于该耳也会记录到较大的TEOAE幅值。

二、耳道大小

婴幼儿的耳道容积较小，与成人相比，同等强度的声刺激在婴幼儿耳道内形成的实际刺激强度会更大，该增强效应在高频中更为显著，可能因为婴幼儿的耳道共振频率较成人更高。尽管OAE测试设备可以通过自动校准技术针对婴幼儿的较小耳道进行刺激参数调整，但从内耳返回的OAE在较小的耳道中亦可能产生信号的增强，从而引起婴幼儿所测得的OAE幅值大于实际幅值。

三、年龄

OAE的幅值从婴儿期开始随年龄的增加逐渐降低，且下降情况在高频区域更为明显。婴幼儿期的幅值下降可能与外耳道与中耳的发育有关。而对于成年人OAE幅值的下降现象，很多学者认为大概率源于随年龄增长引起的高频显性或隐性的听力损失，而不是年龄本身的因素（O-Uchi et al.，1994；Hoth et al.，2010；Liu et al.，2012）。

四、刺激声强度

临床上推荐使用$L1$=65 dB SPL，$L2$=55 dB SPL的强度参数进行DPOAE的测试，因为该参数设置在听力损失的识别方面更敏感。在此强度参数下，外毛细胞功能正常的人群DPOAE更显著，而外毛细胞受损的人群DPOAE幅值更低。

总的来说，刺激强度越低，DPOAE越精确，但幅值较低更难测出；刺激强度越高，虽然幅值更大，但同时产生的伪迹更多且频率特异性降低。常用的60～65 dB SPL刺激声强较好地平衡了检查的精确性和可行性。对于TEOAE测试，有研究发现与常规的80 dB SPL刺激强度相比，70 dB SPL的较低强度刺激下，TEOAE更容易受中耳病变的影响（Jedrzejczak et al.，2013）。

五、耳道驻波现象

探测声的入射声波与鼓膜表面反射产生的反射声波在耳道内发生波的互相作用，在某些频率下，会产生驻波现象（standing wave）。驻波现象使探测麦克风处探测到刺激声强度低于鼓膜处实际的刺激声强度。该差异可以从各厂家测试界面上的探头频谱图看出来。耳塞的深浅程度通过改变外耳道管腔的长度影响其声学特性，从而影响测试的结果。耳塞的放置对成人DPOAE的检查结果影响尤甚，对耳道体积较小的婴幼儿和使用短声作为刺激声的TEOAE检查的影响不大。所以在日常测试成人DPOAE，尤其是在进行听力损失进展的跟踪随访时，为保证多次检查结果的可比性，应注意耳塞的深浅也要尽量保持一致，耳塞放置时可参考上次检查的探头检测图（probe check）进行操作。

第六节　TEOAE与DPOAE的比较

基于测试原理、刺激信号类型以及记录手段的不同，两种OAE测试手段具有各自的优势。

TEOAE的优势在于：

（1）测试速度较快。

（2）在1 kHz频率测试时，受噪声的干扰较DPOAE小。

（3）click刺激声几乎同时刺激到基底膜的各个部位，所以TEOAE的结果可更好地反映基底膜整体对声刺激的反应，TEOAE用于耳蜗功能的整体观评估时可能更有优势。

（4）TEOAE对轻微的听力损失的灵敏度优于DPOAE。

DPOAE的优势在于：

（1）与TEOAE的相比，测试频率更高（可高达6～10 kHz）；

（2）使用高强度刺激时，50 dB HL左右听力者亦可引出，适用于听力损失稍重的受试者。

（3）DPOAE信号直接产生于基底膜上的特征频率在$f2$附近的位置，故在频率特异性方面优于TEOAE。

无论是使用TEOAE还是使用DPOAE测试，其结果都反映耳蜗外毛细胞的功能。两种测试技术各有千秋，难分伯仲，建议临床上常规开展两种OAE测试，或根据临床需要进行选择。例如，TEOAE因其检测快速，受环境噪声的影响更小，且反映耳蜗整体功能，临床上是新生儿听力筛查的首选；而DPOAE由于其测试频率更高，可作为某些高频听力下降人群（如噪声性听力损失、药物性听力损失等）的听力检查手段之一。

第七节　OAE的临床应用

OAE的临床应用基本可分为三大类：听力筛查、验证纯音听阈与ABR反应阈，以及神经性听力损失的鉴别诊断。

一、听力筛查

OAE在正常听力人群中检出率高，对外毛细胞功能的变化敏感，外周听力损失达到中度即不能引出，且OAE测试快速无创，对测试环境的要求较低，诸多优势使其成为全球广泛使用的听力筛查手段。OAE常用于产科或新生儿病房中开展的新生听力儿筛查与学校的学龄（前）儿童听力普查。筛查仪外观轻巧便于携带，方便临床人员携带到床边或学校进行测试。有学者经过大样本的长期跟踪，通过比对儿童行为测听的结果，最终报道OAE测试的敏感度约为80%（Lutman et al., 1997）。

DPOAE与TEOAE均可用于听力筛查。可能由于TEOAE对噪声环境的容忍度更高，TEOAE更常用于新生儿出生48 h后的听力初筛，初筛未通过者将根据临床人员指导在出生第42天进行复筛，仍有异常的孩子将转诊进入更系统的听力诊断测试流程。

虽然OAE是非常简便有效的听力筛查手段，但并非所有的听力损失都可通过OAE检查被筛查出来。对于外毛细胞以上水平的听力损失，如神经性的病变，OAE是无法予以反映的，此时OAE与筛查型AABR的组合测试可补足蜗后的听觉信息。高危因素（如NICU）的婴儿初次听力筛查常规添加AABR筛查，若有异常将直接转诊至指定听力障碍诊治机构进行系统性的听觉诊断。

学龄（前）儿童OAE测试可用于筛查迟发型或后天获得性听力损失。但需注意分泌性中耳炎在儿童中高发。分泌性中耳炎可使引出的OAE测试出现假阳性，故在进行学龄(前）儿童听力筛查时，可结合声导抗测试排除中耳的疾病。类似地，新生儿常因外耳道存在羊水胎脂残留导致OAE不能通过，测试前进行外耳道的检查与清理也至关重要。

二、验证纯音听阈与ABR反应阈

如前文所述，OAE在正常耳中的检出率接近100%，当外周听力损失达到中度时（对高强度DPOAE而言，听力损失达到50～60 dB HL），OAE消失，且听力受损的频率常对应OAE异常的频率。OAE测试的客观性可在一定程度上补足纯音测听因主观性因素造成的误差，尤其适用于验证配合性有限的儿童主观听力测试结果。因此临床上常使用TEOAE与DPOAE的响应频谱图对无明显气骨导差的纯音听力图的听损频率和严重程度进行交叉验证，使判断更可靠。对于无法行主观听力测试的婴儿，各频率OAE正常与否可对ABR反应阈进行交叉验证。

三、神经性听力损失的鉴别诊断

OAE是典型的神经前反应，仅反映外毛细胞能动性水平以下的听力损失，任何内毛细胞及传入神经等以上水平的听力损失都不会对OAE结果造成影响，因此OAE是鉴别诊断神经前（感音性）与神经性听力损失的重要检测工具。外毛细胞功能完全丧失所造成的听力损失为50～60 dB，所以在排除外中耳异常的情况下，任何重度的听力损失伴随正常OAE的测试结果均指向神经性听觉障碍的存在。OAE最常见的鉴别诊断疾病包括听神经病和听神经瘤，经典的测试组合为“OAE＋ABR”。

OAE正常而ABR未引出或严重异常是听神经病（auditory neuropathy, AN）的典型临床表现之一。出现以上结果后，若受试者为成人，可结合主诉与行为测听结果进一步明确听力情况。听神经病患者的言语测试常出现与纯音测听结果不相符的严重异常，生活中也常被言语理解困扰。

新生儿的听神经病常因OAE筛查通过而不能及时发现。NICU的初筛添加了AABR测试，可更早发现ABR的异常，往往NICU的患儿因各类高危因素也是听神经病的高发人群。当OAE筛查通过而AABR异常时，提示听神经病。但当出现OAE与ABR均异常的结果时也不能排除听神经病。OAE与ABR均异常可能：①存在中耳问题导致OAE异常；②听神经病患者存在OAE迟发异常的可能。幸而许多听神经病患者OAE消失，耳蜗微音电位（CM）仍存在，故所有ABR测试异常的患儿即使OAE异常，也应进行CM测试。若CM正常，则提示听神经病；若OAE与CM均异常，同时1 kHz鼓室图非B型（排除中耳积液），可暂时排除听神经病，视为普通听力障碍。

听神经瘤是典型的蜗后病变，对于OAE正常或轻度异常的听神经瘤患者，与OAE结果明显不符的纯音听阈以及异常的ABR潜伏期均可用于鉴别诊断。但实际上部分听神经瘤患者OAE也存在异常，可能是肿瘤压迫导致外毛细胞供血不足而受损所致。此外，有研究发现听神经瘤术前TEOAE正常的人比术前TEOAE消失的人更可能在术后保留听力（Ferber-Viart et al.，2000），提示TEOAE可能可以作为听神经瘤术后残余听力预估的手段。

另外，纯音听力反映整体听觉而OAE仅反映外周听觉，故纯音听阈异常而OAE正常时，亦可提示内毛细胞相关听力损失或神经性病变。以下为纯音听阈与OAE在各类听力损伤情况中呈现的不同结果，希望为读者提供一些诊断思路。

（一）噪声性听损伤的早期发现与易感性预测

在噪声暴露人群中，常出现OAE的幅值以及检出率的下降早于纯音听力图的异常现象，故通过观察OAE幅值的降低或者信号消失，可更早发现初期的噪声性耳蜗损伤，从而更及时地开展噪声防护、听力保护指导以及必要的听力监测。噪声性听损伤的检测频率建议为1～8 kHz，使用DPOAE测试时每倍频程测试8个频率。使用$L1$=55 dB SPL；$L2$=45 dB SPL的低强度刺激可更好地观察到噪声引起的轻微声损伤（Dhar et al.，2018）。

早期噪声性听损伤患者OAE异常而纯音听力图仍表现正常，可能源于以下四种理论，这四种理论并不矛盾，甚至存在共同作用：①“升五降十”法所得的纯音测听结果本身的精确度小于OAE测试；②纯音测听测试未能测得的超高频（＞8 kHz）听力损失可能导致较低频率（＜4 kHz）TEOAE幅值降低，该现象可能来自耳蜗内OAE成分之间的互调失真；③OAE随年龄的增加幅值降低；④外毛细胞冗余度。外毛细胞冗余度理论认为，一小部分外毛细胞的损伤并不会带来听阈的改变，当外毛细胞大量受损（比如达到50%）时才会引起听阈的提高。但由于OAE直接来源于外毛细胞，即使少量的外毛细胞损伤也能从OAE上体现出来。

TEOAE与DPOAE在频率2～4 kHz时对早期噪声性声损伤均表现出较高的敏感性。TEOAE所对应的线性反射机制对耳蜗整体功能的改变更敏感，所以选择TEOAE进行耳蜗早期损伤的检测似乎更为合适。然而，噪声性聋通常累及频率3～6 kHz的听力，部分超过了TEOAE可测试的频率范围，所以在高频测试方面DPOAE占据优势。

有研究发现，噪声暴露前的TEOAE亦可用于预测噪声性聋的易感性。若噪声暴露前TEOAE幅值较低或消失，该耳发生噪声性聋的可能性更大（Marshall et al.，2009）。更有研究发现，噪声暴露前TEOAE在4 kHz附近幅值较低的人群在噪声暴露后发生噪声性聋的概率显著增加（Lapsley et al.，2006）。

尽管OAE在噪声性听损伤的早期发现方面表现出突出的临床价值，但在许多重要的相关课题上仍缺乏长期的大样本研究，例如OAE的幅值变化在多大程度上反映外毛细胞的受损，不同人群的OAE幅值的基线，OAE随噪声的持续暴露产生幅值改变的具体机制，TEOAE与DPOAE哪一种测试方法更适合探测噪声性声损伤等。

（二）药物性听损伤听觉动态监控

氨基糖苷类（庆大霉素、卡那霉素等）药物、抗肿瘤（顺铂）药物等的耳毒性最先侵害的部位为耳蜗底周的外毛细胞。由于耳蜗底周部分的特征频率高于常规纯音测听频率，早期的药物性听损伤不会引起常规频率（≤8 kHz）纯音听阈的异常，但仍可表现为OAE的幅值降低和超高频纯音听阈的提高，故超高频纯音测听与OAE测试是早期药物性听损伤最有效的检测方法。虽然OAE幅值改变的速度可能慢于超高频听阈的阈移（Knight et al.，2007），但OAE测试具有客观、便捷的优势，从而使其广泛应用于耳毒性动态监控，尤其适合难以配合纯音听力测试的放化疗儿童以及卧床的病患。耳毒性损伤的动态监控可更早发现听损伤，及时指导医生对进行药量调整或医疗方案修改，对于已造成的不可逆听力损失可尽快开展听力干预如验配助听器。

与TEOAE相比，DPOAE更适合进行耳毒性监控，原因有二：①药物的耳毒性首先侵犯耳蜗的高频区域，DPOAE的测试频率较TEOAE更高，所以选择DPOAE可以更快地检测出毛细胞的损伤；②与TEOAE相比，DPOAE在更重的听力损失时仍可检出，适用的患者群体更广。

放化疗药物的使用会增加分泌性中耳炎的发病概率，在进行听觉动态监控时需警惕分泌性中耳炎对OAE结果的影响，故可加入声导抗测试排除中耳异常。

用药前受试者应接受首次DPOAE测试以建立基线。若紧急使用氨基糖苷类抗生素前未进行DPOAE基线测试，需在用药两天内建立基线（Durrant et al.，2009）。用药过程中要每隔一定时间进行OAE复诊并记录幅值，从而分析DP值随用药疗程是否发生明显改变。

为了尽量收集更详尽的基线参数，建议首次DPOAE测试频率为1.5～10 kHz（$f2$），并将测试频率细化至每倍频程6个频率（Lord，2019）。目前使用OAE进行听觉动态监控最棘手的问题在于，临床上尚未建立显著差异标准的共识，即两次测试DP值相差多少可判定存在显著下降。近年的研究中有人提出，DP值在基线基础上降低2.4 dB即可认为出现显著下降（Stavroulaki et al.，2002）。但更多研究认为，DP值需降低至少6 dB才为达到显著下降（Reavis et al.，2015；Konrad-Martin et al.，2014）。临床上可以两次复测结果相差6 dB作为显著差异标准。

多因素造成的重测可变性（test-retest variability）过高是难以建立显著差异标准的重要原因。在进行药物性听损伤OAE监控时，要尽量严格控制变量，即保证个体OAE复测结果不受除药物因素以外的影响。如婴幼儿标准研究时，须考虑婴幼儿年龄本身引起的DP值降低，一岁以内的婴幼儿DP值随年龄下降最显著。最新的婴幼儿长期研究发现，6 kHz的DPOAE受年龄因素的影响最小，故可将6 kHz作为最佳的药物性损伤监控频率（Konrad-Martin et al.，2020）。另外，复查时使用与初测相同的设备和测试参数、使用最先进的校准技术等都可降低监控过程中的重测可变性（Lord，2019）。

DPOAE作为药物性听损伤的监控手段受多因素影响，亟需更多不同年龄段与特定群体的大样本研究，为临床提供广泛通用的DP值显著差异标准，以拟定出通用的药物性听力损失监控方案。

（三）梅尼埃病鉴别诊断

梅尼埃病是一种特发性的内耳疾病，基本病理改变在于膜迷路积水，典型的临床特征为反复发作的眩晕、耳闷、耳鸣以及低频听力波动性下降。梅尼埃病引起的听力波动性下降的机制可能来源于膜迷路积水引起的耳蜗力学的改变。当膜迷路积水减弱时，耳蜗力学机制恢复正常，听力恢复，OAE在此过程中也会表现出幅值的改变，故OAE可在甘油试验中监控耳蜗功能。另外，OAE亦可在一定程度上辅助确定病变部位。

1. OAE在甘油试验中的应用价值

传统的甘油试验使用纯音测听。膜迷路积水期病人服用甘油前、后（3 h内）均进行纯音测听，以观察到频率在0.5～2 kHz明显的听阈改善（＞10 dB）为阳性。甘油实验可反映膜迷路积水引起的听功能下降的可逆性，具有较好的预后判断与治疗指导意义。

OAE可作为一个客观敏感的耳蜗功能的监控手段应用于甘油实验。膜迷路积水阻碍基底膜、外毛细胞以及镫骨足板的运动，使OAE幅值降低或消失，随着膜迷路积水的改善，OAE的幅值提高。

2. 辅助确定梅尼埃病的累及部位

OAE的测试结果并不一定总与纯音听力结果相符。中度听力损失的梅尼埃病患者中亦有部分可以引出TEOAE（Fetterman，2001）。有人因此推断，OAE的检出与否在鉴别不同病变部位中存在一定临床价值。中度听力损失伴随OAE消失的患者提示外毛细胞功能障碍，而中度听力损失伴随OAE正常的患者的耳蜗损伤可能位于突触或内毛细胞。

（四）突发性聋的病因分析

突发性聋指突然发生的、原因不明的感音神经性听力损失。突发性聋在临床上很常见，但确切病因仍不明确。目前广泛认为可能与内耳循环突发障碍、病毒感染、自身免疫性疾病等因素相关。临床上发现，同样听力损失达到中度的患者，有些OAE异常，有些OAE却正常。有学者认为，OAE的正常与否可以用于判断突发性聋在内耳中的病因部位并可预测突聋预后（Sakashita et al.，1991）。若OAE异常，则突发性聋的病因累及外毛细胞的损伤，如内耳急性缺血导致的外毛细胞凋亡，预后较差；若OAE仍正常，突发性聋的病因可能位于外毛细胞以外的其他位置，如蜗神经炎等，激素治疗的预后较好。

（五）内侧橄榄耳蜗传出系统的评估

一侧声刺激可经内侧橄榄耳蜗传出系统（medial olivocochlear system，MOCS）对对侧耳蜗外毛细胞产生抑制作用，导致对侧OAE幅值下降，该现象为OAE的对侧抑制效应。MOCS支配外毛细胞的神经通路如下：一侧耳受到声刺激→同侧耳蜗→传入神经纤维→同侧耳蜗核→同侧上橄榄复合体→MOCS交叉到对侧→传出纤维→抑制对侧耳蜗外毛细胞电能动性→对侧OAE幅值下降。

OAE的对侧抑制效应减弱或消失可客观、无创地检测出MOCS的异常。这为许多蜗后疾病如听神经病、听神经瘤等提供了另一客观测试手段。另外，耳鸣与听觉过敏也与外毛细胞功能亢进有关（Attias et al.，2008；Aleksandra et al.，2009），这可能是因为MOCS功能异常，导致外毛细胞因失去抑制而驱动效应增强。还有研究发现，MOCS异常经常伴随SOAE的检出，故有人认为SOAE检出对诊断MOCS具有潜在临床意义（徐进 等，2001）。

（六）功能性听力损失与伪聋的诊断

功能性听力损失与伪聋的受试者均不存在器质性的听力损伤，但由于心理、利益（保险、索赔等）方面的原因，他们在纯音测听、言语测听等主观性听力测试中表现出听力下降。OAE作为客观性的检查手段，可在一定程度上真实反映蜗性听力水平。当OAE正常而主观性听力损失严重异常时，需警惕功能性听力损失或伪聋的存在。与经典的Stenger伪聋测试相比，OAE的优势在于可检查双耳伪聋者。需要注意，单独使用OAE不能鉴别出确实存在中度听力损失的受试者将其夸大至重度、极重度听力损失的情况，故建议将OAE与其他主客观测试（纯音听阈测试、Stenger测试、声导抗测试、镫骨肌反射阈、ABR等）组合，诊断伪聋的准确度更高。

第八节　结语

OAE测试快速、无创、灵敏、客观，且是目前所有听力测试中唯一仅反映外毛细胞功能的测试。由于大部分感音神经性听力损失的类型均涉及外毛细胞功能异常，如噪声性聋、药物性聋、老年性聋等，所以OAE是不可或缺的有效评估手段。然而OAE测试也存在一定的不足，比如易受噪声干扰，结果受外、中耳状况的影响，重度听力损失无法引出等。正如没有任何听力检查是完美的，OAE测试只有存在于测试组合中才可以发挥其自身优势，辅助判断听力损失的部位和严重程度。

将来的OAE研究需要解决的问题包括如何降低中耳对OAE测试的影响，OAE对纯音听阈的预估，OAE与耳鸣的关系，SFOAE与SOAE的临床应用等。

第九节　案例分析

案例一

顾X，女，2月龄。

病史：足月产，出生两天出现血清胆红素持续偏高，新生儿听力筛查双耳通过，按要求出院后听力随访，2月龄行OAE复查与ABR测试。

检查结果：

（1）DPOAE（图8.4）双耳2～8 kHz幅值均较高，且信噪比均大于10 dB，符合外毛细胞功能正常婴儿较强的DPOAE反应。0.5～1 kHz处信噪比远未达到6 dB的标准，但由于DPOAE1.5 kHz测试非常容易受噪声影响，且该测试噪声级确实较高，无法通过该图判断0.5～1 kHz外毛细胞功能。

（2）双耳click ABR测试95 dB nHL时均未引出V波阈值，提示严重异常（图8.5）。

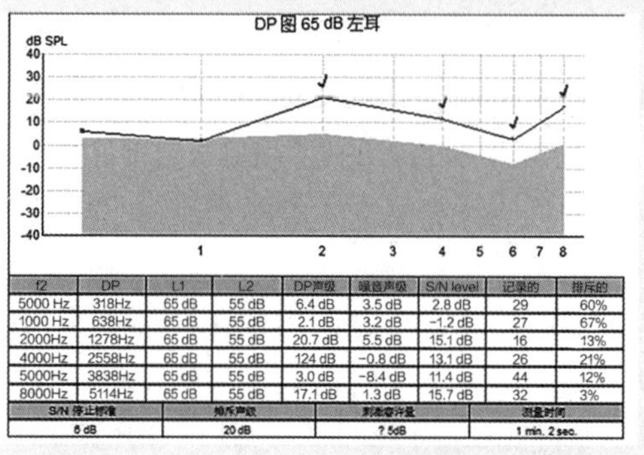

f2	DP	L1	L2	DP声级	噪音声级	S/N level	记录的	排斥的
5000 Hz	318Hz	65 dB	55 dB	6.4 dB	3.5 dB	2.8 dB	29	60%
1000 Hz	638Hz	65 dB	55 dB	2.1 dB	3.2 dB	−1.2 dB	27	67%
2000Hz	1278Hz	65 dB	55 dB	20.7 dB	5.5 dB	15.1 dB	16	13%
4000Hz	2558Hz	65 dB	55 dB	124 dB	−0.8 dB	13.1 dB	26	21%
5000Hz	3838Hz	65 dB	55 dB	3.0 dB	−8.4 dB	11.4 dB	44	12%
8000Hz	5114Hz	65 dB	55 dB	17.1 dB	1.3 dB	15.7 dB	32	3%

S/N 停止标准	排斥声级	判断容许量	测量时间
6 dB	20 dB	? 5dB	1 min. 2 sec.

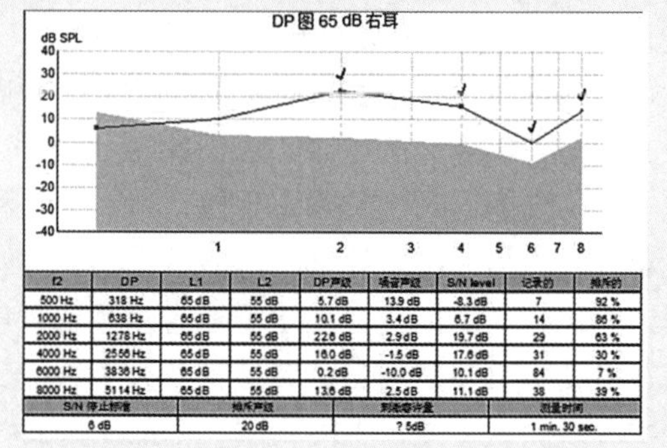

f2	DP	L1	L2	DP声级	噪音声级	S/N level	记录的	排斥的
500 Hz	318 Hz	65 dB	55 dB	5.7 dB	13.9 dB	-8.3 dB	7	92 %
1000 Hz	638 Hz	65 dB	55 dB	10.1 dB	3.4 dB	6.7 dB	14	86 %
2000 Hz	1278 Hz	65 dB	55 dB	22.6 dB	2.9 dB	19.7 dB	29	63 %
4000 Hz	2556 Hz	65 dB	55 dB	16.0 dB	-1.5 dB	17.6 dB	31	30 %
6000 Hz	3836 Hz	65 dB	55 dB	0.2 dB	-10.0 dB	10.1 dB	84	7 %
8000 Hz	5114 Hz	65 dB	55 dB	13.6 dB	2.5 dB	11.1 dB	38	39 %

S/N 停止标准	排斥声级	判断容许量	测量时间
6 dB	20 dB	? 5dB	1 min. 30 sec.

图8.4　案例一DPOAE检查结果

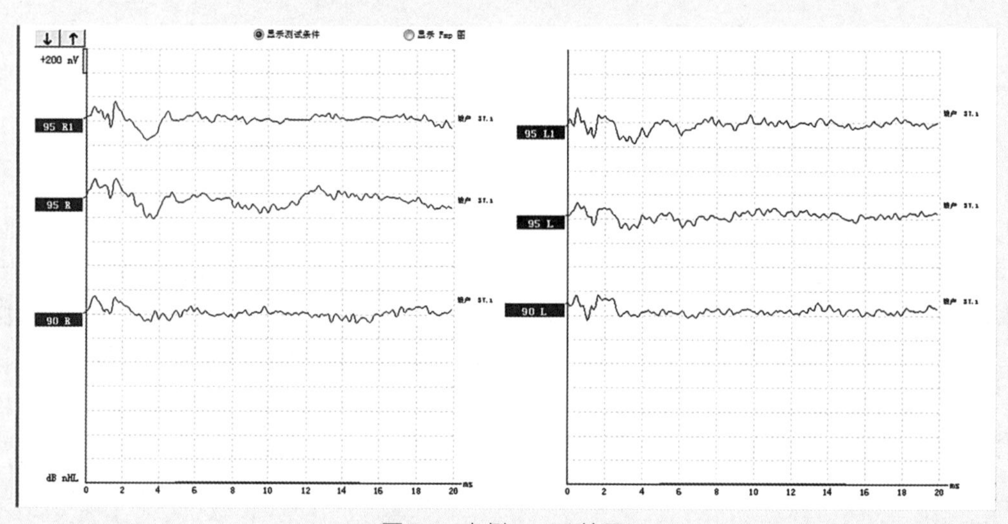

图8.5　案例一ABR结果

临床诊断：听力减退（听神经病）。

总结与分析：ABR严重异常，DPOAE正常，无须加做CM测试，直接提示双耳听神经病的存在。围产期高胆红素血症病史为听神经病的高危因素之一，测试结果结合病史，可按照听神经病的初步诊断安排后续测试，如行为观察测听（BOA）、中枢听觉诱发电位（CAEPs）等。DPOAE与ABR也应定期复查，因为随着年龄的发展许多听神经病患儿的OAE与ABR结果会出现波动。

案例二

刘X，40周岁。

病史：因双侧高频声耳鸣一年余前往听力中心就诊，自觉无明显听力下降，无眩晕，否认各类慢性病史。

检查结果如下：

（1）双耳纯音听阈4, 8 kHz处显示轻度感音神经性听力损失（图8.6）, DPOAE 4，6，8 kHz处幅值明显异常偏低（图8.7）。

（2）鼓室图双侧A型，提示外中耳功能正常，与纯音听阈结果相符（图8.8）。

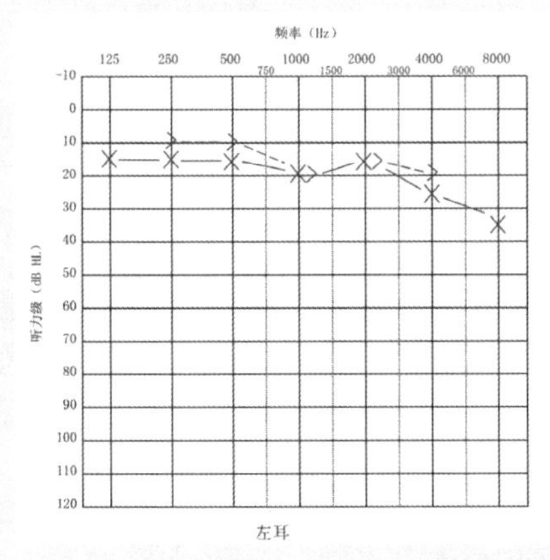

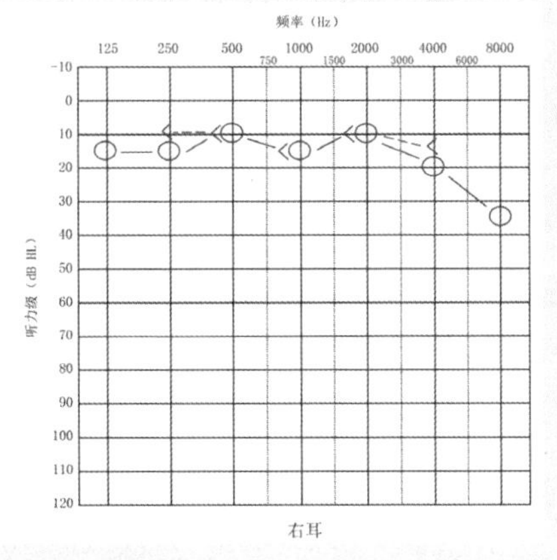

图8.6　案例二听力图

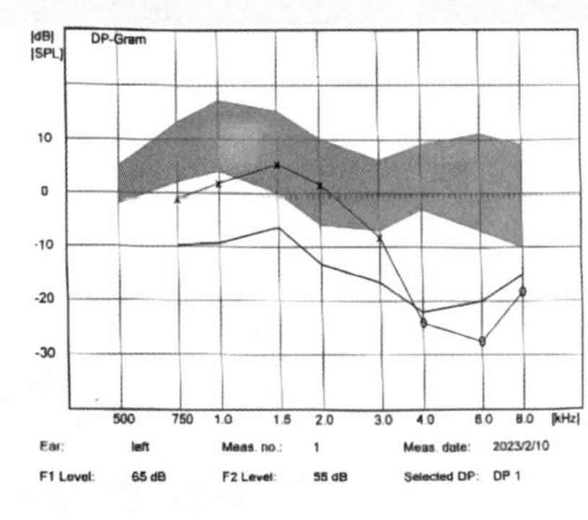

Ear: left　Meas. no.: 1　Meas. date: 2023/2/10

F1 Level: 65 dB　F2 Level: 55 dB　Selected DP: DP 1

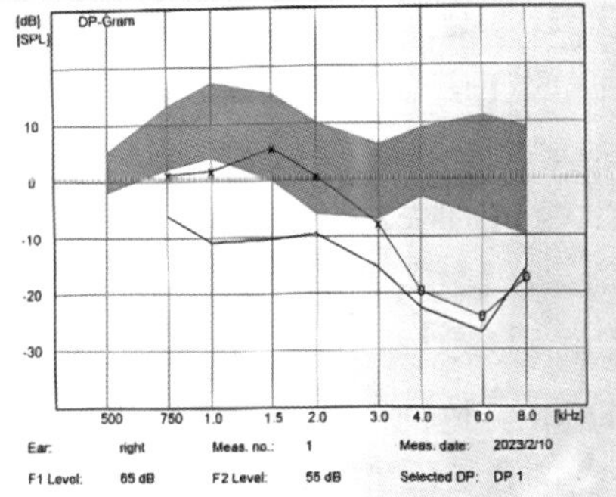

Ear: right　Meas. no.: 1　Meas. date: 2023/2/10

F1 Level: 65 dB　F2 Level: 55 dB　Selected DP: DP 1

DP-Gram table

Ear: left　Meas. no.: 1　Meas. date 2023/2/10

Frequency / kHz 0.5 0.75 1.0 1.5 2.0 3.0 4.0 6.0 8.0

DP1 Level / dB -1.1 1.8 5.4 1.6 -8.2 -24.1 -27.6 -18.4

DP1 S/N-ratio / dB 8.7 11.1 11.8 14.8 8.5 -2.0 -7.5 -3.3

DP-Gram table

Ear: right　Meas. no.: 1　Meas. date 2023/2/10

Frequency / kHz 0.5 0.75 1.0 1.5 2.0 3.0 4.0 6.0 8.0

DP1 Level / dB 1.0 1.7 5.6 0.5 -7.9 -19.7 -24.3 -17.6

DP1 S/N-ratio / dB 7.3 12.6 16.0 10.0 7.7 3.0 2.7 -1.8

图8.7　案例二DPOAE检测结果

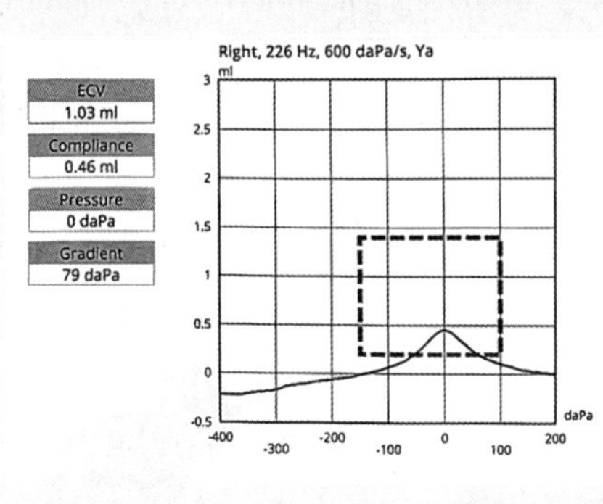

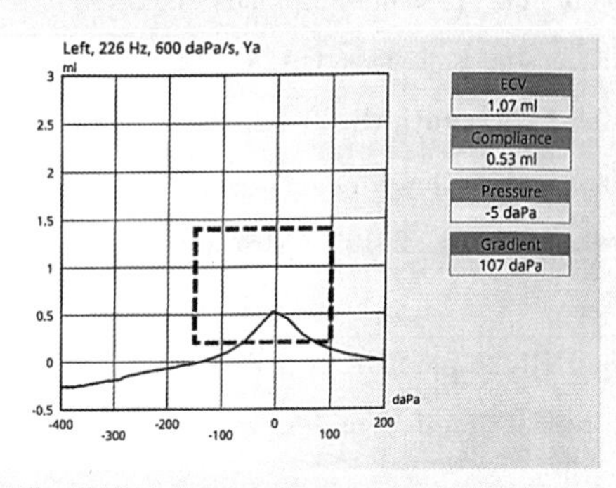

图8.8　案例二声导抗

诊断：耳鸣。

总结与分析：纯音听阈与DPOAE受损频率重合，双侧耳鸣不伴眩晕，提示听神经瘤的可能性较小，首先怀疑为该频率处外毛细胞损伤引起的听力下降且伴随耳鸣。建议加做耳鸣匹配测试以验证耳鸣声的频率是否位于异常听力频率区间，从而更可靠地判断耳鸣症状与该高频听力损失的相关性。

耳鸣匹配结果显示双侧耳鸣声频率均为8 kHz，与听力损失频率区间相符，进一步证明该患者耳鸣症状与其高频听力损失有关，可能是外毛细胞损伤所致。

由于整体听力损失程度较轻，对日常生活影响不大，故该患者未察觉听力损失存在，可加做噪声下言语识别测试以评估该患者噪声下言语识别能力是否出现下降。

耳鸣症状持续已一年有余，故近期突发性高频听力下降的可能性不大。此类感音神经相关耳鸣的患者可通过系统的耳鸣咨询门诊进入耳鸣康复流程，同时定期监控听力是否进一步下降。

参考文献

徐进，刘鋋，郭连生，等，2001. 自发性耳声发射与耳蜗传出调控的关系探讨[J].36(6)：39–43.

Aleksandra S，Lucyna P，Wojciech G，et al.，2010. DPOAE in estimation of the function of the cochlea in tinnitus patients with normal hearing[J]. Auris，Nasus，Larynx，37(1)：55–60.

Antonelli A，Grandori F，1986. Long term stability，influence of the head position and modelling considerations for evoked otoacoustic emissions[J]. Scandinavian Audiology. Supplementum，25：97–108.

Attias J，Raveh E，Ben–Naftali NF，et al.，2008. Hyperactive auditory efferent system and lack of acoustic reflexes in Williams syndrome[J]. Journal of basic and clinical physiology and pharmacology，19(3–4)：193–207.

Bader K，Dierkes L，Braun LH，et al.，2021. Test–retest reliability of distortion–product thresholds compared to behavioral auditory thresholds[J]. Hearing Research，406：108232.

Boege P，Janssen T，2002. Pure–tone threshold estimation from extrapolated distortion product otoacoustic emission I/O–functions in normal and cochlear hearing loss ears[J]. The Journal of the Acoustical Society of America，111(4)：1810–8.

British Society of Audiology(BSA)，2022–09–01. British Society of Audiology Recommended Procedure：Clinical Application of Otoacoustic Emissions (OAEs) in Children and Adults[S]. Available from：https：//www.thebsa.org.uk/wp–content/uploads/2022/09/OD104–120–Recommended–Procedure–Clinical–Application–of–Otoacoustic–Emissions–OAEs.docx.pdf

Charlier K，Debruyne F，2004. The effect of ventilation tubes on otoacoustic emissions. A study of 106 ears in 62 children[J]. Acta Oto–Rhino–Laryngologica Belgica，58(1)：67–71.

Dhar S，Hall JW，2018. Otoacoustic Emissions：Principles，Procedures，and Protocols[M]. Plural Publishing.

Durrant JD，Campbell K，Fausti S，et al.，2009. American Academy of Audiology position statement and clinical practice guidelines：ototoxicity monitoring[S]. Wahington：American Academiy of Au–

diology. Available from : https : //www.audiology.org/wp-content/uploads/2021/05/OtoMonGuidelines.pd-f_539974c40999c1.58842217.pdf

Ellison JC, Keefe DH, 2005. Audiometric predictions using stimulus-frequency otoacoustic emissions and middle ear measurements[J]. Ear and Hearing, 26(5) : 487-503.

Ferber-Viart C, Laoust L, Boulud B, et al., 2000. Acuteness of preoperative factors to predict hearing preservation in acoustic neuroma surgery[J]. Laryngoscope, 110(1) : 145-150.

Fetterman BL, 2001. Distortion-product otoacoustic emissions and cochlear microphonics : Relationships in patients with and without endolymphatic hydrops[J]. Laryngoscope, 111(6) : 946- 954.

Gehr DD, Janssen T, Michaelis CE, et al., 2004. Middle ear and cochlear disorders result in different DPOAE growth behaviour : implications for the differentiation of sound conductive and cochlear hearing loss[J]. Hearing Research, 193(1-2) : 9-19.

Gorga MP, Neely ST, Dorn PA, et al., 2003. Further efforts to predict pure-tone thresholds from distortion product otoacoustic emission input/output functions[J]. The Journal of the Acoustical Society of America, 113(6) : 3275-84.

Gorga MP, Neely ST, Ohlrich B, et al., 1997. From laboratory to clinic : a large scale study of distortion product otoacoustic emissions in ears with normal hearing and ears with hearing loss[J]. Ear and hearing, 18(6) : 440-55.

Guinan JJ, Backus BC, Lilaonitkul W, et al., 2003. Medial olivocochlear efferent reflex in humans : otoacoustic emission (OAE) measurement issues and the advantages of stimulus frequency OAEs[J]. Journal of the Association for Research in Otolaryngology : JARO, 4(4) : 521-40.

Hoth S, Gudmundsdottir K, Plinkert P, 2010. Age dependence of otoacoustic emissions : the loss of amplitude is primarily caused by age-related hearing loss and not by aging alone[J]. European Archives of Oto-Rhino-Laryngology, 267(5) : 679-690.

Janssen T, 2013. A review of the effectiveness of otoacoustic emissions for evaluating hearing status after newborn screening[J]. Otology and Neurotology, 34(6) : 1058-1063.

Jedrzejczak WW, Kochanek K, Sliwa L, et al., 2013. Chirp-evoked otoacoustic emissions in children[J]. International Journal Of Pediatric Otorhinolaryngology, 77(1) : 101-106.

Kennedy HJ, Crawford AC, Fettiplace R, 2005. Force generation by mammalian hair bundles supports a role in cochlear amplification[J]. Nature, 433(7028) : 880-3.

Knight KR, Kraemer DF, Winter C, et al., 2007. Early changes in auditory function as a result of platinum chemotherapy : use of extended high-frequency audiometry and evoked distortion product otoacoustic emissions[J]. Journal of Clinical Oncology, 25(10) : 1190-1195.

Konrad-Martin D, Knight K, Mcmillan GP, et al., 2020. Long-term variability of distortion-product otoacoustic emissions in infants and children and its relation to pediatric ototoxicity monitoring[J]. Ear and Hearing, 41(2) : 239-253.

Konrad-Martin D, Reavis KM, Mcmillan G, et al., 2014. Proposed comprehensive ototoxicity monitoring program for VA healthcare (COMP-VA)[J]. Journal of Rehabilitation Research and Development, 51(1) : 81-100.

Kuroda T, 2007. Clinical investigation on spontaneous otoacoustic emission (SOAE) in 447 ears[J]. Auris,

Nasus, Larynx, 34(1) : 29–38.

Lapsley MJ, Marshall L, Heller LM, et al., 2006. Low-level otoacoustic emissions may predict susceptibility to noise-induced hearing loss[J]. The Journal of the Acoustical Society of America, 120(1) : 280–296.

Liberman MC, Zuo J, Guinan JJ, 2004. Otoacoustic emissions without somatic motility : can stereocilia mechanics drive the mammalian cochlea[J]? The Journal of the Acoustical Society of America, 116(3) : 1649–55.

Liu J, Wang N, 2012. Effect of age on click-evoked otoacoustic emission : A systematic review[J]. Neural Regeneration Research, 7(11) : 853–861.

Lord SG, 2019. Monitoring Protocols for Cochlear Toxicity[J]. Seminars in Hearing, 40(2) : 122–143.

Lutman ME, Davis AC, Fortnum HM, et al., 1997. Field sensitivity of targeted neonatal hearing screening by transient-evoked otoacoustic emissions[J]. Ear and Hearing, 18(4) : 265–276.

Marshall L, Lapsley MJ, Heller LM, et al., 2009. Detecting incipient inner-ear damage from impulse noise with otoacoustic emissions[J]. The Journal of the Acoustical Society of America, 125(2) : 995–1013.

Neely ST, Gorga MP, Dorn PA, 2003. Cochlear compression estimates from measurements of distortion-product otoacoustic emissions[J]. The Journal of the Acoustical Society of America, 114(3) : 1499–507.

Olson ES, Duifhuis H, Steele CR, 2012. Von Bekesy and cochlear mechanics[J]. Hearing Research, 293(1–2) : 31–43.

O-Uchi T, Kanzaki J, Satoh Y, et al., 1994. Age-related changes in evoked otoacoustic emission in normal-hearing ears[J]. Acta Oto-Laryngologica. Supplementum, 514(Suppl 514) : 89–94.

Ramos JA, Kristensen SGB, Beck DL, 2013. An overview of OAEs and normative data for DPOAEs[J]. Hearing Review, 20(11) : 30–33.

Rasetshwane DM, Neely ST, Kopun JG, et al., 2013. Relation of distortion-product otoacoustic emission input-output functions to loudness[J]. The Journal of the Acoustical Society of America, 134(1) : 369–383.

Reavis KM, Mcmillan GP, Dille MF, et al., 2015. Meta-Analysis of Distortion Product Otoacoustic Emission Retest Variability for Serial Monitoring of Cochlear Function in Adults[J]. Ear and Hearing, 36(5) : e251–e260.

Ren T, Porsov E, 2010. Reverse propagation of sounds in the intact cochlea[J]. Journal of Neurophysiology, 104(6) : 3732–3733.

Robinette M, 2007. Otoacoustic emissions and audiometric outcomes across cochlear and retrocochlear pathology[M]. New York : Thieme Medical Publishers.

Sakashita T, Kubo T, Kusuki M, et al., 1998. Patterns of change in growth function of distortion product otoacoustic emissions in Menière's disease[J]. Acta Oto-laryngologica. Supplementum, 538(Suppl 538) : 70–7.

Sakashita T, Minowa Y, Hachikawa K, et al., 1991. Evoked otoacoustic emissions from ears with idiopathic sudden deafness[J]. Acta Oto-laryngologica. Supplementum, 111(Suppl 486) : 66–72.

Shera CA, Guinan JJ, 1999. Evoked otoacoustic emissions arise by two fundamentally different mechanisms : a taxonomy for mammalian OAEs[J]. The Journal of the Acoustical Society of America, 105(2 Pt 1) : 782–98.

Shera CA, Guinan JJ, 2003. Stimulus-frequency-emission group delay : a test of coherent reflection filtering and a window on cochlear tuning[J]. The Journal of the Acoustical Society of America, 113(5) : 2762–72.

Stavroulaki P, Vossinakis IC, Dinopoulou D, et al., 2002. Otoacoustic emissions for monitoring aminoglycoside-induced ototoxicity in children with cystic fibrosis[J]. Archives of Otolaryngology – Head and Neck Surgery, 128(2): 150–155.

Thorson MJ, Kopun JG, Neely ST, et al., 2012. Reliability of distortion-product otoacoustic emissions and their relation to loudness[J]. The Journal of the Acoustical Society of America, 131(2): 1282–1295.

Wooles N, Mulheran M, Bray P, et al., 2012. Comparison of distortion product otoacoustic emissions and pure tone audiometry in occupational screening for auditory deficit due to noise exposure[J]. The Journal of Laryngology and Otology, 129(12): 1174–81.

Zheng J, Long KB, Matsuda KB, et al., 2003. Genomic characterization and expression of mouse prestin, the motor protein of outer hair cells[J]. Mammalian genome: official journal of the International Mammalian Genome Society, 14(2): 87–96.

Zurek PM, 1985. Acoustic emissions from the ear: A summary of results from humans and animals[J]. The Journal of the Acoustical Society of America, 78(1 Pt 2): 340–344.

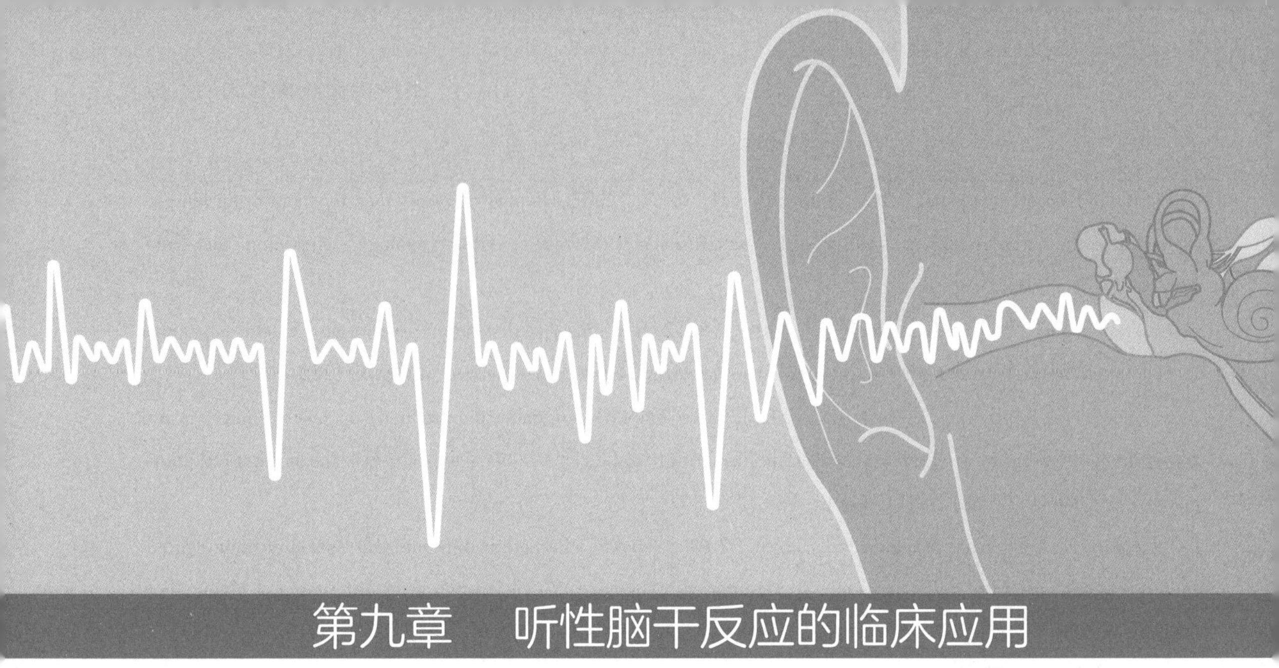

第九章　听性脑干反应的临床应用

听性脑干反应（auditory brainstem response，ABR）也称脑干听觉诱发电位（brainstem auditory evoked potentials，BAEP），是一种短潜伏期听觉诱发电位。ABR是听神经和脑干听觉通路神经元对诱发声刺激活动产生的同步放电总和。

ABR是目前临床应用最广的诱发电位检测技术，旨在评估从内耳到听觉脑干的听觉通路的功能。ABR不受意识状态或注意力的影响，是一项可靠的客观听力学检查技术。需要注意的是，ABR不能代表一个人的听觉能力，因为两者本质不同。但有研究表明，ABR阈值与心理物理阈值之间有着较密切的关系，因此ABR可以作为新生儿听力损伤的有效筛查指标。

第一节　理论基础

一、ABR原理

在上行听觉通路中，机械声能在耳蜗中被转化为电信号，通过听神经（第八对颅神经）沿着上行听觉通路传导，在经过耳蜗核、上橄榄核复合体、外侧丘系、下丘以及内侧膝状体等结构后，最终传至大脑听觉皮层。而ABR所记录的正是从听神经至脑干这一段听觉通路的神经反应。

二、ABR各波起源

ABR各波出现在1～10 ms的潜伏期内，用罗马数字标识为波Ⅰ、Ⅱ、Ⅲ、Ⅳ、Ⅴ、Ⅵ、Ⅶ。其中，Ⅰ波、Ⅲ波和Ⅴ波分化最好，且出现率较高。Ⅰ波是听神经在岩骨周围（出耳蜗端）产生的复合动作电位（compound action potential，CAP），而Ⅱ波是听神经离开岩骨部位（近脑干端）的CAP。随后在脑干中产生Ⅲ～Ⅴ波峰值。

20世纪70年代早期的研究认为，ABR各波的成分与脑干的不同部位一一对应，即Ⅰ波来源于耳蜗，Ⅱ波来源于耳蜗核，Ⅲ波来源于上橄榄核复合体，Ⅳ波来源于外侧丘系，Ⅴ波来源于下丘，Ⅵ波来源于内侧膝状体，Ⅶ波来源于听放射（Jewett et al.，1970；Jewett et al.，1971）。但随着研究的深入，学者发现，不同的解剖部位可能对ABR的同一个波都有贡献，而同一个解剖部位也可能对ABR的不同波都有贡献（Legatt et al.，1988）。因此，解剖部位和ABR波形之间存在一种“多对多”的关系。

三、气导ABR

ABR是神经纤维的同步化反应，因此各波的分化程度取决于神经冲动的同步效应。不同的刺激声参数、掩蔽噪声类型和电极记录方式等都将影响波形分化。常用的刺激声有短声（click）、短纯音（tone burst，TB）、短音（tone pip，TP）以及线性调频脉冲（chirp）。

（一）click-ABR

传统的ABR以短声作为刺激信号，其时程仅有数百微秒（μs），具有良好的瞬态特性。短声能量可以在很短的时间内迅速达到峰值，从而诱导大量听觉神经元产生同步化的、良好的神经活动，使得click-ABR波形分化明显且容易辨认。研究表明，click-ABR的反应阈与人耳2000～4000 Hz频率上的听敏度具有较好的相关性。但短声是一种宽带信号，在100 Hz至8000 Hz的频段上均有能量分布，因此click-ABR无频率特异性，不能选择性地刺激耳蜗某一特定区域。

（二）频率特异性ABR

为了获得ABR的频率特异性，研究者们做了多种尝试。目前最受临床青睐的技术是用具有频率特异性的声音信号刺激，包括短纯音（TB）、滤波短声（filtered click）、短音（TP）及线性调频脉冲（chirp）。

1. TB-ABR和TP-ABR

短纯音是时程小于200 ms的正弦信号。短纯音包含上升、平台、下降时间，相对于短声时程较长，有较好频率特异性。当其平台时间不变时，频率特异性取决于上升/下降时间；当上升/下降时间不变时，频率特异性则取决于平台的长短。因此要选出上述两个特性兼顾的短纯音信号参数较为困难。但目前国内临床上，TB-ABR的使用仍较为普遍。

短音是上升和下降时间都很短、稳定持续时间不大于一个波周期的声信号。短音没有平台，频率特异性由上升、下降时间决定。TP-ABR在评估听阈应用中主要有以下几方面优点：①作为客观测试，不受受试者主观因素影响，并且基本不受睡眠和镇静药物的影响；②许多研究证明其频率特异性好，且ABR反应阈值与纯音听阈相关性高；③其波形、潜伏期、波间期及双耳各波的潜伏期、波间期差异对听力损失定位诊断有帮助；④测试结果的稳定性和重复性较高。

TP-ABR已经逐渐成为听阈诊断的核心检查方法。2012年美国婴幼儿听力联合委员会发布的《婴幼儿听力评估指南》就建议将TP-ABR作为婴幼儿听力评估的首选办法，并推荐TP-ABR和ASSR配合评估听阈（American Academy of Audiology，2012）。英国发布的《新生儿听力筛查项目转诊婴儿早期听力评估和干预指南》也推荐使用TP-ABR进行新生儿的诊断性客观听阈评估（BSA，2021）。但如果想要诱发出分化明显的ABR波形，则要求刺激声时程较短；而短时程又会造成频率溅射，影响频率特异性。因此在进行TP-ABR检查时仍面临通过选择适当信号参数实现瞬态特性与频率特异性折中的问题。

2. chirp-ABR

线性调频脉冲声指频率随着时间而改变的信号。chirp声可用于补偿与耳蜗行波延迟相关的时间分散。在响应短暂的声刺激（例如click）时，基于耳蜗的行波理论，声能需要一些时间才能从蜗底传至蜗顶。因此，耳蜗不同区域的不同神经元无法同时受到刺激。这种时间同步性的缺乏可以通过向上的chirp声部分抵消。chirp声首先释放低频声，接着是中频声，最后是高频声，使整个基底膜同时振动，大部分神经纤维能同步放电。

chirp-ABR的优点有，与click-ABR相比有更大的V波振幅，尤其是在较低和中等刺激声强度下；与纯音测听的结果高度相关，且比click-ABR的反应阈更接近纯音听阈；若使用具有客观监测分析的高刺激速率，还可以缩短新生儿听力评估时间。但传统的chirp声也存在不足之处，如诱发的Ⅰ波和Ⅲ波表现较差；与click-ABR相比，高强度刺激下的V波振幅有所降低。这可能是因为高强度下缓慢上升的chirp声与快速放电的Ⅰ波和Ⅲ波神经纤维之间不匹配。

传统chirp-ABR的波形受刺激声强度和刺激持续时间影响，Elberling 等（2010）提出了依赖刺激声强度的chirp声，并定义为特定强度的CE-Chirp。与传统chirp-ABR 不同，特定强度的CE-Chirp-ABR可以产生较早的Ⅰ波和Ⅲ波，以及较后的但振幅比click-ABR更大的V波。因此，它被用作一种神经学诊断工具，用于确定中枢听觉神经系统周围的病变。

四、BC-ABR

临床常用的气导ABR并不能区分传导性和感音神经性听力损失。对于不能很好配合纯音测听的人群，特别是婴幼儿，气、骨导ABR相结合更有利于对听力情况做出“定性”判断。骨导ABR（BC-ABR）的刺激信号通过骨导换能器给出，其听觉机制同骨导纯音测试一样。BC-ABR的各记录参数基本类似于气导ABR，但仍有区别，且目前尚缺乏统一标准。

（一）电极放置

骨导测试采用标准的骨导耳机。骨导耳机最好放置于测试耳耳郭后乳突偏上的位置，注意应垂直地压于乳突部表面，建议压力为400 ± 25 N，与乳突部接触面积尽量最大，保持其位置固定，不滑动，且避免碰及耳郭。放大器上连接的记录电极（+，正极）置于前额发际线正中，参考电极（–，负极）置于给声侧乳突或耳垂，接地电极可以置于身体的任何部位，通常置于鼻根。

（二）骨导输出

骨导输出较气导换能器小，最大输出受限。骨振器最大刺激强度为50 ～ 60 dB HL。这就导致骨导行为听阈的水平不能超过40 dB HL。增大骨振器的最大输出，有助于在临床工作中更好地判断中度及重度听力损失的类型。在确定骨导初始给声强度时，应根据气导反应阈值并结合相关病史做出判断。

（三）骨导掩蔽

掩蔽问题被认为是BC-ABR应用中最主要的问题。头部的耳间衰减很少，通过骨导传播的刺激声在传递到同侧乳突的同时也激活了对侧耳蜗，因此理论上BC-ABR必须行对侧耳掩蔽。掩蔽噪声强度和类型同气导ABR测试，根据刺激声给声方式和强度的不同而不同。此外，由于婴幼儿颅骨在物理性质上与成人有很大区别，耳间衰减值也与成人不同，其在低强度刺激时是否需要进行掩蔽仍需进一步研究。

五、电诱发听性脑干反应EABR

电诱发听性脑干反应（electrically evoked auditory brainstem responses，EABR）是以听觉诱发电位为基础，当用电刺激听神经末梢后，10 ms内产生的可在头颅表面记录到的一组短潜伏期电位。作为一种客观的神经电生理监测方法，EABR可以估测耳聋患者残存的听神经末梢螺旋神经节数量，客观评价听觉传导通路的功能状态，指导人工耳蜗植入（cochlear implant，CI）手术及听性脑干植入手术，并在术后设备调试中起重要作用。

EABR的波形分化是其最基本的电生理特征。EABR与ABR的波形相似，有Ⅰ–Ⅴ波，最易辨认的为Ⅴ波，各波的潜伏期较ABR短。EABR与ABR的不同之处在于，EABR通常较难记录到Ⅰ波，因其常被记录初始段巨大的电刺激伪迹所掩盖。Ⅲ波和Ⅴ波是最稳定和易辨认的，可将引出Ⅲ波或Ⅴ波视为EABR记录成功。

EABR刺激电流的性质、刺激电极位置、电极间距等会直接影响记录电位的波形特点。蜗窗或鼓岬是较佳的EABR刺激位点。常用的刺激电极类型有“ball”电极、“golf club”电极，以及在两种电极上自行研制的改良电极。程靖宁等（2008）应用自制铂铱合金球形电极作为刺激电极，记录到了明确的EABR波形。

目前人工耳蜗植入术中，植入前EABR检测技术已相对稳定、可靠。在内耳畸形或听神经病患者中，EABR对于预测CI疗效具有价值，EABR的引出可能与术后听力存在联系。但是，不同耳蜗畸形和听神经病患者EABR的波形特点及其与术后听觉言语能力的相关性仍缺乏大数据研究，有待进一步观察。

六、高刺激率ABR

ABR测试能客观评估和动态监测听觉通路和脑干缺血的程度。大脑的不同结构对不同刺激率的声刺激的反应敏感性存在差异。11.1 次/s的低刺激率主要诱发大脑白质反应。而51.1 次/s的高刺激率对大脑灰质特别是突触的损害更为敏感，突触又对缺血缺氧极为敏感。因此增加刺激速率，更容易出现波潜伏期及波间期较正常人延长的结果，可提高亚临床病变检出率，能够更敏感地发现组织的缺血缺氧等异常改变。

钟乃川等（1992）研究发现，高刺激率ABR不仅可敏感地发现椎基底动脉系缺血所致的损害，还可以动态观察缺血变化、脑干缺血程度与其发病时间有相关性，而且对诊断椎基底动脉短暂缺血性眩晕（vertebrobasilar transient ischemic vertigo）有帮助。Jacobson等（1987）在多发性硬化（multiple sclerosis，MS）患者中发现，提高刺激率可以明显提高异常潜伏期的检出率。Santos等（2004）推荐临床上对影像学检查正常但怀疑有脱髓鞘疾病（如MS）的患者进行较高速率刺激，如51次/s或61次/s的ABR检查以提高诊断效率。高刺激率ABR能够更敏感地发现前庭性偏头痛（vestibular migraine，VM）患者听觉脑干通路的异常，为临床上评估VM患者听觉功能提供了一种客观、敏感的检测手段。

七、堆栈ABR

任何依赖潜伏期和幅度的ABR分析法，都难以检出小型听神经瘤。对小肿瘤(≤1 cm）有高敏感度的 ABR 将具有重要价值。因为它可以：①减少医疗费用；②减少 MRI 给患者带来的焦虑和不适；③为缺乏 MRI 设备的边远社区或国家提供筛查手段；④给有MRI检查禁忌证的患者提供其他替代方法。

Don等（1997）提出了一种新的ABR测试方法，称为堆栈ABR（stacked-ABR）幅度法。堆栈ABR幅度测量应用了衍生带和堆栈ABR技术，即先用短声来激活耳蜗的全部区域，再用高通掩蔽技术，把得到的反应波分成五个频带。这五个频带的 ABR 称作衍生带ABR。之后进行时间转换，使各衍生带ABR的V波潜伏期相同，将已进行时间转换的各衍生带ABR叠加在一起，最终构成堆栈 ABR。对各衍生带ABR进行时间转换，相当于人为将耳蜗各频率区域的活动进行了同步化。所以，与常规ABR幅度分析法相比，堆栈ABR的V波能更直接地反映耳蜗总的神经活动。这种方法称为堆栈ABR幅度分析法。因此，可以说所有神经成分都参与堆栈ABR幅度的组成。由肿瘤引起的任何神经纤维同步化活动的消失，都会导致堆栈ABR幅度降低。而在常规潜伏期法和幅度法中，只有当某些神经成分（高频神经纤维）受损时，ABR才会表现异常。所以，堆栈ABR比常规ABR敏感度更高。

八、ABR的掩蔽

1. 气导掩蔽

click-ABR气导测试时，压耳式耳机建议对侧（非刺激耳）对于低于刺激耳给声强度40 dB的白噪声，插入式耳机建议对侧（非刺激耳）给予低于刺激耳给声强度60 dB的白噪声，以消除交叉反应。骨导测试时，对侧耳常规加掩蔽。TB-ABR测试时建议用窄带噪声掩蔽非测试耳（中华医学会耳鼻咽喉头颈外科学分会听力学组，2020）。

2. 骨导掩蔽

掩蔽问题被认为是骨导ABR应用中最主要的问题。在双侧中度传导性听力损失中，气导的刺激强度水平有时大于成人颅骨的耳间衰减，导致声能传导到非测试耳。若非测试耳也存在中度的传导性耳聋，能充分掩蔽非测试耳的噪声强度，也可能超出颅骨的耳间衰减，以至于噪声通过骨导掩蔽了测试耳。骨导传播的刺激声不仅激活了同侧耳蜗，也激活了对侧耳蜗，因为头部的耳间衰减很小，所以骨导ABR需要进行对侧耳掩蔽。张奕等（2000）认为在骨导ABR检测中较刺激声强度低20 dB的白噪声可获得满意的掩蔽效果，从而保证测试的准确性。杨长亮等（2006）分析对侧噪声掩蔽强度的研究结果表明，骨导ABR阈值测试时，对侧掩蔽噪声不宜超过60 dB SPL。小于1岁的儿童骨导短音的耳间衰减为25～35 dB HL，因此在高强度时需要行对侧耳的掩蔽，而在小于35 dB HL刺激强度时则不需要行对侧耳的掩蔽。

第二节　操作技术

一、ABR测试程序

（一）脱脂

极间电阻＜4 kΩ。

（二）电极位置

作用电极置于颅顶，参考电极置于同侧耳垂内侧，额部接地。检查电极以避免50 Hz伪迹，保证记录系统不会因为电极不好而受到地线的干扰。用两个导联——颅顶至同侧耳和颅顶至对侧耳同时记录同侧和对侧对刺激的反应，并比较两侧的波峰振幅、潜伏期。这有利于提高波峰辨认的阳性率，在异常反应时更有帮助。

（三）刺激声类型

一般用短声或高频短音，刺激声相位交替，刺激间隔时间为75 ms。

（四）放大器增益

放大器增益10000倍左右，增益应尽可能大，直至受试者休息时电信号能通过伪迹排斥线路（在±10 μV）以及紧张时能将噪声信号排斥。

（五）滤波带宽

如低频截止频率低于100 Hz，则肌电和脑电活动可污染反应；高于100 Hz，反应中的较慢成分会失真（特别是Ⅴ波后的负波），使各波的振幅比改变，并使Ⅴ波难以辨认。高截止频率低于3 kHz时，峰潜伏期可有相应变动和振幅改变；高于3 kHz时不会增加有意义的信息传入，只会使高频噪声变明显。

（六）刺激重复率（刺激速率）

刺激重复率越低，波越清晰，但测试需时越长。增加重复率，振幅变小，潜伏期和峰间潜伏期延长，测试时间缩短。一般刺激重复率为11.1次/s。30～50次/s的刺激重复率只适于测定听阈而不适于神经检查，因为只有Ⅴ波清楚而波间潜伏期难以判断。

（七）叠加次数

每个刺激强度下，叠加1024次，并重复测试1次。如有必要，可重复4～8次，直到观察到Ⅰ波、Ⅲ波和Ⅴ波(或确定它们不存在)。重复测试的潜伏期差异应小于0.1～0.2 ms，振幅最好在5%的变化范围内（但紧张的病人可能做不到)。如果振幅低或波形失真，需要增加叠加次数来确认波峰。如果出现不能重复的单次反应，可能是把肌肉活动误认为是脑干反应而导致判断错误。波形变异的最常见原因是肌电伪迹，而不是脑干异常。

（八）结束检查

在能清晰辨认Ⅰ、Ⅲ及Ⅴ波时，或证实对每侧耳进行刺激都引不出时，检查才可结束。

二、阈值的判定

用70～80次/s的短声刺激，对于95%以上的正常人，30 dB nHL以下的强度、平均4000次叠加，可记录到＞0.1 μV的可辨认的脑干反应Ⅴ波。10次/s的短声，在成人身上可于短声行为听阈上6 dB得出可辨认的脑干反应（李兴启 等，2015）。正常婴儿对短声的脑干反应阈为：出生时30 dB nHL，1岁时20 dB nHL，5岁时10 dB nHL左右（李兴启 等，2015）。

三、振幅及潜伏期的量取

ABR的振幅以各波的波峰为参考点，归结起来有两种方法：①从峰顶到前一个或随后的一个波谷；②从峰顶到基线，如图9.1所示。潜伏期的量取起点一般是从电脉冲给予转换器的时间算起，至电位的起始点为真正的潜伏期。科学研究时则从声音到达鼓膜的时间算起。但电位的起始点很难确定，所以通常以各波的峰尖为电位的“起始”点，以此方法来量取的潜伏期为峰潜伏期。如果波峰不能重复时，则取两个峰的均值；如果波峰是宽的或平滑的，则用延伸线的方法，取其两根斜线的交点。

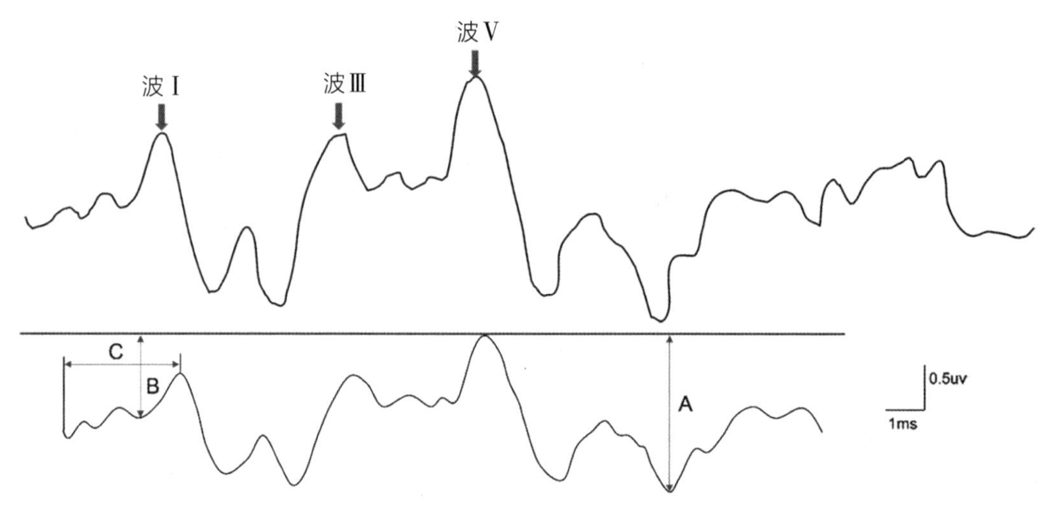

A：波Ⅴ的波峰至波谷幅度；B：波Ⅴ的波峰至基线的幅度；C：波Ⅰ的峰潜伏期

图9.1　ABR振幅及潜伏期测量示意图

四、波的辨别

一般依靠潜伏期和某一波的前面或后面有几个波来辨认脑干反应的波形，Ⅴ波随后往往是一个大的“切迹”。对于估计听阈来说Ⅴ波最重要，对神经耳科检查来说Ⅰ、Ⅲ和Ⅴ波最重要。

Ⅰ波：Ⅰ波是计算其他各波的基准，尤为重要。Ⅰ波应与CM波（耳蜗微音电位）及刺激伪迹相鉴别。对于高频听力损失（特别是老年性聋），Ⅰ波的振幅较低甚至缺失。此时增加刺激强度，减慢刺激重复率或从外耳道中记录，可使Ⅰ波振幅加大；而减小刺激强度则能使Ⅰ波潜伏期延长，以此可与潜伏期不变的CM波相区别。此外，改变刺激极性或用交替变换极性的刺激可使CM波的极性改变或将其抵消，Ⅰ波则不受此影响。从对侧记录到的Ⅰ波的振幅低得多，但Ⅰ波后的负波一般较明显。对侧和同侧记录间的差异可指示Ⅰ波的波峰位置。

Ⅲ波：Ⅲ波振幅一般高于Ⅰ波，最好是比较同侧和对侧记录来辨认Ⅲ波。对侧记录中Ⅲ波振幅较低，潜伏期较短，与Ⅱ波较接近。Ⅲ波偶可为分叉型，这时难以肯定用哪个峰来计算。如果对侧记录中只有一个峰或改变刺激极性时只剩下一个峰，则可用这个峰。

V波：V波常是最高的一个峰，而且后面继以一明显的颅顶负波。改变给声重复率和降低声强，对V波出现率影响较小。在其他波消失后V波还可继续存在。V波和Ⅳ波常合成Ⅳ-V复合波。在V波或Ⅳ-V复合波下降段中仅呈一细小的曲折点时，可导致混淆。有时较低的刺激强度可将两个波分开。而从对侧记录中V波几乎总是和Ⅳ波分开的。对侧记录Ⅳ波常比同侧记录迟0.1 ～ 0.2 ms。另一种可错认的模式是V波发生在Ⅳ波的负波尚未达到谷底之前，这在对侧记录中只有V波而Ⅳ波多已衰减可辨认。

一般情况Ⅳ-V复合波有六种变化（图9.2）。

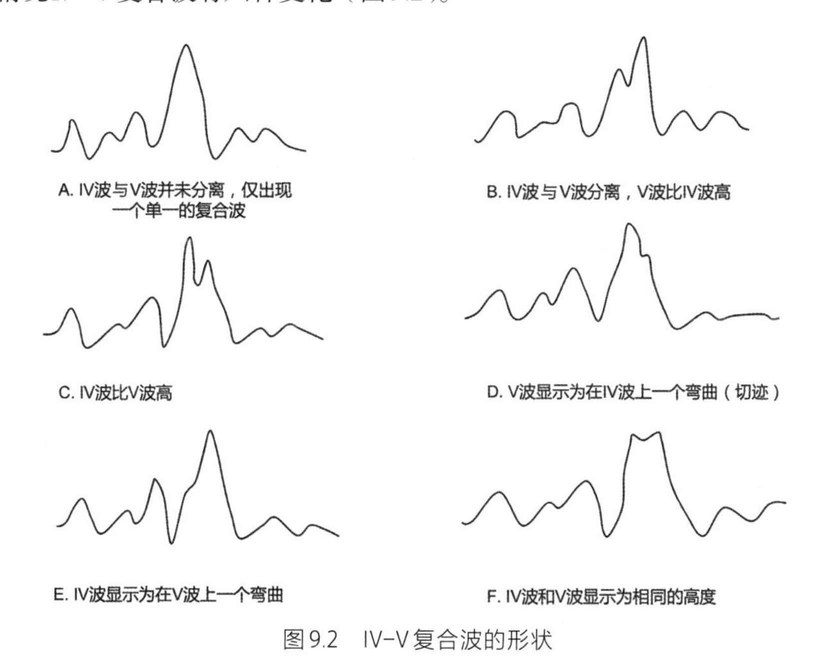

图9.2 IV-V复合波的形状

第三节 测试结果的记录与解读

报告模板可参考中华医学会耳鼻咽喉头颈外科学分会听力学组（2020）的建议。测试报告应包括以下信息：

（1）受试者的基本信息，包括姓名、性别、年龄、出生日期、测试日期、病案号等。

（2）测试的基本信息，包括刺激参数及记录参数。

（3）原始ABR波形。

（4）click-ABR反应阈值及TB-ABR的预估听力阈值。

（5）建议给出双耳80 dB nHL 诱发ABR反应波的测量数据；如比较双耳ABR反应波潜伏期，则必须用双耳同一感觉级（SL）强度诱发的ABR反应波进行比较。

（6）检查结果汇总，包括波形分化是良好或差，反应阈值正常或升高，潜伏期正常或延长，波间期正常或延长。

第四节 儿童测试特点

一、儿童ABR特点

随着新生儿听力筛查的普遍开展，ABR被更多地应用于新生儿及婴幼儿听力损失的诊断。儿童ABR潜伏期与成人的正常值范围有所不同。国内学者的研究发现，在80 dB nHL强度下ABR Ⅰ波潜伏期为1.64±0.11（3月龄）、1.60±0.11（6月龄），这与Gorga等（1989）得出的3～6月龄婴儿正常值1.59±0.17 ms相近，认为可以作为临床参考数据。新生儿胎液尚未吸收，往往影响中耳功能，在声导抗检测不灵敏时，可用100或80 dB nHL强度下ABR的Ⅰ波潜伏期是否延长来判断其中耳功能。

由于ABR各波均为突触后电位，各波的潜伏期除与神经传导速度有关外，还受突触发育程度及传导障碍的影响，所以年龄越小，听觉中枢发育越不成熟，神经传导速度也越慢。有文献报道，听神经和脑干的髓鞘形成在出生后6个月完成突触连接，发育及形成要到0.5—1岁或更晚完成，而从脑干投射到听皮质神经纤维的髓鞘形成则要持续到5岁，故推测婴儿听神经髓鞘的发育可能尚未成熟，未形成有髓鞘纤维及郎飞结，使得听神经冲动传导的速度较成人慢。此外，由于膜电阻与神经纤维的半径成反比，当神经纤维束半径小时膜电阻变大时，神经传导速度变慢。可能婴儿成熟的听神经纤维较少，而神经纤维束的半径较小，使得听神经的传导速度减慢。上述原因引起听神经传导速度减慢，造成婴幼儿ABR的Ⅲ波、Ⅴ波潜伏期较成人明显延长。婴儿的Ⅰ～Ⅴ波间期延长主要是由于Ⅰ～Ⅲ波间期的延长，随月龄升高Ⅰ～Ⅲ波间期逐渐缩短，但Ⅲ～Ⅴ波间期不随月龄增加而缩短，提示听觉中枢系统的发育从低位向高位中枢逐渐发展。因此，可利用ABR的Ⅲ波、Ⅴ波潜伏期和Ⅰ～Ⅲ、Ⅰ～Ⅴ波间期检测脑干成熟度及其病变。

二、新生儿听力筛查

传统ABR在听阈评估上存在许多缺点，如测试费时、受检患儿需服镇静剂、对波形的鉴别主要依赖于经验等，近几年多用自动听性脑干反应技术（automatic auditory brainstem response，AABR）来进行新生儿的快速听力筛查。AABR是通过专用测试探头实现的快速、无创的ABR检测方法，也是目前临床最常用的听力检测方法。Elberling等（1984）率先提出了Fsp（single-point F-ratio）统计学技术，采用平均波形的方差和测试过程中的平均背景噪声，简单将二者的比值称为Fsp，相当于一个可视化的信噪比值，但不是真正的信噪比。当至少一个测试通道的Fsp值达到标准值或噪声低于15 μV而又检测不到ABR时自动终止测试，然后系统将每一个测点的反应结果与取自正常人的标准模板做比较，自动得出通过或不通过的结论。但由于AABR的通过标准不同，直接影响其敏感性和特异性，且无法提供潜伏期的资料。Sininger等（2000）通过比较发现，以40 dB nHL为标准时，AABR的敏感性和特异性分别为98%和96%；以30 dB nHL为标准时，敏感性为100%，特异性为91%。在筛查过程中要注意AABR结果存在假阴性的可能，对高危儿童或筛查时扫描次数明显增加的新生儿，即使通过筛查亦有必要定期复查。另外，随着小儿听神经病发病率增加，除了要进行耳声发射的快速筛查外，还要做AABR的筛查。但尚无足够的理由证明AABR可以取代其他筛查手段。

目前我国新生儿听力初筛多以OAE为主，复筛多以OAE +AABR为主，但不同筛查机构之间筛查方法存在差异。研究发现，OAE +AABR筛查灵敏度合并效应值最高。OAE和AABR可在新生儿听力筛查中检出听力损失，但不排除应用行为反应测听法进行初筛，特别是在无条件进行客观测听的地区。

第五节 案例分析

案例一

xxx，女，7岁。

主诉：近期听力明显下降前来就诊。

病史：4岁时家长发现其听力差，但并未进行全面检查。随后听力明显下降并伴有波动。

检查结果：声导抗表现为226 Hz鼓室图左耳A型曲线，右耳Ad型，双耳声反射均消失（图9.3）。

纯音测听表现为双耳低频下降的上升型听力曲线（图9.4），气导左耳平均听阈为33.75 dB HL，2000 Hz处听阈为20 dB HL，4000 Hz处听阈为15 dB HL；气导右耳平均听阈为68.75 dB HL，2000 Hz处听阈为80 dB HL，4000 Hz处听阈为25 dB HL，且500 Hz处存在气骨导差。

注：听力图右耳500 Hz处骨导听阈为40 dB HL未引出，实际为45 dB HL引出，因此存在气骨导差。此听力图存在错误，气导听阈半倍频程3000 Hz和6000 Hz未做，2000 Hz骨导听阈测试时最大给声强度没有给到上限50 dB HL。来自临床真实数据，未修饰。

click-ABR表现为左耳反应阈为20 dB nHL，潜伏期未见异常。右耳反应阈为60 dB nHL，I～V波间期延长，在3～4 ms处可见声诱发短潜伏期负反应（acoustically evoked short latency negative response, ASNR）（图9.5）。

<table>
<tr><th rowspan="2">指示耳</th><th rowspan="2">1000 Hz
鼓室曲线</th><th rowspan="2">226 Hz
鼓室曲线</th><th rowspan="2">鼓室压力
daPa</th><th rowspan="2">声顺值
（ml）</th><th rowspan="2">刺激耳</th><th colspan="5">声反射阈</th></tr>
<tr><th>0.5k</th><th>1k</th><th>2k</th><th>4k</th><th>WN</th></tr>
<tr><td rowspan="2">左</td><td rowspan="2"></td><td rowspan="2">A</td><td rowspan="2">N</td><td rowspan="2">1.0</td><td>右侧</td><td>/</td><td>/</td><td>/</td><td>/</td><td></td></tr>
<tr><td>左侧</td><td>/</td><td>/</td><td>/</td><td>/</td><td></td></tr>
<tr><td rowspan="2">右</td><td rowspan="2"></td><td rowspan="2">Ad</td><td rowspan="2">N</td><td rowspan="2">1.6</td><td>右侧</td><td>/</td><td>/</td><td>/</td><td>/</td><td></td></tr>
<tr><td>左侧</td><td>/</td><td>/</td><td>/</td><td>/</td><td></td></tr>
</table>

图9.3 声导抗报告

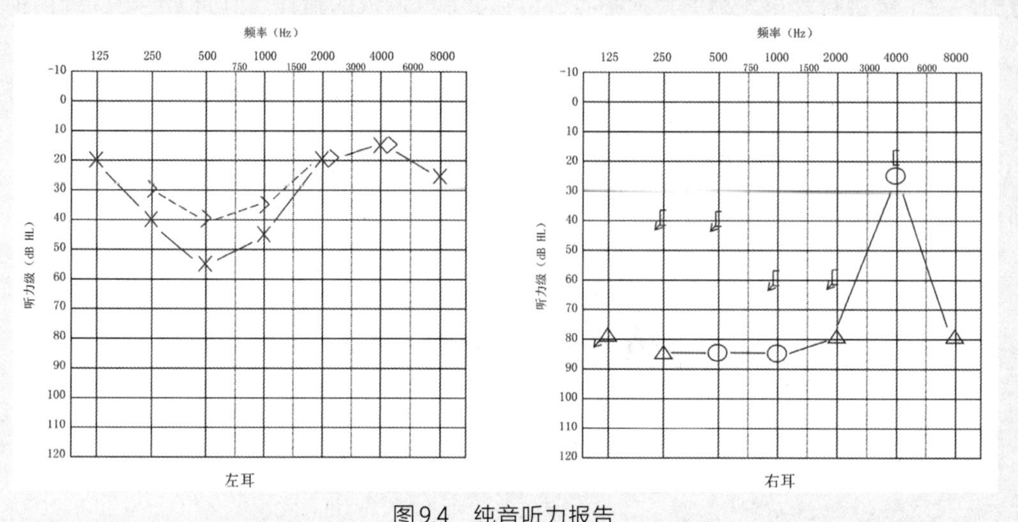

图9.4　纯音听力报告

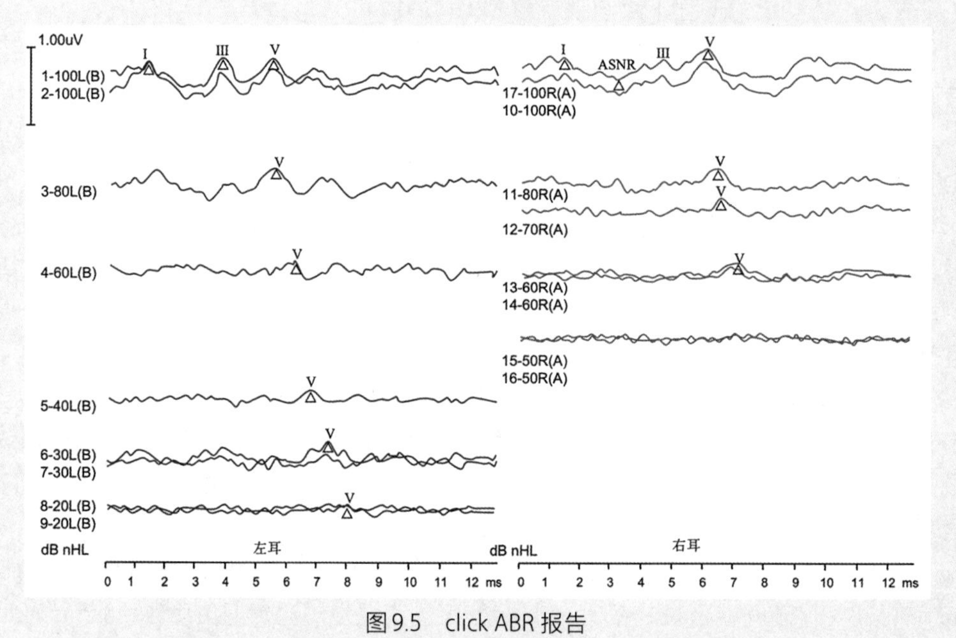

图9.5　click ABR 报告

综上，右耳观察到了气骨导差与ANSR波，提示存在大前庭水管综合征的可能。患者行影像学检查后确诊。

临床诊断：大前庭水管综合征（右）。

分析与总结：患者纯音的表现为低频有气骨导差。这种气骨导差的产生原因不是传统的听觉系统中的外耳中耳出现病变。目前对此的解释是“第三窗”理论，即耳蜗除前庭窗、蜗窗外均被骨管包绕，在LVAS患者中扩大的内淋巴囊与内淋巴管起到“第三窗”的作用。扩大的前庭水管增强了颅骨传导转换成耳蜗液体运动的能力，降低了中耳的顺应性，中耳的共振频率降低。而骨传导的主要途径是大脑及脑脊液，当脑脊液与内耳间出现一个大的非骨性联系途径时，骨传导将更容易通过这条途径传至内耳，引起气骨导差。

在click-ABR中观察到了ASNR。ASNR被认为是一种神经电位，但其来源仍不明确。目前较多学者研究认为ASNR可能是前庭起源，更多可能来源于球囊。基于这一理论，兰兰等（2006）推测，对于LVAS患者来说，前庭水管的异常，导致内耳压力的重新分布，使球囊对声音敏感性增高，在进行ABR检测时记录到更高的ASNR引出率。另一种解释是，EVA作为"第三窗"，当声音传播到耳蜗时，一些能量通过"第三窗"口旁路进入前庭，并进入更敏感的外周前庭系统，例如对声音刺激更为敏感的球囊器官，致使LVAS患者的ASNR引出率较正常人、无内耳异常者，或存在其他内耳畸形的感音神经性聋患者更高（Lin et al.，2013）。

LVAS是一种先天性内耳畸形，以渐进性或波动性听力下降为主，可同时伴有反复发作的耳鸣或眩晕等一系列临床症状。影像学检查是诊断LVAS的金标准，CT表现为前庭水管中点直径≥0.9 mm或外口直径≥1.9 mm，MRI表现为内淋巴管和囊扩大，内淋巴囊骨内部分最大中点直径＞1.5 mm。

目前对LVAS的诊断主要依靠高分辨率颞骨CT（HRCT）影像学或内耳MRI检查。但近年来不断有学者报道，重度–极重度耳聋患者在进行气导click-ABR强声刺激时，在刺激声诱发后的3～4 ms出现一种负向反应波，即声诱发–短潜伏期负反应（ASNR）。同时，Lin等（2013）研究发现ASNR波在LVAS中的引出率较其他正常及内耳畸形耳的引出率更高，认为ASNR是LVAS一种特征性的临床听力学表现，并推荐用于LVAS的早期诊断评估。对于可引出ASNR的患者我们应该高度怀疑，并建议及时进行影像学检查。

案例二

XXX，女，56岁。

主诉：左耳外伤致听力下降1月余，要求残疾鉴定。

病史：1个月前因外伤导致左耳听力下降，右耳无异常。

检查结果：声导抗表现为226 Hz鼓室图左耳As型曲线，右耳A型曲线，声反射右耳同侧部分频率引出，余频率均消失（图9.6）。

纯音测听表现为左耳最大给声无应答，右耳平均听阈17.50 dB HL，右耳2 kHz处为20 dB HL，4 kHz处为15 dB HL（图9.7）。

click-ABR表现为双耳阈值30 dB nHL，左耳与纯音听阈不符（图9.8）。

指示耳	1000 Hz 鼓室曲线	226 Hz 鼓室曲线	鼓室压力 daPa	声顺值 (ml)	刺激耳	声反射阈				
						0.5k	1k	2k	4k	WN
左		As	-8	0.27	右侧	/	/	/	/	
					左侧		/	/		
右		A	-4	0.36	右侧		100	/		
					左侧	/	/	/	/	

图9.6　声阻抗报告

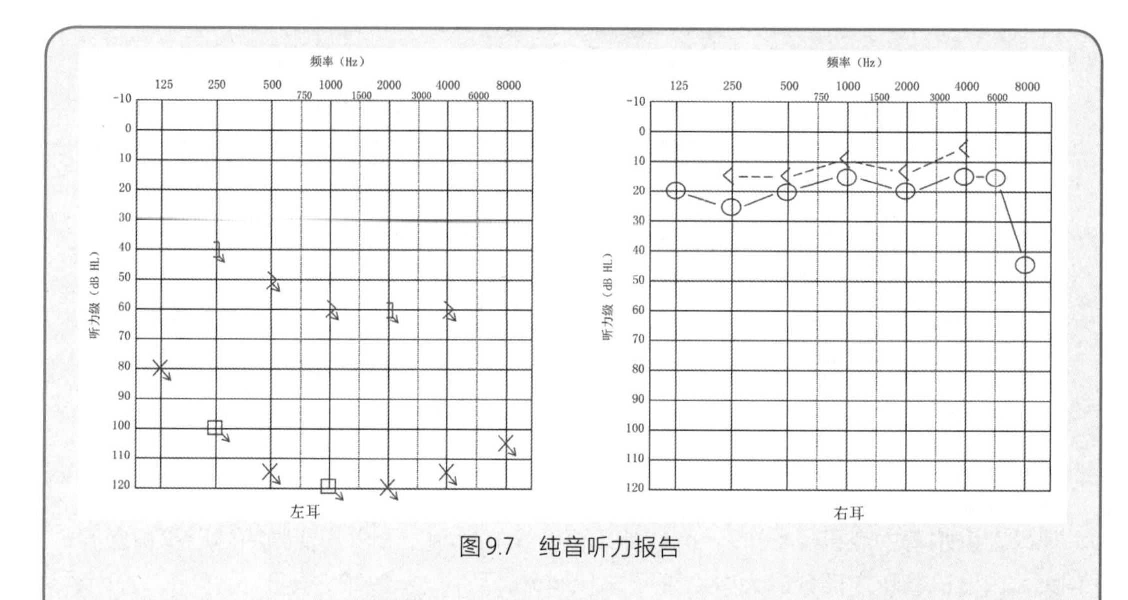

图9.7 纯音听力报告

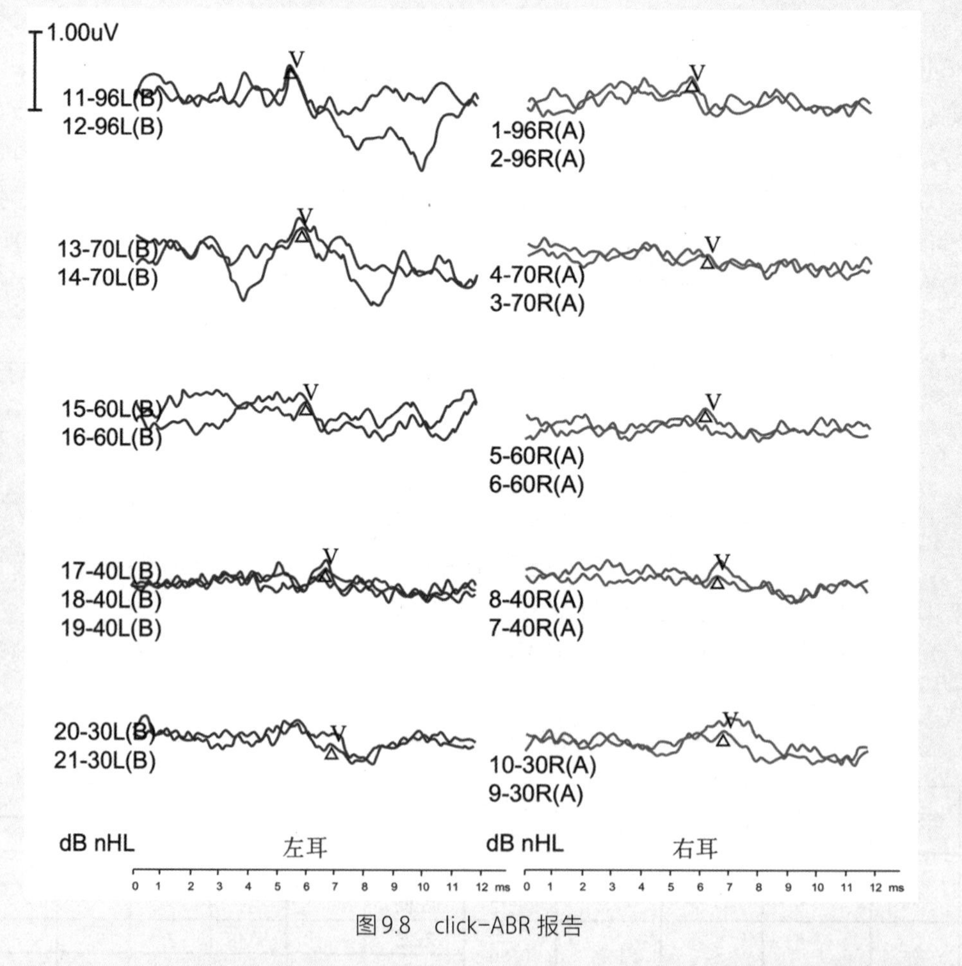

图9.8 click-ABR 报告

诊断：听力正常。

总结与分析：单侧伪聋患者是评残的伪聋患者中最难判断的一种，因为患者有一侧耳的听力正常。单侧伪聋患者可以正常与人沟通，医生无法通过问诊发现患者的实际听力与主观测试结果不符，伪聋的判断主要依赖客观检查。在纯音测听结果中可以看到本病例伪聋的端倪。按照耳间衰减骨导常为0 dB的原则，左耳骨导给声强度在50，60 dB HL时，右侧好耳的骨导是会偷听到的，但是患者左耳骨导在0.5，1，4 kHz处未加掩蔽就显示为50，60，60 dB HL无应答；同理，压耳式耳机的耳间衰减为45～50 dB，左耳0.125，0.5，2，4，8 kHz处的气导听阈也是存在同样的矛盾之处。在这种好耳能偷听到，需要加掩蔽才能测出真实听阈的情况下，该患者在未加掩蔽的测试条件下就显示为无应答，我们有理由怀疑此病例患者为伪聋。随后的客观ABR测试显示左耳反应阈为30 dB nHL，进一步证实了该患者是伪聋。ABR测试作为客观检测技术，可以帮助临床医生交叉验证主观测试结果的可靠性，特别是在涉及疾病的司法鉴定时能提供更有说服力的证据。

参考文献

程靖宁，曹克利，魏朝刚，等，2008. 术中经蜗窗龛电刺激记录听性脑干反应方法的建立及初步应用[J]. 中华耳鼻咽喉头颈外科杂志，43(9)：653–659.

兰兰，于黎明，陈之慧，等，2006. 短潜伏期负反应诊断前庭水管扩大的意义[J]. 听力学及言语疾病杂志，14(4)：241–244，321.

李兴启，王秋菊，2015. 听觉诱发反应及应用第二版[M]. 北京：人民军医出版社.

杨长亮，黄治物，姚行齐，等，2006. 正常气骨导听性脑干反应及其应用[J]. 山东大学耳鼻喉眼学报，20(1)：9–13.

张奕，赵纪余，金晓杰，等，2000. 骨导听觉脑干电反应测试中掩蔽噪声的应用[J]. 上海第二医科大学学报，20(5)：433–435.

中华医学会耳鼻咽喉头颈外科学分会听力学组，2020. 中国听性脑干反应临床操作规范专家共识(2020)[J]. 中华耳鼻咽喉头颈外科杂志，55(4)：326–331.

钟乃川，金晶，段家德，1992. 高刺激率听性脑干反应诊断椎基动脉短暂缺血性眩晕[J]. 临床耳鼻咽喉科杂志，6(2)：66–67+118.

American Academy of Audiology，2012. Audiologic guidelines for the assessment of hearing in infants and young children[S]. Available from：https：//audiology-web.s3.amazonaws.com/migrated/201208_AudGuideAssessHear_youth.pdf_5399751b249593.36017703.pdf

British Society of Audiology，2021. Guidelines for the early audiological assessment and management of babies referred from the Newborn Hearing Screening Programme[EB/OL]. Available at：https://www.thebsa.org.uk/resources/.

Don M，Masuda A，Nelson R，et al.，1997. Successful detection of small acoustic tumors using the stacked derived-band auditory brain stem response amplitude[J]. American Journal of Otolaryngology，18(5)：608–621；discussion 682–685.

Elberling C，Don M，1984. Quality estimation of averaged auditory brainstem responses[J]. Scandinavian Audiology，13(3)：187–197.

Elberling C, Don M, 2010. A direct approach for the design of chirp stimuli used for the recording of auditory brainstem responses[J]. J The Journal of the Acoustical Society of America, 128(5): 2955–2964.

Gorga MP, Kaminski JR, Beauchaine K L, 1989. Auditory brainstem responses from children three months to three years of age: normal patterns of response II[J]. Journal of Speech and Hearing Research, 32(2): 281–288.

Jacobson JT, Murray TJ, Deppe U, 1987. The effects of ABR stimulus repetition rate in multiple sclerosis[J]. Ear and Hearing, 8(2): 115–120.

Jewett DL, Romano MN, Williston JS, 1970. Human auditory evoked potentials: Possible brainstem components detected on the scalp[J]. Science, 167(3924): 1517–1518.

Jewett DL, Williston JS, 1971. Auditory–evoked far fields averaged from the scalp of humans[J]. Brain, 94(4): 681–696.

Legatt AD, Arezzo JC, Vaughan HG, 1988. The anatomic and physiologic bases of brain stem auditory evoked potentials[J]. Neurologic Clinics, 6(4): 681–704.

Lin L, Yang B, 2013.Acoustically evoked short latency negative responses in hearing loss patients with enlarged vestibular aqueduct[J]. Acta Neurologica Belgica, 113(2): 157–160.

Santos MA, Munhoz MS, Peixoto MA, et al., 2004. High click stimulus repetition rate in the auditory evoked potentials in multiple sclerosis patients with normal MRI. Does it improve diagnosis? [J]. Revue De Laryngologie – Otologie – Rhinologie, 125(3): 151–155.

Sininger YS, Cone–Wesson B, Folsom RC, et al., 2000. Identification of neonatal hearing impairment: Auditory brainstem responses in the perinatal period[J]. Ear and Hearing, 21(5): 383–399.

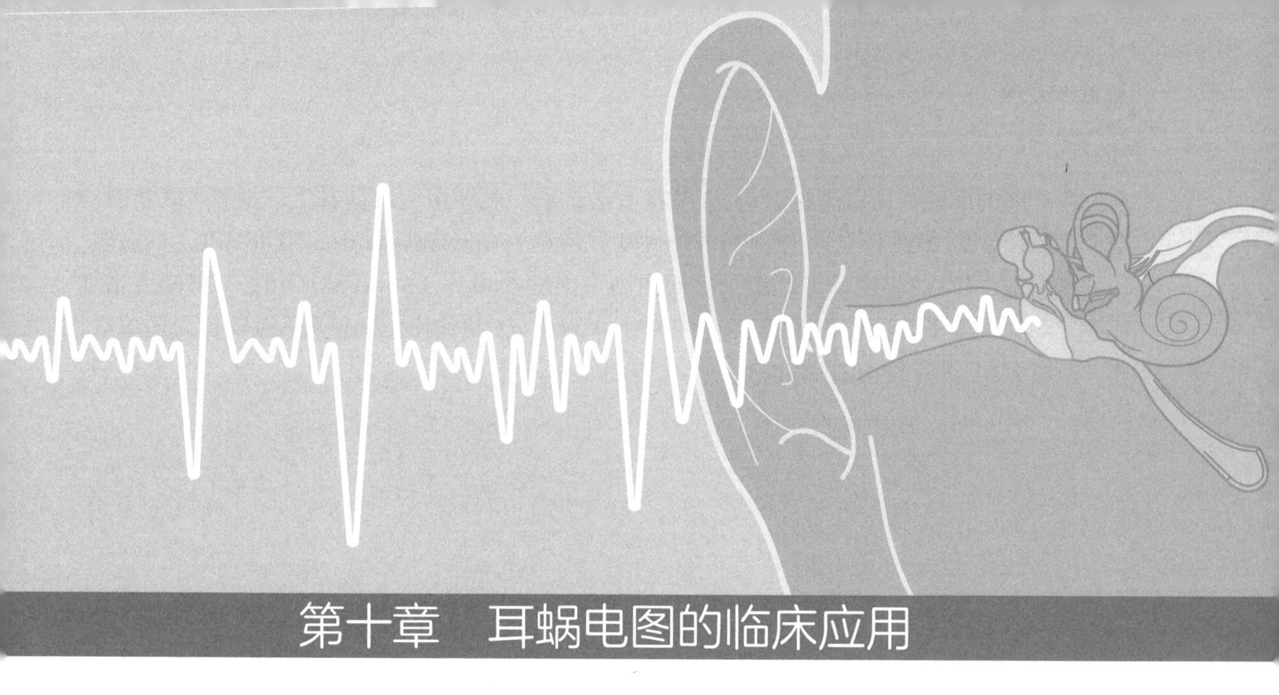

第十章　耳蜗电图的临床应用

耳蜗电图（electrocochleography，ECochG）是一种记录由声音诱发的耳蜗和听觉神经群反应的技术，在蜗窗、耳蜗壁（岬角）、鼓膜和外耳道记录。耳蜗电图在临床听力学中包括三个成分：耳蜗微音电位（cochlear microphonics，CM）、总和电位（summating potential，SP）和复合动作电位（compound action potential，CAP）。

第一节　理论基础

一、耳蜗微音电位（CM）

既往实验证明CM起源于耳蜗内的毛细胞，它主要来源于外毛细胞和内毛细胞。外毛细胞占80%～85%，内毛细胞占15%～20%（李兴启 等，2015）。Russell 等（1978）在体记录了豚鼠耳蜗底回内毛细胞的交流和直流电位，发现其交流成分的频率与刺激声完全一致，并且与从耳蜗或外耳道内记录的耳蜗微音电位的波形非常吻合，这提示内毛细胞产生的交流电位是CM的来源之一。Dallos等（1985）也在体记录了外毛细胞胞内电位，并发现其结果与内毛细胞的交流电位非常类似，都表现出非线性特性。孙伟等（1997）同样发现外毛细胞的胞内电位与中阶记录的CM完全一样，具有CM典型的非线性特征。因此，CM实际上是一种起源于毛细胞换能过程中的感受器电位，在静息膜电位基础上因声波振动引起的一种电位波动。它是毛细胞感受器电位中的交流成分在生物电场中的综合反应。

CM有以下典型特征：①忠实复制刺激声的声学波形，记录的CM随刺激声相位改变而变化（图10.1）。利用这个特点，在ECochG测试时，可采用交替声刺激以消除CM，从而突出SP、CAP的分化。②有较好的频率选择性。动物实验时常用短纯音诱发的CM来反映耳蜗不同部位毛细胞的功能。③无潜伏期、无不应期、无真正的阈值。因为CM是发生在听神经活动之前的事件，起源于耳蜗毛细胞换能过程的感受器电位。当记录CM时，实际是记录此电位在空间的反映，所以理论上讲，CM没有潜伏期，刺激声给出即发生，刺激声终止时即结束(李兴启 等,2015)。④幅度具有非线性变化特点。在低声强度(0 ～ 70 dB SPL) 刺激时，随强度增加，CM的幅度呈线性增加。而在高声强度（80 ～ 110 dB SPL）时，CM幅度增加程度减弱，甚至下降，出现非线性特点（图10.2）。与CAP相比，CM无不应期，无适应性，非"全或无"，没有真正的阈值。

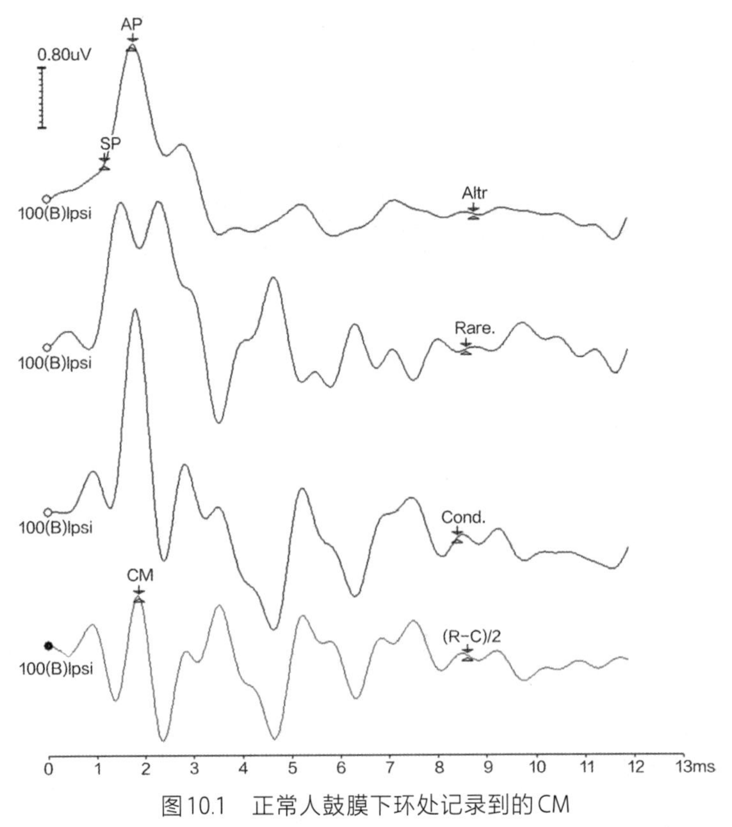

图10.1　正常人鼓膜下环处记录到的CM

注：A (alternated)—交替波；R (rarefaction)—疏波；C (condensation)—密波

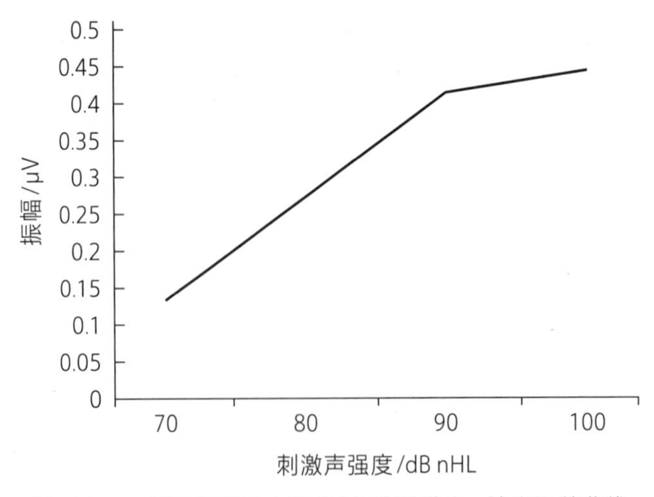

图10.2　一例正常青年人的CM幅度的输入-输出函数曲线

二、总和电位（SP）

Dallos等（1972）使用前庭阶和鼓阶中的电极记录到了ECochG的两种成分：微分成分（DIFSP）和总和成分（AVESP）。DIFSP表示前庭阶和鼓阶之间的直流偏移。AVESP表示整个耳蜗相对于颈部肌肉电位的直流偏移。他们发现SP在最大刺激部位呈正电位，在耳蜗其他部位呈负电位。Eggermont等（1976）也得到了类似的结果。他们使用高频率高强度的短纯音刺激来自豚鼠蜗窗记录ECochG时，几乎总是测量到+SP。SP是耳蜗内不同非线性机制的多种成分反应的总和。有研究证明+SP主要来自OHC，−SP主要来自IHC。在中阶记录的SP＝（+SP）+（−SP），即+SP和−SP之代数和（李兴启 等，1993）。部分突发性聋患者治疗后听力好转，这时优势−SP逐渐减少或消失（李兴启 等，1987）。噪声暴露后OHC损伤时，+SP会消失或减小，而−SP负值会变得更大。随恢复时间的延长，当+SP恢复后，这时−SP又消失了（李兴启 等，1993）。豚鼠脉冲噪声（豚鼠耳处脉冲峰值167 dB（LP））暴露后发现，外毛细胞损伤严重，而内毛细胞损伤比较轻微或无损伤，当CAP阈移≥30 dB时，才出现优势−SP，提示+SP来源于外毛细胞（李兴启 等，1991）。另一证据来源于Konishi（1979）的实验，他们用链霉素损伤外毛细胞后，+SP消失。急性缺氧状态下也是如此，+SP消失，而−SP呈优势。再给氧时情况相反：−SP消失，+SP出现（Li et al.，1995）。但也有研究认为IHC和OHC对−SP有相同的贡献，如鸟类的内耳中的毛细胞无内、外毛细胞之分，仍可记录出+SP和−SP（李兴启 等，2007）。

作为突触前电位，SP不会受到适应的影响。增加刺激的重复率可将SP与CAP分离开，如图10.3所示。SP没有真正的阈值，在声强度较高时才能诱发出来，其幅度随着声强增大

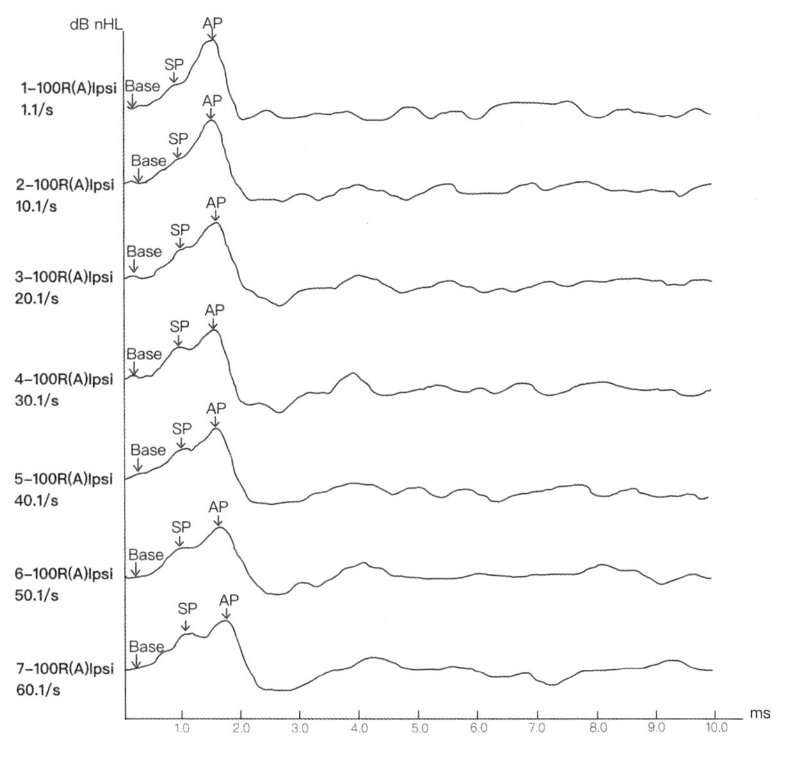

图10.3 不同刺激速率下记录到的SP和CAP

而增大，但呈非线性关系（图10.4）（李兴启 等，2013）。SP具有较好的频率选择性，不同频率的短纯音均能诱发SP。因此临床可以用具有良好频率特异性的短纯音刺激来诱发SP，评估耳蜗各转基底膜上的毛细胞功能。

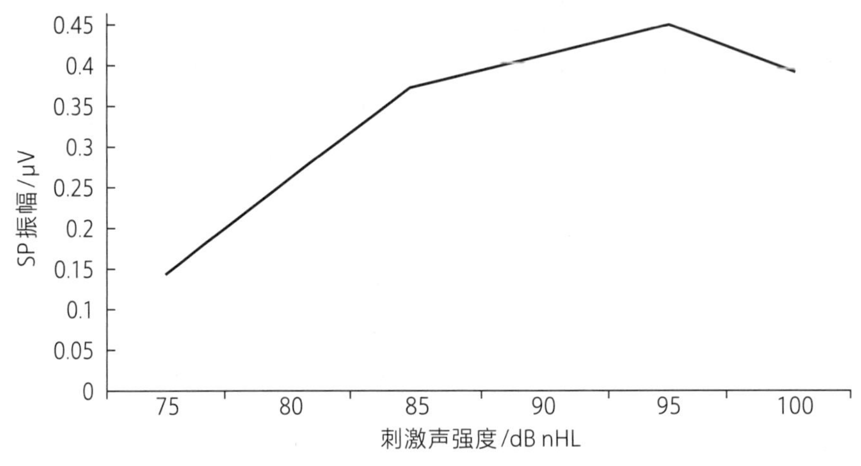

图10.4　正常人耳SP幅度的输入-输出函数曲线示例

三、复合动作电位（CAP）

耳蜗毛细胞受机械刺激兴奋后，在产生CM的同时，释放神经递质谷氨酸到突触中。谷氨酸与突触后膜上的谷氨酸受体结合后，激活与谷氨酸受体耦联的Ca^{2+}通道，引起Ca^{2+}内流，使突触后膜即传入树突去极化产生AP，CAP实际上是数以千计的单个听神经纤维AP之总和。

听神经复合动作电位CAP是在人体ECochG记录中一组电位，潜伏期为1.5 ms左右，且始终表现为负性，不随刺激的相位左右交替而改变，包括N1、N2、N3。在高强度刺激时N2、N3比较明显，N2潜伏期比N1延迟1 ms，N3再延长1 ms左右。CAP反映耳蜗IHC及其突触和突触后（螺旋神经节）三个环节的功能，如其中一个环节或两个以上环节有障碍，均会表现为听力下降，CAP阈值提高。CAP的潜伏期随刺激强度增加而缩短，反映强度编码功能，在反应阈处潜伏期约4 ms，至90 dB SL时潜伏期缩短到约1.5 ms。CAP的振幅则随声刺激强度增加而增加，但在声强增加到40～50 dB SL时振幅达到一稳定平台，至60 dB SL时，振幅又突然急剧加大。振幅-强度函数曲线可分为“H”（高）、“平台”和“L”（低）段（Li et al.，2001）。在高强度时CAP以N1为主；在低强度（40 dB HL）时则以N2为主，在阈值强度（20 dB HL）时以N3为主。因为内毛细胞位于基底膜的边缘，距离基底膜的最大振动处较远。它们主要受放射纤维支配，弱刺激不足以兴奋内毛细胞，强刺激才能激活内毛细胞。也就是说高强度时主要是由内毛细胞及与之相连的神经纤维产生的N1，即“H”段反映了这一群神经单元的活动。N2则为外毛细胞及与之相连的神经纤维产生的冲动，是“L”段的基础。由于神经冲动沿螺旋纤维的非髓鞘树突传递比沿放射纤维传递的时间长，所以N2的潜伏期比N1的长。临床上观察到，梅尼埃病患者的CAP输入/输出函数曲线只剩“H”段（李兴启 等，1982）。

CAP的特点包括：

（1）符合“全或无”定律，即阈下刺激时不引起反应，有不应期；

（2）幅度具有非线性变化特点，如图10.5所示，CAP的幅度与刺激强度具有非线性关系；

（3）有真正的阈值：可以比较真实地反映耳蜗功能，可以辅助评估听阈；

（4）CAP为听神经的同步化反应：CAP是数根传入神经纤维动作电位的空间总和，因此各根纤维活动的同步化程度是记录CAP的前提；

（5）CAP有被掩蔽的特性：无论是在临床听力检测还是在动物实验中，当我们诱发CAP时，如果周围有持续噪声，都会看到CAP幅度降低甚至消失，此特点可能是纯音测听时加掩蔽噪声消除好耳“影子”曲线的生理学基础。如果需要突出CM也可用宽带噪声来抑制CAP的出现（李兴启 等，2015）。

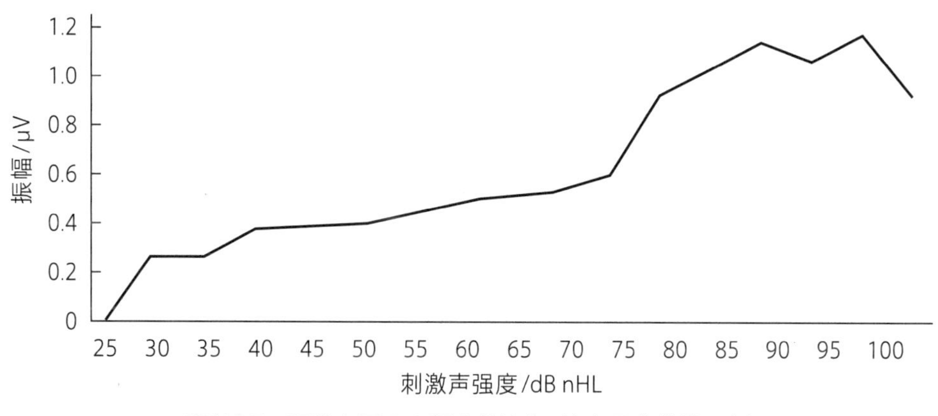

图10.5　正常人耳CAP幅度的输入–输出函数曲线示例

第二节　操作技术

一、受试者的准备

在做电反应测听前，应先向受试者及其家属说明测试的目的和意义。让受试者了解“电反应”并不是电刺激而引起的反应，而是声音引起的人体正常的电活动，消除受试者不必要的顾虑。对不配合的儿童需给以镇静或麻醉，经鼓膜作鼓岬电极记录耳蜗电图时可用氯胺酮等麻醉，全身麻醉最好是由麻醉科医生进行。测试室中应有吸痰、输氧等急救设备。

做外耳道鼓环银球记录时，以酒精或乙醚使鼓环处充分脱脂。如果用针形鼓岬电极，则更必须严格消毒。受试者应舒适地躺在测试台上，垫枕以放松颈部和肩部肌肉。

二、测试环境

应在符合要求的隔声、电屏蔽的双间测听室中进行，室内本底噪声应达到纯音测听要求。可对室内进行视听监控，经过观察窗和监听耳机了解受试者的情况和给声情况。

三、常用刺激声和刺激重复率

刺激声常用短声或滤波短声，后者是为了进一步了解耳蜗各部功能。常规耳蜗电图测试刺激重复率通常选用7.1次/s，一般不得超过30次/s，如仅测量CM则可使用50～80

次/s的较高刺激重复率。

通常采用短声（click）诱发CAP。短声是以100 μs宽度的窄方波输入耳机，冲击耳机产生的一种宽频带噪声，但一般能量主要集中在3～4 kHz。由于短声上升时间快，所以是引起神经冲动同步化最佳的信号，可得出最清晰的反应波形。但短声的缺点是不能像纯音那样具有频率特异性。

滤波短声（filtered click）是将100 μs的方波电脉冲通过1/3倍频程滤波器，输出即为含一系列（6～7个）的准正弦波的滤波短声。其正弦波的频率取决于滤波器的滤波通带的中心频率，这种短声的时相（从上升到下降至消失）随频率的不同而不同。高频时的滤波短声具有一定的频率特异性，低频时（0.25，0.5，1 kHz）频率特异性较差。

短音（tone pip）的声学波形与滤波短声的波形甚为相似，频谱的外形与滤波短声的外形基本相仿。

四、扫描时间

扫描时间：10～20 ms。CM通常出现在几毫秒之内，SP通常出现在1 ms左右。

五、滤波

低频（高通）滤波：80或100 Hz（若仅记录观察CM可选取100～300 Hz最高的值）；以尽可能小地记录到背景肌源性噪声和脑电噪声。

高频（低通）滤波：1 kHz或3 kHz。

不建议使用数字滤波器或平滑滤波器，这可能会导致波形形状的变化，因为记录中使用的3 kHz滤波器足以消除任何不必要的高频噪声。

同时不建议使用陷波滤波器，在正常的记录条件下，50 Hz的伪迹通常没有或很小。如果伪迹很大，最好是识别和消除出现伪迹的根源，而不是依赖陷波滤波器，它可能会扭曲或衰减较慢的波形。如必须使用陷波滤波器时，必须在临床报告中注明。

六、数据拒绝（伪迹拒绝）级别

测试时受试者要保持放松或睡眠状态。建议使用±3 μV；不应超过±10 μV。在滤波的同时使用严格的伪迹拒绝。因为CM是复制刺激信号的，所以要注意滤波带通范围，不要把刺激信号频率排除在外。

七、显示比例

因为AP振幅变化幅度较大，所以使用的高度显示比例可能需要修改。使用正常ABR显示比例作为初始默认值，再根据需要调整比例尺，敏感性高的显示比例更有助于解释较小或缺失的AP波；而敏感性较低的显示比例可能适用于大型AP或CM波。应选择能够清楚地显示AP、CM的引出或缺失的比例尺。

八、给声强度

刺激强度应的单位用dB nHL表示。“dB nHL”可以使用ISO 389-6-2007推荐的校准值。目前常用是100或90 dB nHL下分别使用交替短声刺激。在正常听力新生儿中不能使用超过85 dB nHL的刺激强度，这可能引起噪声损伤。

九、叠加次数

通常采用256～512次。

十、电极及其位置

（1）根据测试需求，常用的记录电极位置有两种，即鼓膜电极和外耳道电极。

①鼓膜电极。与鼓岬电极相比，无创伤性。用一绝缘银丝，末端烧成小珠状（直径约0.5 mm），放入NaCl溶液中通过直流进行泛极化处理，涂上导电膏，用膝状镊将电极珠送至外耳道鼓环处。由于放置电极过程中电极可能触碰到外耳道壁，可使患者产生明显疼痛感或不适感，故放置电极前应对患者进行详细说明。

②外耳道电极。外耳道电极是记录部分与插入式耳机的海绵耳塞贴合的金箔片。此种方法相对操作简便，患者舒适性也比前两者高。但是因其位置与波形发生源较远，波形分化最差，幅度最低。

③鼓岬电极。在受试者局麻（配合的成人）或者全麻（儿童或配合差的成人）状态下进行，电极经鼓膜的后下象限刺入鼓室直抵鼓岬。鼓岬电极的记录位置离波形发生源，近波形分化较好，但属于有创性，故临床不常用。

（2）无论记录电极采取哪种方式，接地电极均置于鼻根处，参考电极置于同侧或对侧乳突/耳垂。接地电极和参考电极电阻均要求低于5 kΩ。

十一、波形判断和标注

（1）SP、CAP潜伏期和幅度的测量：标注SP和CAP，潜伏期测量方法与ABR潜伏期测量方法类似，采用峰潜伏期法。测量刺激声给声的起始点即0 ms处至波峰处的时间，如果波峰难以确定，需要采用平均（波峰无法重复）和延长线（波峰平滑或宽的）等方法进行处理。峰潜伏期的测量方式如图10.6所示。幅度是ECochG测试重点关注的指标，以SP和CAP的波峰到基线的高度作为各波的幅度，幅度测量方式如图10.6所示。以0 ms处波形与幅度轴的交点做平行于时间轴的平行线作为基线。当波形漂移较大时，应对基线进行校正（冀飞 等，2018）。

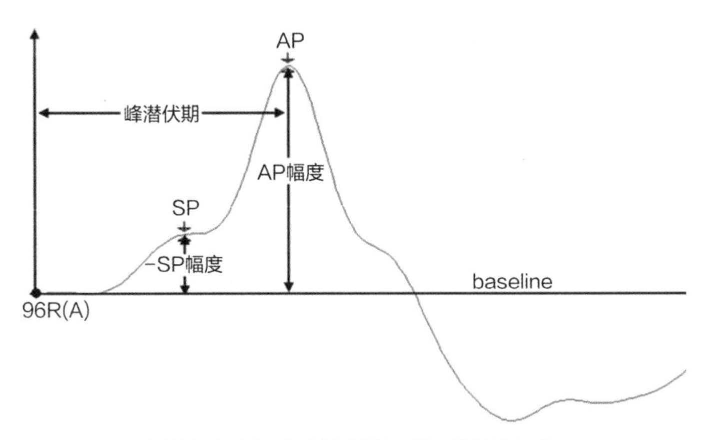

图10.6 SP/CAP潜伏期、幅度测量方法

（2）SP/CAP面积比测量：SP与CAP的面积比也是耳蜗电图的分析指标之一，图10.7是

Baba等（2009）给出的一种面积测量方法：①SP面积：基线（base）与SP、CAP波围成的区域见图10.7a；②AP面积：SP波峰处与CAP下降支的最低点连线后和AP波围成的面积，见图10.7b。

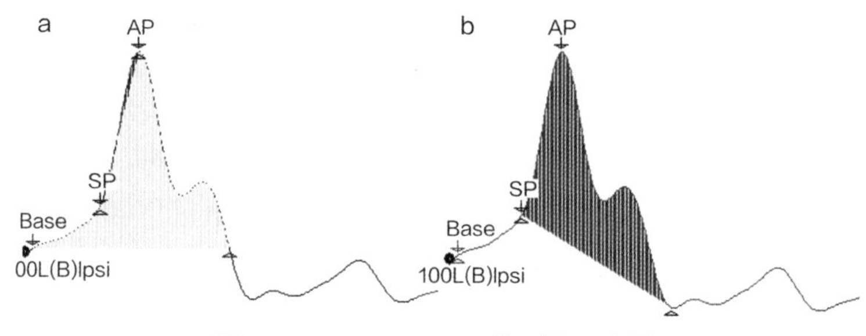

图10.7　SP和CAP面积比测量示意图

耳蜗电图CM的记录方法和ABR记录CM波形一样。耳蜗电图测试时也可以采用短声诱发相减法提取CM：①先用短声的疏波诱发一条ECochG波形；②再用密波诱发一条ECochG波形；③疏波和密波波形二者相减后平均，得出一条似短声时域波形的CM波。

当要鉴别记录到的波形是电磁伪迹还是真正的CM时，可将换能器的声管夹住或移动换能器位置至原来的2到3倍的距离（Eggermont et al.，2017；Hall et al.，2007）。如果夹管后仍有“CM”或移动位置后CM“潜伏期”不变，则是伪迹。如果未出现“CM”或CM“潜伏期”延长，则之前记录的CM为真实的CM（冀飞等，2018）。

第三节　报告撰写与解读

一、报告模板

一份完整的结果报告应至少包含：①受试者个人信息；②测试时选用的刺激声参数信息；③SP、AP的潜伏期、振幅，计算SP/AP振幅比，与正常参考范围上限比较；④对于高度怀疑蜗后病变或听神经病的病例还应标注是否引出CM。图10.8为临床常见的耳蜗电图报告示例。

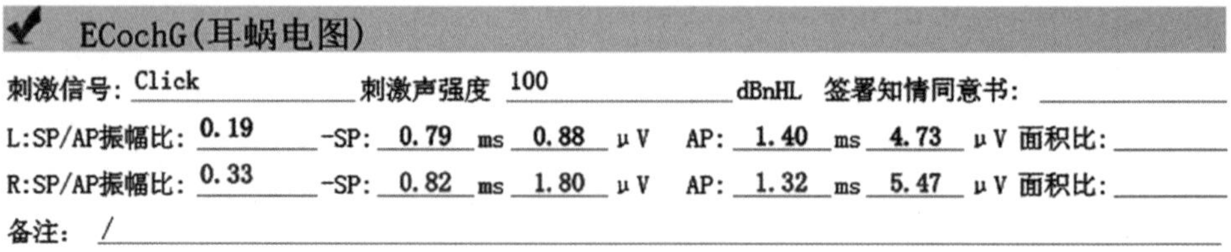

✔ ECochG（耳蜗电图）

刺激信号：Click　刺激声强度 100 dBnHL　签署知情同意书：______

L:SP/AP振幅比：0.19　-SP：0.79 ms　0.88 μV　AP：1.40 ms　4.73 μV　面积比：______

R:SP/AP振幅比：0.33　-SP：0.82 ms　1.80 μV　AP：1.32 ms　5.47 μV　面积比：______

备注：/

图10.8　ECochG报告示例

二、报告解读

SP和CAP的绝对幅度存在很大个体差异，但两者的振幅比相对恒定（李兴启 等，2015）。目前将SP/CAP＜0.4作为正常参考范围（李兴启 等，2015）。表10.1为既往文献中报道的耳蜗电图正常值研究（冀飞 等，2018；Ikino et al.，2006；Coats et al.，1986；兰兰 等，2019）。记录电极位置、刺激声强度均会影响SP、CAP，在临床解读结果时应考虑这些因素对结果的影响。

表10.1 耳蜗电图SP、CAP幅度和振幅比的正常值

报道者	刺激声强度/dB nHL	-SP幅度/μV	CAP幅度/μV	-SP/CAP振幅比
冀飞，等	100	/	2.81±1.27	0.27±0.14
Ikino et al.	100	/	/	0.37
Coats et al.	100	0.39±0.17	2.17±0.91	0.35
兰兰，等	100	0.81±0.40	2.97±1.16	0.27±0.08

第四节 临床应用

ECochG是一种客观的听力检测方法。在临床上可以用于检测无法配合主观测试的患者的听阈，也可以检测内淋巴积水程度从而辅助诊断梅尼埃病。此外，它还可以监测手术过程中是否发生了对耳蜗有损伤的变化。

一、在听神经病中的临床应用

听神经病（AN）是一种以听性脑干反应（ABR）严重异常或缺失，耳声发射（OAE）和/或耳蜗微音电位（CM）存在为特征，并伴有与听力损失程度不成比例的较差的言语识别能力等临床表现的一种疾病（Starr et al.，1996）。根据中国听神经病临床诊断与干预多中心研究协作组发布的《中国听神经病临床实践指南》（王秋菊 等，2022），AN患者ECochG大多表现异常。其主要特征包括：①总和电位SP可正常、可减小，也可出现优势−SP；②动作电位AP幅度减低或消失；③−SP/AP＞0.4，大多＞1；④−SP呈多峰型，SP −AP复合波的波形增宽等。根据前文提到的SP、CAP的来源和特点，ECochG表现不同其病变部位不同，测试结果可以帮助诊断病变部位和辅助预测人工耳蜗植入的效果。一般认为如果−SP和AP均异常，提示病变在突触前，可能与内毛细胞感受器功能障碍相关；−SP和AP均消失，但可记录到一个类似潜伏期延迟、幅值增大的SP异常正电位，提示带状突触的神经递质释放异常；−SP存在、AP幅值明显低于正常或缺失，提示听神经活性降低、失同步化或发育不全；−SP和AP均存在，提示病变部位位于突触后听神经近端。对于未引出OAE，ABR严重异常或未引出，言语识别能力与听力下降程度不符，高度怀疑AN的受试者，建议进行ECochG测试，重点观测是否引出CM，辅助疾病的诊断。

二、在听神经瘤中的临床应用

Morrison等早在1976年就提出当ECochG出现下列情形时，应强烈怀疑听神经瘤：①CAP波形增宽（N1和N2之间的正峰消失）；②观察到清晰的CM响应；③阈下强度刺激患耳CAP仍存在。Beagley等（1977）报道了通过阻滞神经传递会出现正常双相CAP变成

单相CAP的现象，这与听神经瘤患者ECochG常出现单相CAP非常吻合。在一项大型研究中，Eggermon等（1980）比较了ECochG和听性脑干反应（ABR）在听神经瘤诊断中的应用，发现大多数受试者的ECochG结果表现出没有神经受累的蜗性听力损失，并不反映前庭神经鞘瘤对神经功能的影响，ECochG在此诊断价值有限。ECochG在无法检测到ABR–I波的情况下，一般都能提供清晰的N1，从而提高其诊断价值。另外，当CAP阈值远低于行为阈值时，与蜗后病变高度相关（Prasher et al.，1983）。

ECochG对听神经瘤手术过程中的听力保护有着重要作用，手术者术中对耳蜗神经的牵拉、刺激等都可能影响耳蜗供血，采用ECochG持续监控手术中耳蜗血液供应的变化，有助于术中的听力保护。ECochG作为术中听力监测手段相较于ABR测试信号有着幅度大、快速反馈、CAP反应灵敏的优点（熊芬 等，2022）。在ECochG术中监测的主要指标为CAP幅度变化，当CAP的第一个波峰（即N1波）幅度下降超过50%或增大10%，或第二个波峰N2幅度下降超过30%，应引起警惕并报告手术操作者（Colletti et al.，1994；Oh et al.，2012）。CAP幅度降低或消失表示手术操作可能对迷路（内听道）动脉造成了损伤，暂停当下操作采取局部灌注利多卡因或罂粟碱的补救措施，能达到缓解内听动脉痉挛，恢复内耳微循环血供，在一定程度上可提高听力保护的概率（杨仕明 等，2008）。听神经动作电位N1波的幅度降低或潜伏期延长与术后听力损失有关（Colletti et al.，1994；Oh et al.，2012）。

三、梅尼埃病的临床应用

梅尼埃病主要的病理改变为膜迷路积水，临床表现为反复发作的旋转性眩晕、波动性听力下降、耳鸣和耳闷胀感。梅尼埃病患者ECochG异常主要表现为SP/AP振幅比增高（SP波幅异常增高）或SP－AP复合波宽度增宽。正常对照组和梅尼埃病组的SP积分面积有极显著差异，约2/3的梅尼埃病患耳的SP－AP复合波宽度增宽（李兴启 等，2013）。与健侧相比，患侧的SP振幅增高，提示单侧梅尼埃病，有行双侧ECochG的必要性（兰兰 等，2019）。以往文献报道多采用－SP/AP＞0.40作为耳蜗电图异常指标，或采用对照组正常耳－SP/AP的均值加2倍标准差作为正常值上限，采用－SP/AP比值诊断梅尼埃病的阳性率在30%～80%（吴子明 等，2006；Devaiah etal.，2003；倪道凤 等，1996）。

四、客观听力评估

CAP具有真正意义上的阈值，外毛细胞、内毛细胞或者突触病变均会引起CAP阈值升高（李兴启 等，2007）。Yoshie等（1973）对56名患者进行了鼓膜电极耳蜗电图（TT ECochG）CAP阈值与2，4和8 kHz处纯音听阈之间的回归分析，结果表明两者间的差异在小于15 dB，说明CAP阈值有良好的临床应用。Spoor等（1976）也有类似报道，对于1，2和4 kHz，CAP阈值和主观测听结果的平均差异为0 dB，在500 Hz时CAP阈值和主观阈值之间的平均差异约为−10 dB，即主观阈值比CAP阈值高10 dB。有学者（Schoonhoven et al.，1996）将TT ECochG得到的CAP阈值和外耳道电极（ET ECochG）得到的CAP阈值分别与纯音听阈比较，发现 TT ECochG 阈值与听力阈值高度相关。线性回归分析表明，可以根据CAP阈值预测听力阈值，估计误差为11 dB。ET ECochG也可以进行类似的预测，但不确定性较大，估计误差为16 dB。

与纯音阈值相比，随着耳蜗功能障碍的程度加重，CAP阈值的升高的幅度相对变小，这可能与两种测试刺激持续时间不同有关，ECochG使用的是短时程瞬态信号，纯音听阈测试时测试音一般持续1 ~ 2 s。且纯音测试反映的是整个听觉通路和中枢的整合功能，因此一般CAP阈值比纯音听阈的数值高（李兴启 等，2006）。

第五节　案例分析

案例一

听神经病

丁XX，女，34岁。

主诉：左耳突发性耳闷2月。自觉有听力下降；在噪声环境下言语听声不清。

病史：近5年双耳渐进性听力下降，听声不清。伴耳痛、耳鸣，呈持续蝉鸣。2016年6月左耳耳闷就诊当地医院，确诊为AN（双）。

两周前来我院就诊，听力检查结果如下：①纯音测试显示以双耳低频下降为主的感音神经性听力损失，右耳PTA 65.25 dB HL，左耳PTA 67.25 dB HL；②双耳鼓室图均为A型，同、对侧均未引出声反射；③裸耳单音节最大言语识别率测试左耳8%，右耳12%；④畸变耳声发射测试双侧0.75 ～ 8 kHz引出；⑤ABR测试双耳均未见可重复波形；⑥ECochG测试双耳SP、AP均引出，−SP/AP振幅比均＞0.4，图10.9为患者左耳ECochG测试原始波形。

诊断：听神经病（双）。

分析：该患者的听力学检测结果显示，听力损失程度与言语识别能力不成比例下降，ABR未引出，符合听神经病的诊断。此类患者的ECochG大多表现异常，表现形式多样，不同的表现特点可能对应不同的病变部位（王秋菊 等，2022）。本案例中的AN患者ECochG表现为双耳SP、AP均引出，−SP/AP振幅比异常。−SP幅度0.28 μV，AP幅度0.29 μV，−SP/AP幅度比升高至0.97。与既往报道的−SP、AP振幅正常值比较，发现本案例中振幅比值增高的原因主要为AP振幅降低。−SP和AP均存在，提示病变部位可能位于突触后听神经近端。而AP幅值明显低于正常，则提示听神经活性降低、失同步化或发育不全，这也是AN患者ECochG与一般感音神经性聋ECochG的不同之处。

总结：AN患者的ABR大都无反应或严重异常，而ECochG大都能引出波形且表现多样，AN患者ECochG的研究，对精准定位AN病变部位有重要意义。

图10.9　案例一AN患者左侧ECochG原始波形

−SP幅度0.28 μV，AP幅度0.29 μV，−SP/AP幅度比为0.97

案例二

听神经瘤术中监测

黄XX，女，56岁。

主诉：右耳听力下降伴耳闷1年余，耳鸣2周。

现病史：患者于1年前无诱因出现右耳渐进性听力下降伴耳闷，未予重视。2023年6月份以上症状加重，在当地医院就诊，行听力检查及颅脑MRI后诊断右侧内听道占位，听神经瘤可能性大。一周前以右侧内听道占位收入我科，经听力和影像学评估，采取保听方案进行手术切除肿瘤，手术采用乙状窦后入路方式。

采用ECochG进行术中监测，主要观察AP潜伏期和幅度的变化。图10.10显示此案例中患者取瘤前能引出清晰AP（术中1），取瘤前期AP潜伏期和幅度较取瘤前无变化（术中2）。术中发生血管痉挛，AP潜伏期后移至最后AP短暂消失，观察到AP潜伏期和振幅变化后，立即报告手术医生，停止当下操作后用罂粟碱行局部灌注。2 min后AP波重新出现，波幅渐渐增高、潜伏期前移（术中5），手术结束时恢复到术前水平（术中6）。

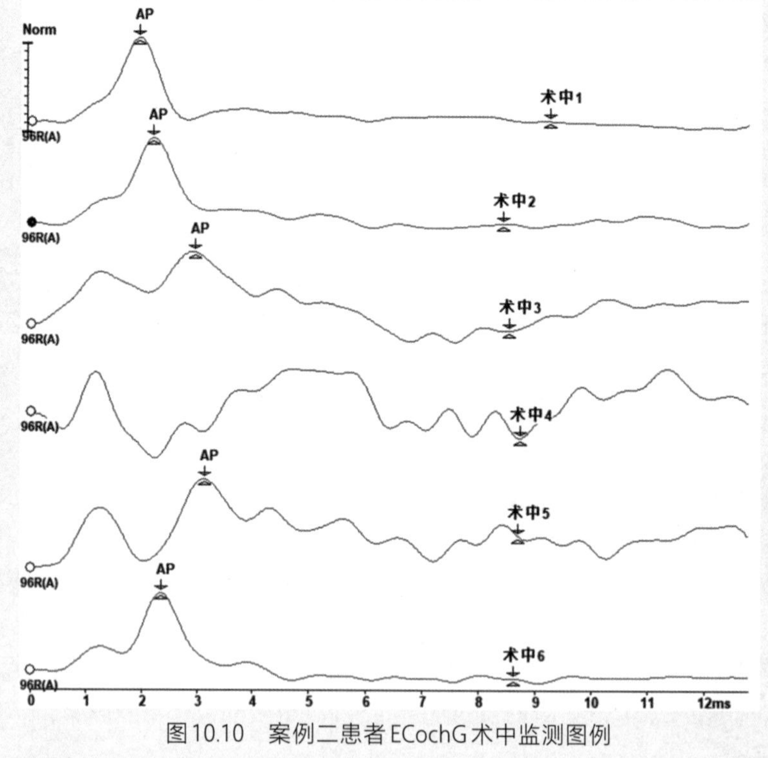

图10.10　案例二患者ECochG术中监测图例

术中切开硬脑膜后取瘤前AP稳定引出（术中1），术中取瘤过程中，AP潜伏期后移最后短暂消失（术中2至术中4），立即通知手术医生，暂停当下操作，立即用罂粟碱行局部灌注，2 min后AP波波幅渐渐增高，潜伏期前移，最后恢复到术前水平（术中5和术中6）

分析与总结：术中实时观察AP潜伏期和振幅变化情况，能敏感地监测内耳血供状况，及时给术者反馈信息，有助于提高听力保留的概率。

案例三

梅尼埃病

于XX，男，46岁。

主诉：九年前出现耳鸣（右），右耳曾出现低频突发听力下降多次，有反复发作性眩晕史。

现病史：两天前自觉右耳闷，眩晕发作来我院就诊。

检查结果：①纯音测试显示左耳PTA 20 dB HL,右耳PTA 50 dB HL；②前庭双温试验显示右耳外半规管功能低下；③ECochG测试结果（图10.11）显示左耳－SP/AP振幅比正常，右耳－SP/AP振幅比0.62（＞0.4），提示目前阶段患者右侧膜迷路积水可能。

诊断：确诊为梅尼埃病（右）。

分析与总结：用ECochG检查梅尼埃病和监测膜迷路积水变化情况是现在最常用的临床诊断指标。

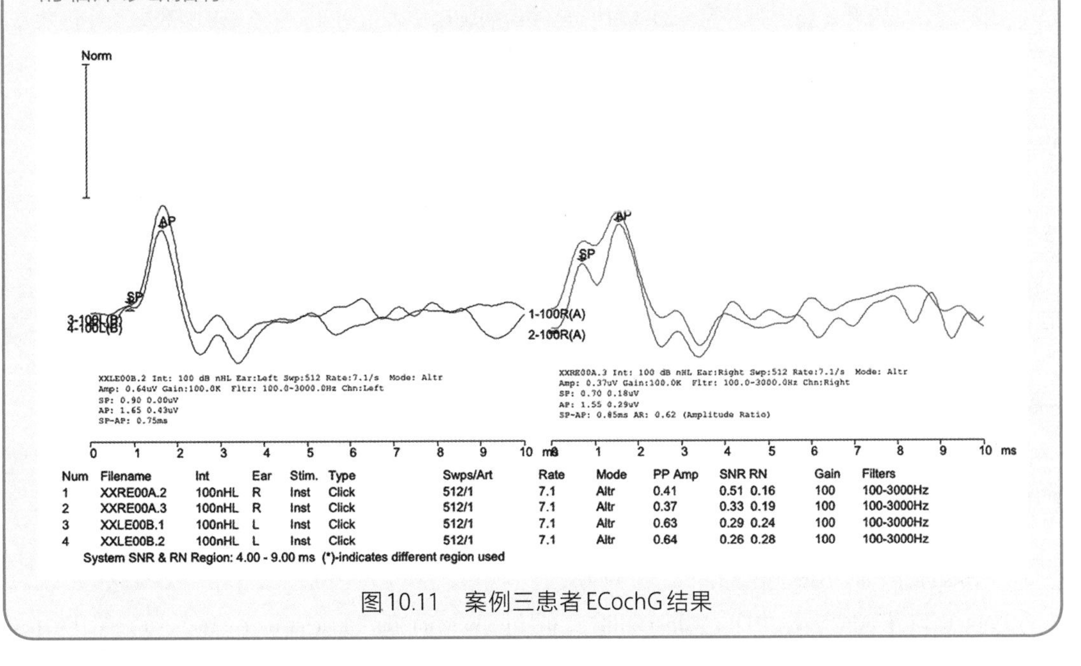

Num	Filename	Int	Ear	Stim.	Type	Swps/Art	Rate	Mode	PP Amp	SNR	RN	Gain	Filters
1	XXRE00A.2	100nHL	R	Inst	Click	512/1	7.1	Altr	0.41	0.51	0.16	100	100-3000Hz
2	XXRE00A.3	100nHL	R	Inst	Click	512/1	7.1	Altr	0.37	0.33	0.19	100	100-3000Hz
3	XXLE00B.1	100nHL	L	Inst	Click	512/1	7.1	Altr	0.63	0.29	0.24	100	100-3000Hz
4	XXLE00B.2	100nHL	L	Inst	Click	512/1	7.1	Altr	0.64	0.26	0.28	100	100-3000Hz

System SNR & RN Region: 4.00 - 9.00 ms (*)-indicates different region used

图10.11 案例三患者ECochG结果

参考文献

冀飞，梁思超，陈艾婷等，2018. 耳蜗电图检查临床操作要点[J]. 中国听力语言康复科学杂志，16(5)：386–389.

兰兰，汪明敏，韩冰，等，2019. 听神经病和梅尼埃病患者耳蜗电图振幅比与面积比差异分析[J]. 中华耳科学杂志，17(6)：868.

李兴启，1982. 耳蜗电图(AP)的临床上的诊断价值及其耳蜗毛细胞生理机能的观察. 军医进修学院学报，(1)：61–65.

李兴启，孙建和，李晖，等，1991. 脉冲噪声暴露后豚鼠耳蜗电位及毛细胞形态学实验观察[J]. 中华耳鼻咽喉科杂志，26(4)：200–203.

李兴启，孙伟，1993. 脉冲声暴露后豚鼠耳蜗SP+、SP-的变化[J]. 声学学报，18(3)：35-38.

李兴启，2007. 听觉诱发反应及应用[M]. 北京：人民军医出版社，103-121.

李兴启，王秋菊，2015. 听觉诱发反应及应用[M]. 2版. 北京：人民军医出版社，130-153.

李兴启，于红，曹效平，等，2006. 如何认识多频稳态反应(ASSR)在临床应用中存在的问题[J]. 中国听力语言康复科学杂志，3：10-12.

李兴启，于黎明，李加耘，1987. 耳蜗电图与突聋预后的关系[J]. 中华耳鼻咽喉科杂志，22(3)：165-166.

李兴启，于黎明，1997. 耳蜗电图积分面积在美尼尔氏病诊断中的应用[J]. 临床耳鼻咽喉科杂志，1(2)：78-80.

倪道凤，徐春晓，赵翠霞，等，1996. 耳蜗电图在梅尼埃病诊断中的价值[J]. 听力学及言语疾病杂志，(10)：3-5.

孙伟，李兴启，姜泗长，1997. 白噪声暴露对豚鼠耳蜗毛细胞感受器电位非线性特性的影响[J] 中华耳鼻咽喉科杂志，32(2)：88-91.

王秋菊，殷善开，杨仕明，等，2022. 中国听神经病临床实践指南[J]. 中华耳鼻咽喉头颈外科杂志，57(3)：241-262.

吴子明，张素珍，周娜，等，2006. 单侧梅尼埃病患者双侧耳蜗电图检查的意义[J]. 听力学及言语疾病杂志，14(02)：106-108.

熊芬，谢林怡，兰兰，等，2022. 听神经瘤切除术中的听力监测技术[J]. 中国听力语言康复科学杂志，20(03)：169-173.

杨仕明，于丽玫，于黎明，等，2008. 听神经瘤手术的听力保存技术[J]. 中华耳鼻咽喉头颈外科杂志，43(8)：564-569.

Baba A，Takasaki K，Tanaka F，et al.，2009. Amplitude and area ratios of summating potential/action potential (SP/AP) in Meniere's disease[J]. Acta Oto-Laryngologica，129(1)：25-29.

Beagley HA，Legouix JP，Teas DC，et al.，1977. Electro cochleographic changes in acoustic neuroma：some experimental findings[J]. Clinical Otolaryngology & Allied Sciences，2(3)：213-219.

Coats AC，1986. Thenormal summating potential recorded from external ear canal[J]. Archives of Otolaryngology - Head and Neck Surgery，112（7）：759-68.

Colletti V，Fiorino FG，1994. Vulnerability of hearing function during acoustic neuroma surgery[J].Actaoto-laryngologica，114(3)：264-270.

Dallos P，1972. Cochlear potentials：a status report[J]. Audiology：Official Organ of the International Society of Audiology，11(1)：29-41.

Dallos P，1985. Response characteristics of mammalian cochlear hair cells[J]. Journal of Neuroscience，5(6)：1591-1608.

Devaiah AK，Dawson KL，Ferraro JA，et al.，2003. Utility of area curve ratio electrocochleography in early Meniere disease[J]. Archives of Otolaryngology - Head and Neck Surgery. 129(5)：547-51.

Eggermont JJ，1976. Summating potentials in electrocochleography. Relation to hearing pathology[M]// Electrocochleography. University Park Press Baltimore，67-87.

Eggermont JJ，2017. Ups and downs in 75 years of electrocochleography[J]. Frontiers in Systems Neuroscience，11：2.

Eggermont JJ，Don M，Brackmann DE，1980. Electrocochleography and auditory brainstem electric responses in patients with pontine angle tumors[J]. Annals of Otology，Rhinology & Laryngology，89(6Suppl)：1–19.

Hall JW，2007. New handbook of auditory evoked responses[M]. Boston：Pearson Education. Inc，109–170.

Ikino CMY，deAlmeida ER，2006. Summating potential - action potential wave form amplitude and widthin the diagnosis of Menière's disease[J]. Laryngoscope，116(10)：1766–1769.

Konishi T，1979. Effects of local application of ototoxic on cochlear potentials in guinea pigs[J]. Acta Oto–Laryngologica，88(1–2)：41–46.

Li X，Sun J，Sun W，1993. Changes of summating potential in the guinea pig cochlea after impulse sound exposure[J]. Chinese Journal of Acoustic，12(3)：271–275.

Li X，Sun W，2001. Amplitude recruitment of cochlear potential[J]. Chinese Journal of Acoustic，20(1)：11–17.

Li X. Sun W. Sun J，1995. Changes of summating potentials and morphology in the guinea pig cochlea during anoxia[J]. Chinese Journal of Acoustics，14(4)：358–363.

Morrison AW，Gibson WPR，Beagley HA，1976. Transtympanic electrocochleography in the diagnosis of retrocochlear tumours[J]. Clinical Otolaryngology & Allied Sciences，1(2)：153–167.

Oh T，Nagasawa DT，Fong BM，et al.，2012. Intraoperative neuro monitoring techniques in the surgical management of acoustic neuromas[J]. Neurosurgical Focus，33(3)：E6.

Prasher DK，Gibson WPR，1983. Brainstem Auditory–Evoked Potentials and Electrocheography：Comparison of Different Criteria for the Detection of Acoustic Neuroma and Other Cerebello–Pontine Angle Tumours[J]. British journal of audiology，17(3)：163–174.

Russell J，Sellick PM，1978. Intracellular studies of hair cells in the mammalian cochlea[J]. The Journal of Physiology，284(1)：261–290.

Schoonhoven R.，Prijs V.F.，Grote J.J.，1996. Response thresholds in electrocochleography and the irrelation to the pure tone audiogram[J]. Ear and Hearing，17(3)：266–275.

Spoor A，Eggermont JJ，1976. Davis and Hearing: Essays Honouring Hallowell Davis//Electrocochleography as a method for objective audiogram determination[M]. 411–418.

Starr A，Picton TW，Sininger Y，et al.，1996. Auditory neuropathy[J]. Brain，119(2)：741–753.

Yoshie N，1973. Diagnostic significance of the electrocochleogram in clinical audiometry[J]. Audiology，12(5)：504–539.

第十一章　听觉稳态反应的临床应用

听觉稳态反应（auditory steady state response，ASSR）是指对快速周期性声音刺激产生的听觉诱发电位（auditory evoked potential，AEP），它用于客观地评估受试者的听力损失程度。ASSR的应用对象也包括婴幼儿、精神分裂症患者和抑郁症患者。

第一节　理论基础

一、ASSR的起源

多项研究显示ASSR来源于颅内多个位点，且与调制频率有关。

（一）从脑磁图看ASSR的起源

根据脑磁图（magnetoencephalogram，MEG）研究，听觉皮层（auditory cortex，AC）可能是ASSR信号的起源区。但脑磁图在确定切线方向和颅内深部的起源方面有困难，所以不能排除脑干同时被激活。

（二）从脑电图记录看ASSR的起源

利用脑电图记录（electroencephalography，EEG），Johnson等（1988）对40 Hz听觉事件相关电位（auditory event related potentials，AERP）进行了21通道定位研究，证明有些受试者对40 Hz短纯音的反应在颞中区有明显的极性倒置，得出40 Hz反应可能产生于听皮层和丘脑皮层回路；调制频率在20～40 Hz时，脑干和皮层均参与反应；调制频率在70～110 Hz时，脑干为主要发生器。Herdman等（2002）也证实，无论哪侧耳给声，反应均来自中线脑干发生器和左右颞上水平皮层。因此，在较高调制频率时，脑干的脑电活动强，皮层活动微弱；在较低调制频率时，反应还保留着脑干的成分，但主要的脑电活动源于皮层。

（三）从动物实验看ASSR的起源

动物实验证明，听觉皮层是第一个参与声音处理的区域。大脑皮层可分为表层、颗粒上层、颗粒层和颗粒下层。李子杰（2022）研究发现40 Hz的连续短声（click-trains）刺激在AC区诱发的ASSR反应起源于颗粒层，先传递到颗粒上层和颗粒下层，继而由颗粒上层传递到表层。在颗粒层中，能够与40 Hz声音刺激产生同步性放电活动的抑制性神经元可能是ASSR信号形成的主要参与者，而由丘脑的内侧膝状体向皮层的低级听觉感觉区投射的特异性听觉传导路是皮层ASSR信号的主要起源。

（四）从正电子发射断层扫描成像看ASSR的起源

Reyes 等（2004）分别给受试者调制频率为40 Hz的1000 Hz调幅声，并使用^{15}O-水PET（^{15}O -water positron emission tomography）成像量度反应，结果显示声音激活左侧初级听皮层、左丘脑、左侧扣带回和右侧非初级听皮层（non-primary auditory cortex）。据此推论初级听皮层及其以外的皮层都参与ASSR。这支持多点共振回路产生ASSR的假设。

二、ASSR原理

听觉诱发电位（如ABR的V波）的反应被认为是“瞬时”反应，即在下一个刺激发生之前，前一个刺激的反应已经结束。ASSR是一种重复性诱发电位，如果刺激速率足够高，以至于对一个刺激的瞬时反应与对后续刺激的反应重叠，通常会得到一个类似正弦的波形。其基频与刺激速率相同，尽管可能更复杂，但最好从其组成频率成分的角度来考虑，而不是从波形的角度来考虑。不同刺激速率的声刺激诱发出不同神经来源的ASSR。

目前，没有针对ASSR仪器的通用标准，刺激和记录参数的方法皆由各制造商设计（并且可能有所不同）。诱发ASSR所使用的声音刺激被称为载波（carrier）。传统上载波由能量集中在某个频率的正弦纯音组成，载波频率（carrier frequency，CF）通常为500 Hz、1000 Hz、2000 Hz和4000 Hz。CF会激活耳蜗中毛细胞的区域。例如，使用4000 Hz来引发ASSR，最能调谐4000 Hz的基底膜部分将被激活。该基底膜区域激发的程度取决于CF刺激强度。载波需每隔一段时间（周期）被调制，该频率称为调制频率（modulation frequency，MF）。例如使用1000 Hz CF配合100 Hz MF调制，ASSR电位会跟随MF的100 Hz频率，导致每10 ms出现一个峰值（周期＝1/MF＝1 s/100＝10 ms）

（一）声音刺激的类型

有几种类型的刺激可用于记录ASSR。这些刺激可概括为两类：宽带（即非特定频率）刺激和特定频率刺激。宽带刺激包含一系列频率，包括短声（click）、噪声和啁啾声（chirp）。相比之下，特定频率的刺激包括过滤后的短声、短纯音（tone burst）、纯音和带限啁啾声（band-limited chirp）。最常见用于临床记录ASSR的声音刺激类型是正弦载波的调幅音（amplitude modulation，AM）、调频音（frequency modulation，FM）、混合调制音（mixed modulated tone，MM）和重复序列门控音（repeating sequence gated tone，RSG）。

1. 调幅音（AM）

AM音调的振幅会在一段时间内发生变化，是用于测量ASSR的最常见的刺激类型。AM幅度的变化程度称为调制深度，并以百分比的形式报告。例如，载波为4000 Hz纯音，MF为100 Hz，音调幅度调制为100%，则信号的幅度将在每个周期（周期＝10 s）内随时间变化，由零幅度增至100%幅度再降低至零幅度（图11.1A），AM音的能量处于载波频率（4000 Hz）。

2. 调频音（FM）

FM音调的频率内容在音调的持续周期内发生变化。例如，CF为4000 Hz并且调频20%（即±800 Hz），因此频率将从3200 Hz（CF －800 Hz）至4800 Hz（CF＋800 Hz）在周期内改变（图11.1B），而其主要能量处于载波频率（4000 Hz），并延伸至上限4800 Hz及下限3200 Hz。

3. 混合调制音（MM）

MM刺激涉及振幅和频率调制的组合。例如，CF为4000 Hz，MF为100 Hz，并且有100%AM和20%FM调制，那么在每个周期内可看到音调刺激的幅度和频率都发生变化。

4. 重复序列门控音（RSG）

RSG音调可以包括各种类型的音调刺激，例如线性门控音（linear-gated tones）、余弦平方门控音（cosine-squared gated tones）和布莱克曼门控音（Blackman-gated tones）。顾名思义，这些RSG音具有规则的重复模式。

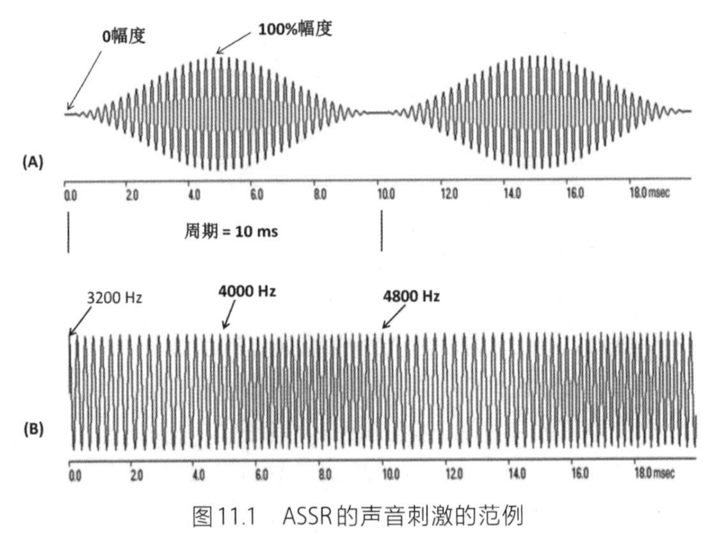

图11.1　ASSR的声音刺激的范例

A显示4000 Hz载波在周期内被幅度调制（100%），B显示载波在周期内被频率调制（20%）

（二）ASSR分析

一般，大多数AEP的分析都基于主观测量不同高峰（peaks）的时间延迟和振幅。相比之下，ASSR的分析是客观的，依赖统计方法来分析相关生物电事件与声音刺激的重复率是否一致（如使用*F*-test等，$p<0.05$）。因此，ASSR分析是基于数学计算的。具体的分析方法取决于制造商的统计检测算法。

声刺激诱发的ASSR可利用快速傅里叶变换（fast Fourier transformation，FFT）分析，即任何一个复杂的ASSR波都可分解成多个简单的正弦谐波组合，就是将时域的变化转换为频域的变化。因此，ASSR的波形可以记录多个正弦谐波的参数，包括振幅和相位（相位指反应与所给调制信号间的时间延迟）。例如，刺激重复率为80 Hz（即每秒80 次），则ASSR经FFT变换后的谐波组合将在80 Hz、160 Hz、240 Hz、320 Hz等频率下出现（图

11.2）。第一个频谱反应组合（在本例中为 80 Hz）将具有最大幅度，并且幅度随着谐波数的增加而减小。在频谱域中检测ASSR是否存在，将依靠前6至8个谐波的幅度和相位值来区分ASSR与随机的生物噪声。

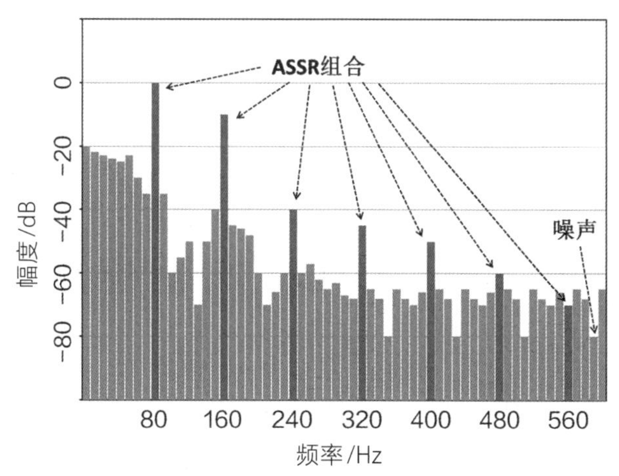

图11.2 刺激重复率为80 Hz所引起的ASSR谐波组合

三、ASSR测试注意事项

（一）调制频率

ASSR临床应用中的正弦刺激或载波频率有时在频率和幅度上都是可调制的。典型的刺激声为调制深度100%和调频10%的正弦调幅声。混合调制技术提高了ASSR的幅度，但也增宽了刺激声的频谱。过多调频会增宽刺激的频率范围，并导致频率特异性听阈的评估准确度降低。在ASSR测试中，听阈是在载波频率上评估的，而大脑内的反应是在调制频率上检测到的。

ASSR振幅和潜伏期都受刺激速率的影响。调制频率为4～450 Hz的调幅声诱发的反应振幅随调制频率的增加而下降，但在40 Hz附近振幅增大。近似潜伏期反应振幅随调制频率的上升规律性地缩短，清醒状态40 Hz的反应振幅高，睡眠状态80 Hz反应振幅高。在不同的调制频率下，双耳给声与单耳给声的反应不同。40 Hz时，单耳给声的反应比双耳给同样刺激声的反应略小，说明多数产生反应的神经元是对双耳的声音起反应的；80 Hz时，双耳给声的反应约等于两耳分别给声反应之和，这提示产生反应的神经元只对单侧刺激声起反应，起反应的神经元之间几乎不产生互相作用（李兴启 等，2015）。

（二）年龄和性别因素

年龄的增加似乎对ASSR的相位或振幅没有重大影响。有一些证据表明，衰老会影响大脑对500 Hz刺激的锁相能力（Leigh-Paffenroth et al.，2006）。这表明在时序分析中，与年龄相关的时间编码变化是可能的。临床上用于评估婴儿听力的快速刺激调制频率（＞80 Hz）都可引出明确的ASSR。从新生儿期到成年期，快速刺激调制频率的ASSR幅度增加了一倍以上。对大多数载波刺激频率而言，ASSR的相位在整个儿童时期保持相对固定。然而，快速调制频率的ASSR的发育时间表和ASSR达到成熟的年龄并不明确。John等（2000）报告了一个细微的趋势，女性的ASSR潜伏期比男性更短，但受试者之间高度的可变性可能掩盖了明显的差异。最近，Zakaria等（2016）发现女性的ASSR阈值低于男性，但仅在选定的刺激条件下。他们建议在ASSR的分析中，男性与女性使用单独的标准数值。

（三）患者状态

受试者状态是ASSR测试成功的关键。一般来说，记录可靠的ASSR和准确估计听阈需要患者一直保持安静。进行ASSR评估的婴幼儿需要睡眠、镇静或轻度麻醉。有时可以从放松休息状态的清醒受试者中记录ASSR，但噪声测量装置会干扰ASSR统计学上的置信检测，故阈值估计的准确性可能会受到影响。觉醒状态对ASSR的影响与刺激速率有关。睡眠状态下，振幅比清醒时降低约一半，最大反应振幅出现在30～50 Hz，反应阈值与清醒状态的无显著性差异，可能是由于睡眠不仅降低了ASSR振幅，也降低了脑电和肌电等背景噪声。刺激速率大于70 Hz的ASSR很少受睡眠、镇静剂和麻醉剂的影响。

（四）多刺激同步给声

ASSR可以同时评价不同耳和不同频率的听力，只要各载频相隔一个倍频程，各调制频率相隔3 Hz以上，调制频率在75～110 Hz，这种影响很小，可同时给予8个不同载频的刺激声（每耳4个），反应振幅不会明显减低。如果载频间隔小于0.5倍频程、强度增加至75 dB SPL以上或调制频率较低（＜55 Hz）时，相邻载频间有明显的干扰。另外，高频声和低频声互相干扰，高频对低频的反应有抑制作用而使低频听阈升高。

四、ASSR的分析

ASSR主要用于预估不能配合测听的患者的听力，包括婴幼儿、由于认知因素而无法提供有效纯音听阈的成人神经科患者，或者不愿配合常规行为测听评估的伪聋患者。ASSR现在被公认为是一种客观评估听阈的方法。这种客观性主要归因于三个方面。第一，ASSR阈值评估是一个生理过程，与能影响行为测听的变量无关。第二，反应检测是使用检测算法的客观过程，有许多数学策略和算法可用于预估ASSR气导和骨导阈值以及预测气骨导差。第三，确认结果和评估阈值用的是客观的决策规则（Dimitrijevic et al.，2014）。ASSR是通过AM频谱区域内的大脑活动的增加来反映的。复杂波形内的ASSR是通过在频谱区域中对与刺激相关的大脑能量进行自动频谱分析，或者通过自动分析相对于刺激相位的反应相位来检测的（表11.1）。临床经验和判断仍然是决定ASSR应该如何应用于患者个体、ASSR结果是否可靠和有效，以及应该如何在听力学测试结果的整体模式中解释ASSR结果的重要因素（Hatzopoulos et al.，2011）。

表11.1 听觉稳态反应（ASSR）

<table>
<tr><td rowspan="5">刺激声</td><td>类型</td><td>纯音</td></tr>
<tr><td>时程</td><td>稳态</td></tr>
<tr><td>调制</td><td>100%调幅；10%调频</td></tr>
<tr><td>频率</td><td>纯音250～8000 Hz倍频程</td></tr>
<tr><td>强度</td><td>最大有效强度＞120 dB HL</td></tr>
<tr><td rowspan="2">接收器</td><td>滤波</td><td rowspan="2">不同仪器设置不同</td></tr>
<tr><td>分析时间</td></tr>
</table>

续表

检测	自动统计确认
分析	刺激与反应相位，刺激与反应频率，或刺激重复率与反应重复率的数学计算
最大估计阈值/dB HL	＞120
患者状态	睡眠、镇静或麻醉下
性别	在选定的刺激条件下，女性的ASSR阈值低于男性

第二节 ASSR的应用

一、客观评估听阈

诱发ASSR的载波频率和纯音测听的频率不完全一样，所以刺激声会引起不同的耳蜗反应。而且，ASSR和纯音测听的阈值也不总是相等，通常要用回归方程或者简单减法来把“生理阈值”转换成“行为阈值”。

成年人如果有感音性听力损失，那么1000～4000 Hz刺激声产生的ASSR最低强度和纯音听阈之间的相关性很高（0.8～0.9），但在500 Hz刺激声下就稍低一些（0.7～0.8）。这种相关性在不同类型的听力图中都存在，包括陡峭型（Vander et al., 2002）。感音性听力损失的构型对ASSR评估听阈的准确性没有影响（Schmulian et al., 2005）。

有些研究发现，在感音性听力损失中，1000～4000 Hz刺激声下ASSR和行为听阈之间差6～7 dB，而500 Hz刺激声下差10 dB左右。在成年人中，重复测试显示ASSR和纯音测听之间的一致性很好（D'haenens et al., 2008），只有1～3 dB的差异。另外，在感音神经性听力损失中还发现了类似重振现象的幅度快速增长功能（Picton et al., 2005）。McFadden等（2014）证明了40 Hz ASSR重复测试间隔1周后仍然可靠，并且记录过程中也很稳定。

因此，使用ASSR对成年人进行听力评估，在听力损失受试者中比在正常听者中更准确。ASSR评估听阈较不准确的是用于评估具有正常耳蜗功能者（即正常或传导性听力损失）和使用500 Hz载波频率刺激声时（Rance et al., 2002; Schmulian et al., 2005; Cone-Wesson et al., 2002; Swanepoel et al., 2004b）。ASSR与行为测听的差值，低频为25～40 dB，中高频为10～20 dB。ASSR和行为听阈之间的差值可以通过校正因子来解释（Beck et al., 2014），但是这两者之间有可变性（Dimitrijevic et al., 2014）。

在预估儿童听阈方面，随着听力损失程度的增加，ASSR对行为听阈的评估更准确。有文章报告儿童ASSR与行为听阈之间具有高度相关性，可达0.96～0.98（Rance et al., 2002）。ASSR和行为听阈之间的相关性通常在正常听者中最差。还有学者报道，在500至4000 Hz的频率，ASSR与纯音测听的相关性略低，为0.82～0.90（Stueve et al., 2003）。Swanepoel等（2004）报道的相关性比其他研究更低，在0.58～0.74。大多数研究的一个共同发现是，对于正常听者和500 Hz的刺激频率，行为听阈和ASSR之间的差异相对较大（Rance et al.，2002）。

ASSR应用在儿科听力学中，可以区分患者使用助听器是否有潜在收益。Rance等(1998)报道，有ASSR反应波形的听力损失儿童在助听下的行为听阈可能低于60 dB SPL，而对于不能引出ASSR反应波形的儿童则很少表现出从助听器中受益的情况(Clark，1995)。此外，对于重度到极重度听力损失但ASSR有反应波形的患者，可以假设使用助听器有一定的好处，对于在最大强度无法引出ASSR波形的患者，则可以考虑人工耳蜗植入的干预。

有研究表明，在未引出ABR反应的患者中，有77%～90%可以在高刺激强度下检测到ASSR（Stueve et al.，2003）。相反，没有报告发表过在重度到极重度听力损失儿童中，ABR引出而ASSR缺失（Rance et al.，2005）。Rance等（2005）首先报道了对最大强度下都引不出ABR的重度听力损失患者的ASSR阈值的研究。ASSR和行为听阈的相关性通常随听力损失程度的增加而增加（Rance et al.，2005），有时差异只有3 dB（Swanepoel et al.，2004a；Clark，1995）。

通过增加信号平均叠加次数以获得更好的信噪比，可以提高ASSR阈值评估的准确性，在大多数情况下，信噪比随着记录时间的增加而增加（Swanepoel et al.，2004）。在随机选择的患者群体中，临床上记录的ASSR往往会过高估计听力正常者的听阈，在500 Hz时高出20～30 dB，在1000 Hz时高出15～20 dB，在更高频率高出10～15 dB。

二、判断听力损失类型

气导和骨导ASSR测试有助于区分传导性听力损失和感音性听力损失。但骨导ASSR仍面临伪迹和婴儿的特殊性等挑战。与骨导刺激相关的“稳态”机电伪迹可能会混淆听觉反应，可以通过适当的测试方法和仪器中的更改将其最小化或消除。如果信号的采样率是测试频率的谐波，就可能出现伪迹相关的明显反应。可以通过将数模转换率改变为不同于测试频率谐波的值或使用陡峭的抗混叠低通滤波器设置来减少或消除该伪迹。

1岁以下婴儿的颅骨对骨导刺激的反应与成人大不相同，颅骨不成熟使骨传导信号能量集中在颞骨，这导致婴儿的有效刺激水平比成人更高（Yang et al.，1987）。因此，气骨导差超过10～15 dB在婴儿中并不少见。少数研究报告了用ASSR估计气骨导差的ASSR和行为结果之间的差异很大，达10～30 dB。此外，在听力正常的婴儿中，骨导ASSR阈值与行为听阈相比存在较大的个体差异性，这种差异性是骨导ASSR临床应用的另一个限制。用骨导刺激声记录ASSR可能有助于干预决策，但不用于量化听力损失的传导成分（Casey et al.，2014）。

骨导听阈评估中很难确认受试者的测试耳。一般来说，婴儿同侧反应的平均幅度比对侧反应大，其中500 Hz和1000 Hz刺激的不对称性最大。无论是婴儿还是成人，同侧通道的平均ASSR振幅都明显大于对侧通道。在所有频率下，婴儿对侧EEG通道的平均相位延迟通常比同侧EEG通道长，在所有频率和强度下，婴儿的差异明显大于成年人。在两个年龄组中，在500 Hz和4000 Hz的刺激下观察到的EEG通道之间的最大幅度有明显差异，而1000 Hz和2000 Hz的刺激下没有。这些研究引起了人们对同侧/对侧不对称性的临床效用的关注，因为并不是所有频率都能可靠地观察到差异（Small et al.，2014）。

Torres-Fortuny等（2016）记录了新生儿的气骨导ASSR，以评估它们同时测试时电位的相互作用，并与其典型的单独测试进行比较。作者使用载波频率为500 Hz的AM刺激声（95%深度）作为骨导刺激声，2000 Hz作为气导刺激声。两种刺激方式之间无显著差异。作者建议将这项技术作为区分传导性听力损失和感音性听力损失的筛查工具。他们还报告了同时进行气导和骨导刺激之间的电位相互作用，与传统的先气导后骨导刺激的单独刺激相比，ASSR振幅没有降低。此外，作者在使用插入式耳机的情况下记录骨导ASSR时也没有发现堵耳效应。

三、新生儿听力筛查

ASSR用于筛查有两个优点：①可以在语言频率区域内同时进行双耳多频率给声测试；②可在适当的低刺激强度下对通过与不通过结果进行统计确定。第二个优点允许非听力学人员对婴儿进行听力筛查。最近有一些报道将ASSR作为确认OAE或AABR听力筛查结果不合格的新生儿是否存在听力损失的工具（Hall，2015）。

Celik等（2016）对88名健康足月婴儿进行了一项正式研究，使用500，1000，2000和4000 Hz的刺激声，用自动短声诱发的ABR和双侧多频ASSR进行听力筛查，发现ASSR的阈值比ABR高（差）。听力正常婴儿的平均ABR阈值为24 dB nHL，而ASSR阈值为50 dB nHL（500 Hz）、43 dB nHL（1000 Hz）、40 dB nHL（2000 Hz）和42 dB nHL（4000 Hz）。Celik等（2016）得出结论，ASSR可能不是婴儿听力损失的有用的和（/或）可靠的筛查测试，ASSR更适合作为补充测试，可能是对ABR的补充，而不能替代ABR。

Rance等（2005）将ASSR的结果概括为四个不同的类别。第一，在500～4000 Hz的刺激频率内，ASSR与行为听阈的相关性较高（0.96～0.98）。第二，对于被诊断为听神经病的儿童，ASSR与纯音听阈的相关性较差（0.46～0.55）。第三，ASSR通常高估了听力正常者的阈值。第四，听阈估计随着听力损失程度的增加而改善。他还指出，听力正常者的ASSR阈值明显高于短纯音ABR阈值。因此，ASSR不能区分听力正常者和轻度至中度听力损失者。

此外，有报告ASSR能应用于学龄儿童的听力筛查。因为ASSR有以下优势：能客观记录和解释结果，能频率特异性地进行听力损失测试，以及能在所有年龄段儿童中进行测试（Resende et al.，2015）。推荐使用50 dB SPL的刺激声强度对1000，2000和4000 Hz进行测试，收集一个孩子的数据平均需要15 min。

第三节　操作技术

一、参数

测试ASSR时记录电极置于前额正中紧靠发迹处，参考电极为两耳垂或乳突，鼻根电极接地，极间电阻应小于3 kΩ。ASSR常用的调制频率为75～110 Hz，载波频率为500，1000，2000，4000 Hz。带通滤波器的设置通常为30～300 Hz，6 dB/倍程，放大器增益为105倍，伪迹剔除设置为31 μv。通常每次记录1024个调制周期，双耳共8个频率，共计8192个样本（data points），将之分为16个部分（section），每部分512个样本。每一部分扫描时间为754 ms，总计扫描时间为12.064 s。最后计算机将16～64次扫描结果的波形叠加后取平均值，按照统计学方法判断有无ASSR（史伟，2014）。

二、测试流程

首先使用电耳镜检查外耳道及鼓膜，去除外耳道耵聍。需要在被试者皮肤表面粘贴电极，用来连接测试电极线。测试人员使用95% 酒精棉球对皮肤表面反复擦拭进行脱脂，在脱脂后的皮肤表面粘贴测试专用电极片。总共粘贴4个电极片，其中1个记录电极置于前额正中紧靠发际处，2个参考电极分别置于左右耳垂，1个地极置于鼻根部，并且要求电极间的阻抗≤3 kΩ。连接4根电极线，电极线一端连接于纽扣式电极片上，另一端连接在测试仪器上。

三、报告撰写与解读

大多数ASSR设备提供校正表，用于将测量的ASSR阈值转换为估计的HL听力图。实际校正数据取决于许多变量，例如使用的设备、收集的频率、收集时间、受试者的年龄、受试者的睡眠状态、使用的刺激参数等。无论使用何种设备，在评估听力图时都应参考制造商提供的数据和参考资料。以美国Intellegent Hearing公司的听觉诱发电位仪为例，在测试过程中，当给声强度≤70 dB nHL时，可双耳8个调幅声信号同时给声；如果刺激声强度>70 dB nHL，则采用单个频率测试，可双耳同时进行，此时最大强度可达125 dB SPL；双侧听阈相差≥60 dB时，单耳分别测试，并加掩蔽。采用“升5降10”的搜索法，以能引出ASSR的最小刺激声强度为反应阈，结果可用类似纯音听阈图的反应阈值图表示。

第四节　案例分析

案例一

马XX，女，4月龄。

病史：42天听力筛查未通过。4月龄时行诊断性听力检查。

检查结果：

（1）声导抗表现为226 Hz鼓室图左耳As型曲线，右耳A型曲线，声反射同侧引出（图11.3）。

（2）40 Hz表现为左耳阈值40 dB nHL，右耳阈值为30 dB nHL（图11.4）。

（3）click ABR表现为双耳阈值20 dB nHL（图11.5）。

（4）ASSR表现为左耳阈值34 dB nHL（500 Hz）、49 dB nHL（1000 Hz）、17 dB nHL（2000 Hz）和31 dB nHL（4000 Hz），右耳阈值24 dB nHL（500 Hz）、19 dB nHL（1000 Hz）、17 dB nHL（2000 Hz）和11 dB nHL（4000 Hz）（图11.6）。

✔ 声导抗测试

指示耳	1000Hz 鼓室曲线	226Hz 鼓室曲线	鼓室压力 daPa	声顺值 (ml)	刺激耳	声反射阈				
						0.5k	1k	2k	4k	WN
左	**单峰**	**As**	**28**	**0.22**	右侧					
					左侧	**95**	**95**	**95**	**95**	
右	**单峰**	A	89	0.33	右侧	95	95	95	95	
					左侧					

仪器型号： OTO　**检查者：**　**检查日期：** 2020-09-14

✔ 听性脑干反应潜伏期

刺激信号：Click　刺激速率：19.3 次/秒

[illegible]	[illegible] dBnHL	I(ms)	III(ms)	V(ms)	I-III(ms)	III-V(ms)	I-V(ms)
左	**80**	**1.68**	**4.18**	**6.23**	**2.50**	**2.05**	**4.55**
右	80	1.75	4.23	6.08	2.48	1.85	4.33

备　注：

仪器型号： IHS　**检查者：**　**检查日期：** 2020-09-14

✔ 听性脑干反应阈值

刺激信号：Click　刺激速率：19.3 次/秒

气导阈值：左：**20** dBnHL　骨导阈值：左：dBnHL

右：20 dBnHL　右：dBnHL

备　注：

仪器型号： IHS　**检查者：**　**检查日期：** 2020-09-14

✔ 40HzAERP(40Hz听觉相关电位)

刺 激 声：Tone burst　状　态：药物睡眠　频　率：1000Hz

阈　值：

左：40 dBnHL

右：30 dBnHL

仪器型号： IHS　**检查者：**　**检查日期：** 2020-09-14

✔ DPOAE(畸变产物耳声发射)

两纯音频率比 f2/f1=1.22　L1 = 65 dBSPL　L2 = 55 dBSPL

左　：**0.5kHz，2kHz，3kHz，6kHz，8kHz引出DPOAE，余频率未引出DPOAE**

右　：**1kHz，2kHz～8kHz引出DPOAE，余频率未引出DPOAE**

图11.3　听力检查报告单

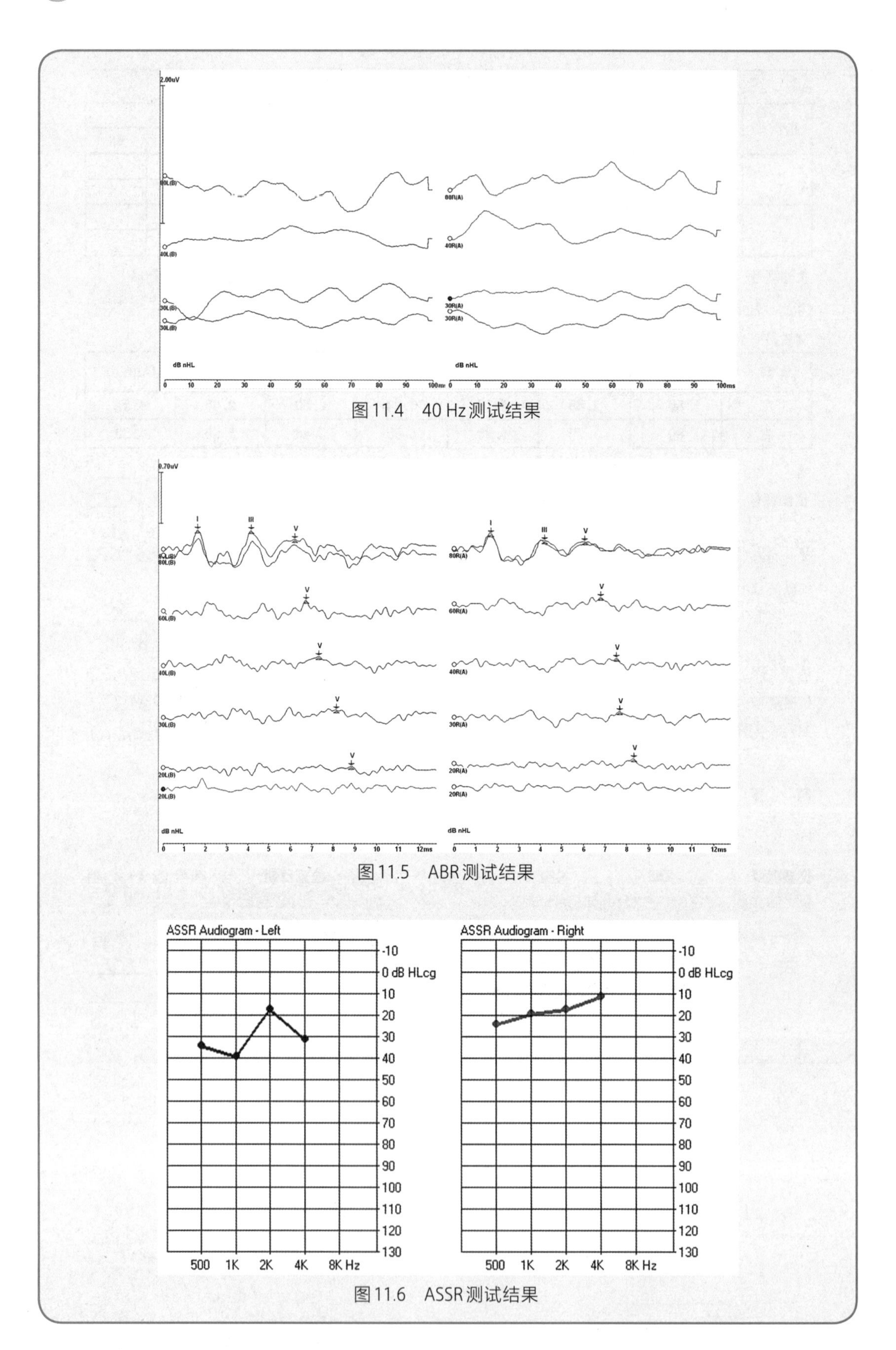

图11.4　40 Hz测试结果

图11.5　ABR测试结果

图11.6　ASSR测试结果

结论：听力正常。

分析与总结：本案例42天听力筛查未通过，可能是新生儿外耳道内有羊水胎脂，导致筛查型DPOAE未通过。4月龄时行诊断性听力检查，通过客观检查发现听敏度无明显异常。继续随访，可加做行为测听进行交叉验证。

案例二

杨XX，男，2岁。

病史：该患者听力筛查未过，外院诊断为极重度感音神经性听力损失。来我院行听力检查及影像学检查。

检查结果：

（1）声导抗表现为226 Hz鼓室图双耳As型曲线，声反射未引出（图11.7）。

（2）40 Hz表现为双耳阈值100 dB nHL（图11.8）。

（3）click ABR表现为双耳100 dB nHL最大给声强度各波均未引出，双耳在3～4 ms处可见声诱发短潜伏期负反应（acoustically evoked short latency negative response, ASNR，图11.9）。

（4）ASSR表现为左耳阈值74 dB nHL（500 Hz）、89 dB nHL（1000 Hz）、97 dB nHL（2000 Hz）和91 dB nHL（4000 Hz），右耳阈值64 dB nHL（500 Hz）、89 dB nHL（1000 Hz）、97 dB nHL（2000 Hz）和91 dB nHL（4000 Hz）（图11.10）。

✔ 声导抗测试

指示耳	1000Hz 鼓室曲线	226Hz 鼓室曲线	鼓室压力 daPa	声顺值 (ml)	刺激耳	声反射阈				
						0.5k	1k	2k	4k	WN
左	**单峰**	**As**	**45**	**0.28**	右侧					
					左侧	/	/	/	/	
右	**单峰**	**As**	**43**	**0.23**	右侧	/	/	/	/	
					左侧					

仪器型号： **检查者：** **检查日期：** 2020-09-02

✔ 听性脑干反应潜伏期

刺激信号：Click 刺激速率：19.3 次/秒

[illegible]	[illegible] dBnHL	I(ms)	III(ms)	V(ms)	I-III(ms)	III-V(ms)	I-V(ms)
左	**100**	/	/	/	/	/	/
右	100	/	/	/	/	/	/

备　注：双侧最大强度可记录到负相波

仪器型号： IHS **检查者：** **检查日期：** 2020-09-02

✔ 听性脑干反应阈值

刺激信号：Click 刺激速率：19.3 次/秒

气导阈值：左：**100dBnHL未引出反应** dBnHL 骨导阈值：左：___ dBnHL

右：**100dBnHL未引出反应** dBnHL 右：___ dBnHL

备　注：

仪器型号： IHS **检查者：** **检查日期：** 2020-09-02

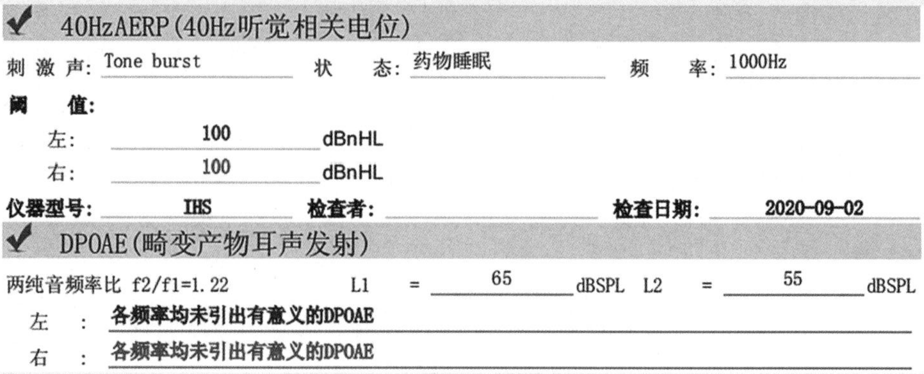

40HzAERP（40Hz听觉相关电位）

刺激声：Tone burst　　状　态：药物睡眠　　频　率：1000Hz

阈　值：

左：100 dBnHL

右：100 dBnHL

仪器型号： IHS　　**检查者：**　　**检查日期：** 2020-09-02

DPOAE（畸变产物耳声发射）

两纯音频率比 f2/f1=1.22　　L1 = 65 dBSPL　　L2 = 55 dBSPL

左：**各频率均未引出有意义的DPOAE**

右：**各频率均未引出有意义的DPOAE**

图11.7　听力检查报告单

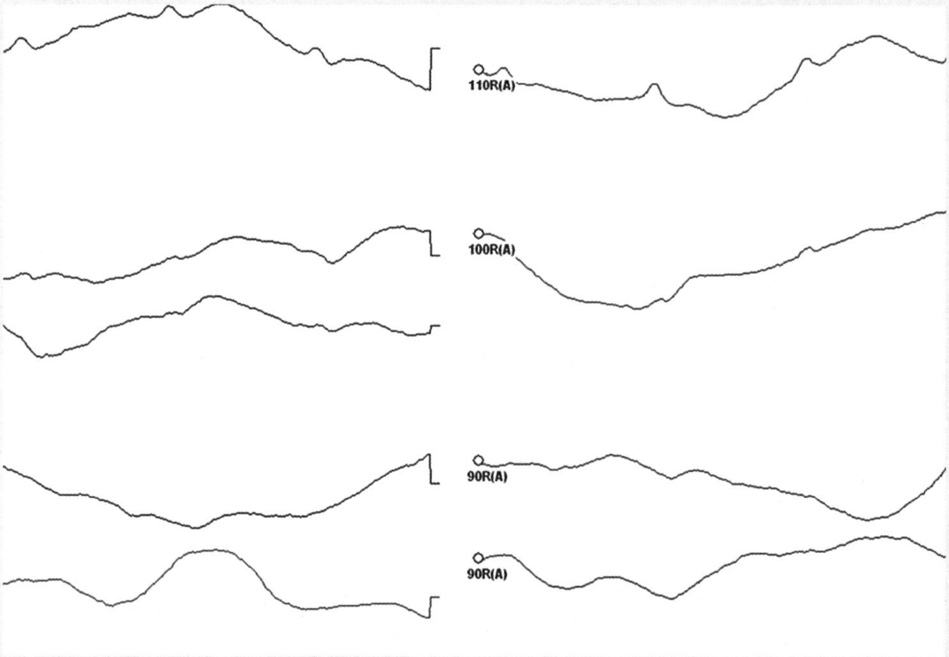

110R(A)
100R(A)
90R(A)
90R(A)

图11.8　40 Hz测试结果

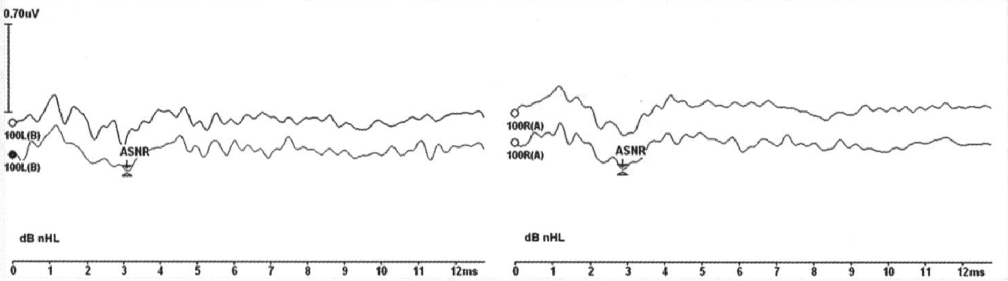

0.70uV
100L(B)
100L(B)
ASNR
dB nHL
0 1 2 3 4 5 6 7 8 9 10 11 12ms
100R(A)
100R(A)
ASNR
dB nHL
0 1 2 3 4 5 6 7 8 9 10 11 12ms

图11.9　ABR测试结果

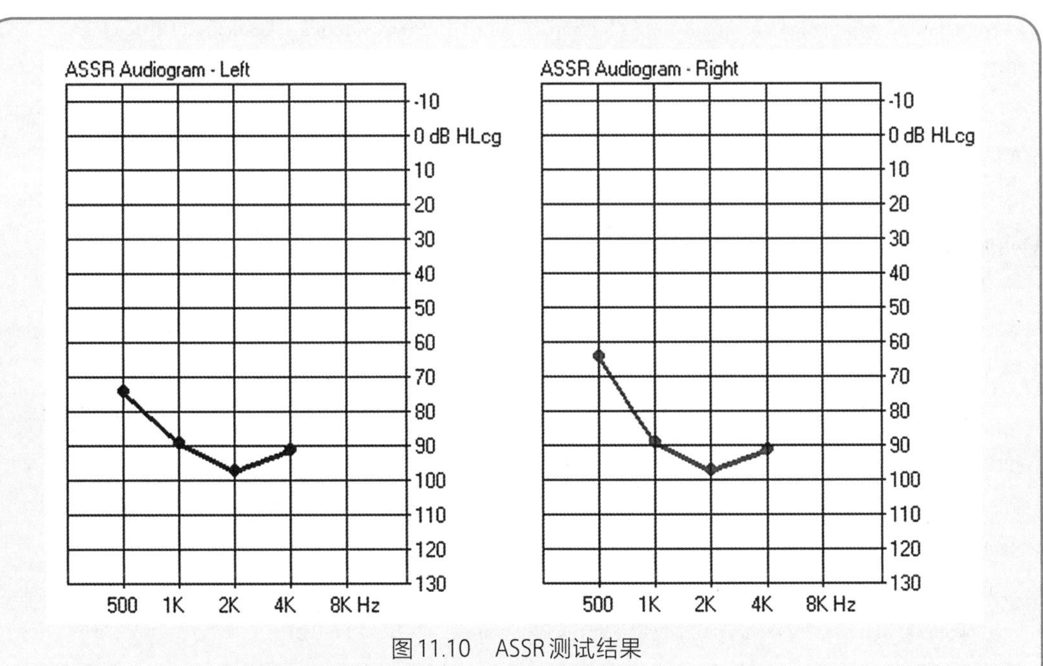

图11.10 ASSR测试结果

诊断：大前庭水管综合征。

总结与分析：行客观听力检查，提示患者存在听敏度问题。ABR检查发现双耳可见声诱发短潜伏期负反应（ASNR），这是大前庭水管综合征患者在ABR检查上的特征反应，提示患者可能为大前庭水管综合征。经影像学检查确诊为大前庭水管综合征。

参考文献

李兴启，王秋菊，冀飞，等，2015. 听觉诱发反应及应用(听觉诱发电位的神经生物学基础及检测原理)[M].北京：人民军医出版社.

李子杰，2022.听觉稳态反应形成与调控的丘脑-皮层神经网络机制[D].北京：中国医科大学.

史伟，2014.听性稳态反应在小儿听神经病诊断中的应用[D].北京：首都医科大学.

Beck RM，Ramos BF，Grasel SS，et al.，2014. Comparative study between pure tone audiometry and auditory steady-state responses in normal hearing subjects[J]. Brazilian Journal of Otorhinolaryngology，80(1)：35-40.

Casey K-A，Small SA，2014. Comparisons of auditory steady state response and behavioral air conduction and bone conduction thresholds for infants and adults with normal hearing[J]. Ear and Hearing，35(4)：423-439.

Celik O，Eskiizmir G，Uz U，2016. A comparison of thresholds of auditory steady-state response and auditory brainstem response in healthy term babies[J]. Journal of International Advanced Otology，12(3)：277-281.

Clark GM，1995. The automated prediction of hearing thresholds in sleeping subjects using auditory steady-state evoked potentials[J]. Ear and Hearing，16(5)：499- 507.

Cone-Wesson B，Rickards F，Poulis C，et al.，2022. The auditory steady-state response：clinical observations and applications in infants and children[J]. Journal of the American Academy of Audiology, 13(5) : 270–282.

D'haenens W, Vinck BM, De Vel E, et al., 2008. Auditory steady–state responses in normal hearing adults : A test–retest reliability study[J]. International Journal of Audiology, 47 (8) : 489–498.

Dimitrijevic A, Cone B, 2014. Auditory steady–state response in handbook of clinical audiology[M], 7th ed. Philadelphia : wolters kluwer health adis (ESP).

Hall JW, 2015. eHandbook of Auditory Evoked Responses[M]. London : Pearson Education, Inc.

Hatzopoulos S, Ciorba A, Krumm M, et al., 2020. Advances in audiology and hearing science[M]. New York : Apple Academic Press, 4–41.

Herdman AT, Lins O, Van Roon P, et al., 2002. Intracerebral sources of human auditory steady–state responses[J]. Brain Topography, 15(2) : 69–86.

John M, Picton T, 2000. MASTER : A windows program for recording multiple auditory steadystate responses[J]. Computer Methods and Programs in Biomedicine, 61(2) : 125–150.

Johnson BW, Weinberg H, Ribary U, et al., 1988. Topographic distribution of the 40Hz auditory evoked–related potential in normal and aged subjects[J]. Brain Topography, 1(2) : 117–121.

Leigh–Paffenroth E, Fowler CG, 2006. Amplitude–modulated auditory steady–state responses in younger and older listeners[J]. Journal of the American Academy of Audiology, 17(8) : 582–597.

Mcfadden KL, Steinmetz SE, Carroll AM, et al., 2014. Test–retest reliability of the 40 hz eeg auditory steady–state response[J]. Public Library of Science ONE, 9(1) : e85748.

Picton TW, Dimitrijevic A, Perez–Abalo M–C, et al., 2005. Estimating audiometric thresholds using auditory steady–state responses[J]. Journal of the American Academy of Audiology, 16(3) : 140–156.

Rance G, Dowell RC, Rickards FW, et al., 1998. Steady–state evoked potential and behavioral hearing thresholds in a group of children with absent click–evoked auditory brain stem response[J]. Ear and Hearing, 19(1) : 48–61.

Rance G, Rickards F, 2002. Prediction of hearing threshold in infants using auditory steadystate evoked potentials[J]. Journal of the American Academy of Audiology, 13(5) : 236–245.

Rance G, Roper R, Symons L, et al., 2005.Hearing threshold estimation in infants using auditory steady–state responses[J]. Journal of the American Academy of Audiology, 16 (5) : 291–300.

Resende LM, Carvalho SA, Dos Santos TS, et al., 2015. Auditory steady–state responses in school–aged children : a pilot study[J]. Journal of NeuroEngineering and Rehabilitation, 12(1) : 13.

Reyes SA, Salvi RJ, Brukard RF, et al., 2004. PET imaging of the 40Hz auditory steady state response. Hearing Research, 194(1–2) : 73–80.

Schmulian D, Swanepoel D, Hugo R, 2005. Predicting pure–tone thresholds with dichotic multiple frequency auditory steady state responses[J]. Journal of the American Academy of Audiology, 16(1) : 5–17.

Small SA, Love A., 2014. An investigation into the clinical utility of ipsilateral/contralateral asymmetries in bone–conduction auditory steady–state responses[J]. International Journal of Audiology, 53(9) : 604–612.

Stueve, MP, O'rourke C, 2003. Estimation of hearing loss in children : comparison of auditory steady–state response, auditory brainstem response, and behavioral test methods[J]. American Journal of Audiology, 12(2) :

125–136.

Swanepoel D, Hugo R, Roode R, 2004a. Auditory steady–state responses for children with severe to profound hearing loss[J]. Archives of Otolaryngology – Head and Neck Surgery, 130(5): 531–535.

Swanepoel D, Schmulian D, Hugo R, 2004b. Establishing normal hearing with the dichotic multiple–frequency auditory steady–state response compared to an auditory brainstem response protocol[J]. Acta Oto–Laryngologica, 124(1): 62–68.

Torres–Fortuny A, Hernandez–Perez H, Ramirez B, et al., 2016. Comparing auditory steady–state responses amplitude evoked by simultaneous air– and bone–conducted stimulation in newborns[J]. International Journal of Audiology, 55(6): 375–379.

Vander Werff K R, Brown CJ, Gienapp BA, et al., 2002. Comparison of auditory steadystate response and auditory brainstem response thresholds in children[J]. Journal of the American Academy of Audiology, 13(5): 227–235.

Yang EY, Rupert AL, Moushegian G, 1987. A developmental study of bone conduction auditory brain stem response in infants[J]. Ear and Hearing, 8(4): 244–251.

Zakaria MN, Jalaei B, Wahab NA., 2016. Gender and modulation frequency effects on auditory steady state response (assr) thresholds[J]. European Archives of Oto–Rhino–Laryngology, 273(2): 349–354.

第十二章　中、长潜伏期听觉诱发反应的临床应用

由声刺激转化而来的神经冲动沿着听神经逐级向上传递，直至大脑皮层。在此过程中，听觉神经系统中的电生理活动将发生相应变化，且这种变化可为电极所记录。这种由声刺激所诱发的神经电生理反应即被称为听觉诱发反应（auditory evoked responses，AERs），其主要波形如图12.1所示。除了最常见的ABR外，在临床上还有诸多其他类型的AERs，并可通过反应波形潜伏期的长短来对它们进行描述和分类。其中，潜伏期介于15～70 ms（Katz et al.，2015）的AER即为中潜伏期听觉诱发反应（middle-latency auditory evoked response，MLAER），而潜伏期更长的则为长潜伏期听觉诱发反应（long-latency auditory evoked response，LLAER）。

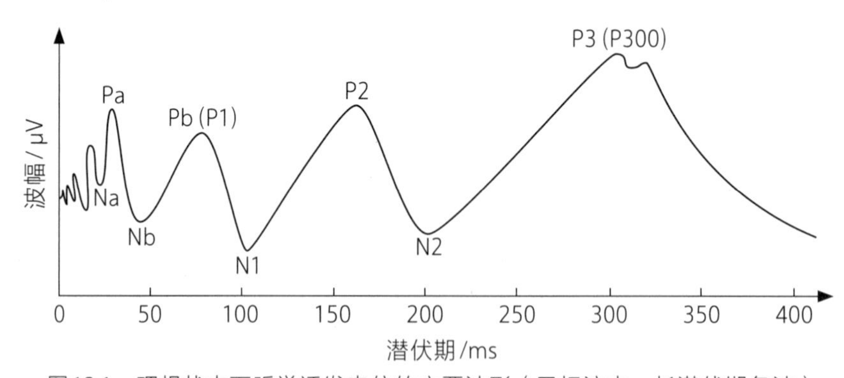

图12.1　理想状态下听觉诱发电位的主要波形（已标注中、长潜伏期各波）

第一节　理论基础

一、基本概念与典型波形

关于MLAER的研究最早可追溯至1958年。Geisler等（1958）利用计算机平均技术，

首次在人类头皮处记录到了由短声（click）所诱发的MLAER波形。如图12.2所示，典型的MLAER波形由一系列正相波（P）和负相波（N）构成，其中最显著的波形可依次记作Na、Pa、Nb和Pb。MLAER曾一度被认为是一种肌源性反应，直至1965年，经过系统对比肌肉反应与MLAER的波形后，MLAER起源于中枢神经系统这一观点才得到证实（Mast，1965），而MLAER也随即作为一种神经电生理测试工具被应用至临床。

LLAER又被称为皮层听觉诱发电位（cortical auditory evoked potentials，CAEPs），最先由Davis等（1939）报告，而随后计算机平均技术的发明使得LLAER的波形辨识变得更加容易。如图12.3所示，LLAER起始于MLAER的Pb（P1）波，随后的波形成分包括N1波、P2波、N2波以及P3波，这与MLAER的典型波形有一定的相似性。LLAER的波形命名原则并不统一，例如P3波亦可被称为P300波，这是因为该正相波的潜伏期约在300 ms左右。除了用于临床评估外，LLAER也一直是中枢听觉神经电生理方面的研究热点。

在20世纪80年代早期，越来越多的听力学家与临床专家意识到ABR在听力评估方面的局限性。例如其并不能反映脑干以上听觉传导通路的功能，而MLAER与LLAER则能很好地弥补这部分缺失的临床信息。时至今日，MLAER与LLAER依然是评估高级听觉中枢功能的重要客观测试。

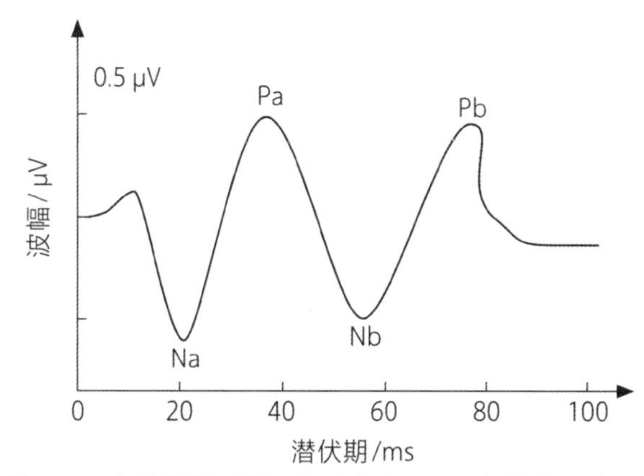

图12.2 中潜伏期听觉诱发反应（MLAER）的主要波形

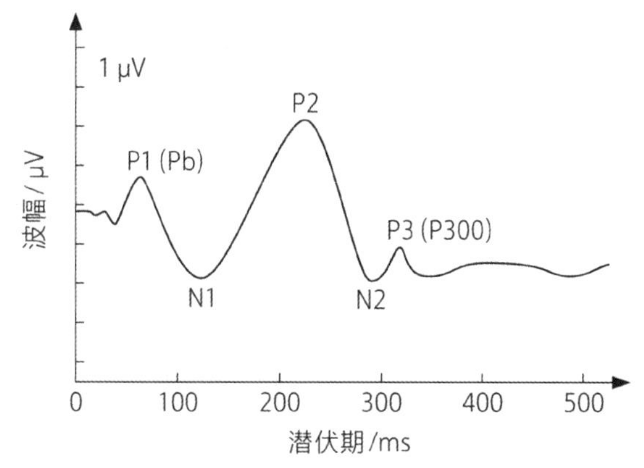

图12.3 长潜伏期听觉诱发反应（LLAER）的主要波形

注意P3波的幅值大小取决于受试者对刺激声的预判

二、相关解剖结构与波形起源

由于中枢听觉神经传导通路的复杂性，MLAER与LLAER的具体起源部位难以判定且存在较大争议。对于MLAER，其产生部位可能包括但不限于下丘（inferior colliculus）、网状结构（reticular formation）、内侧膝状体（medial geniculate body）与初级听觉皮层（primary auditory cortex）。其中，最具临床价值的Na波和Pa波，其波形主要成分可能分别起源于脑干部位的下丘（McGee et al.，1991）以及皮层部位的颞上回（Lee et al.，1984）。

LLAER的波形起源则更为复杂，且几乎不可能与具体解剖结构建立明确的对应关系。与ABR这样几乎单纯由外界声刺激所诱发的外源性（exogenous）反应相比，起源于更高级神经中枢的LLAER，其波形组成除了基本的外源性成分，还包括了内源性（endogenous）成分。所谓内源性，指的是个体内部状态（例如注意）对高级中枢电生理活动的调控。这些内源性状态虽并不在传统的听觉感知范畴内，但却参与了中枢听觉处理的过程，并能对LLAER的波形造成影响。因此，这就意味着LLAER也可能为其他非听觉相关的神经结构或传导通路所调控。除此之外，难以定位LLAER波形起源的原因还包括（Hall，2015）：

（1）大脑皮层存在多个听觉区域，这些区域间的连接关系错综复杂。

（2）大脑皮层的听觉区域会从多条来自丘脑的神经传导通路获取信息。

（3）某一特定解剖结构或传导通路或许对LLAER的多个反应波形存在贡献。

（4）某一特定反应波形可能是由多个解剖结构或传导通路所诱发。

（5）刺激与记录参数的改变可能会对LLAER的波形起源造成直接影响。

第二节　基本操作技术

由于MLAER以及LLAER的测试设备、测试环境以及测试前准备与ABR大同小异，本节将着重阐述这两项测试的参数与结果判定。

一、参数

与ABR类似，MLAER及LLAER的测试参数通常预设于电生理测试设备的相应测试模块中（LLAER甚至还有专用测试设备），但不同厂商的默认参数可能存在区别，且这些参数有时会因不同听力中心的客观条件差异而进行修正。以下列出的是一些推荐用于临床听力评估的基本刺激及记录参数（表12.1和表12.2）（Hall，2015；British Society of Audiology，2022），供读者参考。

表12.1　MLAER的基本刺激及记录参数汇总

参数	推荐设置	备注
刺激模式	气导，选取ER-3A型插入式耳机	可使用耳罩式耳机，但推荐插入式耳机
刺激类型	短纯音（tone burst）	也可通过click诱发，但评估结果不具频率特异性

续表

参数	推荐设置	备注
刺激上升&下降期	2个周期	部分仪器的上升&下降期不以周期，而是以时间为单位，注意区分
刺激平台期	多个周期（10 ms以上）	该参数对Pb波的诱发很重要
刺激速率	≤7.1次/s	若要诱发Pb波，刺激速率可低至0.5～1次/s
刺激极性	疏波	非关键参数，密波与交替波也可以
刺激强度	≤70 dB nHL	适用于神经学诊断以及阈值评估的初次给声强度
受试者状态	静止、放松	镇静或睡眠状态可能会影响MLAER的结果
电极位置	记录电极（+）：前额或颅顶 参考电极（－）：乳突或后颈 接地电极：另一侧乳突或前额鼻根	若用于神经学诊断或条件允许，则可在右半球（C3）和左半球（C4）位各放置一个记录电极
前置放大	75000	若反应幅值大，可酌情降低
反应记录时间窗	100 ms	足以包括Pb波
刺激前记录时间窗	10 ms	记录刺激前10 ms的波形，可用于评估背景干扰并作为计算反应波幅的基线
扫描次数	≤1000	取决于反应幅值以及背景干扰，信噪比是关键
带通滤波	10～200 Hz	若要同时记录ABR波形，则可将低通滤波设为1500 Hz

表12.2　LLAER的基本刺激及记录参数汇总

参数	推荐设置	备注
刺激模式	气导或骨导	推荐插入式耳机，此外也可以进行声场测试
刺激类型	tone burst	也可通过click、短音（tone pip）或言语声诱发
刺激上升&下降期	10～20 ms	刺激声的包络上升&下降为线性
刺激平台期	30～200 ms	仅平台期的前30～50 ms可诱发反应
刺激速率	成人：0.5～1.0次/s 儿童：0.25～0.5次/s	LLAER存在习服反应，可通过在测试过程中改变刺激速率或刺激声之间的间隔来克服
刺激极性	疏波	非关键参数
刺激强度	≤70 dB nHL	与MLAER类似
电极位置	记录电极（+）：颅顶 参考电极（－）：乳突下方 接地电极：另一侧乳突或前额鼻根	记录电极须位于颅顶，前额或许不合适；参考电极可以位于任何一侧乳突，若进行骨导测试则需要给骨导振子留有放置空间

续表

参数	推荐设置	备注
受试者状态	清醒、警觉	对于困倦或睡眠的患者，LLAER结果并不可靠
前置放大	50000	若反应幅值大，可酌情降低
反应记录时间窗	500 ms	可长达1000 ms
刺激前记录时间窗	250 ms	记录刺激前250 ms的波形，可用于评估背景干扰并作为计算反应波幅的基线
扫描次数	10 ～ 90	取决于反应幅值以及背景干扰，信噪比是关键
带通滤波	1 ～ 15 Hz	若无法设定为15 Hz，也可为30 Hz

二、结果判定与分析

需要明确的是，ABR、MLAER以及LLAER波形结果的判定都遵循一些共性原则（British Society of Audiology，2022）。若要判定反应引出，则须满足以下标准：

（1）所得反应要有合理的波形、幅值以及潜伏期；

（2）所得反应可重复，在保持参数不变情况下的所得反应波形具有相似性；

（3）随着刺激强度的变化，反应的波形、幅值以及潜伏期要呈现相应趋势的改变（例如刺激强度逐步降低将使反应的波形趋于不明显、幅值变小、潜伏期延长）；

（4）所得反应具有高信噪比以证明其未受伪迹干扰。

对于未引出的反应，一般符合以下特征：

（1）未出现可能的反应波形；

（2）背景干扰很低以证明幅值较小的反应没有被伪迹所掩盖。

而所谓反应阈，即能引出有效反应的最低刺激强度。

除了上述共性基础，与ABR相比，在分析MLAER与LLAER的结果时又存在着区别，而这可能是因为ABR、MLAER以及LLAER这三者背后不同的神经生理机制。在MLAER的结果判定中，相较于潜伏期，波幅是更敏感的指标（Hall，2015），这是因为频谱分析表明MLAER的波形能量主要来自低频（10 ～ 50 Hz），且中枢听觉神经系统的功能异常似乎会对MLAER的波幅造成更显著的影响，故临床上可忽略Pa波1 ～ 2 ms的潜伏期差异。MLAER主要有三种波幅计算方式，其中临床最常用的指标为Na-Pa波幅差。依照Frizzo等（2007）所提供的数据，对于10—13岁的健听儿童而言，当使用1000 Hz且强度为70 dB nHL的短纯音进行刺激时，Na-Pa波幅差在0.2 ～ 1.9 μV（平均1.0 μV），而这一结果与成年受试者的数据类似（Hall，2015）。此外，由于MLAER易受受试者本身以及刺激与记录参数的显著影响，所以MLAER的反应重复性可能较差。图12.4展示了两种常见的MLAER变体波形。

LLAER的结果分析则更为复杂，这主要是基于三个原因。其一，LLAER的影响因素过多。如前所述，LLAER的波形组成可分为外源性与内源性，且二者贡献相当。这意味着在分析LLAER时，还需额外考虑受试者的注意、兴奋状态等内源性因素。其二，LLAER的结果变异巨大，同一受试者在相同条件下所测的两次波形可能完全不相同，这导致难以判断反应的可重复性。其三，难以预测LLAER的影响因素与其结果间的相关性，例如某一特定条件的改变很可能仅会影响某次记录时某个特定波形内的特定成分。因条件改变所引起的对LLAER结果的影响程度可大可小，既可直接导致反应波形的出现与消失，又可表现为反应波形毫无变化。目前LLAER的临床结果判定标准并不统一，以下是英国听力学协会2022年CAEP指南所推荐的标准，供读者参考：

（1）主要指标为N1–P2波幅差，一般认为需大于2.5 μV；

（2）信噪比需高于2.5 μV。

值得一提的是，目前已有通过使用Hotelling *T*2检验这样的统计学手段来客观判定LLAER结果的技术（Van Dun et al.，2015），从临床角度看，这无疑能提供了巨大帮助。

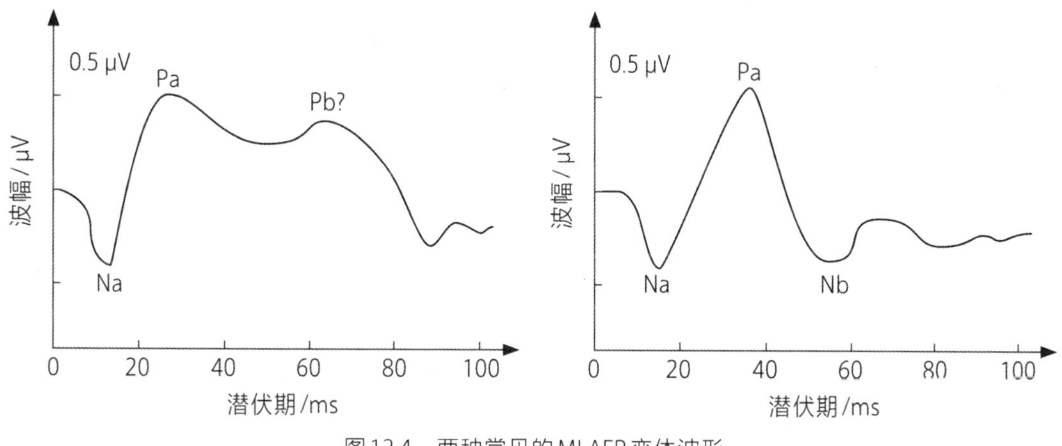

图12.4 两种常见的MLAER变体波形

（包括波峰融合（左）以及单波峰（右））

第三节 主要临床价值

一、预估行为听阈

在预估行为听阈方面，MLAER与ABR相比主要有两个优点，即反应更明显（Pa波的波幅大约是ABR的V波的两倍）且更容易诱发低频反应。此外，临床上大多数用于记录ABR的设备与电极设置也同样适用于MLAER。有证据表明，对于成年受试者，使用MLAER阈值预估行为听阈的准确度与ABR阈值相当（Palaskas et al.，1989）。

由于起源部位靠近高级听觉中枢，理论上LLAER被认为是最适合预测行为听阈的客观测试之一。对于健听或存在感音神经性听力损失的成年受试者而言，研究显示LLAER（N1–P2）阈值与行为听阈的差值通常在10 dB以内（Van Maanen et al.，2005）。

二、评价助听效果

临床上主要将电诱发中潜伏期听觉诱发反应（electrically evoked middle-latency auditory response，EMLAR）作为预测和评估人工耳蜗植入后效果的工具之一。与EABR相比，

EMLAR最主要的优势是反应波形潜伏期长，因此不易受电刺激伪迹的干扰。Firszt等（2002）报告，对于成年人工耳蜗植入者，EMLAR较大的波幅以及较低的阈值与更高的言语识别得分具有相关性。

除了能在一定程度上辅助助听器验配及人工耳蜗编程外，LLAER在临床上亦可用于检查儿童中枢听觉神经系统的发育状况（Brown et al.，2008）以及听力补偿对大脑可塑性的影响（Billings et al.，2011），从而为早期听力干预的必要性提供证据。

三、衡量中枢听觉功能

MLAER与LLAER均能客观地反映某一部分中枢听觉传导通路的状况，因此普遍认为这两项测试的结果能够提供与中枢听觉功能相关的信息。美国言语－语言－听力协会（American Speech-Language-Hearing Association，2005）的相关报告已明确指出可将MLAER与LLAER纳入用于诊断中枢听觉处理障碍（central auditory processing disorder，CAPD）的成套测试。此外，亦有证据表明MLAER与LLAER可用于监控听觉训练（auditory training）对CAPD患者的干预效果（Schochat et al.，2010；Ben-David et al.，2011）。

第四节　局限性

尽管理论上MLAER与LLAER在临床听力评估方面均具有巨大的潜在价值，但实际情况中有诸多客观条件限制了这两项测试的开展。首先，与MLAER及LLAER相关的影响因素过多，有研究（Alho et al.，1994）指出MLAER及LLAER可能是在多感官（不只是听觉）神经系统调控下的产物，而注意、觉醒状态等无关因素的介入削弱了MLAER及LLAER作为单纯听力评估方法的特异性；其次，MLAER与LLAER结果存在较大的个体间甚至个体内变异性，导致难以为这两项测试制定统一且规范的临床标准；最后，需要注意的是，MLAER与LLAER虽为客观测试，但由于肌肉运动、镇静、麻醉、睡眠等因素均会对其产生影响，所以这些测试在一定程度上仍然依赖受试者在清醒状态下的主观配合。测试配合度欠佳的儿童，可能无法获得可靠结果。

参考文献

Alho K，Woods DL，Algazi A，et al.，1994. Lesions of frontal cortex diminish the auditory mismatch negativity[J]. Electroencephalography and Clinical Neurophysiology，91(5)：353-362.

American Speech-Language-Hearing Association，2005. Central Auditory Processing Disorders[EB/OL]. [2023-02-06]. https://www.asha.org/practice-portal/clinical-topics/central-auditory-processing-disorder.

Ben-David BM，Campeanu S，Tremblay KL，et al.，2011. Auditory evoked potentials dissociate rapid perceptual learning from task repetition without learning[J]. Psychophysiology，48(6)：797-807.

Billings CJ，Tremblay KL，Miller CW，2011. Aided cortical auditory evoked potentials in response to changes in hearing aid gain[J]. International Journal of Audiology, 50(7) : 459–467.

British Society of Audiology, 2022. Recommended procedure: Cortical auditory evoked potential (CAEP) Testing[S]. Bathgate: British Society of Audiology.

Brown CJ, Etler C, He S, et al., 2008. The electrically evoked auditory change complex: Preliminary results from nucleus cochlear implant users[J]. Ear and Hearing, 29(5) : 704–717.

Davis H, Davis PA, Loomis AL, et al., 1939. Electrical reactions of the human brain to auditory stimulation during sleep[J]. Journal of Neurophysiology, 2(6) : 500–514.

Firszt JB, Chambers RD, Kraus N, 2002. Neurophysiology of cochlear implant users II: Comparison among speech perception, dynamic range, and physiological measures[J]. Ear and Hearing, 23(6) : 516–531.

Frizzo ACF, Funayama CAR, Isaac ML, et al., 2007. Auditory middle latency responses: A study of healthy children[J]. Brazilian Journal of Otorhinolaryngology, 73(3) : 398–403.

Geisler CD, Frishkopf LS, Rosenblith WA, 1958. Extracranial responses to acoustic clicks in man[J]. Science, 128(3333) : 1210–1211.

Hall JW, 2015. eHandbook of Auditory Evoked Responses[M]. London: Pearson Education, Inc.

Katz J, Chasin M, English K, et al., 2015. Handbook of Clinical Audiology[M]. 7th ed. Philadelphia: Wolters Kluwer Health.

Lee YS, Lueders H, Dinner DS, et al., 1984. Recording of auditory evoked potentials in man using chronic subdural electrodes[J]. Brain, 107: 115–131.

Mast TE, 1965. Short–latency human evoked response to clicks[J]. Journal of Applied Physiology, 20(4) : 725–730.

McGee T, Kraus N, Comperatore C, et al., 1991. Subcortical and cortical components of the MLR generating system[J]. Brain Research, 544: 211–220.

Palaskas CW, Wilson MJ, Dobie R A, 1989. Electrophysiologic assessment of low–frequency hearing: Sedation effects[J]. Otolaryngology - Head and Neck Surgery, 101(4) : 434–441.

Schochat E, Musiek FE, Alonso R, et al., 2010. Effect of auditory training on the middle latency response in children with (central) auditory processing disorder[J]. Brazilian Journal of Medical and Biological Research, 43(8):777–785.

Van Dun B, Dillon H, Seeto M, 2015. Estimating hearing thresholds in hearing–impaired adults through objective detection of cortical auditory evoked potentials[J]. Journal of American Academy of Audiology, 26(4) : 370–383.

Van Maanen A, Stapells DR, 2005. Comparison of multiple auditory steady–state responses (80 versus 40 Hz) and slow cortical potentials for threshold estimation in hearing–impaired adults[J]. International Journal of Audiology, 44(11) : 613–624.

第十三章　前庭功能检查及临床应用

人体维持平衡主要依赖前庭觉、视觉和本体觉三大系统的共同作用。这三大系统都包含外周感受器，能感知躯体位置和运动等各类刺激，再把信息传递至中枢，中枢核团发出指令到达相应的效应器，完成各种反射性活动，维持躯体在静态和动态状态下的平衡。前庭感受器由内耳前庭系统中的半规管壶腹嵴和耳石器组成，是重要的前庭感受器，前者感受头部角加速度运动，后者感受头部直线加速度运动（包括重力）。视觉感受器主要提供头部相对于环境物体位置的变化以及运动的信息。视觉信号有很好的方向性，可参考周围物体提供慢性运动或静态变化的信息。视觉信息同前庭觉、本体觉信息传到中枢，经中枢整合后通过前庭眼反射控制眼球肌肉，产生代偿性的眼球运动，使眼球随头部位置改变而微调，稳定视觉，以维持平衡。本体感觉是内在反馈的感觉系统，用来察觉身体肌肉、骨骼、关节处在什么样的姿势和位置，这类感受器多藏于关节囊等部位，感受器的刺激主要来源于身体的质量和重力。例如单脚站立时，支持面积减少，整体平衡能力降低，此时人体可能会向前迈步调整姿势以维持平衡状态，防止摔倒。

三大感觉系统提供给大脑的信息会互相补充，其中一种感觉系统出现异常时，其他感觉系统会来替代（发生代偿）。例如前庭觉较差的患者可能更加依赖视觉，当视觉输入被剥夺后（闭目）会加重平衡障碍（睁眼时还可站立，但闭眼后马上摔倒）。如果任意两大系统出现异常，则难以依靠一个系统维持平衡，会出现站立不稳、无法行走等严重的平衡障碍问题。

前庭觉障碍的患者多主诉眩晕（明显的外物或自身运动感如旋转、晃动、偏斜等），并伴有恶心、呕吐、视力模糊、姿势不稳、畏惧运动、步态障碍等症状，常突然发病伴有明显的恐惧感。此外，部分耳科疾病可能同时或相继影响患者的听觉和前庭觉。门诊预检时，主诉眩晕的患者在排除了其他更大的健康问题时，会被转诊至耳鼻喉科（或听力中心）就诊。因此利用临床检测技术准确评估眩晕患者的前庭功能、明确侧别和部位、辅助临床医师鉴别诊断疾病是听力学中前庭相关知识的重点。

前庭功能评估主要是对中枢系统和外周前庭感受器的评估，检测技术包括视眼动系统评估技术、冷热试验（caloric test）、视频头脉冲测试（video-head impulse test，v-HIT）和前庭诱发肌源性电位（vestibular evoked myogenic potentials，VEMP）。视眼动系统评估用于检测中枢系统，冷热试验与v-HIT用于检测半规管功能，VEMP用于检测耳石器功能。

此外，耳石器中的耳石会掉落入半规管造成良性阵发性位置性眩晕（benign paroxysm positional vertigo，BPPV），变位试验可用于BPPV的检测与诊断，并可将脱落的耳石复位至原处用于治疗。

第一节　理论基础

一、解剖与生理

内耳又称迷路，其骨迷路主要分为半规管、前庭和耳蜗三个部分。前庭位于耳蜗及半规管之间，略呈椭圆形，前下部较窄，有一椭圆孔通入耳蜗的前庭阶；后上部较宽，有三个骨半规管的5个入口。前庭器官包括三对半规管——水平半规管（外半规管）、前垂直半规管（上半规管）、后垂直半规管（后半规管）和两对前庭囊（椭圆囊和球囊），其中三对半规管感受角加速度，前庭囊感受重力与线加速度。每个半规管各有两脚，半规管末端膨大称壶腹，另一脚为单脚，前、后垂直半规管的单脚并为一脚，称总脚，故三只半规管共有五个管口，都与椭圆囊相通，任何头部旋转都会引起六个半规管相应的激活模式（田勇泉，2008）。

前庭感受器由半规管系统和前庭囊耳石系统两个部分组成。半规管壶腹内有胶样状组织称为嵴帽或嵴顶，是半规管和前庭之间的屏障，嵴帽顶端附有黏多糖，可感受头部位置的变动，嵴帽的下方是壶腹嵴，由毛细胞和支持细胞组成，毛细胞的纤毛较长，可随内淋巴移动。前庭囊主要包括椭圆囊和球囊，它们互相垂直，由毛细胞和支柱细胞组成，毛细胞的纤毛较壶腹嵴的短，前庭囊的囊斑表面覆有一层胶质膜名耳石膜，该膜由多层以碳酸钙结晶为主的颗粒即耳石（位觉斑）和蛋白质凝合而成（田勇泉，2008）。

囊斑和壶腹嵴上的毛细胞是感觉细胞，均有两个类型，Ⅰ型毛细胞形如烧杯状，也称为杯状细胞，与耳蜗内毛细胞相似；Ⅱ型毛细胞体型如柱状，也叫柱状细胞，与耳蜗外毛细胞相似。每个毛细胞有一根长的动纤毛和一些较短的静纤毛。水平半规管内的壶腹嵴上毛细胞的动纤毛位于靠近椭圆囊一侧，而前、后半规管内壶腹嵴上毛细胞的动纤毛位于靠近半规管一侧。当静纤毛压向动纤毛时，放电频率增加（去极化，兴奋）；当动纤毛压向静纤毛时，放电频率减少（超极化，抑制）。

外周前庭系统感知头部的运动，将此信息传递至中枢前庭系统，通过神经系统的各反射通路传递至效应器，随之人体会发生一系列改变（例如向前迈步和凝视）来维持躯体平衡和保持运动时视觉清晰。

前庭神经系统有七条反射通路，分别是前庭眼动、前庭脊髓、前庭小脑、前庭网状结构、前庭自主神经、视前庭相互作用神经和前庭皮层反射通路。与临床测试技术关系紧密的是前庭眼动反射（vestibulo-ocular reflex，VOR）。和前庭脊髓反射（vestibulo-spinal reflex，VSR）。目前对这两大反射通路的机理研究已较为深入和全面。

VOR是与眼球运动相关的反射通路，它的主要作用是人体运动时，通过调节眼球的方向，来维持视网膜上图像的稳定。VOR包括三个方面，分别是角VOR、平行VOR和静态VOR。通过半规管接收角加速度运动（头部旋转）刺激而激活的是角VOR（angular VOR），通过耳石器感知线性平移运动刺激而激活的是平行VOR（translational VOR），以及通过耳石器感知重力刺激而激活的是静态VOR（static VOR）（补偿因重力存在的头部倾斜而发生静态双眼扭转）。正常状态下，角VOR和平行VOR增益占主导，静态VOR增益较弱；但是当疾病发生时，静态VOR的变化会很明显，所以临床医师也会关注静态VOR。一般情况下，当VOR被激活后，眼外肌发生收缩，眼球发生相应的运动来补偿特定的头部运动。例如当头部向一个方向平行移动时，眼睛会往相反的方向但以同一速度移动，从而保持注视的稳定性。如果疾病导致前庭器官或者相关的神经系统出现异常，VOR将无法正常工作，患者眼睛无法充分补偿头部的运动，故患者在头部运动时会出现视觉模糊或跳动（在排除眼科疾病的情况下），有头晕目眩的感觉。

VSR是身体姿势和重心的支撑机制。与VOR类似，前庭感觉器官接收刺激后，通过VSR，诱导颈部和身体肌肉协调运动发生各种激活模式，实现人体在站立和行走时可控制姿势，保持平衡，避免摔跤发生。如果外周和中枢前庭系统发生异常，VSR将无法有效传递信息，患者将会发生无法站立、行动不稳、易摔倒等失去平衡的情况。

二、视眼动系统功能及其评估

1. 视眼动系统功能

虽然眼球运动受到不同中枢和反射通路的控制，但最终输出表现相同，包括注视、扫视、视动等多项眼动功能。正常情况下，视眼动系统主要有两大作用。第一个作用是保持视网膜上图像的稳定，具体通过以下眼动功能实现：①头部静止状态下，注视（visual fixation）系统发挥主动过程将静止物品的图像固定在中央凹（fovea）（黄斑中的结构，视觉最敏感处）。实际上，注视并不是简单的眼球保持不动，而是发生了一些我们肉眼无法察觉到的微小运动，包括微弱颤动（microtremor）、微弱扫视（microsaccades）和微弱漂移（microdrift）；②头部短促且快速运动时（走路与跑步状态），前庭系统通过VOR将目标事物的图像稳定在视网膜上，与视觉系统调节的眼球运动相比，VOR调节的眼球运动潜伏期较短；③当头部持续旋转时，前庭诱发的眼球运动能力开始下降，此时视动（optokinetic）系统可发挥补充作用，将目标事物的图像继续稳定在视网膜上。视眼动系统的第二个作用是引导具有高分辨率的黄斑定位目标物品，具体通过以下视眼动功能实现：①扫视（saccades）是一种快速、短促和共轨的眼球运动，主要通过不停转换视线而将目标图像快速锁定在中央凹，因此扫视可用于在众多物品中搜寻目标物。②平滑跟踪（smooth pursuit）是在头部保持不动时，将小型且慢速移动的目标图像稳定在中央凹。③聚散（vergence）指眼球向相反方向运动，使目标物品（无论是靠近还是远离眼球运动）图像能同时出现在双侧的中央凹。

2. 视眼动系统功能评估

视眼动系统非常复杂，相关神经通路的研究发现，部分视眼动功能如扫视、视动和平滑跟踪等与中枢系统（大脑区域）相关，因此临床中不仅需要评估患者的前庭功能，也需要评估与中枢相关的眼动功能，目的在于辅助临床医师综合判断引起患者头晕或眩晕的主要原因及病变部位。如果确定是中枢异常，需要及时转诊患者至其他科室治疗。眼动系统的功能评估主要包括扫视、凝视、平滑跟踪和视动四个方面，是眼震电/视图测试组合中的一部分。检查时，患者需要在测试人员指导下，保持头部不动，用眼球跟踪正前方一定距离外显示屏上静止或运动的目标物（例如黄色小球）。患者的眼动轨迹会被设备记录，通过与目标物的运动轨迹比较，或观察诱发的眼震是否符合正常标准，或一段时间内是否出现异常的眼球运动这三种方式来判断检查结果。

（1）扫视测试过程及结果判断

受检者取头直端坐位，双眼平视，注视并跟踪水平方向跳动的视标点，由设备记录眼动波曲线。正常扫视波形为与目标曲线基本一致的方形波，偶有个别波形在初始段存在扫视不足或超过视靶现象（分别称为欠冲或过冲）。如果存在多个比较一致的欠冲或过冲扫视波，则为病理现象（图13.1）。

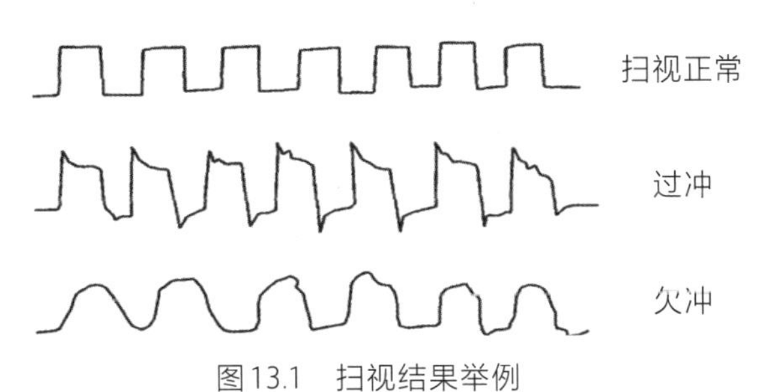

图13.1 扫视结果举例

（2）凝视测试过程及结果判断

凝视性眼震试验是一种在眼原位和在水平、垂直方向上眼球偏离原位后正视前方时出现的眼震的检查。受试者分别注视上、下、左、右各25°～30° 位置的靶点，每个位置注视20 s以上，有眼震出现时观察记录60 s。一般认为连续出现3～5个慢相速度大于5°/s的连续眼震波为异常（阳性），前庭外周性与中枢性的损伤均可引起。

（3）平滑跟踪测试过程及结果判断

受试者双眼向前平视，注视并跟随水平方向呈正弦波摆动的视标点，记录受试者的眼动。可以分为如下四型：Ⅰ型：正常型，光滑正弦曲线，和视标曲线基本一致；Ⅱ型：正常型，光滑正弦曲线上附加个别阶梯；Ⅲ型：异常型，曲线不光滑，成阶梯状，多个扫视波叠加于跟踪曲线之上；Ⅳ型：异常型，曲线波形紊乱（图13.2）。

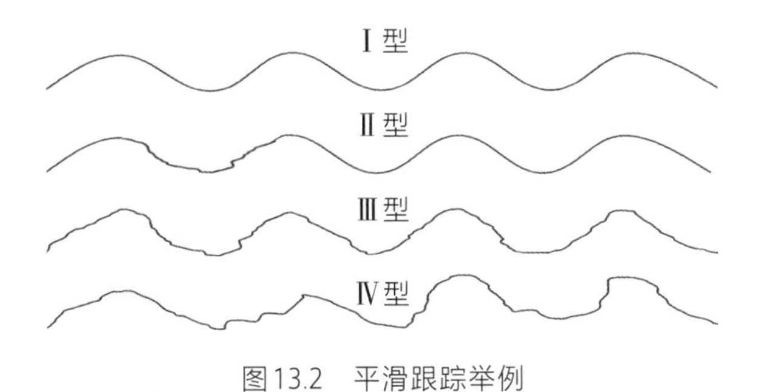

图13.2 平滑跟踪举例

（4）视动测试过程及结果判断

受试者正视前方水平视靶，靶点为成串、连续移动的光点。测试时要求受试者只盯住视靶中点，默数经过此点的靶点数目。评价检查结果：①眼震方向：正常人均可引出水平性视动性眼震，其方向与靶点运动方向相反。例如如果靶点向右连续移动，引出快相向左的左跳性OPK。异常表现时眼震方向发生逆反，通常提示前庭中枢性病变。②增益：指眼动慢相速度与视靶速度之比，可用眼动慢相速度曲线对应的视靶运动速度曲线之斜率计算，或者指最大眼动慢相速度与最大视靶运动速度之比，一般不小于0.6。

三、眼震

眼震，即眼球震颤（nystagmus，NY），是一种周期性且多为无意识的眼球运动。其中与前庭和视动相关的眼震通常由两个部分组成，包括缓慢的眼球漂移和快速的代偿性复位，前者被称为慢相，由前庭刺激引起，后者称为快相，是一种中枢矫正性运动。虽然眼震包括快相和慢相，但是在早年无设备跟踪记录眼球运动情况下，仅凭医师肉眼观察，眼球的快相更容易被观察到，因此便以快相命名眼震的方向，但在计算眼震强度时使用慢相角速度。在眼震电图（electronystagmography，ENG）或眼震视图（videonystagmograph，VNG）设备投入临床使用后，眼震可以被记录下来，描绘在坐标图中，横坐标为时间，纵坐标为眼震程度（degrees）。通过坐标图，可以观察和描述患者眼震的方向和强弱程度。

设备可分别记录水平位眼震（基线向上为右，向下为左）和垂直位眼震（基线向上为上，向下为下），这两个方向是最常见的眼震方向。其他方向还包括旋转眼震（前后轴反复旋转）和混合性眼震（无法在电/视图中记录到，可凭肉眼观察）。

眼震可以用不同的方法进行分类（如基于解剖学、眼震方向、生理或病理机制、急跳性或摆动性、周围性或中枢性、先天性或获得性等），但没有一种分类方案完全适合每一种眼震。根据Bárány学会国际前庭疾病分类委员会制定的各种类型眼震和眼震样眼动的分类和定义，将眼球震颤分为三类：生理性眼震、病理性眼震以及眼震样眼动。生理性眼震是正常个体在非病理情况下发生的眼震，为自然行为的一部分或是对生理刺激的反应。病理性眼震为疾病累及一个或多个眼动系统而引起的眼震，可能是先天性的、后天性的或早期发育异常所致。眼震样眼动即一些振荡性眼动，可能和眼震相似，但实际上与扫视侵扰有关，但部分机制尚未明确，如临床上的方波急跳、眼阵挛以及乒乓样凝视等（焉双梅 等，2020）。

自发性眼震是一种无外界刺激诱发而存在的眼震。正常状态下部分人群或可记录到微弱的自发性眼震。但是在病理状态下，例如单侧急性前庭功能减弱的患者，自发性眼震会非常强烈。因此，自发性眼震的评估非常重要，是眼震视/电图测试组合中首个测试项目。

测试在暗室（无注视点）条件下进行，指导患者平视前方，通过设备记录自发性眼震的方向和强度。如果在一段时间可记录一组连续稳定出现的水平或者垂直眼震，且强度（慢相角速度）大于一定数值（眼震电图记录下为7°/s，眼震视图为2°/s），则判断患者的自发性眼震与疾病相关，低于此强度则认为是生理性的自发性眼震（正常现象）。病理性自发性眼震的发生机制主要是前庭眼动系统或（和）视眼动系统在其不同水平上产生的兴奋不对称，使得两侧对应的眼外肌兴奋性不对称；或两侧眼外肌本身的紧张性不对称。

此外，需要注意的是，设备可录到无快慢相的眼震，这可能是眼科疾病导致的，需要加以区分。可以在测试前详细询问患者是否存在眼部疾病。

第二节 冷热试验的临床应用

一、测试原理与设备

冷热试验（caloric test），又称温度试验，是前庭功能（特别是外半规管功能）评估中最常用的测试技术之一。该试验主要采用冷和热水/气为刺激源，分别刺激左右耳半规管，使迷路的内淋巴液因温度差（刺激点温度与其他部分温度形成差异）和重力发生密度变化，从而产生液体流动，诱发眼震和眩晕等症状。临床通过记录和计算双耳刺激诱发眼震的方向和强弱来评估患者双侧的前庭信息输入和处理是否平衡。若不平衡，是诱发眼震较弱侧存在异常还是眼震较强侧存在异常，需要根据患者多方面的情况综合判断。

为何内淋液流动会诱发眼震发生？主要是因为流动的液体会引起半规管壶腹嵴的偏移，而引起其中的毛细胞（感受细胞）上动纤毛和静纤毛的运动。当静纤毛压向动纤毛时，与毛细胞相连的神经细胞发生去极化，为兴奋反应，放电率增加；当动纤毛压向静纤毛时，与毛细胞相连的神经细胞发生超极化，为抑制反应，放电率降低。然后，经过前庭眼反射通路，引起眼肌紧张或松弛，发生眼球运动，即眼震。

临床主要根据记录到的诱发眼震判断结果，因此可采用相关记录技术和操作设备完成整个测试过程（瞳孔定标、灌气/水刺激、记录与计算）。眼震电图是在眼部周围相应的位置贴上电极线，然后记录眼动过程中发生的电位信息，经设备处理后，在坐标图中描计出眼震方向和慢相速度的情况，并对有效结果进行关键指标（单侧减弱指数、眼震方向优势偏向和固视抑制指数）的计算。

近些年，随着摄像技术的进步，眼震视图操作技术和设备普遍应用于临床的冷热试验测试。眼震视图是通过跟踪瞳孔的运动，精确记录眼球的运动情况。与眼震电图相比，眼震视图记录眼球运动更为精确，操作更简单（无须贴电极，只需要固定好大眼罩），暗室条件更加充分（眼罩避光效果较好）。但眼震视图也有局限性，例如眼睑下垂（睁不开眼，睫毛遮挡）、睁眼配合不佳（不适感出现时习惯性闭眼、配合程度低的儿童患者）、眼部浓妆（设备通过比较眼部结构的颜色深浅判断瞳孔的位置，眼周浓妆会影响设备判断）的患者在瞳孔定标之初就存在问题，将无法继续后续操作。对于上述情况，在条件允许的情况下，可以选择眼震电图完成冷热试验。

二、测试诱发的眼震方向

正常情况下，冷热试验中受试者诱发的眼震方向遵循冷对热同原则（cold opposite warm same，COWS）。以右耳为例，用24℃冷气刺激，记录到水平左向眼震，眼震方向为左，而受试耳为右，两者相对，即“冷对”；用50℃热气刺激，记录到水平右向眼震，受试耳也为右，是相同的，即“热同”。发生COWS这一现象主要是因为冷水/气刺激下，内淋巴液远离壶腹而流向管部产生较弱刺激，眼震方向与受试耳方向相反；热水/气刺激下，内淋巴液从管部流向壶腹部产生较强刺激，眼震方向朝向受试耳方向。但是，若患者中耳存在病变，例如耳膜穿孔和中耳积液，诱发的眼震方向不一定完全符合此原则。

根据临床需要，冷热试验中可使用双温、单温或微量冰水测试。双温试验是冷水/气和热水/气分别刺激双侧半规管。单温试验是用只用冷水/气或热水/气刺激半规管，虽然无法完全取代双温测试，但其结果仍具有临床参考价值（Melagrana et al.，2022）。若采用双温或单温测试患者无反应，可用微量冰水作为刺激源来确定患者是否还有残余的前庭功能。在实际工作中，双温在临床上应用更为广泛。

三、关键指标的计算

临床中，主要通过检测设备观察和记录冷热灌注后的眼震方向和强弱，确定双侧前庭反应是否存在，并计算和比较两侧眼震的强弱程度，判断双侧功能是否对称。具体方法为：首先，选取每一次冷或热水/气诱发眼震反应最强的10 s；然后，计算10 s内所有眼震的慢相速度（slow phase velocity，SPV）的平均值（如果患者伴有自发性眼震，需要进行校正，也就是将慢相速度根据自发眼震的方向加或减。例如记录到的自发性眼震为5°/s的右向眼震，冷热试验记录到20°/s的右向眼震，考虑到自发性眼震的叠加效应，实际上真正由温度诱发的右向眼震应该为20－5＝15°/s；再例如记录到的自发性眼震为5°/s的右向眼震，冷热试验记录到20°/s的左向眼震，但是实际上真正的温度诱发眼震强度应该为5＋20＝25°/s）；最后，将右侧和左侧的冷和热四次结果带入用于计算单侧减弱（unilateral weakness，UW）或优势偏向（directional preponderance，DP）的两个公式。

公式1：$UW(\%)=[(WR+CR)-(WL+CL)]\times 100\%/(WR+CR+WL+CL)$

公式2：$DP(\%)=[(WR+CL)-(WL+CR)]\times 100\%/(WR+CR+WL+CL)$

临床中主要通过UW（或CP）指数判断双侧半规管（主要为水平半规管）反应是否对称。当UW大于等于25%（贾宏博 等，2019b）时，眼震强度相对较弱的一侧会被报告为水平半规管功能相对减弱的一侧。但是具体情况需要根据病史和其他结果综合判断，因为在某些疾病情况下，可能是眼震相对强的一侧为患侧，即反应过强。如果左侧或者右侧的冷与热双温诱发眼震SPV之和小于12°/s，将计算UW指标，而是直接说明该侧反应减弱。

DP主要比较的是左向眼震和右向眼震之间的强弱。在常规的双温测试中，健康人群在双耳冷和热的四次刺激作用下会产生两次左向眼震和两次右向眼震，并且两个方向眼震的SPV应该是相当的，不会有明显的偏向。受试者测试所获得的四次结果带入上述公式2计算后会获得一个百分比，若百分比大于等于30%（贾宏博 等，2019b），则说明某个方向的眼震存在明显的优势偏向。例如两次左向眼震之和为40°/s，两次右向眼震之和为80°/s，公式2计算后DP为33.3%，结果超过正常标准，则可报告患者存在右向眼震优势偏向。目前DP的临床参考指向不是非常明晰，部分学者认为可能与前庭功能逐渐恢复发生代偿相关，但临床中仍然会报告此指标。

此外，在每次停止温度刺激，继续记录眼震的过程中，眼震最强时，会指导受试者固视（盯住不动）在黑暗中出现的亮点（设备提供），观察眼震是否减弱或消失，用于计算固视抑制指数（fixation index，FI），FI＝（固视时的眼震慢相速度/固视前的眼震慢相速度）× 100%。正常情况下，受试者固视亮光时眼震会得到较大抑制，即SPV会急剧下降（正常为不高于70%）。如果固视后眼震强度无明显变化，常提示中枢病变（贾宏博 等，2019a）。

四、常见疾患的冷热试验结果

当UW提示存在单侧前庭功能减弱（确定为患侧）时，可能原因为半规管内迷路中感受器受损和（或）与之相关的前庭神经出现异常（病毒感染、压迫）。因此，UW异常常见于耳源性眩晕疾患，例如梅尼埃病主要为迷路病变，前庭神经炎等为迷路后的神经病变，且疾病的不同阶段可能会有不同的UW结果。

1. 梅尼埃病

梅尼埃病患者主要表现为持续性的耳鸣、波动性听力下降（逐渐变差）、发作性眩晕和耳闷胀感。该病的病理基础为内淋巴积水，对内耳的感受器细胞和整体的结构产生影响，导致患者出现听力下降和眩晕。

临床研究已经发现，不同分期的梅尼埃病患者均有可能出现异常UW（Cerchiai et al.，2019）。总体趋势为在梅尼埃病的早期阶段，前庭功能异常可能发生于眩晕发作期的几天，几周后可恢复正常，因此患者在间歇期就诊时冷热试验结果大多为UW正常。但是当疾病发展到后期时，前庭功能异常持续存在且不可逆，大部分患者患侧的冷热试验UW为异常，程度轻度到重度不等，伴或不伴有异常DP。

2. 前庭神经炎

前庭神经炎是一种单侧外周前庭系统异常的疾病，患者常表现为强烈、持续24 h以上的急性旋转性眩晕（伴较强的自发性眼震，多为水平方向），但是无听觉功能异常（无耳鸣、耳闷和听力下降），具有上呼吸道感染史。前庭神经包括前庭上神经和下神经，患者可表现为单一神经或者全部神经受累，临床中以前庭上神经（支配前半规管、水平半规管、椭圆囊和小部分球囊）炎最为常见。目前，研究认为可能是病毒（例如潜在的疱疹病毒、SARS-COV-2 病毒或者COVID-19 疫苗中的减弱病毒）对前庭神经的侵犯造成了严重的单侧前庭功能异常（Molnár et al.，2022）。

前庭神经炎发作期患者的冷热试验结果可出现UW和DP异常。Molnár 等（2022）曾报告99例前庭上神经炎患者中68例UW异常（眼震电图测试，UW大于20%为异常），55例DP异常（眼震电图，DP大于30%为异常）。UW和DP任一结果异常的患者有95例。由此说明，临床诊断需同时结合UW和DP两个指标的结果。但是在急性期，前庭神经炎患者的冷热试验结果可能受到自发性眼震影响而出现反向眼震（不遵从COWS定律），导致UW和DP无法计算。

前庭神经炎患者经过治疗后，前庭功能会逐渐恢复，因此在临床随访中可以采用冷热试验对患者的前庭功能进行评估，观察恢复情况。Hwang等（2019）对46例患者在确诊后6个月和12个月均进行冷热试验，比较发现，20例前庭上神经炎（共31例）和3例上神经和下神经（共15例）均损伤患者UW正常，说明前庭神经损伤程度轻（单一神经损伤）的患者冷热试验结果恢复正常的可能性更大，而损伤较重的患者冷热试验可能较难恢复

（Hwang et al.，2019）。

3. 听神经瘤

听神经瘤实则为前庭神经鞘膜瘤，瘤体压迫听神经，患者多以听觉功能（患侧耳鸣、听力下降）异常就诊，故称为听神经瘤，单侧发病最多见。因瘤体主要发生在前庭神经，患者的前庭功能也会受到影响。Brown等（2019）报告51例单侧听瘤的患者中，32例（63%）患者冷热试验结果异常（UW大于25%），并且发现听瘤的大小与UW数值之间具有相关性，即瘤体越大，UW数值越大，说明患侧较健侧外半规管功能减弱程度越重。

很多患者在疾病发生之初或者听瘤切除术前并没有明显的前庭功能异常症状（眩晕、走路不稳等），可能是因为听神经瘤生长很缓慢，人体可以通过中枢代偿机制逐渐适应瘤体增大过程中给平衡系统带来的变化。但是，听瘤患者瘤体切除后，前庭神经严重受损，单侧前庭信息输入完全丧失，双侧信息输入严重不对称，这种快速的改变使前庭代偿在短时间内未建立完成，所以患者会在术后出现眩晕和不平衡感（Brown et al.，2019）。

4. 大前庭水管综合征

大前庭水管综合征（large vestibular aqueduct syndrome，LVAS）是儿童中较为常见的一种内耳畸形，双侧发病多见，部分患儿出生就为极重度耳聋（新生儿听力筛查未能通过，3个月内确诊），或出生听力正常但在2～3年的成长过程中听力逐步下降，言语发育受到严重影响。患儿可因摔跤等头部受到撞击后发生突发性眩晕（呕吐、走路不稳），并伴有明显的听力下降。之所以会导致眩晕，可能与诱因作用下内耳淋巴液瞬时的压力变化有关。

年龄较大（5岁以上）的LVAS儿童可配合完成冷热试验等检查项目以评估其前庭功能。Zhou等（2017）曾报告16例完成冷热试验的双侧LVAS患者中14例结果异常，其中12例患者双侧外半规管功能减弱，2例单侧减弱。

5. 中枢性疾患

一般情况下，单纯的中枢前庭系统异常不会引起冷热试验结果的异常。但是如果中枢疾患涉及前庭耳蜗神经的神经根入口区域则可能会出现冷热试验结果的异常，UW超过正常范围。

五、中耳状态对结果的影响

实际操作时，听力师手持设备（类似电耳镜）向患者耳道内对准鼓膜处输送冷气或热气，温度经中耳后才能到达内耳。所以中耳的情况将直接影响冷或热的温度到达内耳后内淋巴液流动的情况，进而可能会对诱发眼震的方向和程度产生影响。

若中耳存在积液（例如为右耳），50 ℃热气吹入后实际到达内耳的温度远远不够引起正常情况下的右向眼震，还有可能经过积液，热风温度冷却成冷风温度。故可在此类患者中出现左向眼震，即与正常情况相反的眼震，可称为反向眼震。

如果患者存在鼓膜穿孔，则无法采用冷水和热水完成冷热试验，应该选择冷热气，并且结果也是多种多样的。临床中，鼓膜穿孔耳冷热试验结果大致可划分为以下四种类型（于立身，2013）：①增强型：穿孔耳冷热试验诱发的眼震SPV强于非穿孔耳（眼震SPV正常），UW超出正常范围，所得临床印象为“非穿孔耳较穿孔耳半规管功能减退”。此情况应视为“假阳性”，是穿孔耳受到强刺激使眼震增强导致的假象。②减退型：穿孔耳冷热试验眼震弱于非穿孔耳（眼震SPV正常），UW值超出正常范围。③等强型：穿孔耳冷热试验眼震反应强度与非穿孔耳的眼震反应强度正常，且UW在正常范围。④反向型：非穿孔耳冷热试验诱发的眼震SPV正常，穿孔耳冷气刺激眼震方向正常，但热气刺激眼震方向相反。有时候热气刺激诱发的反向眼震还可以呈现双相特征（基于水分蒸发吸热的基本物理现象，若中耳脓液量较多，热气灌入外耳道后经脓液冷却，温度比体温低，此时对半规管是冷性刺激，会出现反向眼震；若中耳脓液量不多，热气灌入外耳道后经脓液冷却，先是反向眼震，待该眼震结束后，因为温度仍比体温高，此时对半规管仍是热性刺激，但强度会降低，会诱发出正常方向的眼震）（王璟 等，2010）。

当鼓膜患者出现减退型和等强型的结果时，需结合病史和其他检查结果，谨慎地判断穿孔耳的半规管功能可能存在减退，减退程度有所不同。

六、儿童测试特点

冷热试验可以用于儿童患者的评估，但是考虑到测试本身时间较长（至少20 min），在冷热气刺激下可能会引起患儿强烈眩晕等不舒适感，因此，需要考虑儿童患者配合程度和耐受性的问题。根据临床经验，6岁及以上儿童耐受程度尚可，大部分患儿可以较好地配合听力师完成全部过程。6岁以下低龄患儿不推荐进行该项测试，如果必须完成，需要与家属沟通好，希望他们与听力师一起安抚儿童的情绪，尽可能完成测试。有学者提出，如果双温测试时间较长，可以采用单温（冷或热）缩短测试时间，相比较而言，更推荐使用热气或水。虽然采用热气或水进行的单温测试无法完全取代双温测试，但是所得结果仍然具有一定的临床参考价值（Melagrana et al.，2002）。

七、测试流程及注意事项

冷热实验测试流程及注意事项

八、报告书写

在冷热试验报告中一般应包括以下内容。

（1）测试状态下（仰卧位，头抬高30°）有无自发性眼震。如果有自发性眼震，需要说明眼震的方向和SPV。

（2）冷热试验结果展示：分别罗列四次眼震的方向和SPV，固视抑制情况（情况有无和抑制指数），最后需要汇总计算UW（或CP）和DP。

九、案例分析

案 例

张XX，男，59岁。

主诉：右耳耳鸣，听力下降明显，且反复眩晕数年。

病史：十年前出现右耳耳鸣，近几年听力明显下降，且伴有眩晕发作，每次持续几个小时，近期眩晕发作频率逐渐增高。诊断为“梅尼埃病”，听力与前庭功能等检查结果如下：

（1）纯音测听（图13.3）：左耳轻度感音神经性聋；右耳中重度感音神经性聋，呈低频下降型。

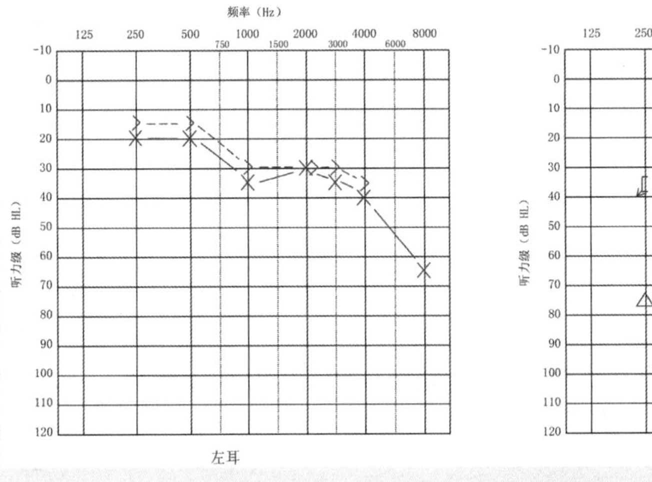

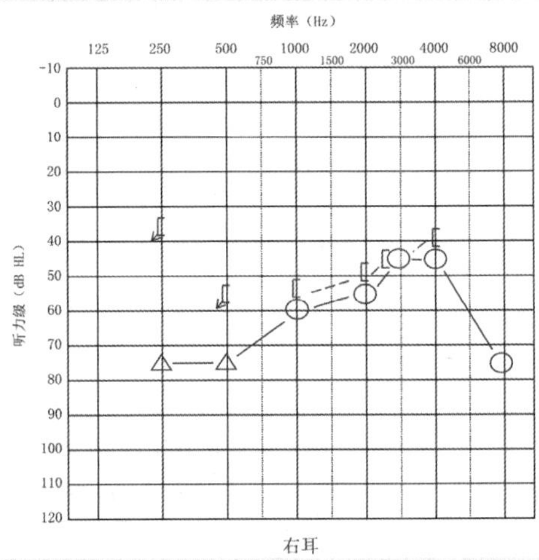

图13.3 纯音测听结果

（2）冷热试验：CP(R)=60%，右侧外半规管功能减弱。

（3）视频头脉冲测试：双侧均正常。

（4）影像学检查：提示右侧前庭、耳蜗内淋巴积水。

诊断：右耳梅尼埃病，右耳中重度感音神经性听力损失。

总结与分析：纯音听力图显示左耳以轻度高频听力下降为主，右耳中重度低频听力下降，冷热试验提示右侧外半规管（CP>25%，低频）偏瘫（即右侧较左侧反应减弱），视频头脉冲测试提示六个半规管（高频）增益均基本正常，影像学检查诊断意见提示右侧前庭、耳蜗内淋巴积水。该梅尼埃病患者听力和前庭功能均异常。用冷热试验与视频头脉冲评估患者前庭功能的情况，但测试结果出现矛盾。此种现象在相当一部分梅尼埃病患者中存在，具体内容将在“视频头脉冲测试的临床应用”部分中介绍。

第三节 视频头脉冲测试的临床应用

一、测试原理与设备

前庭功能（半规管功能）检查项目中临床应用最广泛的是冷热试验。该试验通过向受试者外耳道灌注温度不同的冷热气或水，使半规管内淋巴液出现温度差从而产生有规律的运动，刺激壶腹嵴产生眼震，通过记录眼震的各项参数评估功能。该检查虽稳定性较好，但仅能评估水平半规管，不能评估垂直半规管的功能状态；另外，该测试的患者耐受性普遍不高，因温度刺激下常诱发患者眩晕、恶心呕吐，部分患者（特别是儿童患者）难以完成全部过程，限制了其在部分患者中的临床使用。正是在这样的背景之下，视频头脉冲测试（vedio head impulse test，vHIT）应运而生。凭借高频摄像头技术的进步与成熟，2004年Bárány大会上专家们首次提出在原有床旁测试即甩头试验（头脉冲试验）的基础上给受试者佩戴安装有高频摄像头的眼镜，记录患者头部被快速甩动时头部和眼球运动的情况（眼动增益、耳间增益对称性以及甩头中和甩头后扫视眼动的有无）以评估两侧六个半规管功能。该技术具有无特殊测试环境要求（全明、无需暗室）、设备操作简单便携、重复性好、耗时短、患者易耐受等优点，在临床中逐渐得到重视（杜一 等，2017）。

随着国外关于vHIT临床研究的不断更新，vHIT检查也很快引起了国内外专家的注意。MBartolomeo教授利用此检查发现前庭神经炎的患者前庭功能受损（Bartolomeo et al., 2014），吴子明、王亚莉等对常见的外周性眩晕疾病（如前庭神经炎、梅尼埃病、位置性眩晕等）用vHIT检查进行了相关的分析（吴子明 等，2018；王亚莉 等，2021）。另一个非常重要的应用是对急诊患者应用vHIT，用于评估严重急性眩晕患者的功能，确定眩晕是周围前庭功能丧失还是中枢性问题所致（张燕梅 等，2015）。

vHIT主要是对前庭-眼反射（VOR）系统的客观评估。在前文“相关解剖与生理”的内容中已经介绍了VOR的主要作用就是在头部快速旋转情况下维持视网膜上图像的稳定性。正常状态下，半规管内的感受器感知头动运动，VOR过程发生，眼球产生相应运动，并且眼睛速度与头部速度几乎相同，比值接近1.0；如果外周前庭系统发生异常（例如单侧外周前庭功能障碍），半规管感受器感知异常，VOR过程有变化，将导致眼球运动速度明显赶不上头动速度，两者比值远小于1.0（低于其他正常参考值），视网膜上图像发生滑动（稳定性欠佳）。但是，每次甩头或头脉冲结束之后，为了最终能让图像回到视网膜上的最佳位置，眼球会发生代偿性运动，即启动校正扫视以将眼睛重新定位，回盯住的目标。

眼球运动与多个系统有关联，如何确定vHIT评估的眼球运动输出与半规管-VOR功能直接相关，即如何排除其他系统（例如视眼动系统）输出的眼球运动对半规管-VOR输出的干扰？首先，vHIT中的甩头是一种被动、突发、无法预估的头部运动过程（半规管感受器对此敏感）；其次，vHIT中的头动速度非常快，以至于视眼动系统还来不及反应输出与之相关的眼球运动，故在vHIT瞬时间（最初100 ms）软件记录下的眼球运动过程主要来自半规管-VOR输出。人体双耳共六个半规管，配对成三组完成工作。三组配对分别为：左水平半规管与右水平半规管、左前半规管与右后半规管、右前半规管和左后半规管。每组采用一种“推-拉”的方式工作，就是一个半规管发生兴奋反应时，相配对的另一个半规管会发生抑制反应。因为6个半规管间不是完全相互垂直的，所以每次头部运动时不太可能只引起一对半规管发生兴奋-抑制反应，头部旋转时是六个半规管一起发挥作用。临床中有疾患会导致单侧或双侧单一或全部半规管功能异常。vHIT的应用实现了双侧六个半规管功能的单独评估。

临床使用的vHIT设备主要由一个头戴式眼球记录仪、一个头动速度感受器和一个头戴式校准设备组合而成。在vHIT测试过程中，患者佩戴轻型眼镜，眼镜框上方配有高速红外摄像机捕捉记录和测量眼球运动速度，同时头部速度也可被眼镜记录下来。

二、测试结果展示与关键参数判断

为患者佩戴眼镜，调整好摄像头位置后，需要根据软件提示完成患者眼动和头动的校准。校准完成之后，可以开始向特定方向（左右水平方向、左45° 角前后位，右45° 角前后位）快速甩动患者头部，以评估三组配对半规管（左右水平半规管、左前右后半规管、右前左后半规管）功能。

软件会自动记录每次甩头过程中的眼睛运动曲线（瞳孔跟踪）和头部运动曲线，并且计算VOR增益和展示可能存在的代偿性扫视波。因此，临床中主要结合增益和扫视波的情况综合判断（贾宏博 等，2019a）。

1. 增益

增益为输出（眼动）与输入（头动）的比值，可以是眼动与头动曲线下的面积比，或速度比，或位移比等（每个设备制造商设定不同）。当水平半规管增益＜0.8（Hannigan et al.，2019），垂直半规管增益＜0.7时被视为异常（Guan et al.，2020）。为什么VOR增益正常指标不为1.0？因为1.0只是理论值，在现有设备的实际操作下VOR增益不是一个固定不变的量，每个人的数值都会不同，上述标准是在对健康人群的数据采集和分析后确定的。

2. 扫视

扫视建立在VOR慢相眼动速度下降的前提下，是对增益下降的补偿。根据扫视波出现的潜伏期可分为隐性扫视（头动时出现的扫视波）和显性扫视（头动停止后出现的扫视波）（图13.4）。多次且较大速度的隐性扫视的出现必定为异常表现，例如前庭神经炎患者发病之初可记录到典型的增益降低和明显的隐性扫视波。显性扫视的出现需要观察扫视波出现的次数和波幅大小（眼动速度），在无法判断是否为异常表现的情况下，可以在报告中描述此情况，交由临床医生自行判断。

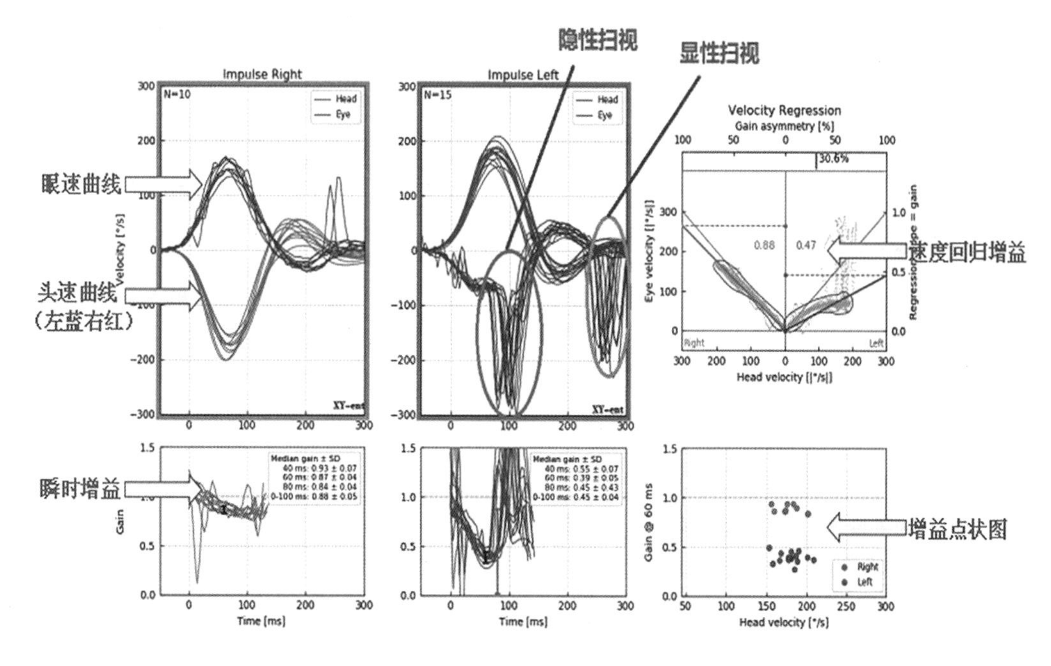

图 13.4　隐性扫视和显性扫视

三、vHIT与冷热试验结果不一致的情况

vHIT与冷热试验均可用于评估半规管功能。理论上，同一个受试者的两项测试结果应该保持一致，均正常或异常。然而，临床研究发现，有些眩晕患者会出现两项测试结果不一致的情况。Hannigan等（2021）进行了回顾性研究，分析664例眩晕患者vHIT中水平半规管结果与冷热试验结果之间的一致性。其中，570例患者两项结果保持一致；500例结果正常；54例结果异常，提示单侧功能减弱；16例结果异常，提示双侧功能减弱。另有36例患者两项结果不一致，均表现为vHIT正常（增益大于0.8），但冷热试验结果异常（UW大于30%）。这些患者的最终诊断分别为27例梅尼埃病，2例听神经瘤，1例前庭性偏头痛，5例前庭神经炎和1例未有诊断。值得注意的是，在这个研究中没有患者出现vHIT异常但冷热试验正常的情况。该研究中一共有确诊的梅尼埃病患者73例，两项结果正常为25例，两项结果一致异常者21例，两项结果中vHIT正常但冷热试验异常者27例。统计学分析发现梅尼埃病的诊断与vHIT与冷热试验结果不一致之间具有相关性。故在临床实践中，当患者出现vHIT正常但冷热试验结果异常的情况时，应高度怀疑与梅尼埃病相关，两项检查结果的不一致性或可以作为梅尼埃病的诊断标识。

两项检查结果不一致的原因可能与前庭功能频率反应特性相关。冷热试验对半规管的刺激是一种低频（0.006 Hz）刺激，而vHIT则为与生活中头部运动最为接近的高频（2.5 Hz）刺激反应，两项检查所评估的内容是不相同的，因此出现不一致的结果也是可能的。说明该疾病（例如梅尼埃病）可能只损伤了患者半规管的低频反应功能，而高频反应功能暂时未受到影响。梅尼埃病患耳前庭中的内淋巴积水导致水平半规管的管道发生膨胀，改变内淋巴液的热对流特性，导致液体流动的静力被分散开，半规管感受器接收到的刺激减弱，温度诱发的眼震强度同样减弱，出现冷热试验结果异常。此外，两项检查结果不一致也可能与患者处于前庭功恢复期相关。例如前庭神经炎的患者，可能检查时正处于疾病恢复期，患侧的半规管高频反应功能最先恢复（vHIT正常），而低频反应功能仍未能恢复（冷热试验结果异常）（Hannigan et al.，2021）。

四、测试流程及注意事项

头脉冲测试视频

五、报告书写

视频头脉冲试验的报告要包括患者的基本信息（姓名、性别和年龄）；水平平面、左前右后和右前左后平面的测试结果，主要为增益和不对称比，是否存在扫视（隐性或显性）。还要在报告最后记录整体印象：①视频头脉冲试验结果是否见明显异常；②某一半规管增益减弱和（或）出现扫视（隐性或显性），提示某半规管可能存在功能异常。如果存在特殊情况也可备注。

六、案例分析

案 例

张XX，女，50岁。

主诉：突发眩晕2日。

病史：患者2日前突发严重眩晕，恶心呕吐，无耳鸣耳聋，伴较强水平向右自发眼震。

听力与前庭功能等检查结果如下：

（1）纯音测听：双侧均正常，无明显听力下降。

（2）视频头脉冲测试见图13.5：左侧半规管增益降低并伴扫视波。

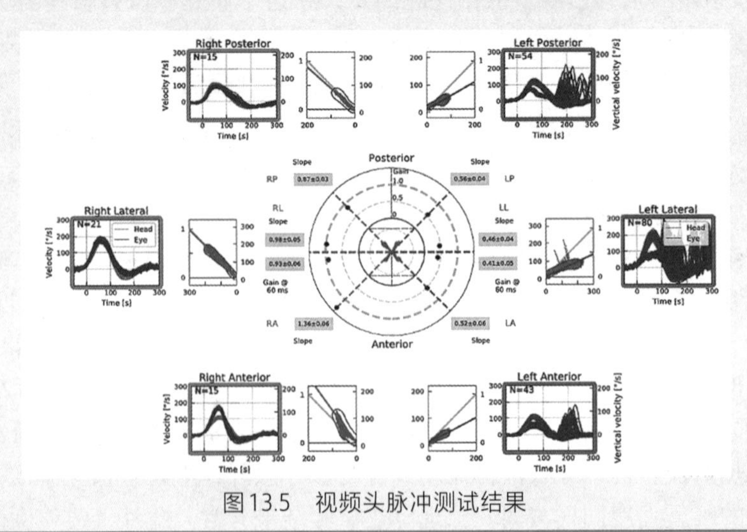

图13.5 视频头脉冲测试结果

诊断：左侧前庭神经炎。

总结与分析：该患者突发眩晕，伴有较强水平向右自发眼震，且无论体位如何改变，眼震方向不变，排除常见的耳石症。纯音测听结果基本正常，无耳鸣耳闷等症状，排除突聋、梅尼埃病等所致眩晕。进一步甩头测试，显示左侧半规管增益稍低且伴扫视波，综合分析诊断为左侧前庭神经炎。前庭神经炎患者急性期自发性眼震快相指向健侧，改变凝视方向时眼震符合亚历山大定律，即向健侧凝视时，眼震速度幅度增大；向患侧凝视时，眼震速度幅度减小，但眼震方向和眼震类型不发生改变。恢复期床旁体格检查无自发性眼震，部分患者可出现方向转向患侧的眼震。有些情况下，较强的单侧自发眼震并不一定全是周围性眩晕所致。有些疾病解剖上正好处于外周与中枢的交界处，临床症状比较有迷惑性，中枢性问题也可以呈现一定的外周表现，尤其是后循环梗死。典型的后循环梗死除眩晕症状外，常伴有其他后组颅神经受累症状和/或体征，不易漏诊。但一些特殊类型的后循环梗死如小脑后下动脉内侧支梗死，或小脑前下动脉终末分支梗死时，可不出现脑干、小脑局灶定位症状/体征，仅表现为孤立性头晕/眩晕伴或不伴听力下降。而 MRI 弥散加权成像对 48 h 内发生的脑干或小脑的微小梗死灶存在 12% ～ 20% 的假阴性率，且影像检查技术尚不能明确诊断孤立的前庭神经供血区域的梗死，故需要进一步结合影像学、体格检查等综合评估判断（李斐 等，2020）。

第四节　前庭诱发肌源性电位的临床应用

前庭诱发肌源性电位（vestibular evoked myogenic potentials，VEMP）测试技术采取多种模式（气导、骨振动和直流电）刺激前庭系统中的耳石器（即椭圆囊和球囊），并分别在相应的颈肌和眼肌上记录相关的肌源性电位。将VEMP测试所得各项参数结果与正常参考范围进行比较，用以评价耳石器及前庭上下神经的功能，观察反射通路是否完整。

一、颈性前庭诱发肌源性电位（cVEMP）

颈性前庭诱发肌源性电位（cervical vestibular evoked myogenic potentials，cVEMP）是球囊受到外界刺激之后，可在受试者同侧紧张的胸锁乳突肌上记录到的一组正（positive）波和负（negative）波，因潜伏期约为13 ms和23 ms（根据刺激声类型和刺激频率不同有所差异），所以常称之为P13和N23（图13.6）。cVEMP是一种球囊–颈反应，球囊作为感觉器官，受到刺激后，引起与之相连的神经发生冲动，到达前庭神经节后传至前庭下神经（第Ⅷ对颅神经的一部分），再投射入前庭内侧核和外侧核内的中间神经元。随后，由前庭核发出信号，通过前庭脊髓，下行到达副神经的运动核，最后投射于胸锁乳突肌（sternocleidomastoid，SCM）。

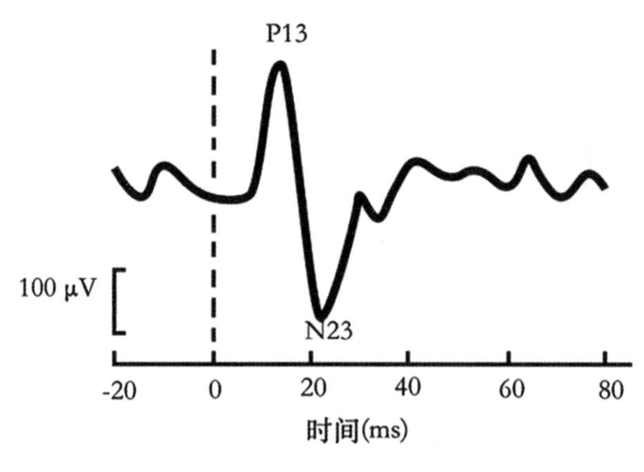

图13.6 cVEMP曲线

二、眼性前庭诱发肌源性电位（oVEMP）

眼性前庭诱发肌源性电位（ocular vestibular evoked myogenic potentials，oVEMP）是一侧椭圆囊接受外界刺激之后，可在受试者对侧紧张的眼下肌上记录到一组N波和P波，因潜伏期约为10 ms和16 ms（刺激声类型不同而有所不同），故称为N10和P16（图13.7）。通路为：椭圆囊受到刺激后将信号通过前庭上神经的椭圆囊分支传送到前庭核，再由前庭核团传出，行同侧和对侧传递，经纵束（MLF）传入第Ⅲ对颅神经和第Ⅵ对颅神经的运动核，最后终止于眼外肌。因此，oVEMP是一种交叉性的椭圆囊–眼反应，虽然在同侧眼外肌也可记录到电位，但是一般认为对侧的电位才具有临床价值。Suzuki等（1969）通过动物实验发现猫的单一椭圆囊神经刺激会引起较强的同侧上斜肌和对侧下斜肌的肌紧张，说明椭圆囊–眼反射交叉通路的存在；在单侧前庭神经炎（主要影响oVEMP相关的神经）的患者中可观察到对侧oVEMP波幅异常减弱或者波形消失的情况（Curthoys，2010），进一步说明动物实验结果与人体现象保持一致。因此，在临床操作中会在受试者对侧眼眶下方下斜肌的位置贴电极用于记录oVEMP。如果希望同侧记录，则需要贴在同侧眼眶上方的上斜肌位置。相比较而言，电极贴在对侧下斜肌的位置会更加方便，利于临床操作。

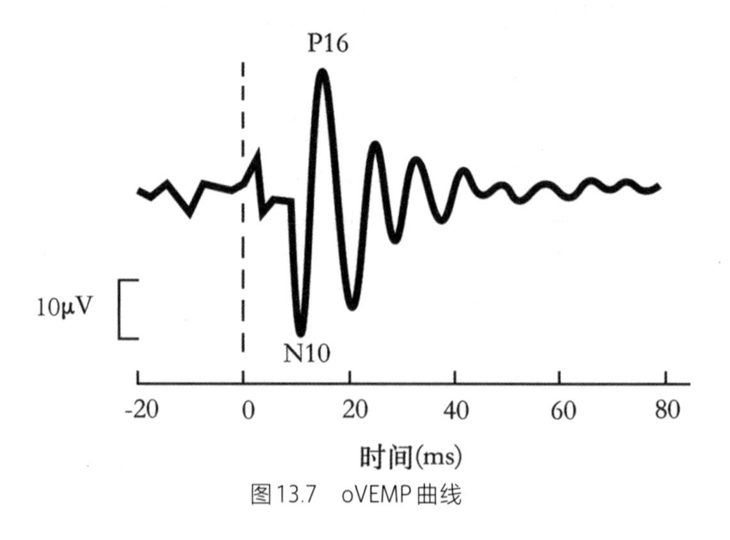

图13.7 oVEMP曲线

三、刺激声模式与特点

刺激球囊和椭圆囊诱发产生球囊–颈反应和椭圆囊–眼反应的方式主要包括气导、骨导和直流电刺激三种。

1. 刺激声模式

（1）气导刺激：气导刺激是临床中最常用的一种刺激模式，主要通过气导耳机（插入式或者头戴式）将较大的声能经外耳和中耳传入内耳，刺激球囊和椭圆囊，记录VEMP。气导VEMP已在临床中广泛用于不同病因眩晕患者的耳石器功能评估，相关研究结果将在下文详细说明。但是，在传导性听力损失患者中气导VEMP的应用受到限制，因为外耳和（或）中耳病变的存在会导致传递至内耳的能量大幅减弱，当气骨导差值达到9 dB时会引起气导VEMP反应的明显降低（Bath et al.，1999）；当气骨导差值达到20 dB时气导VEMP反应消失（Halmagyiet et al.，1994），此种情况下VEMP结果的判读需非常谨慎。

（2）骨导刺激：骨传导主要以引起颅骨振动的模式刺激球囊和椭圆囊。目前有两种方法，一种为振动器直接敲击额部，另一种为将能量输出较大的骨导耳机（例如B–81）放置在乳突部通过骨传导刺激耳石器。虽然骨传导所能输出的能量强度远低于气导输出，但在同一组健康青年人当中，两种刺激模式下（均采用500 Hz），骨导oVEMP引出率（100%）高于气导oVEMP（87.5%）（林颖 等，2020），骨导oVEMP和cVEMP刺激记录到的振幅更大且更易辨认；骨导阈值远低于气导阈值。造成气骨导VEMP差异的主要原因可能为：①球囊和椭圆囊中对气导和骨导两种刺激模式的感知部位可能存在明显差异（Curthoys et al.，2006）；②两者的神经传导通路可能有所不同（Murofushi et al.，2009）。

骨导的临床应用还未广泛展开，主要原因是VEMP对骨导耳机或者振动器有特殊要求，并且对不同患者的相关临床研究较少。但是，骨导VEMP对传导性听力损失患者（分泌性中耳炎、耳硬化症）的耳石器功能评估仍然具有一定的优势。

（3）直流电刺激：直流电刺激可直接刺激前庭传入神经（跟人工耳蜗中插入内耳的电极直接刺激听神经类似），诱发反射通路产生VEMP。因为气导和（或）骨导VEMP存在异常时无法区别迷路病变与迷路后病变，所以，临床或可采用气＋电或骨＋电VEMP（传导性损失患者）的方式判断病变部位。如果三种刺激下的VEMP均引不出或异常，则迷路后的神经病变可能性最大；如果只有电VEMP引出，说明迷路后的神经传递没有问题，是迷路中相关结构（细胞感受器等）发生病变（张玉忠 等，2018）。

2. 刺激声特点

早期VEMP研究主要采用短声（click）诱发VEMP，但后有研究发现，与短声相比，500～1000 Hz低频短纯音（tone burst，TB）诱发的VEMP振幅更大，利于临床标记波形。因此，目前临床测试推荐采用的刺激声主要为500 Hz短纯音（刘博 等，2019.），具体设置为：上升/下降为2个周期，平台为1个周期。

四、肌张力对结果的影响

因为VEMP是肌源性电位，所以颈部和眼部记录位置的肌张力对VEMP的测试与记录至关重要。cVEMP的幅度与强直肌肉活动水平正相关（Lim et al.，1995），即肌张力增加，反应幅度也会增加。如果患者无法按照要求通过各种姿势变化诱发足够的肌张力，则可能因肌张力不足而出现VEMP波形引不出，在无法排除肌张力因素的情况下，此结果将不具有临床参考价值。

为了激发足够的肌张力，cVEMP测试时可指导患者采用以下三种测试体位：坐位转头、卧位直接向上抬头和卧位抬头-转头。oVEMP则采用卧位时眼睛向后上30°～45°定标位置凝视的方法。为了避免因左右两侧测试时出现肌张力不均匀而导致双耳间波幅不对称比值异常的情况，可使用设备中配备的肌张力监测器将患者的肌张力控制在一定范围内，缩小测试时两侧肌张力之间的差异。

五、关键参数

测试完成后，首先需要查看是否双耳均引出，单侧未引出或可提示未引出为患侧（需要考虑cVEMP与oVEMP在同年龄段健康人群中的引出率），双侧未引出可能与病变相关，也可能与肌张力或中耳病变等因素相关，因此较难判断。在引出的VEMP波形当中需要标注出关键P波和N波，再观察两波潜伏期、双耳波幅不对称比和阈值。

1. 健康人群引出率

气导cVEMP在10—50岁人群中引出率为100%，50岁以上人群中引出率分别为92.5%（50—60岁），75%（60—70岁）和60%（70岁以上）（Singh et al.，2014）。气导oVEMP在50岁以下（最年幼者为8岁）的引出率为100%，但在50岁及以上（最长者为88岁）的引出率仅为77%（Piker et al.，2011）。骨导cVEMP在青年人群（平均年龄为25.28±4.32）中的引出率为100%（户红艳 等，2022）。骨导oVEMP在20—59岁人群中引出率可达100%，60—69岁健康人群中引出率为55%，70岁以上人群引出率为40%（Tseng et al.，2010）。直流电GVS-cVEMP（galvanic vestibular stimulation cVEMP）在20—40岁、41—60岁、>60岁人群中的引出率分别为96.15%、89.58%和95.45%，组间比较差异无统计学意义（$P>0.05$）；GVS-oVEMP在20—40岁、41—60岁、>60岁人群中的引出率分别为98.07%、91.67%和72.13%，随着年龄增长逐渐降低（$P<0.05$）（张青 等，2020）。

考虑到年龄对引出率产生的影响，在临床实践中，老年患者VEMP波形引不出（特别是双侧均未引出）的临床解释需谨慎，应结合其他测试项目综合分析是否与患者所处年龄段的较低引出率有关。

2. 各波潜伏期

潜伏期指刺激声发出之后，所能记录到的VEMP波形中P波和N波出现的时间。当采用500 Hz短纯音作为刺激声时，刺激声设置不同，潜伏期会有所不同。樊小勤等（2019）报告骨导oVEMP两波潜伏期伴随上升/下降时间的延长而延长，但没有伴随平台期时间的延长而延长。相关研究也表明，当设置较短的上升时间，气导cVEMP波幅会更大且潜伏期会缩短（Cheng et al.，2001a），而当平台期时间延长时，P13潜伏期也会有所延长，N23潜伏期也会有相同的趋势但不如P13明显（Cheng et al.，2001b）。因此，学者建议每个实验室根据设备情况和500 Hz短纯音的特定设置建立正常参考范围（表13.1，供参考）。受试者的潜伏期如果超过正常参考范围（平均值+2个标准差）的上限（表13.1），则为异常延长，可能提示存在前庭神经等迷路后病变（Murofushi et al.，2001；Shimizu et al.，2000）。

表13.1 实验室正常参考范围上限（汪玮等，2022）

测试内容	P1/ms	N1/ms	波间期/ms	IAR
cVEMP	18.90	27.62	10.20	0.26
oVEMP	18.45	12.32	7.15	0.30

注：刺激声为短纯音TB 500 Hz，上升期为2个周期，平台期为1个周期；IAR为双耳波幅不对称比

3. 双耳波幅不对称比

波幅为P1波与N1波之间的垂直距离。当双耳VEMP均引出时，在同一高强度下（90～100 dB nHL）可计算获得双耳波幅不对称比（interaural amplitude asymmetry ratio，IAR），计算公式为IAR＝100%×（右耳振幅－左耳振幅）/（右耳振幅＋左耳振幅）。IAR以百分比表示，并且始终为正，现有研究报告其值在7.2%～23.1%（Lee et al.，2008；Nguyen et al.，2010；Shin et al.，2013），正常参考范围上限为32%（Wang et al.，2010）。当受试者所测IAR超过正常参考范围上限时，则考虑波幅降低的一侧耳为患耳，但也存在部分患者患侧出现波幅异常增强的情况，例如少数梅尼埃病临床初期的患者。

4. 阈值

VEMP阈值是重复（至少两次记录）出现P波和N波的最低刺激强度。健康人群气导cVEMP阈值：10—30岁人群为100～120 dB SPL，30—40岁人群为100～130 dB SPL，40岁以上人群为110～130 dB SPL（Singh et al.，2014）。气导oVEMP阈值较cVEMP阈值高5～10 dB。

骨导VEMP阈值明显低于气导VEMP。Welgampola等（2003）的研究报告采用TB 500 Hz刺激声，骨导cVEMP（B71骨导耳机、乳突处）阈值平均数为30.5 dB HL，而气导cVEMP阈值平均数为106 dB HL。

当受试者VEMP阈值低于正常参考范围的下限时，结合病史，可考虑该耳可能存在“病理性第三窗”，例如上半规管裂和前庭导水管扩大等。

六、耳源性眩晕疾病VEMP表现

1. 梅尼埃病

梅尼埃病（Meniere’s disease，MD）患者耳石器功能随临床分期进展（500，1000，2000 Hz纯音听阈均值≤25 dB HL为Ⅰ期，26～40 dB HL为Ⅱ期，41～70 dB HL为Ⅲ期，＞70 dB HL为Ⅳ期）逐步下降。其气导VEMP表现主要为：①引出率：伴随临床分期进展，cVEMP和oVEMP引出率下降（李斐 等，2016）；②潜伏期：cVEMP中的P13潜伏期延长占比为4%～22%（Murofushi et al.，2009；Salviz et al.，2016），N23潜伏期延长占比为19%（Salviz et al.，2016）；③IAR：Ⅱ、Ⅲ和Ⅳ期患者cVEMP的IAR异常率（患耳波幅减弱）分别为10%、28.6%和33.3%，且有3例患者Ⅰ～Ⅱ期出现患侧波幅异常增强的情况（Young et al.，2003）。oVEMP患耳波幅异常减弱的占比为32%（Young et al.，2022），也存在早期患耳oVEMP波幅异常增强的情况（Taylor et al.，2011）。

2. 良性阵发性位置性眩晕

报告称球囊斑和相关的神经节细胞在伴随良性阵发性位置性眩晕（benigh paroxysmal

positional vertigo，BPPV）时会退化，可在BPPV患者中观察到椭圆囊和球囊功能障碍的情况（Oya et al.，2019）。与正常对照组相比，BPPV患者cVEMP的 P13 潜伏期和oVEMP的N10 潜伏期虽略有延长但具有统计学差异；oVEMP 中的 IAR高于对照组。cVEMP中的N23潜伏期和IAR以及 oVEMP中的 P16潜伏期BPPV与对照组之间没有显著性差异；VEMP的潜伏期在患侧和健侧耳间也没有显著性差异（Oya et al.，2019）。

3. 前庭神经炎

VEMP可评估前庭神经炎（vestibular neuritis，VN）患者球囊、椭圆囊以及前庭上下神经的功能，并与其他前庭检查（冷热试验和视频头脉冲试验）结果相结合确定具体病变部位，判断是前庭上神经炎还是前庭下神经炎，或是两者皆有。钟雅琴等（2019）分析30例急性期VN患者的前庭功能检查结果，发现cVEMP异常（IAR＞0.34，或连续三次刺激未出现可重复波形，为异常）13例（43.33%），oVEMP异常（同cVEMP异常标准）18例（60%）。再结合其他前庭功能检查结果示VN组前庭上下神经均异常者18 例（60%），其次为仅前庭上神经异常10 例（33.3%）和仅前庭下神经异常2例（0.7%）。VEMP也可用于观察恢复情况。Ochi等（2003）报告两例VN患者急性发作时cVEMP未引出，但在15个月后记录到波形。Murofushi等（2006）报告了13例VN患者中4例（30.7%）cVEMP在2 年时间内可恢复到正常。

4. 听神经瘤

听神经瘤（acoustic neuroma，AN）患侧cVEMP的异常表现可为波形引不出，而引出波形的病例中会出现波幅减弱、潜伏期延长等异常情况。Piras等（2013）报告26例单侧听神经瘤患者中16例患者（61.5%）oVEMP异常（12例仅气导异常，4例气导与骨导均异常），10例患者（38.5%）cVEMP异常（5例仅气导异常，5例气导与骨导均异常），异常标准为VEMP未引出，或引出的波中IAR大于正常参考范围上限提示波幅减弱。Chiarovano等（2014）曾报告63例AN中16%的患者只表现VEMPs异常，其他检查（变温试验和纯音测听）均正常，此种情况值得关注。

5. 上半规管裂综合征与大前庭水管综合征

上半规管裂综合征（superior semicircular dehiscence syndrome，SSCD）首次由Minor等（1998）报告，它是在因强声或中耳、颅内压力改变引起眩晕（Tullio现象和Hennebert征）的患者中发现的。临床表现可为幻视、长期不平衡状态、自声增强、非中耳疾患导致的传导性听力损失（主要为低频段）、搏动性耳鸣、恐声症、耳胀满感。SSCD临床中并不常见，部分患者因外伤等因素继发出现。大前庭水管综合征（large vestibular aqueduct syndrome，LVAS）是先天性耳聋儿童中比较常见的一种内耳畸形，患儿可为出生时听力障碍，或出生听力正常（新生儿听力筛查通过），但在1～3年后听力逐渐减弱。听力损失程度为轻度至极重度不等，影响听觉与言语发育。

根据影像学的观察，SSCD主要为膜性上半规管上方的骨质缺损，LVAS则为异常扩大的前庭导水管，两者都被视为内耳的病理性“第三窗”。前庭窗和蜗窗为正常的内耳第一和第二窗，在声能传递过程中起到重要作用，耳蜗水管、前庭水管以及一些血管和神经通过的小孔为其他正常的内耳窗。正常的内耳窗为维持正常的气导听力、骨导听力和前庭功能提供了重要的保障。但是，某些特殊的病理结构，例如SSCD和LVAS，则被认为是病理性的内耳“第三窗”，打破了原有的内耳液体流动体系的平衡，导致患者出现听力问题和眩晕症状。上述两类患者气导VEMP可出现阈值异常降低、振幅异常增大、高强度下双耳间波幅不对称比增大（SSCD患侧与健侧对比）（Milojcicet et al.，2013）。原因可能是“第三窗”的作用导致前庭系统管腔内液体容积在外界刺激（气导和骨导途径）下发生的位移增大，进而导致膜迷路内前庭感受器对这些刺激的感应增强（Brantberg et al.，1999），因此VEMP阈值和波幅“好”于正常人，体现了高灵敏性。

七、测试流程及注意事项

前庭诱发肌源性电位

八、报告解读

VEMP报告应包括患者个人信息，左右两侧记录的波形，引出的VEMP波形中需标注P波和N波，两波的潜伏期，计算IAR。报告撰写的主要内容为：何种测试；在某刺激强度下，是否引出P波和N波；若引出，两波潜伏期是否正常，IAR为多少，提示双侧波幅是否对称；如果不对称是提示哪侧减弱，左右两侧阈值分别为多少。

VEMP结果主要从以下方面解读：①双耳是否全部引出具有重复性的P波和N波。②双波潜伏期如何。③双耳均引出的情况下，双耳波幅不对称比如何，是否超过正常参考范围上限。④怀疑特殊疾病（例如上半规管裂）时，可进行阈值测试，并将测试结果与正常参考范围的下限进行比较。

九、儿童测试特点

与成人相比，儿童测试的难点主要是如何控制低龄儿童的肌张力并让其配合完成测试。3岁以上能正常交流的儿童可采取成人体位完成测试，如果儿童转头角度不理想，可在听力师帮助下（用手控制转头姿势）保持一定时间的体位不动。语言与态度尽量温柔，必要时需要家属帮助。3岁以下儿童因交流有困难，可能只能行cVEMP测试，采用仰卧位，由听力师帮助其转头、控制体位完成测试。

因VEMP结果受年龄的影响，如在临床开展儿童检查，最好建立或者参考儿童各参数的正常参考范围。受儿童配合程度和发育等因素影响，对异常报告的临床解读需谨慎。

十、案例分析

案 例

患者，女，55岁。

病史主诉：近3个月出现右耳持续性耳鸣、听力下降，近一周突发眩晕来医院就诊。

听力检查报告

（1）纯音测听结果：纯音报告显示患者右耳存在中度感音神经性听力损失，以

低中频听力下降最为明显，左耳为正常听力（图13.8）

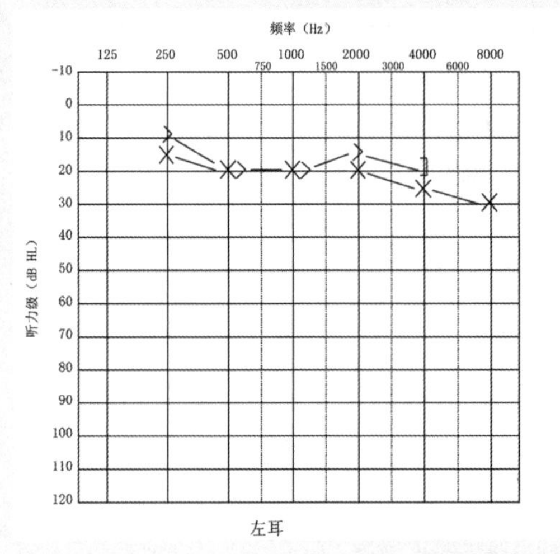

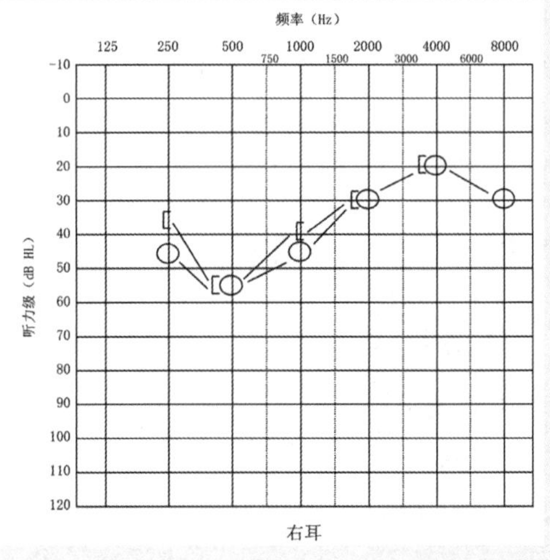

图13.8 纯音测听结果

（2）cVEMP和oVEMP（图13.9）：气导cVEMP结果双侧均引出，在90 dB nHL刺激下，P1和N1潜伏期未见明显异常，双侧波幅不对称比为35%，提示右侧波幅较左侧减弱。气导oVEMP结果为90 dB nHL刺激下，左侧引出且N1和P1潜伏期未见明显异常，右侧未引出。VEMP结果提示右侧椭圆囊和球囊存在异常，可能与梅尼埃病有关。

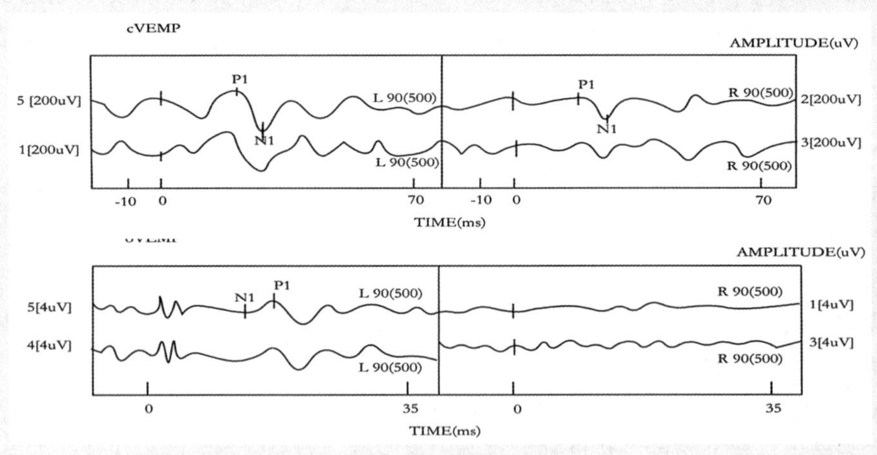

图13.9 cVEMP和oVEMP

（3）前庭功能报告：冷热试验结果提示右侧水平半规管功能较左侧减弱；视频头脉冲试验结果未见明显异常。

（4）影像学报告：MRI内耳钆造影提示右侧耳蜗和前庭膜迷路积水可能。

临床诊断：梅尼埃病（右耳）。

总结与分析：梅尼埃病发展到一定阶段时患者会出现VEMP结果异常，例如患侧波幅减弱或者无法引出（例如本病例患者），但是部分早期患者也可能出现患侧波幅增强的情况。

第五节 变位试验的临床应用（BPPV检测及复位）

一、理论基础

良性阵发性位置性眩晕（benign paroxysm positional vertigo，BPPV），俗称“耳石症”，是一种常见的外周性前庭疾病。它是一种相对于重力方向的头位变化诱发的、以反复发作的短暂性眩晕和特征性眼球震颤为表现的外周性前庭疾病，即只有在特定的位置才会出现眩晕症状。学者认为是这种现象是由耳石器受损引起的，主要原因是椭圆囊囊斑的耳石颗粒掉落到半规管（球囊和椭圆囊中间有狭小的管道，球囊斑上的耳石很难通过其到达半规管）。在内耳的椭圆囊和球囊上，有一种感受直线加速度的结构，称为囊斑，它的表面有一层耳石膜，内有很多碳酸钙的结晶，称为耳石。当人改变体位时，半规管内淋巴液的流动方向也会相应改变，从而传递信息给平衡神经以调节人体平衡。但是耳石一旦脱落，就会直接影响淋巴液的流动，双侧神经信号输入不对称，患者便出现眩晕的感觉。

1952年Dix和Hallpike首次提出了良性阵发性位置性眩晕这一病名，并进行了系统阐述，提出诊断金标准（变位试验）。BPPV占前庭性眩晕患者的20%～30%，通常40岁以后高发，其发病率随年龄增长呈逐渐上升趋势。由于BPPV真正被大家所熟识也不过十几年的时间，再加上其病因的研究较少且难，现在大多数BPPV患者无明确病因，即为原发性，这种类型可以占到50%～70%。原发性BPPV的相关因素主要为年龄因素（年龄的增长，耳石的代谢、吸收、再生受到影响，容易脱落，导致产生该病）和性别因素（女性BPPV高发，且老年女性BPPV高发还可能与广泛存在的骨质疏松有关）；此外，偏头痛、高血压、糖尿病、血脂异常、动脉粥样硬化、吸烟及焦虑情绪等均有可能导致耳石症的发生。继发性BPPV的因素包括头部外伤、其他耳部疾病（如病毒性迷路炎、慢性化脓性中耳炎、梅尼埃病、外淋巴瘘常合并BPPV等）。

二、BPPV的诊断

首先了解因头位改变而出现短暂眩晕发作的病史，此眩晕发作是否具有变位性、潜伏期、短暂性、互换性、疲劳性及伴有特征性眼震等特点。其次采用位置试验，如Dix-Hallpike和Roll-Test检查技术，激发患者在不同体位变化下发生眼震，如若有，观察其眼震的方向、强度以及持续时间等，从而综合分析和辨别耳石症病变耳侧别及病变部位（后半规管耳石症、外半规管耳石症或上半规管耳石症）。Dix-Hallpike试验主要用于诊断后半规管型BPPV或上半规管型BPPV，Roll-Test诊断外半规管型BPPV。

三、测试流程及注意事项

变位试验的临床应用

四、检查结果的判断

（1）后半规管BPPV：Dix-Hallpike 试验，仰卧悬头位，如果患者是后半规管耳石症，会出现垂直扭转性眼震（垂直成分向上极，扭转成分向地），回到坐位，该垂直扭转性眼震逆转。

（2）外半规管BPPV：Roll-Test试验，当出现向地性眼震，时间小于1 min时考虑为外半规管后臂型管石症；当向地性眼震，时间大于1 min时考虑为轻嵴帽；当背地性眼震，时间小于1 min时考虑为外半规管前臂型管石症；当背地性眼震，时间大于1 min时考虑为外半规管嵴石症。

（3）上半规管BPPV：Dix-Hallpike 试验，仰卧悬头位或正中深悬头位时，出现垂直成分向眼球下极为主的眼震，回到坐位，该垂直扭转性眼震逆转。

五、BPPV的治疗

主要通过耳石复位法治疗BPPV，可徒手或借助仪器完成。治疗原则是通过一系列头位变化，使耳石沿着重力方向不断移动，最终从半规管非壶腹端返回椭圆囊，从而减轻甚至完全消除临床症状。目前主要采用Epley、Semont、Barbecue或Gufoni等耳石复位法。复位过程无创，大部分患者症状随即消失，可明显缩短病程（王慧 等，2016）。常用的耳石复位方法如下。

1. 后半规管复位

（1）Epley法：让患者由坐位迅速变为平卧位，头稍伸出床沿做半悬位，向患侧转头45°，使患耳向下，然后转头90° 使健耳向下，保持这个头位回到坐位，头转向正中并含胸低头。每个位置一般至少坚持30 ～ 60 s，待眩晕消失再到下一个体位。

（2）Semont法：患者端坐于床沿，头向健侧转45°，然后迅速向患侧卧下，坚持3 ～ 5 min，再保持头和身体关系不变的情况下，向对侧快速转180°，保持卧位坚持30 ～ 60 s，最终让患者坐起。

2. 外半规管复位

（1）Barbecue法：患者平卧于治疗床上，头向健侧扭转90°。然后身体向健侧翻转，使面部朝下，再继续朝健侧方向翻转，使侧卧于患侧，最后坐起。同样每个位置一般至少坚持30 ～ 60 s，待眩晕消失再到下一个体位。

（2）Gufoni法（表13.2）：

1）管结石症BPPV：包括后臂管结石症BPPV和前臂管结石症BPPV。

后臂管结石症BPPV:患者直立坐位头朝前，快速向健侧侧卧，当头接触到床时要迅速减速。患耳在这个过程中产生两种力：从直立位到卧位时产生的重力，迅速减速时患耳产生的离壶腹力，促使耳石碎片向后移动。然后头向下转45° 使鼻子触到床，促使耳石进入椭圆囊。每一环节停留30 ～ 60 s并且观察眼震和症状。患者缓慢恢复直立坐位。

前臂管结石症BPPV：患者直立坐位头朝前，快速向患侧侧卧，当头接触到床时要迅速减速，头向上转45° 使鼻子朝上，促使耳石继续向后移动转化成后臂管石症，再进一步按照后臂复位法复位。每一环节停留30 ～ 60 s且观察眼震和症状，患者缓慢坐起，头恢复直立位。

表13.2 Gufoni复位法

分类	管结石症BPPV		嵴顶结石症BPPV
	后臂型	前臂型	
眼震	向地性眼震	变换性眼震（背地/向地）	背地性眼震
复位步骤1	端坐于床前	端坐于床前	端坐于床前
复位步骤2	快速向健侧卧位	快速向患侧卧位	快速向患侧卧位
复位步骤3	头向下转45°	头向上转45°	头向下转45°或头向上转45°
复位步骤4	直立坐位	直立坐位	直立坐位

2）嵴顶结石症BPPV：患者直立坐位头朝前，快速向患侧侧卧，当头接触到床时要迅速减速，然后头向上转45°使得鼻子朝上或头向下转45°使得鼻子朝下，每一环节停留30～60 s且观察眼震和症状，最后患者缓慢坐起头恢复直立位（田军茹，2015）。

3. 上半规管复位

上半规管复位临床上主要用Yacovino法，又叫深悬头位法：患者正坐于治疗床上，让患者迅速躺下，垂直悬头低于平面至少30°，保持30～60 s；随后将患者头部上抬至下颌抵住胸部，保持30～60 s；再让患者坐起，头略前倾，待眩晕及眼震消失后，嘱咐患者坐直，头位恢复至起始位。

六、案例分析

案例一

后半规管耳石症

刘XX，女，55岁。

主诉：近两天起床突发眩晕。

病史：患者突发眩晕，有恶心感，主诉与起床位置改变有关，无耳鸣耳聋，每次眩晕时间大概持续几十秒至数分钟，但头昏感持续时间较长，行变位试验。可见，行Dix-Hallpike试验后，右后悬头位会出现旋转性眼震（垂直成分向上极，扭转成分向地），大概持续30多秒，起床直立位时眼震逆转，眩晕症状再次出现。

变位试验视频-1

诊断：右后半规管耳石症。

总结与分析：因患者眩晕与体位变换有关，且每次持续时间基本不超过1 min（头昏时间不算），无听力损失、耳鸣耳闷等，且行相关检查，Dix-Hallpike试验阳性，故诊断为右后半规管管石症，进一步进行耳石复位，患者效果明显。

右后半规管管石症复位视频-2

案例二

水平半规管耳石症

戴XX，女，43岁。

主诉：突发翻身眩晕。

变位试验视频 -3

病史：患者睡觉翻身突感眩晕，恶心呕吐明显，无耳鸣耳聋，行变位试验。行Roll-Test可见，向左向右翻身均会出现向地性眼震，且右侧较重，每次眩晕持续时间30多秒。

诊断：右水平半规管耳石症。

右水平半规管管石症复位视频 -4

总结与分析：因患者眩晕与体位变换有关，且每次持续时间基本不超过1 min（头昏时间不算），无听力损失、耳鸣耳闷等，且行相关检查，Roll Test阳性，故诊断为右水平半规管管石症，进一步进行耳石复位，患者效果明显。

案例三

韦尼克脑病

刘XX，女，32岁。

主诉：反复头晕。

垂直性眼震

病史：头晕，视物成双，发作性，之前因妊娠孕吐（胎儿颅内出血）引产，之后发现血小板偏低。行变位试验，均未见明显眼震，相关检查结果如下。

诊断：韦尼克脑病。

总结与分析：Wernicke 脑病又称 wernicke-Korsakov 综合征（WE，韦尼克脑病），是由多种原因引起的维生素 B_1 缺乏所致的一种中枢神经系统病变。韦尼克脑病主要表现为眼球运动障碍、共济失调和精神障碍三大主征。影像学主要表现为双侧对称性三脑室内侧丘脑区域、乳头体以及导水管周围T2W1/FLAIR高信号。

参考文献

杜一，任丽丽，刘兴健，等，2017. 视频头脉冲测试的原理与应用[J]. 中华耳科学杂志，15(06)：629–633.

樊小勤，林颖，刘嘉伟，等，2019.500 Hz不同时程短纯音骨导眼性前庭肌源性诱发电位研究[J]. 听力学及言语疾病杂志，27(05)：465–468.

户红艳，能玲玲，王乐，等，2022. 健康青年人骨导前庭诱发肌源性电位临床正常值的建立[J]. 中华耳科学杂志，20(04)：696–701.

贾宏博，刘波，杜一，等，2019a. 前庭功能检查专家共识(二)(2019)[J]. 中华耳科学杂志，17(02)：144–149.

贾宏博，吴子明，刘博，等，2019b. 前庭功能检查专家共识(一)(2019)[J]. 中华耳科学杂志，17(01)：117–123.

李斐，鞠奕，张甦琳，等，2020. 前庭神经炎诊治多学科专家共识[J]. 中华老年医学杂志，39(9)：985-994.

李斐，庄建华，陈瑛，等，2016. 梅尼埃病不同听力分期中颈肌前庭诱发肌源性电位的差异[J]. 临床耳鼻咽喉头颈外科杂志，30(01)：9-12.

李晓璐，卜行宽，Kamran Barin，等，2015. 实用眼震电图和眼震视图检查[M]. 北京：人民卫生出版社.

林颖，钟波，樊小勤，等，2020. 骨导刺激与气导刺激的眼肌前庭诱发肌源性电位对比研究[J]. 中华耳鼻咽喉头颈外科杂志，55(4)：338-343.

刘博，傅新星，吴子明，等，2019. 前庭诱发肌源性电位临床检测技术专家共识[J]. 中华耳科学杂志，17(06)：988-992.

刘博，吴子明，傅新星，等，2022. 眼性前庭诱发肌源性电位临床检测技术专家共识[J]. 中华耳科学杂志，20(01)：4-9.

田军茹，2015，眩晕诊治[M]. 北京：人民卫生出版社.

田勇泉，2008，耳鼻咽喉头颈外科[M]. 北京：人民卫生出版社.

王慧，于栋祯，2016. 良性阵发性位置性眩晕诊治过程中面临的挑战[J]. 临床耳鼻咽喉头颈外科杂志，30(14)：1161-1163.

王亚莉，宋翊飒，陈秀兰，等，2021. 视频头脉冲试验在眩晕疾病诊断中的应用研究[J]. 中国耳鼻咽喉颅底外科杂志，27(03)：263-268.

王璟，迟放鲁，卢华曾，等，2010. 慢性中耳炎变温试验眼震电图结果的分析和校正[J]. 中国眼耳鼻喉科学杂志，10(2)：82-84.

吴子明，杜一，刘兴健，等，2018. 规范前庭功能检查与临床应用[J]. 中华医学杂志，98(16)：1209-1212.

汪玮，何嘉莹，王璐，等，2022. 单侧梅尼埃病不同临床分期的前庭诱发肌源性电位分析[J]. 临床耳鼻咽喉头颈外科杂志，36(10)：740-745.

焉双梅，凌霞，司丽红，等，2020. 前庭体征的分类及检查方法：眼震及眼震样眼动 Bárány 学会国际前庭疾病分类委员会共识文件[J]. 神经损伤与功能重建，15(12)：683-698.

于立身，2013. 前庭功能检查技术[M]. 西安：第四军医大学出版社.

张青，陈籽辰，赵欢娣，等，2020. 年龄因素对直流电刺激诱发的前庭诱发肌源性电位的影响[J]. 山东大学耳鼻喉眼学报，34(05)：7-13.

张燕梅，陈斯琦，钟贞，等，2015. 视频头脉冲试验在眩晕疾病诊断中的初步应用[J]. 临床耳鼻咽喉头颈外科杂志，2015，29(12)：1053-1058.

张玉忠，陈籽辰，王继红，等，2018. 直流电刺激诱发的前庭诱发肌源性电位[J]. 中国现代神经疾病杂志，18(09)：638-642.

钟雅琴，罗斌，管锐瑞，等，2019. 前庭神经炎患者的前庭功能分析[J]. 听力学及言语疾病杂志，27(04)：358-363.

Bartolomeo M，Biboulet R，Pierre G，et al.，2014，Value of the video head impulse test in assessing vestibular deficits following vestibular neuritis[J]. European Archives of Oto-Rhino-Laryngology，271(4)：681-688.

Bath AP，Harris N，McEwan J，et al.，1999. Effect of conductive hearing loss on the vestibulo-collic reflex[J]. Clinical Otolaryngology and Allied Sciences, 24(3) : 181–3.

Brantberg K, Bergenius J, 1999. Vestibular–evoked myogenic potentials in patients with dehiscence of the superior semicircular canal[J]. Acta Oto–Laryngologica, 119(6) : 633–640.

Brown CS, Peskoe SB, Risoli T Jr, et al., 2019. Associations of Video Head Impulse Test and Caloric Testing among Patients with Vestibular Schwannoma[J]. Otolaryngology–Head and Neck Surgery, 161(2) : 324–329.

Cerchiai N, Navari E, Miccoli M, et al., 2019. Menière's Disease and Caloric Stimulation : Some News from an Old Test[J]. Journal of International Advanced Otology, 15(3) : 442–446.

Cheng PW, Murofushi T, 2001a. The effect of rise/fall time on vestibular–evoked myogenic potential triggered by short tone bursts[J]. Acta Oto–Laryngologica, 121(6) : 696–9.

Cheng PW, Murofushi T, 2001b. The effects of plateau time on vestibular–evoked myogenic potentials triggered by tone bursts[J]. Acta Oto–Laryngologica, 121(8) : 935–8.

Chiarovano E, Darlington C, Vidal PP, et al., 2014. The role of cervical and ocular vestibular evoked myogenic potentials in the assessment of patients with vestibular schwannomas[J]. Public Library of Science ONE, 9(8) : e105026.

Curthoys IS, 2010. A critical review of the neurophysiological evidence underlying clinical vestibular testing using sound, vibration and galvanic stimuli[J]. Clinical Neurophysiology, 121(2) : 132–44.

Curthoys IS, Kim J, McPhedran SK, et al., 2006. Bone conducted vibration selectively activates irregular primary otolithic vestibular neurons in the guinea pig[J]. Experimental Brain Research, 175(2) : 256–67.

Guan R, Zhao Z, Guo X, et al., 2020. The semicircular canal function tests contribute to identifying unilateral idiopathic sudden sensorineural hearing loss with vertigo[J]. American Journal of Otolaryngology, 41(3) : 102461.

Halmagyi GM, Colebatch JG, Curthoys IS, 1994. New tests of vestibular function[J]. Bailliere' s Clinical Neurology, 3(3) : 485–500.

Hannigan IP, Welgampola MS, Watson SRD, 2021. Dissociation of caloric and head impulse tests : a marker of Meniere's disease[J]. Journal of Neurology, 268(2) : 431–439.

Hwang K, Kim BG, Lee JD, et al., 2019. The extent of vestibular impairment is important in recovery of canal paresis of patients with vestibular neuritis[J]. Auris Nasus Larynx, 46(1) : 24–26.

Lee KJ, Kim MS, Son EJ, et al., 2008. The usefulness of rectified VEMP[J]. Clinical and Experimental Otorhinolaryngology, 1(3) : 143–7.

Lim CL, Clouston P, Sheean G, et al., 1995. The influence of voluntary EMG activity and click intensity on the vestibular click evoked myogenic potential[J]. Muscle Nerve, 18(10) : 1210–3.

Melagrana A, D'Agostino R, Tarantino V, et al., 2002. Monothermal air caloric test in children[J]. International Journal of Pediatric Otorhinolaryngology, 62(1) : 11–5.

Milojcic R, Guinan JJ, Rauch SD, et al., 2013. Vestibular evoked myogenic potentials in patients with superior semicircular canal dehiscence[J]. Otology & Neurotology, 34(2) : 360–367.

Minor LB, Solomon D, Zinreich JS, et al., 1998. Sound– and/or pressure–induced vertigo due to bone dehiscence of the superior semicircular canal[J]. Archives of otolaryngology––head & neck surgery, 124(3) : 249–58.

Molnár A, Jassoy BD, Maihoub S, et al., 2023. Long-term follow-up of patients with vestibular neuritis by caloric testing and directional preponderance calculation[J]. European Archives of Oto-Rhino-Laryngology, 280(4) : 1695-1701.

Murofushi T, Iwasaki S, Ushio M, 2006. Recovery of vestibular evoked myogenic potentials after a vertigo attack due to vestibular neuritis[J]. Acta Oto-Laryngologica, 126(4) : 364-7.

Murofushi T, Kaga K, 2009. Vestibular evoked myogenic potential : its basics and clinical applications[M]. Tokyo : Springer.

Murofushi T, Shimizu K, Takegoshi H, et al., 2001 Diagnostic value of prolonged latencies in the vestibular evoked myogenic potential[J]. Archives of Otolaryngology - Head and Neck Surgery, 127(9) : 1069-72.

Nguyen KD, Welgampola MS, Carey JP, 2010. Test-retest reliability and age-related characteristics of the ocular and cervical vestibular evoked myogenic potential tests[J]. Otology and Neurotology, 31(5) : 793-802.

Ochi K, Ohashi T, Watanabe S, 2003. Vestibular-evoked myogenic potential in patients with unilateral vestibular neuritis : abnormal VEMP and its recovery[J]. Journal of Laryngology and Otology, 117(2) : 104-8.

Oya R, Imai T, Takenaka Y, et al., 2019. Clinical significance of cervical and ocular vestibular evoked myogenic potentials in benign paroxysmal positional vertigo : a meta-analysis[J]. European Archives of Oto-Rhino-Laryngology, 276(12) : 3257-3265.

Piker EG, Jacobson GP, McCaslin DL, et al., 2011. Normal characteristics of the ocular vestibular evoked myogenic potential[J]. Journal of the American Academy of Audiology, 22(4) : 222-30.

Piras G, Brandolini C, Castellucci A, et al., 2013. Ocular vestibular evoked myogenic potentials in patients with acoustic neuroma[J]. European Archives of Oto-Rhino-Laryngology, 270(2) : 497-504.

Salviz M, Yuce T, Acar H, et al., 2016. Diagnostic value of vestibular-evoked myogenic potentials in Ménière's disease and vestibular migraine[J]. Journal of Vestibular Research, 25(5-6) : 261-6.

Shimizu K, Murofushi T, Sakurai M, et al., 2000. Vestibular evoked myogenic potentials in multiple sclerosis[J]. Journal of Neurology, Neurosurgery and Psychiatry, 69(2) : 276-7.

Shin JE, Kim CH, Park HJ, 2013. Vestibular abnormality in patients with Meniere's disease and migrainous vertigo[J]. Acta Oto-Laryngologica, 133(2) : 154-8.

Singh NK, Kashyap RS, Supreetha L, et al., 2014. Characterization of age-related changes in sacculocolic response parameters assessed by cervical vestibular evoked myogenic potentials[J]. European Archives of Oto-Rhino-Laryngology, 271(7) : 1869-77.

Suzuki JI, Tokumasu K, Goto K, 1969. Eye movements from single utricular nerve stimulation in the cat[J]. Acta Oto-Laryngologica, 68(4) : 350-62.

Taylor RL, Wijewardene AA, Gibson WP, et al., 2011. The vestibular evoked-potential profile of Ménière's disease[J]. Clinical Neurophysiology, 122(6) : 1256-63.

Tseng CL, Chou CH, Young YH, 2010. Aging effect on the ocular vestibular-evoked myogenic potentials[J]. Otology and Neurotology, 31(6) : 959-63.

Wang CT, Fang KM, Young YH, et al., 2010. Vestibular-evoked myogenic potential in the prediction of recovery from acute low-tone sensorineural hearing loss[J]. Ear and Hearing, 31(2) : 289-95.

Welgampola MS, Rosengren SM, Halmagyi GM, et al., 2003. Vestibular activation by bone conducted sound[J]. Journal of Neurology, Neurosurgery and Psychiatry, 74(6): 771–8.

Young AS, Nham B, Bradshaw AP, et al., 2022. Clinical, oculographic and vestibular test characteristics of Ménière's disease[J]. Journal of Neurology, 269(4): 1927–1944.

Young YH, Huang TW, Cheng PW, 2003. Assessing the stage of Meniere's disease using vestibular evoked myogenic potentials[J]. Archives of Otolaryngology – Head and Neck Surgery, 129(8): 815–8.

Zhou YJ, Wu YZ, Cong N, et al., 2017. Contrasting results of tests of peripheral vestibular function in patients with bilateral large vestibular aqueduct syndrome[J]. Clinical Neurophysiology, 128(8): 1513–1518.

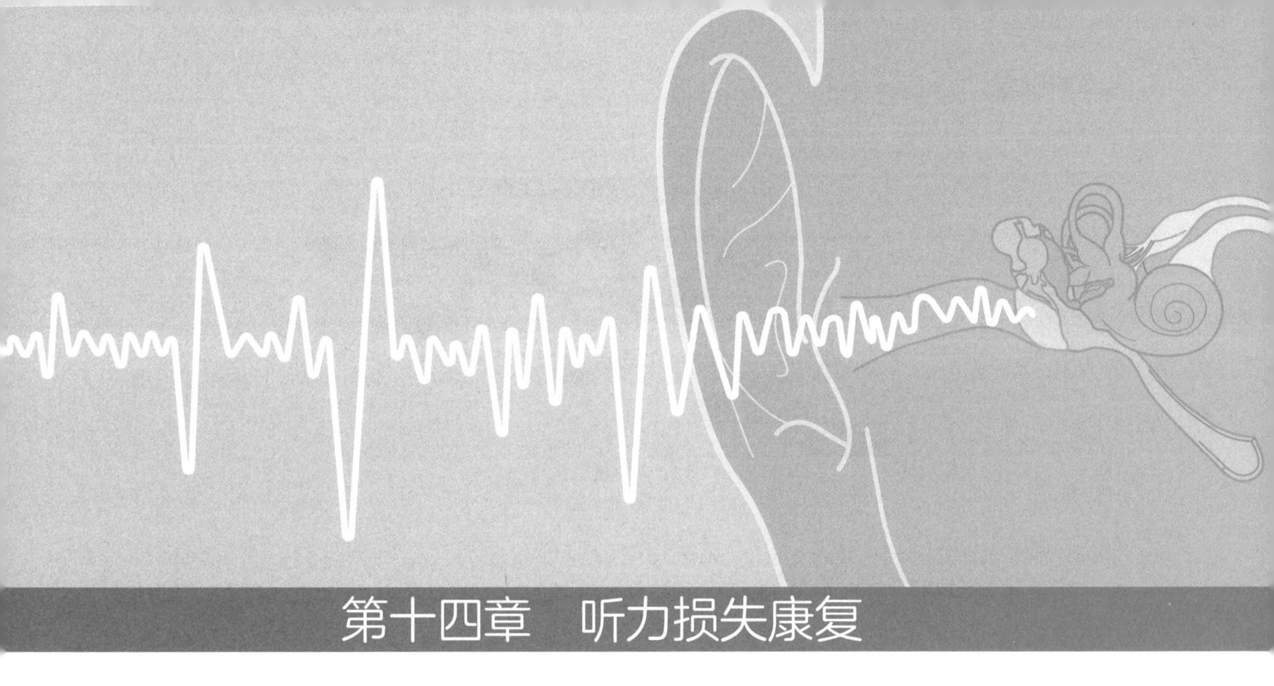

第十四章　听力损失康复

第一节　助听器简介与现代助听器验配

一、助听器的简介和基本工作原理

助听器如何让我们听到放大的声音？从放大听力学的角度来概括，助听器通过外界电能（电池），将自然界中的声音转化为变化的电流（麦克风），电流被放大后（前置放大器）转化为数字信号（信号转换器），数字信号经过解析调整（数字信号处理器），再次转化为变化的电流（信号转换器），并加以放大，最终以声音的方式传入外耳道当中（受话器），使佩戴者听到放大后的声音。图14.1为简易的助听器工作原理示意图。

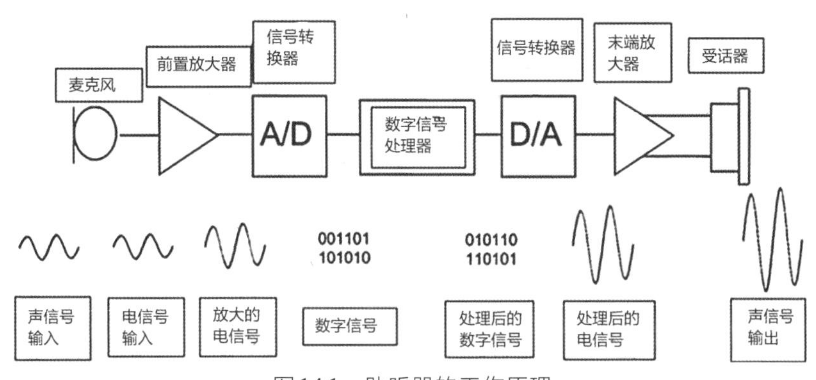

图14.1　助听器的工作原理

二、助听器的基础构造

（一）电池

助听器工作需要借助外界电能，即助听器电池（图14.2）。助听器电池分为充电电池和不可充电电池两大类。目前市面上主流的可充电式助听器都采取了一体式的充电电池——

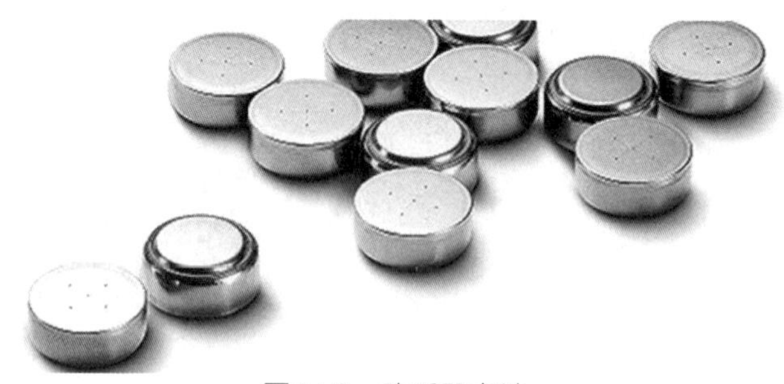

图14.2 助听器电池

即助听器和电池为一体设计，用户无法将电池取出。这类充电电池的材料本质是锂离子电池，和常用的手机电池类似，具有高能量密度、低衰减和少亏电的优点，能够为助听器提供稳定和相对长的续航时间。不可充电电池一般为锌空电池，形状呈纽扣状，体积和电池容量从大到小，分为A675号、A13号、A312号、A10号和A5号（并不常见）五种不同的规格。不同规格的电池续航时间相应不同。小容量电池的续航时间只有2～4天，大容量电池的续航时间则可以达到2周甚至更长。锌空电池的最大优点是能量密度高、价格低廉。表14.1罗列了助听器电池的不同型号和参数。

表14.1 助听器电池的不同型号和参数

电池型号	常见标识	容量/mA	助听器类别
A675	PR44	600	BTE
A13	PR48	300	BTE，ITE
A312	PR41	175	BTE，ITE，ITC
A10（10A或230）	PR70	90	BTE，CIC
A5	PR63	35	CIC

（二）麦克风

麦克风是声音进入助听器后进入的第一个部件。声波传入麦克风，引起振膜的运动，因为电磁感应作用随即产生变化的电流。传入麦克风的声信号和其引发的电信号均为模拟信号，有着同步的波形图（类似正弦波），二者之间存在线性关联。

（三）信号转换器

信号转换器在现代助听器中有至关重要的作用。模拟声信号以电磁感应的原理在麦克风产生模拟电信号，然后被信号转换器翻译为数字电信号，经过数据分析处理之后，又被信号转换器翻译回模拟再电信号，最终以电磁感应原理转换为模拟声信号，让用户听到放大后的声音。

（四）处理器

处理器是助听器的“大脑中枢”，是信号处理系统中的“指挥部”。现代数字助听器的各种先进功能，包括增益调试、降噪、言语声增强、移频、声反馈抑制以及方向性麦克风技术等，都是基于处理器的复杂算法与分析的。被仔细处理过的数字信号，再次被传送至信号转换器，转化为模拟电信号。

（五）放大器

放大器通常会出现在助听器信号处理过程中的两个不同阶段。模拟电信号在被分析处理之前，会经放大器放大，增强信号的强度，有利于后续的信号处理。信号处理结束之后，模拟电信号会再次被放大器放大，最终通过受话器转变成声音传出。对信号进行放大需要持续不断的外界供能，这个能量的来源就是前文提到的不同类别的助听器电池。

（六）受话器

受话器的作用和麦克风正好相反。受话器通过电磁感应的原理将放大后的模拟电信号转化为声信号，再次以声波的形式传出助听器，进入外耳道，为用户提供放大后的声音，补偿听力。受话器决定了助听器对声音的最大输出功率。听力师通常会根据听力损失程度选择不同功率的助听器。

三、助听器的类别

在现代的助听器市场中，各厂商将助听器按照外形设计分为以下几大类。

（一）耳背式助听器（behind the ear，BTE）

耳背式助听器的主体部分佩戴于外耳上方的耳郭背后，故名耳背式助听器（图14.3）。此类助听器里所有的电子元件均位于耳外部后上方的主体机身内。助听器通过一根中空的导声管以及末端的耳模或耳塞，适配在外耳道中，将声音信号传入外耳道近鼓膜处，使用户听到放大后的声音。由于此类助听器的主体部分全部位于耳后，耳道里没有任何电子元件，更适合有外耳道疾病的患者。此类传统助听器的验配范围非常广，涵盖从轻度听力损失到极重度听力损失的所有人群。

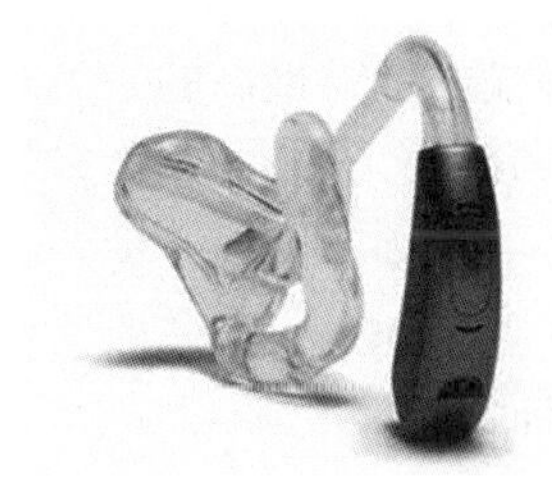

图14.3　耳背式助听器和耳模

（二）受话器外置式助听器（receiver in the ear，RITE；receiver in canal，RIC）

受话器外置式助听器（图14.4）的主体部分同耳背式助听器一样，位于耳郭背后。不同的是，助听器的受话器部件分离于助听器主体部分，以电导线为连接，通过耳模或耳塞，适配在外耳道中。这样的设计让助听器的主体部分体积明显减小，受话器的连接线相比传统导声管更加纤细和美观。一方面，外耳道中的受话器如果因为湿气或耵聍堵塞受损，听力师可以轻易地替换受话器和连接线整个模块，极大缩短了助听器的维修时间。另一方面，受话器外置式助听器的设计更有利于进行开放耳式的验配模式，让放大的声音更加自然。如果助听器用户的听力损失发生了骤然下降，出现增益不足的情况，听力师也可以轻易地更换受话器模块，使用输出功率更大的受话器，为用户提供足够的增益，补偿听力损失。

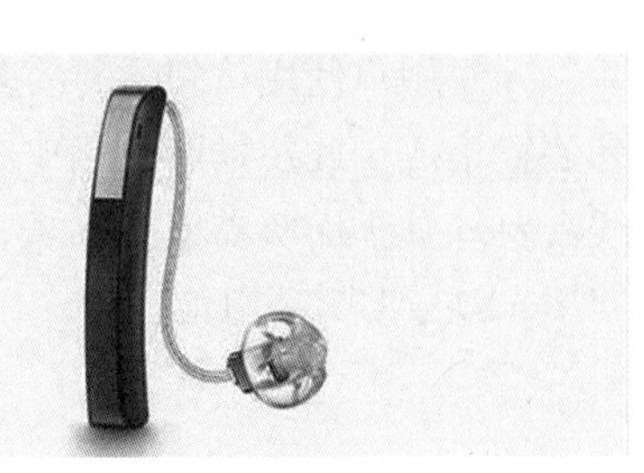

图14.4　受话器外置式助听器

（三）定制式助听器（custom hearing aids）

定制式助听器，顾名思义，就是根据用户的耳朵、外耳道形状来定制形状接近完美匹配的助听器。这类助听器的机身，整体适配于耳甲腔和外耳道之内，并无其他结构或电子元件位于耳郭之外，相比耳背式助听器更加美观，也避免了与眼镜等其他配件之间的互相影响。然而，由于此类助听器紧密贴合外耳道，会大大增加堵耳效应，对用户造成一些不舒适感。尽管听力师可以通过增加通气孔的尺寸来降低堵耳效应，但是相比耳背式、迷你耳背式助听器的开放式验配，定制式助听器的堵耳效应依旧让部分用户的助听器佩戴舒适度降低。另外，由于助听器对外耳道的闭塞，助听器更容易受潮或被耳道内的耵聍堵塞。虽然，定制式助听器外壳上从内贯穿到外的通气孔能够释放耳内的湿气，降低耳道内的声音共振，降低堵耳效应（Dillon，2008），但更容易使助听器出现啸叫（声反馈）。因此，在验配此类助听器时，听力师要根据用户的听力损失来综合判断，选择合适的通气孔设计。

根据外形设计和形状大小的不同，定制式助听器通常被分类为以下几种。

1. 耳内式助听器（in the ear，ITE）

耳内式助听器（图14.5）是定制式助听器中体积最大的一类，也是输出增益最高的一类。它的设计可以适配大部分用户的耳甲腔和外耳道，并能够添加音量控制旋钮、程序按钮、电感线圈或无线蓝牙等选项。由于此类助听器的体积偏大，所以非常适合手指灵活度不高的用户，方便他们日常取戴助听器。此类助听器通常使用13号助听器电池。

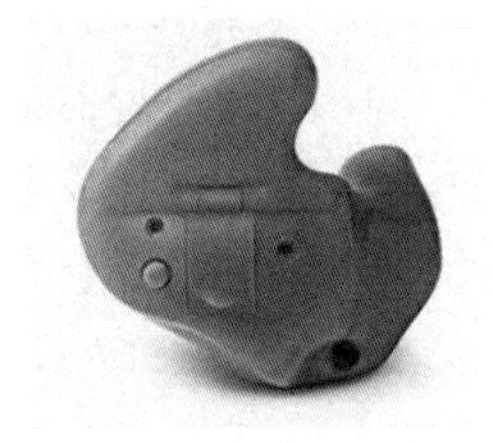

图14.5　耳内式助听器

2. 耳道式助听器（in the canal，ITC）

相比耳内式助听器，耳道式助听器（图14.6）在体积上有所减小，这样的设计使得助听器更加的小巧美观，仅占用外耳不到三分之一的空间。它们同样能够添加音量控制旋钮、程序按钮、电感线圈或无线蓝牙等选项。此类助听器通常使用A312号助听器电池。

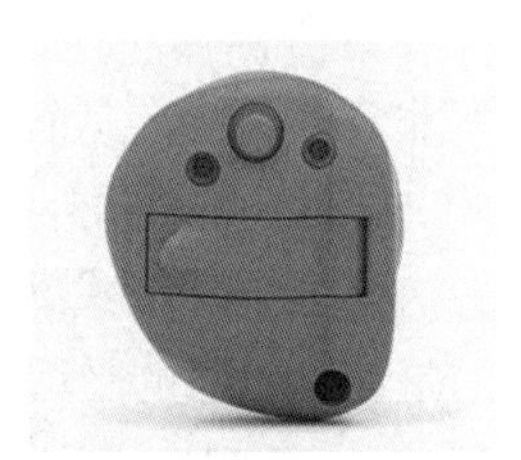

图14.6　耳道式助听器

3. 完全耳道式助听器（completely in the canal，CIC）

完全耳道式助听器（图14.7）比耳道式助听器的体积更小，目的是让机身尽可能地隐藏在外耳道当中。此类助听器由于机身体积的减小导致受话器的体积受限，输出功率也受限。所以，此类助听器一般适于轻中度听力损失人群。另外，由于助听器机身尺寸限制，一般无法对其添加音量控制旋钮、程序按钮、电感线圈或无线蓝牙等选项。一些厂家能够将按钮集成于电池舱门，作为一个整体，方便用户使用按钮进行音量或程序的调整；一些厂家还能将蓝牙装置集成于此类助听器当中，但是由于机身体积的限制，蓝牙天线需要外置于助听器机身面板，降低了其美观性。此类助听器通常使用A10号助听器电池。

图14.7　完全耳道式助听器

4. 隐藏耳道式助听器（invisible in the canal，IIC）

隐藏耳道式助听器（图14.8）是目前市面上体积最小的定制式助听器。助听器整个机身能够完全藏匿于外耳道中，电池舱门和麦克风的位置也位于外耳道口之内。一般来说，此类助听器被佩戴于外耳道的第二弯道处，助听器的美观程度达到极致。隐藏耳道式助听器通常使用A10或者A5（不常见）号助听器电池。

图14.8 隐藏耳道式助听器

（四）非定制式耳道助听器

如今市面上出现了几款不需要定制的耳道式助听器（图14.9），例如Signia Silk和Phonak Lyric等，极大地提高了用户使用助听器的容易度和听力师验配助听器的便捷度。不同于传统定制式助听器，这类助听器并不需要听力师对用户的外耳道形状进行采样（打耳样）定制，大大缩短了助听器订购的时间，提高了便捷程度。由于此类助听器的体积很小，它能够轻易地适配绝大多数的用户的外耳道。由于此类助听器并不会完全闭塞外耳道，堵耳效应也相应减少。此类助听器的输出增益受助听器体积的限制，所以它仅适合轻中度听力损失的用户。

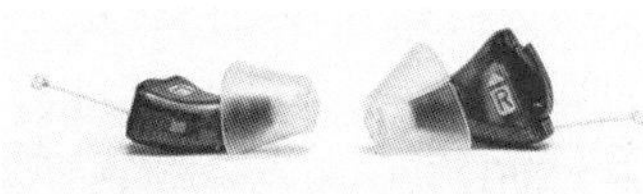

图14.9 非定制式耳道助听器

（五）骨导助听器（bone-conduction hearing aids）

如前文所述，常规气导助听器的原理是把外界声音放大，通过外耳道使声信号穿过鼓膜，途经中耳，最终进入内耳被毛细胞所感应。由此可见，外耳道和中耳的生理状态对声音的顺利传播起至关重要的作用。因此，若外耳道和中耳出现耳科疾病，会造成气导助听器的工作效率大大降低，影响助听器的正常使用，如外耳、中耳疾病有耵聍栓塞、外耳道炎、鼓膜穿孔、分泌性中耳炎、咽鼓管功能障碍、耳硬化症等。大多数情况下，病人需要及时寻求耳科医生的医学治疗，待耳科疾病被妥善控制和治疗之后，才可进行传统气导助听器的验配。

对于反复出现外耳、中耳问题的病人，我们是否真的束手无策，无法验配助听器呢？并不是，骨导助听器可帮助这一类病人重获听力。19世纪70年代，一个由医生组成的团队，发明了将骨导振子植入乳突骨的办法（Hagr，2007），这个设备后来发展为如今被广泛应用的植入式听力设备——骨铆式助听器（bone-anchored hearing aids，BAHA）。

骨导助听器的工作原理是，声音处理器将外界声音转化为机械振动，通过振动头骨，绕过外耳和中耳系统，将声波能量直接传导至耳蜗，引起声音感知。通常情况下，骨导助听器适合传导性听力损失的用户、单侧感音神经性聋用户和混合性听力损失的用户。

骨导助听器分为两大类。

一类是不需要手术植入的设备。这类设备可以通过头带、发带或者使用黏合剂直接附着于耳后乳突处的皮肤表面。此类别适合因为年幼而不适合外科手术的儿童（因为他们的头骨尚未完全硬化）、听力损失轻微或无法进行手术的成年人。

另一类骨导助听器需要通过外科手术来植入。这类设备通常由体内和体外两大结构组成，即植入体和声音处理器。植入体和声音处理器的连接方式也分为两种。一种是类似纽扣的嵌入式连接，振动传输直接且高效；另一种是利用强磁铁的磁吸引力让体外部分紧密地贴合于皮肤表面。

各类助听器厂商都有自己独特的骨导助听器设计，植入体嵌入乳突骨部的方式也有很大的区别。选择最适合用户的骨导助听器方案，需要听力师、用户和耳鼻喉手术医生三方沟通，共同决策最佳方案。

四、助听器的耳模和耳塞

助听器的耳模和耳塞，适配BTE和RIC/RITE助听器。耳模和耳塞的相同之处是，都能使助听器更好地停留在外耳道内，既保证了助听器相关部件在外耳道内的舒适性，又保证了助听器在外耳道内提供稳定的、可靠的输出增益。二者的不同之处是，耳模是根据用户的耳甲腔及外耳道形状进行定制的配件；而耳塞则是由助听器厂商预先设计，批量生产出来的即用型、可替换型配件。传统BTE的耳模和耳塞都是通过一根声管连接到助听器，而现代的RIC/RITE助听器，其耳模是直接与受话器相匹配，作为一个整体被放置于外耳道当中。

（一）耳模

1. 耳模材质的分类

定制耳模按材质不同可分为两大类：硬耳模和软耳模。不同的耳模材质有着各自的优缺点，听力师需要考虑多方面因素，选择适合用户的定制耳模。

硬耳模的主要材质是丙烯酸纤维（俗称亚克力，acrylic），在根据用户的外耳形状定制之后，硬耳模能够长久地保持定制的形状，不易变形损坏，不易引起耳部皮肤过敏。对于皮肤敏感的用户，生产商还可以按要求在耳模的表面增加抗过敏的特殊涂层，改善因佩戴耳模而造成的皮肤过敏反应。听力师还可以使用专业工具和设备对硬耳模进行加工和形状修改，让耳模佩戴起来更加舒适。硬耳模的优缺点很明显。缺点是没有延展性，部分用户在长时间佩戴之后会抱怨耳部的不舒适或耳痛等症状；优点是亚克力材料有抗腐蚀性，此类耳模通常可以被长期使用，不容易损坏。临床经验显示，手指关节不灵活或指尖触感衰退的用户更倾向选择硬耳模，他们认为硬耳模的佩戴更容易。

软耳模的主要材质是硅氧树脂（俗称硅胶，silicone），也是根据用户的外耳形状定制的。由于硅胶的延展性较好，软耳模佩戴起来更加舒适，适合儿童用户或在运动中佩戴。软耳模也更加贴合外耳道，有利于防止助听器放大后的声信号从外耳道与耳模的缝隙中泄漏，降低了助听器啸叫（声反馈）的可能性。因此，软耳模更适合听力损失较重的用户。在定做软耳模的时候，其硅胶材质的软硬程度有不同级别供选择，听力师可根据用户的耳部状态、听力损失程度及手指灵活度等因素来选择偏软或者偏硬的软耳模。

2. 耳模样式的分类

耳模的样式有很多种选择，听力师需要考虑用户的听力损失程度、手指的灵活程度，以及外耳道、耳甲腔的形状，来选择最适合用户的耳模样式。常见耳模样式有全耳甲腔式、3/4耳甲腔式、半耳甲腔式、骨架式、半骨架式、耳道式、迷你耳道式、中空式等，图14.10展示了几种耳模样式。值得注意的是，不同助听器厂家对于耳模样式的分类或命名可能会略有不同。总的来看，耳模的命名都是由其大致形状决定的。

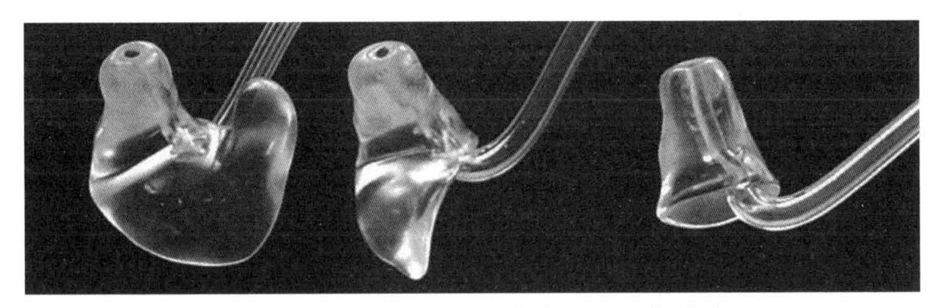
图14.10 不同样式的定制耳模（适配耳背式助听器）

3. 通气孔

通气孔是助听器耳模中的一个重要结构，它贯穿耳模，是连接外耳道与外界的一个重要的狭窄的通道。通气孔的作用是保证耳模不会完全堵塞外耳道，以此平衡外耳道与外界环境中的气压差，减少外耳道的湿气，并降低由于耳模堵塞外耳道造成的堵耳效应。通气孔的形状也各异，以圆形和D形较为常见，也有位于耳模表面的槽型凹陷形成的通气孔。通气孔常见的尺寸从直径0.1 mm到3～5 mm不等。尺寸的决定因素通常是用户的低频听力损失程度和外耳道的生理状态。临床经验发现，在用户低频听力损失小于40～50 dB HL的时候，我们通常需要在耳模中添加通气孔，以避免较为严重的堵耳效应。因此，低频听力越好，通气孔的尺寸需要则越大。当用户反复出现外耳道炎、鼓膜穿孔等病理状况的时候，我们必须添加2 mm或者更大尺寸的通气孔，保证外耳道的健康通气状态，避免诱发进一步的外耳道疾病。然而，如果通气孔的尺寸过大，被助听器放大后的声音则会通过通气孔从外耳道中泄漏出来，被助听器麦克风反复拾取并放大，造成令人烦恼的声反馈（啸叫）问题。

4. 声管

声管是连接耳模和耳背式助听器的必要结构（图14.11），由特殊的塑料材质制成。声管的作用是将声音信号从助听器平滑地传送至耳模，经耳模声孔传出耳模，到达外耳道近鼓膜处，使用户听到稳定的输出增益。传统的声管为软性塑料结构，声管的内外径有不同选择，是影响声音在声管内传送的主要因素之一。通常来说，声管的内径越大，高频增益越大，低频增益越小，也能帮助避免声管内水蒸气冷凝造成的堵塞；声管的外径越大，则声管外壁越厚，会对声音的传送造成一定的衰减，降低声反馈（啸叫）的问题，却也因此降低了美观性。传统声管的长度需要听力师根据助听器用户耳朵的大小进行裁剪，达到最合适的尺寸。另一种声管为偏硬的塑料结构，因内径较小，通常被叫作细声管。这类声管通常适用于迷你耳背式助听器，主要是为了提高美观性。听力师可以根据助听器用户耳朵的大小选择不同长度的细声管，更好地适配外耳道和耳郭处。细声管的美观设计在过去五至十年非常流行，广受听力师和助听用户的喜爱。但是，由于细声管狭窄的内径和纤薄的管壁设计，它极易被弯折和耵聍堵塞，用户保养助听器和更换细声管的需求明显高于使用传统声管助听器的用户。近几年，随着RIC/RITE助听器的兴起，细声管的设计优势逐渐没有那么明显了。但是，各助听器厂家仍然保留了细声管的设计选

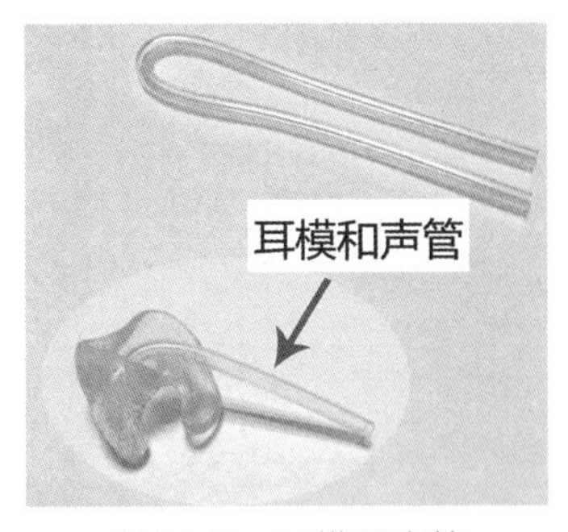

图14.11 耳模和声管

择。听力师可根据实际情况，利用转接头配件，在不更换助听器的情况下在传统声管和细声管之间替换。这个替换的过程很容易，操作起来非常简单。尽管如此，现代听力师在为用户选配助听器的时候，依旧会优先考虑RIC/RITE类别的助听器。

（二）耳塞

耳塞适用于RIC/RITE类别的助听器和耳背式助听器。其作用和耳模类似，一是让受话器或声管舒适地停留在外耳道中固定的位置，二是让助听器在外耳道内提供持续稳定的输出增益。耳塞的存在让助听器验配变得更加灵活快捷。不同厂家的耳塞千差万别，同一个厂家也会提供不同形状、不同设计的耳塞。听力师需要根据用户的外耳道大小和听力损失情况选择不同样式和大小的耳塞。由于用户个人的喜好千差万别，听力师需要权衡助听器的增益输出和耳塞的舒适度，在其中找到一个平衡点。常见的耳塞样式有开放式、闭合式、半开放式（郁金香式）和双层耳塞等（图14.12）。

通常来说，开放式耳塞搭配开放式助听器验配（RIC），可以更好地保证外耳道的开放程度，保留用户接近正常的低频听力，降低堵耳效应，让助听器的声音更加自然（Taylor et al. 2000），适合高频陡降型听力损失，例如噪声性听力损失、老年性听力损失等。双层式的耳塞则更适合中重度听力损失，这类用户的低频听力损失超过40 ~ 50 dB HL，基本不会产生堵耳效应，外耳道的密闭程度决定助听器是否能提供有效的增益，并可有效避免声反馈的发生。闭合式耳塞和郁金香式耳塞的功能处于上述两种耳塞之间，既保证了外耳道一定程度的闭合性，又不会产生严重的堵耳效应，但是这一折中的设计却限制了助听器的有效增益输出范围，适合轻中度的听力损失用户。

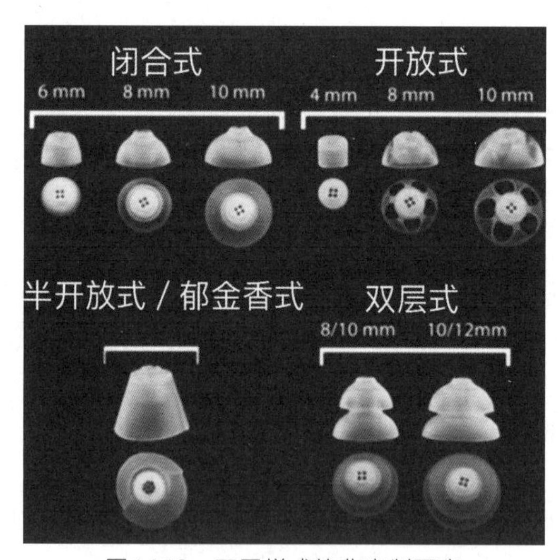

图14.12　不同样式的非定制耳塞

五、现代成人助听器验配

（一）验配前——助听器的选择

在众多助听器中为用户选择最合适的，是很多听力师在助听器验配中面临的第一个挑战。临床实践中有很多可以影响选择助听器的因素，包括助听器验配的禁忌证，用户对助听器的实际操作能力，用户对助听器美观外形的要求，用户对助听器验配的期望值，用户的实际听力需求和耳蜗死区对助听器验配的影响等。作为一名听力师，我们要综合考虑多方面的影响因素，为用户推荐和选择最适合的助听器设备。

问病史是助听器验配前评估过程中的第一步。问病史的主要目的是确保在选择助听器之前，耳科病症已经得到了相应的医学干预治疗。FDA要求，听力师在选配助听器之前必须慎重考量，参照以下8个禁忌证：①外耳畸形；②外耳耵聍堵塞或外耳异物；③过去90天以内出现过耳分泌物；④过去90天内出现过突发性听力损失；⑤急性或慢性的眩晕症；⑥过去90天内出现过单侧耳的急性听力损失；⑦耳痛或耳部不适；⑧根据美国耳鼻咽喉学会（American Academy of Otolaryngology）的标准：500 Hz，1000 Hz和2000 Hz的气骨导听力差超过15 dB；单侧或不对称性的言语分辨率降低（双耳之间相差超过15%）；双侧耳言语分辨率低于80%。在出现了上述8种禁忌证之后，听力师需要将病人转诊到专科医生进行医学检查和干预，干预之后，专科医生通常会将病人转诊回听力门诊，让听力师为用户进行助听器的选择和验配。

主观问卷调查是助听器验配前评估过程中的重要组成部分。问卷调查的主要目的是收集用户听力损失相关的重要信息，例如用户的期望值，用户对听力损失的态度，用户对助听器的接纳度等。合理地使用问卷调查，可以大大帮助听力师了解听力损失之外的影响因素，提高后续助听器验配的成功率。目前全球范围内最常用的验配前问卷调查有两大类，一类是从用户角度分析他们所经历的听力问题，另一类是从用户角度分析他们的听力需求和康复期望值。HHIE（handicap inventory for the elderly）可以帮助听力师很好地了解听力损失人群在日常生活当中遇到的听力障碍，尤其是在沟通交流当中听力损失对于他们社交上和情绪上的影响。根据调查问卷，听力师能够了解用户对听力康复的意向度，为用户提供相应的咨询服务。Ida研究所的激励工具（线条工具、圆圈工具和盒子工具）可以帮助听力师了解用户对于听力康复的意向度，并提供初级的咨询功能，提高用户的听力康复动机（冯定香，2021）。COSI（client oriented scale of improvement）是一份开放式的调查问卷，这份问卷可以帮助用户详细地列举有听力交流困难的场景，并把这些详细的信息作为助听器验配后的听力康复目标。COSI问卷是目前全球最流行的助听器验配工具之一，可以用于助听器验配流程的不同阶段，帮助听力师对用户的听力康复进展进行随时评估，也可在咨询阶段作为听力咨询工具使用。

1. 双耳验配或单耳验配

对于双侧听力损失的用户，听力师首先要考量的是推荐双耳验配还是单耳验配。诸多研究表明，双耳验配在听力康复当中相对单耳验配有显著的优势；但双耳验配会给用户带来额外的经济压力。双耳验配对于用户整体听力的提高是多方面的，具体表现为：①响度叠加；②声音定位能力提高；③降低头部阴影效应；④提高噪声环境下的信噪比，改善言语识别率；⑤提高整体听觉音质以及空间感知平衡；⑥抑制听觉剥夺效应；⑦双耳助听器的信号同步处理（Avan et al.，2015）。

响度叠加的原理是听觉系统能够整合双侧外周听觉系统传入的听觉信号，对声音的整体响度进行叠加。研究表明，为了达到双耳验配同等的响度，单耳验配策略需要将助听器的增益额外提高2～8 dB。由此可以看出，双耳验配对整体增益的需求降低，有助于减少助听器可能产生的声反馈问题。

大脑通过分析声波传到左右耳的时间差、频率差和强度差，来确定声源的定位。研究表明，双耳验配可以帮助用户恢复或接近恢复正常听力的声源定位能力。如果我们为双侧听力损失用户提供单侧助听器的验配策略，造成左右耳的声音信号的异常不对称，会严重影响用户的声源定位能力。理论上，听力损失用户单侧耳佩戴助听器的声源定位能力甚至要差于不佩戴任何助听器的声源定位能力。

头部阴影效应是常见的物理现象。高频声波在传播途中，由于头部的遮挡，从一侧传播到另一侧的耳朵，在强度上会出现10～15 dB的衰减。双耳验配就可以保证用户不存在“弱侧耳”，极大降低了头部阴影效应。

噪声下言语识别率的改善，主要体现在信噪比的提高。研究表明，双耳聆听，对于轻、中强度的言语信号，可以将整体的言语信号的信噪比（signal to noise ratio，SNR）提高2～3 dB。由于这2～3 dB的信噪比改善，用户可以在噪声环境下获得更好的言语可懂度。临床上，绝大多数的双侧听力损失用户都倾向于双耳验配。

我们在听音乐的时候会发现，双耳戴上耳机或使用两个扬声器，能够营造出双耳立体音效的感觉，极大地提升了听声的体验。在佩戴助听器的时候，这个现象同样存在。研究表明，双耳验配可以为听力损失用户提升声音质量，营造双耳立体声的空间平衡感，增加佩戴的舒适性和提高体验感，让用户更容易接受助听器的声音。

听觉剥夺效应是听力学领域讨论了很久的话题。很多研究结果证实，在部分用户中，由于听力损失造成的大脑皮层刺激信号减少，将进一步导致大脑皮层听觉中枢的活性降低，其产生的负面影响就是言语可懂度的降低（纯音听阈测听结果并没有改变）（Cherko et al.，2016）。双耳验配保证了大脑听觉中枢能够同时接受双侧听神经传入的刺激信号，保持相应区域的活跃度，最大程度地避免听觉剥夺效应，维持用户的对言语信号的可懂度，并通过长期有效的声刺激干预，提高言语可懂度。

双耳验配的优势还体现在双侧助听器的信号交换功能。简单来说，双侧助听器可以通过无线连接技术，实时分享两侧助听器获取的声音信号，并整合处理。这样做的好处是，双侧助听器可以协同工作，形成更加精准的方向性麦克风阵列，帮助用户在噪声环境下降低多个方向的噪声，并着重提取某一个方向的言语信号，提高信噪比，改善嘈杂环境当中的言语可懂度。一些助听器厂商在技术上甚至能够将方向性麦克风任意切换前后左右四个方向，并调整麦克风方向性功能的幅度和角度，满足用户在不同聆听环境下的听力需求（Neher et al.，2009）。此外，双侧助听器的信号交互与整合，能够帮助助听器更好地处理风噪，提高户外使用助听器的舒适度。

2. 对传式助听器和双耳对传式（CROS/Bi-CROS hearing aids）助听器

值得一提的是，临床上的确存在极少一部分的助听器用户，对他们来说单耳验配的效果要远好于双耳验配的效果，额外一个助听器的存在似乎对整体听觉系统造成了干扰或者抑制作用。造成这个现象的影响因素可能包括突发性听力损失、听觉系统蜗后性病变、耳蜗死区、先天性听力损失和听觉剥夺效应等。

针对这类听力损失用户，我们可以推荐对传式（contralateral routing of signals，CROS）助听器。这类助听器的存在主要是为了消除头部阴影效应。若一侧听力损失由于种种原因无法得益于常规的助听器，用户又不想因为头部阴影效应丢失弱听侧的声音信号，则可以考虑使用对传式助听器。对传式助听器和普通助听器外观几乎一模一样，也是双耳验配。弱听侧的CROS助听器将提取到的声音信号以无线传输的模式发送给好耳一侧的助听器，让用户听到从弱听侧传来的声音，消除了头部阴影效应的干扰。如果用户的好耳侧听力也有部分听力损失，该侧的助听器在接收到CROS助听器传来的信号后，则需要根据该侧的听力损失程度对声音进行进一步的放大，给予适当的增益，补偿听力，这被称为双耳对传式（bi-contralateral routing of sound，Bi-CROS）助听器。

然而，CROS/Bi-CROS助听器也并不是完美的解决方案。对侧信号传递的设计理念，严重影响了双耳听觉给人带来的听觉优势（Ryu et al.，2015），而其中最大的影响在于声源定位能力的丧失。由于头部阴影效应的消失，声音从弱听侧传递至好耳侧时原有的时间差和强度差发生了很大的改变，大脑则无法根据改变后的信息，利用双耳听觉优势准确判断声音的来源之处。另外，很多此类助听器用户反映，他们的听力在一些嘈杂的环境当中没有得到有效的提高，效果反而不如单耳验配。造成此类现象的原因是，弱侧耳CROS/Bi-CROS的麦克风装置无形之中收集了额外环境噪声，并叠加于好耳侧的助听器当中，影响了好耳中的信噪比，降低了好耳在噪声环境下的言语识别率。同时，额外的助听器也会增加用户的经济负担，用户也需要更多的时间和精力来适应两个助听器带来的各种麻烦和困难。相比而言，一个助听器则让用户心理上更容易接受。因此，在选择助听器的时候，听力师需要根据具体案例综合考虑，再给出对传式或双耳对传式助听器的验配建议。

3. 正常听力阈值和助听器验配

临床中偶尔会遇到听力正常的客户来听力中心看诊，他们抱怨在嘈杂的环境下有明显的听觉困难，怀疑自己有听力下降等问题。有趣的是，他们的纯音听力检查结果却显示听阈在正常范围内（小于20 dB HL）。这些真实的案例告诉我们，听力图似乎并不能完全展现用户的真实听觉功能。近年来的研究表明，听阈正常却伴有听觉困难可能是很常见的状况。Kelly Tremblay等人的研究发现，20—80周岁的成人群体，其中大概有12%的人听力图正常，但是却有明显的听觉困难（Tremblay et al.，2015）。部分人群可能存在隐性听力损失（hidden hearing loss）或者耳蜗突触病变（cochlear synaptopathy）。这一现象再次引起听力师的重视，在提供听力康复服务的过程当中，听力师需要专注评估用户的听觉功能和沟通交流能力，而不是单纯地参考听力检查结果。在这些案例当中，我们可以灵活使用前文介绍的主观问卷测试（HHIE，COSI等），了解用户的听觉功能障碍、听力需求，以及听力问题对于其社交、心理上的不良影响，配合噪声环境下的言语测听（例如QuickSIN），为用户进行听力诊断和咨询。研究表明，双耳验配的方向性麦克风阵列，能够帮助所有用户提高信噪比3 dB。这一微小的信噪比改善对于听阈正常的用户来说却是一个显著比例的提高。另外，在听力图结果正常的情况下，根据助听器验配公式（NAL NL2）的设定（Keidser et al.，2011），系统仍然会建议在部分频率范围提供一定的增益，以达到最好的言语清晰度。由此可见，正常听力阈值却伴有听觉功能障碍的用户，我们也许可以考虑助听器验配。

（二）验配中——助听器的验配流程

在过去的几十年，助听器的测试和验配模式都依靠助听器检测盒当中的2cc耦合腔，这曾经是整个助听器行业的黄金标准。助听器检测盒当中的2cc耦合腔，并不能完美地重塑人外耳道的真实体积和物理特性，但它却能提供一个稳定的、标准的助听器测试环境，让整个验配流程专业化、标准化。听力师将助听器连接上适配的2cc耦合腔，对助听器的增益进行调整，基于听力图和验配公式，达到目标增益。

助听器调试的具体步骤在不同国家的验配指南中有着不小差异。然而总体来看，真耳测试（real ear measurement，REM）是多数西方国家公认的必要的助听器验配步骤之一。不同的耳塞、不同的耳模和个人外耳道解剖形状的差异，造成了助听器增益在鼓膜前的显著差异。这个的差异可以直接影响客户听声的舒适度和清晰度。真耳测试的存在保证了助听器在验配之后在外耳道的鼓膜前有着稳定可靠的、接近验配公式的增益输出，保证了助听器验配的有效性和安全性（Aazh et al.,2007）。完成了此步骤，听力师就可以和用户沟通，根据他们的反馈，对助听器进行进一步微调，在舒适度和清晰度之间找到平衡。

由于听力损失机制、听力损失程度、听力损失时长和个人心理预期的差异，不同用户对于同一个验配公式提供的增益有着截然不同的反馈。在不同的案例当中，不变的宗旨就是紧紧围绕用户的反馈，以人为本，咨询为主，调试为辅。部分新用户会表现出对助听器增益的不适应，觉得增益过大，尤其无法接受被放大的日常环境噪声。通常解决方案有两个：一是使用针对新用户的验配公式，它们通常会提供显著低于常规验配公式的目标增益，提高用户舒适性，方便用户适应新的声音。在客户适应助听器一段时间后，可以再次通过真耳测试来调整助听器增益，达到舒适度和清晰度的新平衡。二是在助听器调试软件中设置增益的自动调整功能，让助听器的增益自动缓慢增加，帮助客户在一段时间内达到某个增益目标值。

在首次验配助听器的时候，验配软件会要求听力师选择一个验配公式对助听器进行编程。助听器的验配公式是由各大声学实验室研究发明的一种放大声音的计算方法。在获取了用户的听力图信息之后，根据听力损失程度让助听器提供有效的、安全的增益，是验配公式的主要职责。听力师在验配系统中输入用户的听力图信息，助听器调试软件便会根据某个特定的计算公式（验配公式）自动生成相应的目标增益。听力师接下来需要做的就是利用真耳测试设备，测试用户外耳道内近鼓膜处的实际增益值，然后通过助听器验配软件，调整助听器的增益，使近鼓膜处的增益达到目标值，提供最优的言语清晰度或使响度正常化。通常情况下，在助听器增益达到目标值之后，用户能够感受到听力水平显著提高。助听器的验配公式为听力师调试助听器提供了一个经过验证的、量化的参数设置，包括助听器对各频率的增益和对不同强度声音的非线性压缩，避免了助听器过度放大或增益不足。常见的助听器验配公式有NAL-NL1，NAL-NL2，DSL m[i/o]，DSL V5和各大助听器厂商自行研发的验配公式等。多国学者的长期对比研究表明，尽管不同助听器验配公式所提供的增益目标曲线和非线性压缩特性有很大差别，但用户的听觉系统，尤其是小孩的听觉系统，似乎可以很好地适应不同验配公式下的不同参数设定。长期来看，这些参数设定上的差异并不会显著影响用户的听力康复效果（Scollie et al.，2010；Ching et al.，2013a；Ching et al.，2013b）。

（三）验配后——助听器的效果评估

既然助听器验配时已验证过可靠性，为什么还要做验配后的效果评估？助听器验配中采用真耳测试，目的是确保助听器能够提供目标增益；而验配过后的效果评估，目的是验证用户是否对助听器验配满意，有没有解决他们的听觉功能障碍。助听后的效果评估主要分为两大类：主观评估和客观评估。最理想的助听器验配结果是用户满意，并能够持续使用助听器。因此，助听器验配效果评估最优选择通常是二者结合，主观评估为主，客观评估为辅。

1. 主观评估

主观评估的优势是可以反映用户在真实环境当中的听力改善，以及用户本身对助听器的满意程度。助听器验配成功的决定因素是用户本身的满意度和接受度。在助听器各方面都调试到最优，各项客观检查显示听力明显改善的情况下，依然有用户最终放弃助听器的使用。用户的期望值，是作为听力师要随时考量的因素。期望值高的用户往往很难对助听器完全满意，而期望值低的用户通常对他们的助听器满意度很高。现在国际上的主流趋势是，用户的主观自我评估结果被认为是评估助听器验配效果的黄金标准（Bentler et al.，2016）。当然，用户的主观评估也并不是完美无瑕的，也有其局限性。主观评估问卷中的问题和听力情景，始终无法完整重现用户所有的听力场景；问卷中一些笼统、广义的问题无法展现日常听力场景的具体细节，缺乏针对性；一些变化因素，例如评估的时间点、以何种方式展现给用户、用户是当面完成问卷还是远程完成的评估，都会对主观评估的结果造成一定程度的影响。用户主观问卷调查，在标准化流程下完成，并得到可靠评估，可以为助听器验配提供准确的参考信息。常见的问卷调查有COSI、APHAB、HHIA、HHIE、SSQ和IOI-HA等。每一种的问卷调查侧重点不同，有的关注用户听力水平、交流水平的变化，有的关注用户生活质量的变化，有的则关注用户和其家庭在认知和心理上的变化。所有的问卷调查，其相似之处都是将用户和其家庭作为评估和讨论的中心，给予听力师来自不同视角的观察和信息反馈，帮助听力师及时修改完善听力康复方案和策略（Grenness et al.，2014）。与此同时，听力师也能将这些主观评估结果作为听力康复咨询中用户的基础信息和咨询服务突破口。

2. 客观评估

客观评估的主要目的是确认助听器是否为用户改善了听力，这类评估需要客观的检测结果来支持。客观评估的主体部分是验证助听器的功能性、有效性，重点在于助听器设备本身，例如对声音质量的评估，对言语清晰度的评估和对响度的评估等。这类客观检查通常需要在专业的隔音室、实验室，或者背景噪声相对较低的办公室内进行。在这种可控的环境之下，客观检测的信号声强度、噪声强度和空间方向性等变量才能得以标准化、量化。对比助听前和助听后的评估结果，就可以准确地了解用户通过助听器验配得到的听力改善程度。这类检查结果可以以具体数值的形式证明助听器的有效性，帮助听力师为用户提供咨询服务，以客观事实提高用户使用助听器的积极性。然而，这类评估结果的局限性也很明显，即所有的评估检查都是在可控的环境中进行的，与现实生活中的声音环境截然不同。用户所在的日常环境里，言语信号和背景噪声复杂多变。因此，客观评估的结果，并不能反映用户佩戴助听器在日常环境当中的真实经历。常见的主观评估有，助听后纯音听阈（aided threshold）评估，助听后言语识别率（aided speech discrimination/word recognition）评估，助听后信噪比改善评估，响度、舒适度（most comfortable loudness levels，MCLs）评估，方向性麦克风的有效性评估（the directivity index，DI）等。

3. 回访

回访是听力康复中重要的步骤，不同用户在使用助听器一段时间后会有不同的表现。部分用户坚持使用助听器，持续有效地改善他们的听力问题；另一部分用户在短暂地尝试佩戴助听器之后由于种种原因放弃助听器的使用；其他用户则断断续续地在他们需要的听力场景使用助听器。这三类用户对于助听器的期望和满意度有着很大的差别。根据不同用户对助听器的适应程度，回访的时间可以灵活安排，可以是季度、半年和年度等。在他们在听力中心回访的时候，我们需要根据他们在听力康复旅程中所处的阶段，提供不同的康复策略和建议。我们可能需要从头开始，建立合理的期望值，调整助听器的设置，重新制订听力康复计划；我们可能需要推荐额外的辅助听力装置（比如FM系统、可视电话和电视耳机等），进一步改善用户的听力，将听力康复的效果最大化；我们可能仅仅需要和用户再次复习如何保养，如何操作助听器，提供必要的听力咨询，重建用户对助听器使用的信心。

六、儿童助听器验配的考量

儿童助听器的验配有其特殊的难点，儿童的助听器验配，通常需要有经验的听力师来完成，以保证听力康复的成功。在国外的听力学行业中，儿童听力师通常被归类为中高级职称，听力师在临床积累了一定的经验之后，才会逐渐转向儿童听力康复方向，包括听力评估、助听器验配等。

儿童助听器验配的挑战，主观因素是幼龄儿童的配合性较差。在听力评估阶段，听力师就会面临很多的挑战。通常来说，听力师得到了婴幼儿相对稳定和准确的听力阈值之后，便可以对其进行助听器验配。如何准确获取幼龄儿童的听力阈值一直是临床中的一个首要难点。在幼儿无法完成行为测听的前提下，听力师只能依靠电生理测试的检查结果，比如ABR、ASSR等。研究表明，在客观电生理检查过程当中，能够轻易改变检查结果的影响因素众多，近年来的相关研究是深入的、多方面的，在这里不一一赘述（Picton et al., 2007）。

客观方面，婴幼儿的外耳道体积比成人要小，并且随着年龄的增长外耳道体积和形状不断变化，增加了听力师在助听验配流程中的需要考虑的因素，例如选择针对幼龄儿童的助听器验配公式（DSL或NAL），更频繁地更换耳模（幼儿外耳道的成长变化），真耳测试的操作复杂性（需要考虑额外测试真耳耦合腔差值RECD），辅助听力装置的使用（无线调频设备FM），助听器电池的安全性和助听器的防水性、佩戴的牢固性等。

助听器成功验配之后，幼年助听器用户无法像成人那样向听力师提供有效的反馈信息，比如声音的响度、言语的清晰度以及助听器佩戴的舒适度等。助听后的主观问卷调查、言语测听等评估手段，都会被严重影响，导致听力师无法获取有效的、准确的评估结果，极大增加了助听器调试的难度。在这种情况下，听力师需要花费更多的时间与儿童的家长、老师等沟通，以获取关于儿童对于助听器多方面的反馈信息。同时，幼年的助听器用户，无法自己操作和保养助听器设备，听力师需要花费额外的时间和用户的家人沟通，培训其助听器的使用和注意事项。儿童家人和老师需要付出额外的时间来保证助听器的正常工作。

第二节 人工听觉技术

一、人工耳蜗组成及工作原理

人工耳蜗（cochlear implant，CI）是一种电子装置（图14.13），由体内的植入体及佩戴在体外的声音处理器两部分组成，可以帮助听力障碍的人群重建听力，也是目前治疗重度和极重度感音神经性听力损失最有效的方法。

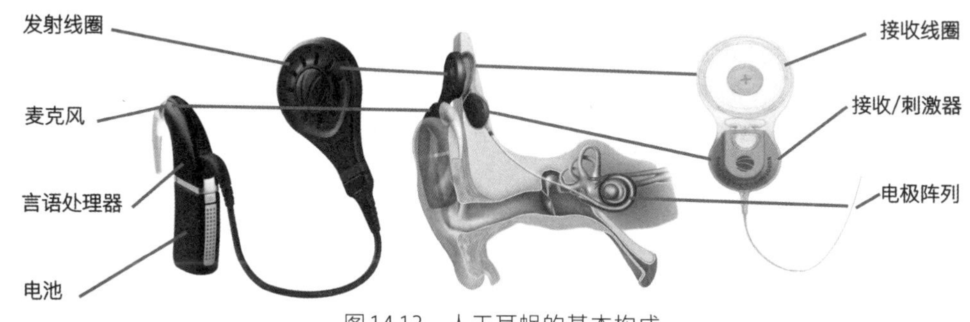

图14.13 人工耳蜗的基本构成

体外部分包括麦克风、连接导线、言语处理器和发射线圈，负责收集、分析和处理外界声音，并向体内部分传递。麦克风接收周围的声音后，将其通过导线传到言语处理器，言语处理器会选择有用的信息按一定的言语处理策略进行编码，处理后的声音变成射频信号通过导线传至发射线圈，后者把信号通过越皮传输的方式输入体内。除了图14.13呈现的外机样式，还有体外一体机供植入者选择。体外一体机将麦克风、言语处理器和发射线圈均置于一处吸附在头皮上，可减轻植入者耳郭的压力。

体内植入部分由接收线圈和电极阵列组成。其中接收线圈是最大元件，由磁铁和天线组成，通过手术植入患者体内。接收线圈在接收体外线圈发出的射频信号后，将其编码为电信号传递给插入耳蜗的电极，刺激蜗神经，沿听觉通路传至听觉中枢产生听觉。电极刺激通过两个电极之间的电场来刺激蜗神经。电极刺激可分为单极和多极模式，是电极之间的电流流动方式。单极模式指一个电极作为主动电极，另一个电极作为参考电极，通常放在远离刺激区域的地方。多极模式是指两个或多个电极作为主动电极，相互之间形成不同的刺激通道。现阶段的人工耳蜗采用多极刺激模式，即对蜗内不同位置的电极给予不同频率的信息使其共同刺激蜗神经，充分利用耳蜗基底膜的频率响应规律，不仅可以提供声音的超音位信息，还可提供时域和频域信息。但电场并不是精准地刺激相应的蜗神经，它会扩散到周围的电极群并刺激相关区域的蜗神经，产生电场重叠。因此电极数量越多就越容易产生通道间相互作用，实际上言语识别能力并没有显著提升。此外，植入电极的有效性还与残余神经纤维、电极植入深度及电极间间距有关。

随着信息技术的更迭，言语处理策略和电极阵列也协同发展。编码策略是指将声波转换成电信号，然后再编码为电脉冲的过程，目的是刺激听神经，让听觉中枢感知声音。编码策略有很多种，它们的发展经历了四个阶段。第一代即特征提取阶段，主要是提取声音的基频、共振峰等特征，如F0/F2、MPEAK等。第二代即波峰提取阶段，主要是提取声音的波峰信息，如SPEAK、ACE等。第三代即包络提取阶段，主要是提取声音的包络信息，如CIS、HiRes、HiRes120等。第四代即精细结构提取阶段，主要是提取声音的时域和频域信息，如FSP、FS4、FS4-p等。具体的信号提取方法，可参阅相关书籍。不同的编码策略对于人工耳蜗使用者的聆听效果有不同的影响。一般来说，第四代编码策略比第三代编码策略能够提供更丰富和更自然的声音信息。

为了提升植入者的言语识别能力，电极触点的形状已经从球形和环形变为板形。为了保护残余听力，电极阵列也有不同的长度、厚度或直线与弯曲形式可供选择。但植入电极和听觉神经元之间的不匹配才是亟须解决的问题。内毛细胞和95%的听觉神经元相连。听觉神经元终末突的直径约为1 μm，细胞体的直径约为10 μm，到大脑的中枢突直径约为4 μm。每个内毛细胞由10～20个听觉神经元支配，这些神经元具有相同的特征频率，但自发性放电阈值和动态范围不同。当前CI植入电极和听觉神经元之间的尺寸（1 mm对1 μm）和数量（12～24对35000）都存在1000倍的不匹配，再加上植入者听觉神经元退化，造成植入者频率分辨率低、聆听效果差。没有证据表明当前的人工耳蜗用户已经产生了与正常听力者的纯音等效的音高感知，更不用说其他复合音了。类似的接口问题也是其他神经假体的根本问题（Zeng，2017）。

由于在增加电极数量上未能有显著进展，学者们尝试寻求其他方法来提高植入者的言语识别能力及音乐鉴赏能力。为了减少干扰达到独立通道，第一种方法是将电极直接植入听神经内。其优点是能够刺激到较低特征频率的神经，并且因为远离了面神经，从而对面神经的刺激降低，但在动物试验上发现可能存在声学的干扰（van Beek-King et al.，2014）。第二种方法是用光代替电作为刺激源。在其他领域，光作为神经刺激源技术已经比较成熟，各项研究表明光电探测器能应用于生物体并在动物体内长时间运行（Zhang et al.，2022），且光学CI的频率选择性优于电刺激人工耳蜗，能对声音进行强度编码（Kitcher et al.，2020）。但目前许多问题如离子通道的表达和能量来源等仍有待解决。关于因电极插入对耳蜗内结构造成损坏从而导致残余的神经纤维损伤的问题，除了改变电极阵列的形状、长短和软硬，研究尝试给予神经营养来维护相关神经纤维，包括用鼓室内注射和手术时经蜗窗给药的方法来减少手术引起的损害。还有用CI植入物作为药物供给载体的方法，注射物包括糖皮质激素、地塞米松、神经营养因子和阻止细胞凋亡的JNK抑制剂等（Roche et al.，2015）。

二、人工耳蜗植入标准

随着人工耳蜗技术以及不同程度听障人群人工耳蜗植入临床研究的不断进步，植入标准也在不断更新，许多国家都制定了各自听障人群人工耳蜗植入的标准，以让更多的听障人群从该技术中获得听觉支持。

在儿童人工耳蜗植入标准方面，以美国、英国和中国的标准为例（表14.2），可以看到一些共同点，如听力损失程度大多都在重度至极重度，年龄都建议在12个月左右（2020年美国FDA同意 MED-EL设备植入年龄降至9个月），都要求有助听器佩戴史。

表14.2 儿童人工耳蜗植入标准

标准	美国（2020年）	中国（2013年）	英国（2019年）
年龄	9个月以上	12个月—6岁；6个月以下不建议	12个月以上
听力程度	2岁以下儿童双侧极重度听力损失（听阈＞90 dB HL）； 2岁及以上儿童具有重度至极重度感音神经性听力损失（听阈＞70 dB HL）	双耳重度或极重度感音神经性聋气导平均阈值＞80 dB HL	双侧重度至极重度感音神经性聋（500 Hz、1000 Hz、2000 Hz、3000 Hz、4000 Hz中2个及以上频率听阈在80 dB HL以上）
助听器佩戴与效果	2岁以下儿童需有3个月的助听器佩戴史；2—17岁儿童需有6个月的助听器佩戴史，助听器已达到最佳辅助状态，但适龄的言语识别测试正确率低于30%	重度聋患儿佩戴助听器3～6个月无效或者效果不理想；极重度聋患儿可考虑直接行人工耳蜗植入；助听后言语识别率（闭合式双音节词）得分≤70%，对于不能配合言语测听者，经行为观察确认其不能从助听器中获益	至少需要有3个月的助听器佩戴史，但助听器效果较差
其他	无手术禁忌证； 家庭成员或儿童本人同意植入；对人工耳蜗植入有正确的认识和适当的期望值		

注：美国和英国的标准根据植入设备的不同而存在差异。美国标准详情可访问https://www.fda.gov/medical-devices/cochlear-implants网站，推荐阅读*Cochlear Implant Patient Assessment Evaluation of Candidacy, Performance, and Outcomes*。

除了具体的听力损失程度和助听器佩戴效果，FDA的植入标准对儿童的助听器使用时间以及植入者的言语识别率做出了更加细致的要求，并推荐了各年龄段适合的言语测试（表14.3）。我国（中华耳鼻咽喉头颈外科杂志编辑委员会，2014）也推荐了各年龄段适用的测试材料，除了单词、短句等言语测试材料，还有对听觉和语言表达等能力评估的测试。英国国家卫生与临床优化研究所（National Institution for Health and Care Excellence, NICE）没有推荐具体的词表，他们认为评估患者是否从助听器中充分受益比言语测试结果更能体现需求，因此给出了儿童助听器受益充分的目标，当儿童表现出与年龄、发育阶段和认知能力相匹配的言语、语言、听力技能时，则可认为助听器给予的增益足够使其具备发育良好的听觉技能（（National Institute for Health and Care Excellence，2019）。

表14.3 FDA各年龄段推荐言语测试种类

年龄	单词识别测试	句子识别测试
2—3岁	ESP测试	无
3—5岁	MLNT/LNT	噪声下BKB句表

续表

年龄	单词识别测试	句子识别测试
5—6岁	CNC单词测试	儿童Bio句表；噪声下BKB句表
6岁以上	CNC单词测试	儿童Bio句表；噪声下BKB句表；Azbio句表

相较于成人，指南对儿童的标准更为谨慎。自1990年FDA批准了人工耳蜗可被应用于儿童以来，30余年其植入标准几乎没有变化。尤其是严格的言语识别率，自2000年制定标准后一直未更改。许多学者认为严格的适应证和缺乏变化的标准限制了儿童的发展，越来越多的研究表明部分不符合当前FDA标准的听障儿童也能从人工耳蜗受益。例如Chris等（2017）发现平均纯音听阈高于60 dB HL的儿童在接受人工耳蜗植入后也有着良好的听觉补偿，言语测试识别率大于30%的儿童也可从人工耳蜗植入中显著受益。

对于成人听障人群，人工耳蜗植入标准在不同国家之间存在些许差异（表14.4），但总体要求仍依据植入者的听阈及言语识别能力测试的结果。

表14.4　成人人工耳蜗植入标准

标准	美国（2020年）	中国（2013年）	英国（2019年）
年龄	18岁及以下	语后聋	18岁及以上
听力	双耳重度或极重度感音神经性聋（500 Hz、1000 Hz、2000 Hz、4000 Hz平均听阈＞70 dB HL）	双耳重度或极重度感音神经性聋（气导平均听阈＞80 dB HL）	双耳重度或极重度感音神经性聋（500 Hz、1000 Hz、2000 Hz、3000 Hz、4000 Hz中2个及以上频率听阈在80 dB HL以上）
助听器效果	最佳助听状态下，开放式言语测试得分≤50%（MED-EL部分设备≤40%）	重度听力损失在助听后听力较佳耳的开放短句识别率＜70%，依靠助听器不能进行正常听觉言语交流	助听器效果较差，在最佳助听状态下，70 dB SPL的Arthur Boothroyd单词测试中音素得分低于50%
其他	无手术禁忌证； 本人或其监护人同意植入，且对人工耳蜗植入有正确的认识和适当的期望值		

注：美国和英国的标准根据植入设备的不同而存在差异。美国标准详情可访问https://www.fda.gov/medical-devices/cochlear-implants网站，推荐阅读*Cochlear Implant Patient Assessment Evaluation of Candidacy*, *Performance*, *and Outcomes*。

尽管各标准在植入适应证中起着至关重要的作用，但临床上仍有许多不符合适应证的患者植入了人工耳蜗，且言语识别能力得到有效改善。这种不符合适应证但仍植入人工耳蜗的行为称为“标签外”（off-label）做法。2018年美国神经病学会对各听力中心和诊所进行了一项调研，结果显示78%的受访者在近两年至少进行了1次“标签外”做法（Carlson et al., 2018）。一项回顾性研究以最新的英国人工耳蜗植入标准为筛查条件收集了一年内符合标准的植入者术前术后的言语测试结果，证明在500 Hz、1000 Hz、2000 Hz、4000 Hz中任意两个频率的听阈大于等于80 dB HL或500 Hz、1000 Hz、2000 Hz、4000 Hz的平均听阈大于70 dB HL时，人工耳蜗设备亦可有效改善其听觉能力。只要植入者在最佳助听状态下时句子测试或音素测试的正确率低于50%，人工耳蜗就可有效改善植入者的言语识别能力（van der Straaten et al.，2021）。美国听力学协会推荐“修订60/60”标准，即听力损失在60 dB HL以上，未助听单音节言语识别率低于60%，就可考虑人工耳蜗手段，同时指出，即使患者不符合CI植入条件，评估过程也存在一定意义，可为将来其他手段提供参考意见（Zeitler et al.，2023）。

对于特殊的听障群体，人工耳蜗植入有着不同的标准（Park et al.，2022；丁香香 等，2022）。例如语后聋的单侧听力损失和不对称听力损失在植入人工耳蜗时需要有特定的评估流程，对植入者进行医学评估和听力评估后，需要评估植入者在使用信号对传式助听器和软带骨传导装置的效果，也可用言语识别测试、生活质量问卷方式进行植入前的评估。同时植入者的年龄是影响儿童人工耳蜗植入效果的重要因素，一般来说，5岁之前植入人工耳蜗的单侧聋儿童康复效果较好，且出于手术安全考虑，植入者年龄不得低于6个月。在对儿童进行人工耳蜗植入前和植入后，言语能力和语言评估都必不可少，植入前通过评估植入者口语或语言能力，观察最佳工作状态的助听器是否能满足患者需要。植入后通过这些言语语言测试能很好地评估植入后患者的恢复情况。此外，声源定位测试也可以很好地评估单侧聋儿童的人工耳蜗使用效果。具体植入标准可见表14.5。

表14.5　单侧聋儿童人工耳蜗植入标准

单侧聋儿童人工耳蜗植入标准
1. 无耳蜗神经缺损等手术禁忌证
2. 听损时间不超过10年，年龄不小于5岁
3. 植入者患有单侧中至重度的感音神经性聋
4. 助听后言语清晰度指数（aided speech intelligibility index）小于0.65
5. 植入者单侧平均听阈（500 Hz、1 kHz、2 kHz、4 kHz）大于80 dB HL
6. 保证植入儿童有能力进行后续的言语康复

除了听阈及助听后言语识别能力，在人工耳蜗植入前还需对植入者进行术前医学评估和耳蜗影像学检查，以确定人工耳蜗对于植入者听力改善的有效性。如脑膜炎引起耳蜗骨化的患者放置电极就会比较困难，完全硬化者即便将电极完全放置进去，效果也甚微且并发症发生率较高（不是完全的禁忌证，见案例一）。若植入者的听损原因不能靠人工耳蜗改善，则医生需判断是否有其他更适合的治疗方案，此外，医生还需对病人的健康状况进行整体评估，从而判断其能否接受手术。而耳蜗的影像学检查，如颞骨CT、磁共振成像等可以了解植入者的乳突发育和内耳结构。这些检查手段有助于及早发现内耳畸形或内耳骨化等影响手术进行的不利因素，以帮助医生确定手术时电极的植入深度、电极的位置及手术耳的选择。在植入后也可通过影像学检查查看电极植入情况。

案例一

耳蜗骨化患者的人工耳蜗植入

高X，男，35岁。

主诉：双耳听力差13年。

现病史：13年前因高烧一个月，听力呈渐进性下降，直至5年前交流困难。从未佩戴过助听器，言语发育正常，日常交流模式为听说和唇读。

查体：双侧耳郭无畸形，双侧外耳道干燥，双鼓膜完整，标志清晰，乳突区无压痛，音叉试验无法配合。

辅助检查：纯音测听示双耳极重度听力损失；双耳声导抗为A型；DPOAE、TEOAE双耳均未引出；ABR示双耳95 dB nHL未引出波形。内耳CT提示双侧前庭及各半规管结构显示欠佳，建议MR检查。内听道水成像见：①双侧耳蜗底转，前庭及双侧前、后及外半规管未见清楚显示，考虑内耳发育畸形；②双额叶腔隙灶，幕上脑室扩大。

诊疗经过：2012年全麻下行“右电子耳蜗植入术（诺尔康CS-10A）”，术中发现耳蜗骨化，仍采用常规植入方法。术后一个月开机时阻抗测试通路，但给予电刺激患者并无听性反应，加大脉宽并刺激量给声，仍反馈听不见声音，只有类似植入体头皮位置发麻的感觉。后通过X片发现电极未植入到正确位置。安排术中探查，尝试用试探电极植入，发现植入困难，怀疑是脑膜炎高烧后导致的听力下降，进而引起的耳蜗骨化，根据Smullen和Balkany分级法（表14.6）确定为Ⅱ级骨化。遂在术中进行耳蜗钻孔，磨除骨化组织，暴露耳蜗腔，完成电极全植入。术后予抗感染，止血、止痛等对症治疗。患者恢复良好。

出院情况：患者一般情况可，右耳切口无明显疼痛，无口眼歪斜，无面瘫，无耳鸣，无眩晕，无畏冷发热等，查体：神清，生命体征平稳，心肺未见明显异常，右耳切口敷料干燥，无红肿流脓，无渗血渗液，皮瓣下无积血积液。

术后情况：第二次开机，所有阻抗显示通路，各电极反馈听声良好，X片显示电极在耳蜗内；开机半年，听觉行为分级（categories of auditory performance，CAP）达到6分，能够进行正常交流；开机一年左右，CAP达到7分，能够接打电话。2019年获得机动车驾驶证。人工耳蜗术后效果好。

表14.6　Smullen和Balkany骨化分级

骨化部位	Smullen和Balkany骨化分级
无骨化	0
蜗窗	Ⅰ
底转下部	Ⅱ
底转＞180°	Ⅲ

三、影响耳蜗植入效果的因素

（一）植入年龄

目前我国植入标准对语前聋患者植入年龄的要求通常为12个月—6岁，并指出效果与植入年龄相关，植入年龄小，相对效果越好。倡导低龄植入，与研究发现听觉系统在出生后2至3.5年具有最大的可塑性有关。虽然这种可塑性一直存在，但到了生命的第七年，其可塑性就变得有限。同时，我国开展新生儿听觉筛查项目使发现、诊断听力损失儿童的年龄段大幅度提前了。目前国内外也有低于12个月植入人工耳蜗的报告，FDA建议的植入年龄是9—12个月。当儿童因患脑膜炎引起极重度听力损失，影像学提示有耳蜗纤维化和骨化的情况时，为避免耳蜗完全骨化无法植入电极，应及时进行人工耳蜗的植入。越来越多的人工耳蜗植入中心为6—9个月的患儿进行植入手术（Karltorp et al.，2020），有多篇文献支持12个月以前植入的儿童有更好的言语、语言和听觉功能。但年龄12个月以下的儿童在术中发生麻醉意外、失血过多、颞骨内外部神经损伤等并发症的概率、死亡率和危及生命的不良事件方面的风险总体上大于12个月以上的儿童。低龄植入的收益与风险还需要更多的临床观察（中华耳鼻咽喉头颈外科杂志编辑委员会，2014）。

当晚植入发生时，这些儿童是否能追赶上早植入的患者，随着研究时间的延长，临床证据也逐渐多起来。有研究发现早植入（≤3.5岁）与晚植入（3.5—10岁）的患儿相比，在植入五年后在言语分辨率上没有明显区别。有区别的是两组患儿的在常规学校求学的比例不同，前者高于后者。这些研究也给出了临床证据，对晚植入的儿童要有足够的信心，随着时间的推移，他们的听觉表现会逐步追赶上早植入的患儿（Choo et al.，2021）。但我们在解释这些结果的时候需要谨慎，因临床研究的结果与纳入研究的儿童的年龄跨度、是否伴随其他障碍以及家庭社会经济情况等很多因素有关。

还有一部分错失低龄植入机会的语前听力损失患者，在青少年或者成年期植入了人工耳蜗，系统研究发现人工耳蜗植入显著改善了这部分患者的开放式语音感知、视听语音感知和与听力相关的生活质量（Debruyne et al.，2020）。

（二）听力损失程度

人工耳蜗植入标准有个静态的数据，就是植入者的纯音听阈。这个静态数据的标准一直在放宽，从一开始要求的全聋，到极重度听力损失，再到目前的重度听力损失。如前所述，即使未达到指南标准，助听设备没有提供充分的帮助，儿童言语语言发展达不到要求的儿童也应考虑人工耳蜗植入。也有低频听阈较好，中高频听阈差的，比如在噪声环境中有更好的言语理解能力、音乐感知能力和音质。还有部分特殊患者，其低频听力尚可，高频听力极重度，为了提高其噪声下的言语识别率，也可以植入短电极人工耳蜗，理论上这样做可保护低频残余听力。虽然听力损失程度不能作为单一因素判断植入效果，但是这个数值与耳蜗的解剖情况、螺旋神经节的多寡有很强的联系。听力损失程度越高，耳蜗畸形的概率越高。

（三）双侧植入方式

过去几年双侧CI植入越来越被学者关注，因其在声源定位、双耳整合效应、头影效应及掩蔽的空间释放（相比于信噪同源，信号与噪声在空间上的分离能产生更好的言语感知）中表现出较大的优势。临床上双侧CI植入方式有两种，同时双侧植入和序贯植入（sequential implantation）。两者的不同之处在于序贯植入需要进行两次手术，要考虑儿童能否承受两次手术，而同时植入的优点在于术后双侧同时开机，保证双侧听觉皮层同时得到刺激以最大化地得到言语发展。虽然有学者指出同时植入术后的并发症发生率更高，但Uecker等（2019）对同时植入和序贯植入的患者进行术后观察随访，发现同时植入并不比序贯植入危险，两者与手术相关的并发症发生率差异无统计学意义。因序贯植入有时间间隔，儿童的听觉言语发育存在一个最佳时期，所以术后言语发育能力是研究关注的重点。Kim等（2019）比较了70个序贯植入的儿童两侧植入耳的言语发展情况，结果表明后植入耳在耳蜗开机后1—2年言语感知能力显著提高，但后植入耳的言语感知能力取决于先植入耳植入的年龄和第二次植入时的言语感知能力，初次植入的年龄低于3.5岁的婴幼儿获得的言语感知能力会更好。

（四）家庭支持

研究表明耳蜗植入第一年，儿童接收到来自父母的语音输入（亲子对话）越多，大概率植入的效果也会越好。父母在康复上的参与度与父母的教育程度有关，更加突出了让植入儿童接触到高质量的语言对话的重要性（Holzinger et al.，2020）。也有研究认为，母亲的教育水平对患儿的语言经历有影响（Dwyer et al.，2019）。可见对患儿来讲，人工耳蜗植入后需要接触高质量的语言，可以来自父母，也可以来自照顾者。这也表明了患者家庭，尤其是母亲提供支持的重要性。

（五）双模聆听与双侧聆听

双模聆听指一耳植入人工耳蜗，另一耳佩戴助听器。双侧聆听指双耳都植入人工耳蜗。对双侧听力损失耳进行干预，第一是因为临床听力师对双耳聆听优势的认识度在增加，第二是因为整个听力康复团队包括患者本人或家属都寄希望于双耳的干预效果能更好，有强烈的主观愿望。过去的十几年中，双侧植入的人数一直在增加。相应地也引起了对双模聆听与双侧聆听效果的关注。临床上是否有患者不能产生双耳聆听优势？这个答案也是肯定的。因每位人工耳蜗候选者的个体情况不同，个体之间效果的差别也很显著。对研究者来讲，只能从数据的趋势上获得目前的结果并进行分析，尽量减少无效植入。关于双耳聆听的优势，读者可参看本书助听器部分中提到的双耳聆听的内容。

在安静或者简单的语言任务下，双模与双侧的效果没有明显差异。但是当语言任务难度增加，比如存在背景噪声或多人谈话等情况下，双侧的效果优于双模。研究指出，噪声下言语测试（hearing in noise test，HINT）（噪声强度固定）中，当言语识别阈高于8.8 dB的信噪比时，双模听障者有75%的机会能从双侧植入能获得更大的帮助；但当言语识别阈低于4.8 dB的信噪比时，双模听障者从双侧植入中获得更好的言语识别的概率就只有25%，不建议第二侧植入CI。这项研究的意义为临床筛选双侧植入提供了理论上的依据。研究还指出，在双模还是双侧问题上，直接询问听障者也是一种方法（Gifford et al.，2019）。如果从植入性价比的角度上考虑，双模聆听是性价比最高的。仅单耳使用人工耳蜗，对侧不干预，效果不如双模聆听（Theriou et al.，2019），这项结论在母语为普通话的植入儿童上同样适用（Liu et al.，2019）。

除了观察双侧与双模聆听的短期效果，长期效果也是一个很重要的问题。一项儿童双侧植入的效果研究发现，植入的前四年，植入者语言上的表现与同龄人类似。但是第六年，植入者的表现下降了，特别在接受新的词汇和表达语法上。这项研究提示临床还需要更长的时间窗来观察儿童植入后的表现，更重要的是参与听力康复的团队不能因为儿童前几年的良好表现而忽略了对儿童的支持与观察（Wie et al.，2020）。

（六）多重障碍

大概有三分之一的听障儿童伴随其他问题，最常见的有智力障碍、学习障碍和发育迟缓。虽然这部分患者植入后的总体效果会差一点，技能的习得也相对慢，个体之间的交流能力差异更大，但这些不应作为植入标准的排除项。此时家庭的康复意愿与期望就显得尤其重要。术前应进行仔细探讨再决定是否植入。

近年来听力障碍和认知功能之间的关系引起了许多学者的关注，有研究在对老年人进行人工耳蜗植入咨询时增加了认知功能的评估（Shen et al.，2016）。尽管有部分学者认为认知障碍应视为植入的禁忌证，但也有研究表明植入人工耳蜗能有效改善部分老年人的认知功能障碍。

综合来看，影响人工耳蜗植入的因素很多，包括听力损失程度、认知能力水平、母亲的教育能力以及是否存在其他障碍，但最关键的是要尽早干预，无论是使用人工耳蜗还是助听器，干预得越早效果就越好。除此之外，在进行人工耳蜗植入后，后续的康复训练和定期的设备调试也是影响人工耳蜗植入效果的重要因素，案例二展示了人工耳蜗调试的重要性。

案例二

人工耳蜗调试

李X，男，9岁。

主诉：人工耳蜗使用效果不佳半年，时常无法听清他人说话内容。

病史：2岁时于上海某三甲医院行右耳人工耳蜗植入术，术后进行言语康复3年，使用人工耳蜗可正常交流，言语清晰度佳。由于特殊原因，约3年未行人工耳蜗调试，近半年发现使用效果逐渐变差，言语清晰度下降，尤其在噪声环境中。

听力学检查结果：该患者声场下助听听阈测试右耳在35～50 dB HL，听力曲线呈下降型，提示助听后的听力水平欠佳（正常CI助听听阈可达20～30 dB HL）（图14.14）。安静环境下的言语测听结果显示右耳的最大言语识别率为67%，提示助听后的言语识别能力欠佳。

处理：在人工耳蜗连接调试设备条件下进行行为测试，获取该患者各电极的T值和C值（图14.15），调试后提高其T值和C值（图14.16）。再行声场下助听听阈测试，结果显示右耳助听听阈在25～35 dB HL（图14.17），右耳的最大言语识别率为90%，较调试前的结果明显改善。患者试听调试后的程序，反馈良好。

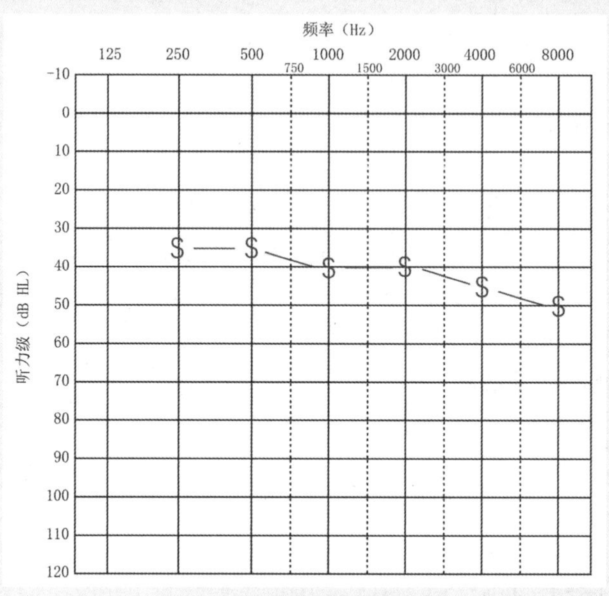

图14.14　调试前助听听阈

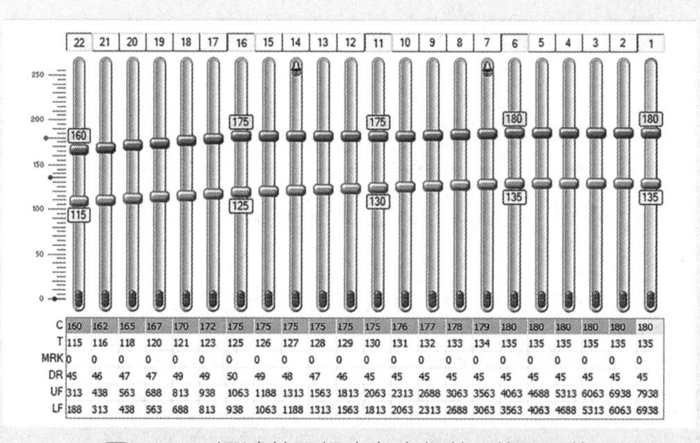

电极	22	21	20	19	18	17	16	15	14	13	12	11	10	9	8	7	6	5	4	3	2	1
C	160	162	165	167	170	172	175	175	175	175	175	175	176	177	178	179	180	180	180	180	180	180
T	115	116	118	120	121	123	125	126	127	128	129	130	131	132	133	134	135	135	135	135	135	135
MRK	0	0	0	0	0	0	0	0	0	0	0	0	0	0	0	0	0	0	0	0	0	0
DR	45	46	47	47	49	49	50	49	48	47	46	45	45	45	45	45	45	45	45	45	45	45
UF	313	438	563	688	813	938	1063	1188	1313	1563	1813	2063	2313	2688	3063	3563	4063	4688	5313	6063	6938	7938
LF	188	313	438	563	688	813	938	1063	1188	1313	1563	1813	2063	2313	2688	3063	3563	4063	4688	5313	6063	6938

图14.15　调试前耳蜗内各电极的T值和C值

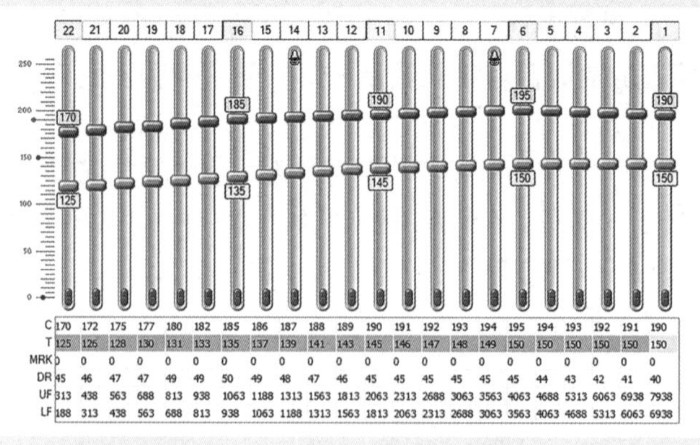

电极	22	21	20	19	18	17	16	15	14	13	12	11	10	9	8	7	6	5	4	3	2	1
C	170	172	175	177	180	182	185	186	187	188	189	190	191	192	193	194	195	194	193	192	191	190
T	125	126	128	130	131	133	135	137	139	141	143	145	146	147	148	149	150	150	150	150	150	150
MRK	0	0	0	0	0	0	0	0	0	0	0	0	0	0	0	0	0	0	0	0	0	0
DR	45	46	47	47	49	49	50	49	48	47	46	45	45	45	45	45	45	44	43	42	41	40
UF	313	438	563	688	813	938	1063	1188	1313	1563	1813	2063	2313	2688	3063	3563	4063	4688	5313	6063	6938	7938
LF	188	313	438	563	688	813	938	1063	1188	1313	1563	1813	2063	2313	2688	3063	3563	4063	4688	5313	6063	6938

图14.16　调试后耳蜗内各电极的T值和C值

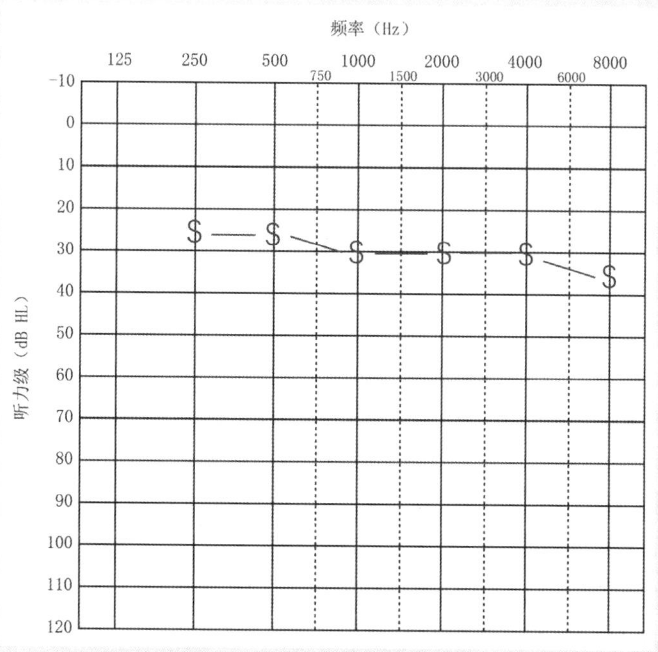

图14.17 调试后的助听听阈

分析与总结：本案例是患者长时间未进行人工耳蜗调试引起的电极刺激水平变化，导致使用效果欠佳。通常人工耳蜗植入的第一年，由于耳蜗内环境的不稳定性，需要较为频繁的调试。当植入超过一年后，耳蜗内环境趋于稳定，刺激水平等参数在短期内变化不大，但调试间隔也不应超过一年。随着患者的康复训练效果提升以及对人工耳蜗的逐渐适应，刺激水平仍会发生较大变化。因此人工耳蜗患者需要定期调试。

四、人工耳蜗近几年的研究关注点

（一）单侧听力损失

对单侧听力损失的儿童是否要进行听力康复干预以及如何进行干预是近几年临床工作者重点关注的问题。对是否要干预的回答是肯定的，除非患儿有听神经发育不良等问题（Távora-Vieira et al.，2019）。单侧听力损失儿童患耳侧在影像学资料中约一半有听神经发育不良或者听神经缺失，是人工耳蜗植入的禁忌证。关于如何进行干预，目前对单侧听力损失患者植入人工耳蜗后的效果证据多数来自成人。对儿童患者不建议采用信号对传（contralateral routing of signal，CROS）助听器或者骨导设备（bone conduction devices，BCD）。因干预是为了让听力损失侧有声音信号传递到听觉中枢，而CROS是把来自差耳的信号传送到好耳。目前FDA要求植入候选人的最小年龄是5岁，10年以内的听力损失史。听力损失时间太长会影响听觉中枢的可塑性，另外还存在中枢听觉整合的效果问题。一旦发现好耳有听力损失的表现，就应考虑对差耳进行植入（Park et al.，2022）。

（二）老年性听力损失

随着老年人口的增加，老年痴呆成为一个社会性的问题。有研究者推测大概有9%的老年痴呆与中年时期的听力损失有关。因希望人工耳蜗能提高老年听力损失者的听力，解决其社交、情绪、认知问题，近年来对符合要求的老年性听力损失者进行人工耳蜗植入的例数在增加。相对于助听器，这种干预方式是否会改善老年人的认知能力，虽然有正面结果的研究（Jafari et al.,2019），但还需要进一步的临床观察。回顾助听器用户的大样本研究，有些研究发现佩戴助听器不会对认知功能或痴呆产生影响，但也有研究显示助听器的使用会产生正面的影响。观察到有差异的结果也是合理的，因影响因素众多，短期无法获得一致的结论。

（三）耳鸣

用人工耳蜗来治疗耳鸣的报告逐步增加。有研究探索老年性听力损失、耳鸣、痴呆与人工耳蜗植入后产生的影响，但这方面的数据仍不足（Jafari et al.，2019）。也有对单侧听力损失耳鸣患者植入耳蜗的系统回顾，发现13 项共 153 名患者的研究中，人工耳蜗植入后的平均耳鸣障碍量表评分下降。34.2% 的患者表现出完全抑制，53.7% 得到改善，7.3% 达到稳定值，4.9% 增加耳鸣，并且没有患者报告诱发耳鸣（Peter et al.，2019）。但也有研究报告人工耳蜗植入后30%的患者报告基本没有耳鸣，49% 的人报告没有显著改善。用电刺激来治疗耳鸣的可能原因是电刺激增加了外周听觉的输入，同时可能也产生了掩蔽效果（Gomersall et al.，2019）。如果耳鸣带来严重失眠、焦虑，人工耳蜗植入可以作为一种治疗上的选择。不过我们在做这一决定时要谨慎。

（四）听力损失的治疗

虽然人工耳蜗可以说是很成功的植入体，但是科研工作者也从未停止对听力损失治疗的努力。基因治疗，通过光学人工耳蜗植入恢复听力，毛细胞再生方法，使药物到达内耳等研究还在进行着，也期望有一天，临床可以治愈听力损失。

五、其他植入——中耳植入

对于先天性心耳畸形的患者，比如外耳道封闭或狭窄，通常会进行外耳道和鼓室成形术来修复，改善患者的听力。但是通过以上方法，并不都能达到很好的效果，一部分患者仍需要助听设备来改善听力。近年来人工听觉植入技术飞速发展，植入式助听装置如振动声桥（vibrant sound bridge，VSB）、骨锚式助听器（bone anchored hearing aids，BAHA）和骨桥等出现，为该病的治疗带来了新的契机。

振动声桥或称为人工中耳，是一种中耳植入式的助听设备。VSB是由Geoffrey Ball在1994年研发成功，分别于1998年和2000年通过欧洲CE和FDA的认证，并于2010年5月在中国正式上市，投入临床使用。因此VSB是唯一通过“三证”的半植入式中耳助听装置。

VSB由体内部分（调制解调器、磁铁、内部线圈、导线、漂浮传感器）和体外语言处理器（麦克风、数字信号处理系统、电池）组成（图14.18）。VSB的工作原理是通过佩戴在体外的言语处理器（audio processor）收集和处理声音，通过无线射频透过皮肤将信号传递到体内的植入体，植入体接收电信号并将其进一步传递至漂浮质量传感器（floating mass transducer，FMT），FMT再将信号转换为机械振动，以此带动听骨链、蜗窗或前庭窗的振动，促使外淋巴液的流动刺激内耳，从而达到有效改善听力的目的。

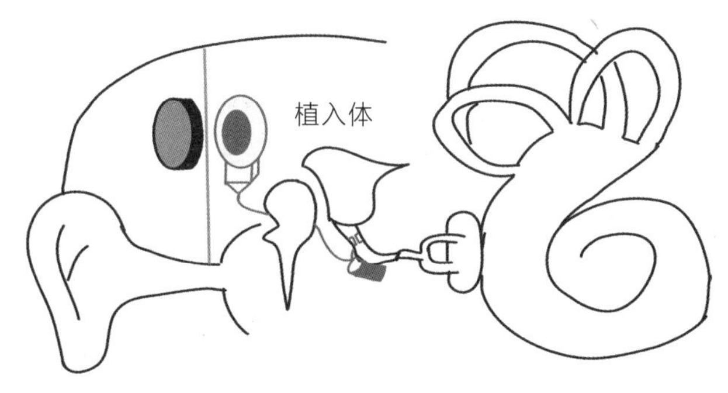

图14.18 VSB植入部分示意图

VSB的应用范围较为广泛，早期主要应用于中-重度的感音神经性聋（有效上限可达80～85 dB，最好的适应证是全频听力下降，且高频比低频损失重），逐步扩展到传导性聋和混合性聋。VSB的手术适应证包括：①中-重度感音神经聋；②传导性或混合性聋；③言语识别率50%以上；④近两年来听力波动≤15 dB；⑤中耳内有合适的结构以供FMT锚定；⑥因各种原因不适合或不愿佩戴助听器，或者佩戴效果欠佳。手术禁忌证包括蜗后性聋或中枢性聋、未控制或反复发作的中耳感染、伴有反复发作中耳感染的鼓膜穿孔及期望值过高的患者等（Cremers et al.，2010）。下文主要介绍VSB手术特点及在各种听力类型中的应用。

1. 感音神经性聋的应用

VSB植入治疗中-重度感音神经性聋（图14.19），主要通过砧骨振动成形术完成，其前提是必须具有正常的中耳传音结构和功能。术中通过钛夹将FMT固定于砧骨长脚（long process，LP）上，与镫骨长轴平行，以此增强听骨链的振动，补偿损失听力。临床结果表明VSB植入安全有效，患者在全频均能获得显著的功能性增益；与传统助听器相比，没有堵耳效应和声反馈现象。

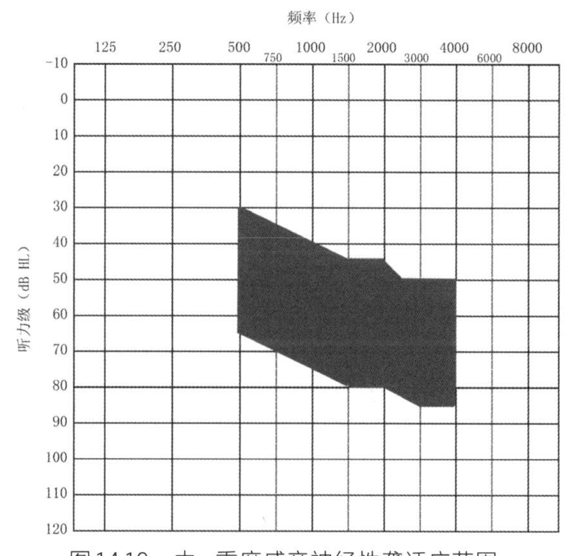

图14.19 中-重度感音神经性聋适应范围

2. 传导性聋或混合性聋的应用

根据传导性聋（图14.20）或混合性聋的不同病因，比如病因是先天性外中耳畸形的患者，发生听骨链和面神经畸形概率高，手术时，FMT常难以放置在砧骨长脚上，可尝试将VSB放置在砧骨短脚、镫骨头、镫骨前后弓、蜗窗龛甚至第三窗等部位（李洁 等，2021）。与此同时，厂家还有不同类型的耦合器（如爪形、钟形），使FMT更易放置。

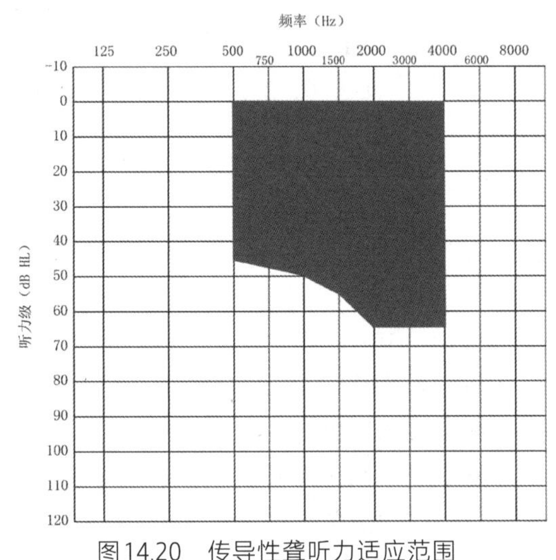

图14.20　传导性聋听力适应范围

综上所述，VSB植入安全有效，术后残余听力保留良好。与中耳手术加传统助听器相比，VSB能提供更好且恒定的听力增益，并且不存在声反馈和啸叫等问题。有关VSB植入术后的远期效果，Mosnier等（2008）对77例VSB植入患者5—8年的长期随访，结果表明，术后效果和患者满意程度稳定，且安全，无明显不良反应。VSB植入可能会发生面神经、鼓索神经、听骨链或内耳损伤，导致面瘫、味觉改变、耳聋加重、耳鸣、眩晕、迷路炎等并发症，但上述并发症的发生率较低（叶青 等，2017）。国外有文献报道（Grégoire et al.，2020）植入失败取出的个案，其FMT放置在砧骨短脚上，这个患者描述术后听声变差，并且听声有种隔层"面纱的感觉"。研究者对患者进行了颞骨CT扫描，未发现FMT周围存在大量纤维化，进行手术探查并切除了一些瘢痕组织，但并无改善，最终只能取出植入体。研究者调查了FMT固定在砧骨长脚上的再植入手术率有8%～16%。再植入的原因主要是FMT的移位。这个个案有可能是首例关于FMT固定在砧骨短脚上的报道。

文献（McCarty et al.，2021）报道了全植入式中耳植入的产品Esteem®，这是唯一一款获得FDA批准的中耳植入装置。其声音处理器和电池通过手术放置在头皮下，固定在骨槽上。电池大约可以使用5年，需要重新手术来更换电池。全植入式的中耳植入产品取出率为4.9%～15%，主要原因有皮瓣伤口愈合、感染，以及效果不满意等。

六、其他植入——脑干植入

人工耳蜗是目前治疗重度、极重度感音神经性聋患者最常用的听力重建手段。但仍有3.2%～7.0%的极重度耳聋患者因耳蜗严重畸形或蜗神经发育不良无法植入CI（Kaplan et al.，2015）。人工听觉脑干植入（auditory brainstem implantation，ABI）是能够跨过耳蜗和蜗神经的装置。因此对于这部分患者，人工听觉脑干植入是目前唯一的听觉重建手段。

ABI诞生于1970年，起初是为神经纤维瘤病Ⅱ型（neurofibromatosis type 2，NF2）患者重建听力所设计的。随着科技进步和临床应用的开展，ABI适应证也涉及颞骨骨折、脑膜炎引起的耳蜗骨化、神经发育不全等听神经受损患者。1979年，Hitselberger和House首次为一位女性NF2患者切除肿瘤后植入了单导ABI。1992年，多导ABI问世并开始临床应用。鉴于ABI手术核心区位于脑干，手术难度高且风险大，自第一例成人ABI手术后很长一段时间才在儿童中开展手术，FDA对于ABI年龄适应证批准也经历了10余年才从“12岁以上”降至“12月龄以上”（贾欢 等，2020）。迄今为止，全世界多导ABI（刺激电极数目在2个及以上）的使用病例已超过1000例（蒋雯，2015）。我国首例儿童听觉脑干植入手术于2019年2月26日在上海市第九人民医院成功实施（周爱然 等，2021）。ABI的电极为平板电极，目的是方便放置在脑干表面以更好刺激耳蜗核，虽然不同的公司的电极通道数目有不同，但是尺寸大致相同（3 mm×8 mm），ABI的电极阵列被覆一片预塑形的聚酯网，以适合弯曲的大脑表面，使得电极和组织贴合，刺激更加精准。目前ABI有Cochlear公司、Med-El公司、Neurelec公司。国产品牌的ABI最新进展，2022年诺尔康（Nurotron公司）和上海第九人民医院一起研发的ABI目前正在上海九院和北京三博医院开展6周岁以下的儿童临床试验。

和CI相似，ABI包括外部和内部组件（图14.21）。外部组件包括麦克风、电池、言语处理器、外部磁铁和发射器天线，ABI的体外机和CI的体外机是通用的。内部组件包括内部磁铁、天线、接收器-刺激器和电极阵列。ABI的工作原理和人工耳蜗基本相似，不同的是人工耳蜗通过植入耳蜗鼓阶中的电极刺激听神经纤维（螺旋神经节细胞）来获得听觉，而听觉脑干植入绕开了内耳和听神经，直接将电极植入第四脑室外侧隐窝内，直接刺激脑干耳蜗核复合体的听神经元产生听觉。耳蜗核的生理学原理不同于耳蜗的线性分频特性（tonotopic），是由多特性的神经元类型组成的分频性。由于分频亚组织（subunit tonotopic organization）的存在，电极被设计成平板式样放置在耳蜗核的表面，用于刺激不同特性的神经元（蒋雯，2015）。目前还没有专门为ABI设计的言语编码策略。

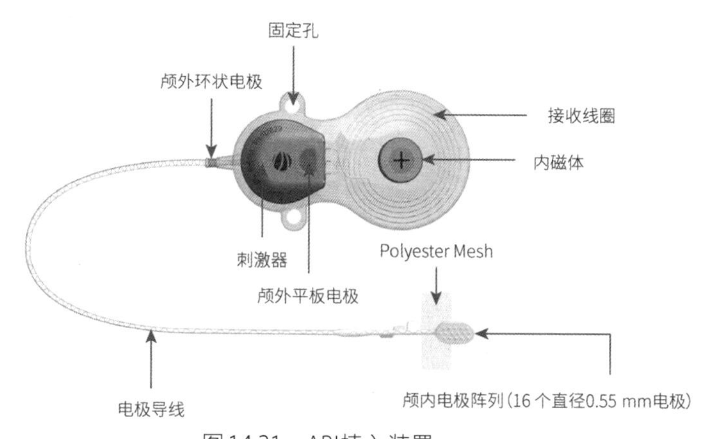

图14.21 ABI植入装置

ABI适用于由于蜗神经缺如或无功能和（或）耳蜗畸形、缺如或不可植入导致双侧极重度听力损失的患者，常应用于因肿瘤切除术而导致蜗神经缺失的NF2（neurofibromatosis type 2）患者（Deep et al.，2020），也用于少数双侧内耳道或桥脑小脑角区其他肿瘤患者，单侧听神经瘤且对侧因外伤或其他疾病导致的双耳听力丧失的患者，以及人工耳蜗植入手术失败的患者。另外，ABI也可用于脑膜炎后丧失听觉且影像资料显示耳蜗骨化的患者和蜗神经缺失的患儿。

ABI术后效果：从目前报道的应用效果看，多数NF2患者术后能获得有意义的听觉，从而改善生活质量，结合唇读，少数患者能达到开放语句识别，甚至能进行不同程度的电话交流。Nevison等（2002）通过对27例听神经瘤Ⅱ型患者听觉脑干植入术后进行随访，发现96.2%的患者获得了听觉，7.4%的患者可通过ABI而不借助唇读与他人交谈。陈柳（2017）报道跟踪个案3年，发现随着康复时间的延长，患者的听觉能力也在上升。同样，对于听觉补偿不足的听觉脑干植入，通过多感官进行语言提取，有助于其语言发展（周爱然 等，2022）。Briggs（2000）报道了8例受试者中，有2例未从中受益。1例是植入后，在开机刺激时仅获得非听性反应。因术侧有一个大肿瘤压迫脑干，可能导致电极阵列没有充分保留在侧隐窝内，而不能达到刺激产生有效的听性反应。随后尝试再次手术探查，希望重新定位电极阵列。然而，因为存在涉及电极阵列和脑干的致密纤维组织反应而未能成功。另一例则是在开机时因为皮瓣过厚，植入体和体外机传输距离增加，导致吸力不足，信号传输不稳定，体外机不能正常佩戴，加上对侧仍有较好的残余听力，受试者还伴有多发性颅内和脊柱肿瘤需要治疗，未能坚持使用ABI。

第三节　现代听力康复中的咨询理念

一、背景介绍

长久以来，针对听力障碍人群的咨询服务被认为是听力康复中的重要组成部分。听力康复的成功与否，和听力专业人员对听障人士所提供的咨询服务密切相关。听力师的临床反馈结果表明，听力咨询可以提高听障人士对听力康复的信心、对听力师的信任，以及听障人士在康复旅程当中的配合度。因此，我们要推行听力康复中的咨询理念。

咨询的重要性在近几年才得到广泛的认同，多方面的因素阻碍了咨询在医疗康复行业当中的发展和推广。Balint（1955）在医疗康复领域观察发现，病人对医疗康复的不满意的原因通常是医生无视患者的情绪反应、日常生活、人际关系和患者身边的环境挑战。这类情况同样发生在听力康复行业中。遗憾的是，作为听力师，我们在临床实践当中，不自觉地过度依赖我们的听力专业技能和知识，务求将这些专业信息重点传达给听障人士，而忽略了他们对听力障碍的疑虑和对咨询的需求。当局者迷，旁观者清。作为局中人，我们在提供专业服务时往往无法意识到这些缺陷和不足。

另外，由于不是专业的咨询师，在提供咨询服务的时候我们会感到困惑、迷茫和不自信。若将咨询任务推卸给其他的康复专业人员（例如言语矫正专家、医生、护士等）并不是明智之举，其他领域的专业人员会和我们面临相同的挑战，他们也可能缺乏咨询的技能和信心。听障人士会在这个过程中感到更加无助，导致他们最终放弃听力康复。所以，作为听力康复专业人员，我们需要承担起咨询的责任，帮助听障人士完成康复目标。

二、听力康复之旅

听力康复不是针对听力损失的治疗方案，也不是快速发生、简单结束的单一事件。它没有明确的起始节点，也没有固定的节奏变化。每一位听力障碍人士在听力康复的过程中会经历各种各样的阶段，遭遇各种各样的挑战，产生各种各样的心理变化，完成或放弃各种各样的康复目标。这些独特经历的总和被称为“听力康复之旅”。Ida研究所在2009年深入探索了听力障碍人士可能遇见的各类听力康复情景，并绘制成了图表（图14.22），生动地向大家展示了听力康复过程的复杂多样性（Lewis，2009）。了解听障人士所经历的各种阶段，可以帮助听力康复专业人员进行反思回顾或提前准备，及时调整提供的康复方案和咨询方式，引导听障人士向正确的方向进行听力康复，完成康复目标。

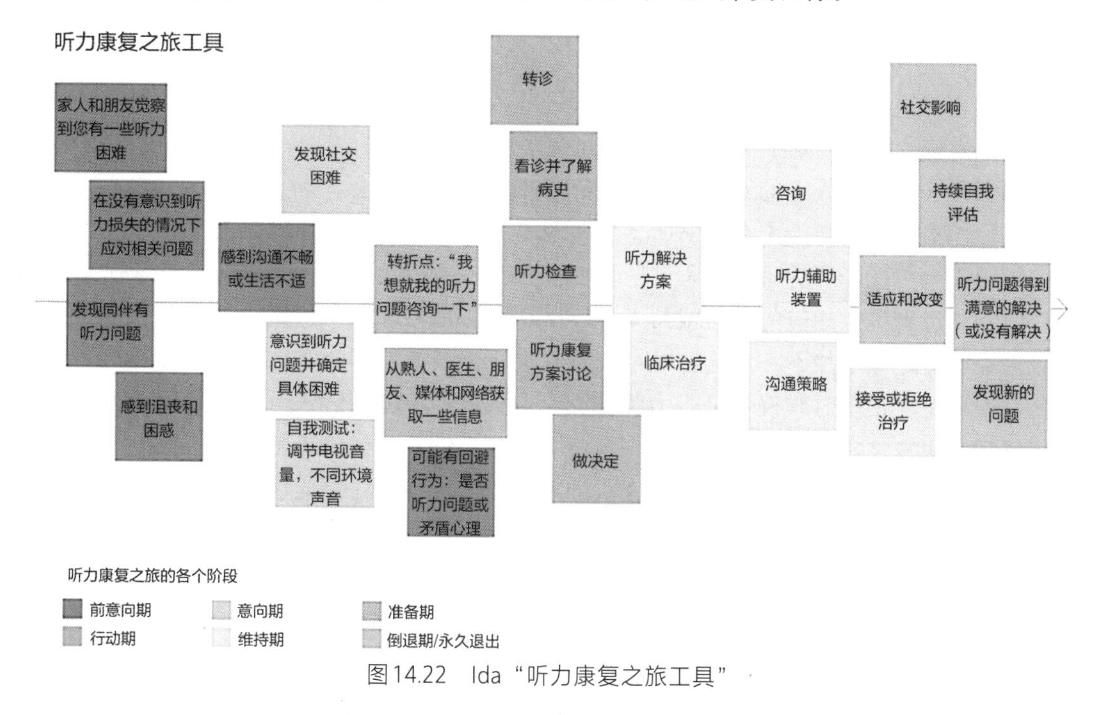

图14.22 Ida“听力康复之旅工具”

早在多年以前，James等（1998）就深入研究了人类行为阶段变化的模型，即前意向阶段（pre-contemplation），意向阶段（contemplation），准备阶段（preparation），行动阶段（action），保持/巩固阶段（maintenance）和复发阶段（relapse）。这些行为的变化可能是动态的、无规则的和无法预估的。听障人士在听力康复中的行为变化和这几个阶段极其相似。Philipsen等（2016）总结列举了听力康复之旅中常见的几个阶段。

前意向阶段（pre-awareness）：听障人士并没有意识到自己的听力损失，或者他们的听力损失还没到严重到影响他们生活的程度，尽管他们的家人和朋友也许已经开始抱怨他们的听力问题。在这个阶段，听障人士并没有觉得对其听力损失采取措施有任何的必要。

意向阶段（awareness）：听障人士意识到自己的听力问题，因为这些听力问题开始影响他们在工作和日常生活中与他人的沟通交流。他们可能会私下查阅相关信息，并尝试寻找问题所在。在心理层面上，他们已经承认听力损失影响了他们自己，他们有意向采取进一步的措施。

行动阶段（movement）：在这个阶段，听障人士已经做好准备，他们开始多方面寻求专业建议和相关信息，包括预约听力诊所、耳鼻喉医生、护士，通过各类社交平台或互联网平台得到相关求助等。

诊断阶段（diagnostics）：听障人士完成了与听力专业人员的预约看诊，进行了听力诊断，获取了专业人员的康复建议，并开始做决定。是否有更进一步的行动取决于听障人士与听力专业人员所建立的信任和沟通程度。

康复阶段（rehabilitation）：听障人士做出决定，开始进行听力康复，并遵循专业人员的引导和建议，做出一些努力来改善听力，接受由于听力康复造成的生活和心理上的改变。

康复后阶段（post-Clinical）：听障人士完成了阶段性的康复旅程，在行为、认知和心理上都做出了改变，并持续地适应这些改变。他们依旧在审视整个听力康复计划对他们社交的影响，评估自身听力康复的成功与否。一些人满意他们的改变，并能够将现状保持下去；一些人认为康复计划不够成功，发现了更多新的问题。

尽管每一位听障人士的经历有所不同，且细节差别可能会非常大，但以上学者的总结较为全面地概括了听障人士在面对听力康复时常见的不同阶段。通过在宏观上了解大多数听力障碍人士可能经历的康复旅程，听力专业人员在看诊接待过程当中能够自信地在恰当的时间点为患者提供相应的支持或帮助（Lorraine et al.，2004）。这里要指出，一方面，听障人士在康复之旅中并不一定会在短期内选择助听器或人工耳蜗等依赖听力设备的干预方案。这一期望在很多时候仅仅是听力师作为专业人员的单方面诉求。另一方面，听力干预仅仅是听力康复之旅中的重要节点之一，听力干预后针对每一位听障人士所提供的心理支持、交流技巧培训、辅助听力装置、家人的理解与支持等，才是能够帮助听力障患者保证听力康复效果的关键点。听力咨询在听力康复过程中起催化剂的作用，听力专业人员所提供的咨询服务在上述不同的康复阶段中引导听障人士作为自己听力问题的管理者、听力障碍的拥有者和听力相关问题责任的承担者，而不是被管理者、等待救治的无辜病人、逃避听力问题的无责任人。听力专业人员在其中的重要工作是帮助听障患者正视自身听力损失和其造成的各种附加障碍，在心理、认知和行为上做出必要的转变。

三、什么是听力咨询

听力康复中的咨询代表听力师与听障人士之间的人际沟通，听力师对听障人士个人经历的同情、理解和心理支持。咨询不是简单的对话，更不是听力诊断结果和听力诊断设备。有效的听力咨询服务可以帮助听障人士了解自己的听力问题，并掌握应对方式。听力康复中的咨询服务有两个主要目的，一是为听障人士科普听力损失相关的客观信息；二是帮助听障人士在心理上做出个性化调整并提供相应的心理支持和人文关怀。简单来说，就是晓之以理，动之以情。一方面，在向听障人士提供客观信息的过程当中，听力师要密切关注他们的心理情绪状态，确保提供的信息是适量适度的、有积极帮助的；另一方面，在向听障人士提供心理支持和人文关怀的过程当中，听力师要密切关注他们对于听力康复中各种决策的认知程度——也许他们获取的客观信息本身就有误。听力师和听障人士在沟通过程中，“所思所想”和“所感所受”是同时进行的。因此，在咨询当中这两方面也不是独立存在的，而是相辅相成的。

初次接触听力咨询的读者和同行，首先想要在本章里寻找的内容可能是具体的咨询步骤，或是相关的咨询工具和材料等。很多读者可能认为，提供听力咨询意味着听力师需要在繁忙的听力康复工作中加入额外的看诊步骤，花费大量的时间来完成附加的咨询任务。这一误解造成了很多听力师对咨询的排斥、误解甚至害怕，导致听力咨询服务还未开始就走向失败。实际情况是，咨询融入在听力康复中的每一个阶段、每一个场景和每一个对话，并且无法从中单独剥离出来。听力咨询，从听障人士踏入听力中心的那一刻就悄然开始了：从他们接受听力门诊预约安排，到诊所的装修、场景布置；从前台的热心接待，到听力师在办公室内的专业服务；从首次听力诊断，到助听器验配；从首次听力康复回访，到年度听力康复复查等。听障人士与我们每一次直接或间接的接触，都是我们与他们建立信任关系、了解他们的绝佳机会。我们从始至终需要保持的就是帮助听障人士对听力康复保持积极的态度，不断了解他们的所思所想，并鼓励他们和家人一同积极地参与听力康复。

四、以人为本的听力咨询理念

考虑到每一位听障人士听力损失和心理情绪状态的独特性，我们可能无法按照传统的“生物医学模式”制定一套适合听力康复咨询的黄金标准。在这个限制之下，新兴的“生物–心理–社会医学模式”应运而生。2017年世界卫生组织（WHO）指出，残障人士的生活质量受多方面因素的影响，不限于生物医学方面的功能性障碍。以听障人士为例，他们的听力需求、心理需求、家庭需求和社会需求等多方面都因为听力损失而出现了显著的改变。因此，完美的听力康复咨询需要根据每一位听障人士的情况，考量多方面因素，随时调整咨询的方式和内容——我们可称之为以病人为中心（patient centered）、以客户为中心（client centered）或者以用户为中心（person centered）。为了保持前后文所提及的概念和名称的一致性，本文将其统称为以人为本的听力咨询。

值得一提的是，以人为本的咨询理念和中国传统医学理念有着异曲同工之处。早在千百年前，博大精深的中医著作《青囊秘录》中就指出，“善医者，必先医其心，而后医其身，其次则医其未病”。意思是，一个好的医生应以患者的心理康复为首，然后是疾病本身的治疗，再是预防疾病的发生。由此可以看出，传统中医理论基础也赞同对患者心理的疏导和咨询。

以人为本的听力咨询理念是近几年来西方听力学讨论的几大热点之一。根据这个理念，听力师接待听障人士的过程中，需要把关注点从听力图、助听设备、言语测听等客观因素中分离出来，把重心放在听障人士本身上，把他们作为社会环境、家庭当中的一员，一个有感情的完整生命体，而不是一个有听力问题、需要接受治疗的病人。听力师需要关注并尊重听障人士的个人喜好、听力需求，考虑其价值观、文化背景、宗教信仰、听力康复意愿、生活、心理和社交环境等因素，提供适合听障人士的听力康复服务。关注听障人士的生活质量（quality of life，QoL）是以人为本的理念中的核心观点之一。一些国家和地区的听力康复研究和临床操作指南已经把助听器和人工耳蜗用户的主观感受评估——即主观问卷调查，作为康复效果评估必不可少的组成部分（Nordvik et al.，2019）。研究表明，用户生活质量的改变，更真实地反映了听力康复的实际效果（Maeda，2016）。生活质量得到提高的用户会坚持使用助听器和人工耳蜗，而生活质量没有得到显著提高的用户最终会放弃使用助听器和人工耳蜗。

澳大利亚的听力康复行业中，以人为本被称为以客户为中心（client centered）。由于此概念在澳大利亚听力康复行业内有较高的普及度和接纳度，几乎所有的听力诊所和助听器验配中心都已经停止使用“病人”（patient）这一称谓，以“客户”（client）一词来代替。这一称谓的改变，很直观地反映了在澳大利亚听力康复系统中听力师与听障人士之间关系的转变——即从医患关系转变到服务和合作关系。同时，听力师的这一行为尊重了每一位听障人士的能动性，减少因使用“病人”一词而造成的潜在的不对等关系。临床实践当中，很多澳大利亚听力师感受到，在与听障人士面对面的交流当中，称呼他们为“客户”更容易打破医患关系的壁垒，消除芥蒂。听力师主观上也更容易将自己代入听障人士的个人情况，考虑他们的感受，尽可能地做到感同身受。同时，这个称呼也帮助听力师将自己与其他医疗专业人员的角色区分开来，比如全科医生。这样的好处是，听障人士更容易针对听力康复提出自己的想法和意见。因此，基于以人为本的咨询理念，本章后续将以“客户”的称谓代替“听障人士”。

在提供听力咨询的过程中，我们要引导客户主动分享他们的经历和感受。本章开头我们已有提及，客户的不满意通常是由于康复专业人员无视客户的情绪反应、日常生活、人际关系和客户身边的环境挑战等因素造成的。作为听力康复专业人员，我们如何从他们的分享中获取有效信息，并合理地利用呢？这里就涉及解读客户话语背后的隐藏含义，即潜在表达的想法。

客户与专业人员分享经历或提出询问通常有三个目的：①获取信息，了解客观事实；②确认自身所持观点；③与自身心理情绪相关（Clark et al.，2013）。

客户在听力康复中常见的需求就是获取听力损失相关信息，了解听力的客观事实。理性的客户或客户家长（儿童听力损失客户）在得知听力损失的诊断之后，会冷静地向听力师询问，听取检查结果的专业解读，并询问听力康复的进一步方案——这是听力师在听力康复当中最擅长的部分。听力师在大学和实习中接受的专业培训，都与专业内容相关，有理论知识（课本知识）、标准的操作规范（临床操作指南），以及带教老师的经验分享（案例）——这些都是内容类信息。这些内容类信息直观地帮助听力师为客户呈现他们的听力水平，以及提出听力康复干预建议。客户可以随时回顾这些信息（听力报告等资料），并自我消化，最大化地消除疑问。听力专业人员与客户在这一类的信息交互过程中面临的挑战较少。

但是，由于听力师过于擅长提供内容类信息，通常容易忽略客户一些问题的真实意图。在很多情况下，客户在与听力师沟通之前就已经形成了自己的观点，他们与听力师的交流是为了寻求专业人员的肯定或支持，确认自身所持观点。例如，客户由于美观原因，在讨论助听器的选择之前，就已经下定决心选择完全耳道式助听器。可是他们依旧会这样询问听力师，“这类助听器好像是最适合我听力损失的选择，你觉得是这样吗”。在这个情景之下，听力师如果忽略了客户问题背后的真实意图，把咨询重点放在解释听力图，推荐耳背式助听器，会让客户逐渐失去对我们的信任，客户会逐渐不愿意分享自己的真实想法。一些客户会被迫接受听力师的建议，埋下的种子会在后续的听力康复中浮现，造成不良的听力康复效果——客户由于美观问题放弃耳背式助听器的使用，放弃听力康复，或寻求另一位听力师的帮助。当听力师无法判断客户是为了获取内容类信息还是确认自己的观点时，最好的做法是将其视为确认类咨询。

较重要也较具挑战的咨询通常与听障客户的心理情绪相关，这类情景最多出现在听障宝宝的家长身上。作为听障宝宝的家长，很多父母对于孩子的听力损失有严重的愧疚感。听障孩子的父母通常会询问听力师，怀孕期间饮酒、孩子出生后生病、为孩子掏耳朵等事件是否可能造成孩子的永久性听力损失。在这类情景下，父母期待的回答通常不是教科书里的专业知识，也不是简单的是与否。事实上，听力师理性的内容类回答可能会产生适得其反的效果，加重孩子父母的愧疚、恐惧和悲伤，迫使他们远离听力师。如果听力师能够及时敏锐地发现父母内心的愧疚、恐惧和担忧，避免机械式回答，引导他们分享更多的内心感受或真实经历，释放压力，化解误会和困惑，就能够在未来的听力康复中获得客户和客户家人更多的信任，由此提高听力康复的成功率。

如何实现上述的听力咨询服务，是广大听力师在临床当中面临的巨大挑战。听力师需要具备必要的品质，才能真正做到以人为本。Rogers（2013）在20世纪50年代首次正式提出以人为本的听力咨询理念，对听力师提出三大要求：①保持谦逊儒雅；②无条件地积极回馈；③共情能力。

听力康复之中，听力师要减少专业术语的滥用。专业人员并不是万能的。听力师竭尽所能对听障客户知无不答，却也无法避免遭遇由于自身知识受限，无法给予客户想要的答案或帮助。所以在听力康复过程中，听力师需要保持谦逊，避免为客户营造不切实际的期望（Saunders et al.，2009）。听力师提供引导和建议，帮助客户做出心理、行为和认知上的改变。面对客户的认知、行为和情绪，听力师需要始终如一地尊重；面对客户的批评或建议，听力师也需要虚心地接受和学习。

美国听力学会与美国言语听力协会（ASHA，2016）要求，听力师要完全接受客户的个人权利、尊严，不论其年龄、性取向、种族、社会经济地位或宗教信仰（Horner et al.，2016）。同时，听力师要完全接受客户在听力康复当中的个人感受、情绪和认知。这并不意味者听力师需要认同客户的一切，需要尊重和接受的是客户拥有这些感受、情绪和认知的权利。在面对客户的感受、情绪和认知时，听力师需要摒弃个人偏见，为客户提供引导和帮助，增加客户的信任，让客户对听力师敞开心扉，分享他们的听力损失相关经历。

共情能力一直是各行各业医疗康复专业人员需要学习和掌握的关键能力。客户零碎的分享若能换来听力师全身心的理解和支持，会让客户倍感欣慰。听力师在客户分享的过程中利用主动聆听技巧（聂静，2002），及时地提出反馈回答或疑问，能够直观地让客户觉察到被重视，有助于建立听力师与客户之间的信任关系和纽带（冯定香，2020；丛珊 等，2016）。

五、结语

如本章开头所提及，听力师和许多其他医疗康复专业人员一样，在咨询方面经常缺乏专业基础知识。然而，听力师仍然有责任为客户提供更多听力专业知识之外的服务与关怀。大多数情况下，听力师受困于提供专业信息的陷阱，而忽略了客户本身。听力咨询与专业咨询师所提供的心理治疗有很大区别，但很多专业心理治疗的基础原理对听力康复咨询帮助巨大。听力康复对于听障客户来说是一个漫长的旅程。听力专业人员如何获得客户的信任、建立合作关系，而不是传统的医患关系，是现代听力康复之路上值得尝试的新方案。每一位听障客户、每一个听障家庭都有其独特性、不可复制性。因此，只有依靠以人为本的咨询理念才能更好地适配多样化的听障客户与家庭。掌握了以人为本的咨询理念，听力师还需要不断地反思与总结，尊重并接纳听障客户的生活方式、健康行为和听力康复意愿，与听障客户交流其心理、社会、行为和认知方面的困惑与忧虑，共同决策听力康复目标，改善生活质量，最终提高听障客户对听力康复的满意度。重拾传统医学的以人为本的咨询理念之后，听力康复行业会得到巨大转变和革新，最终惠及广大的听损客户群体。

第四节　听觉言语康复训练

相较于外周听觉器官结构与功能的完整性，大脑与听力损失的关系近年来更受关注。充足的神经生理学研究表明，听觉中枢发育是口语交流和阅读、书写语言功能发展的首要条件，听觉刺激是口语学习、阅读和认知功能以及社会性发展最有效的感觉形式（Werker，2012）。

一、听障儿童早期干预与早期康复治疗

（一）康复训练的必要性

正常听力的儿童每天都暴露在充满听觉刺激的环境中，即使在睡梦中依然感知着外界的声音。研究表明内耳在孕期第五月即分化发育完全，因此正常听力的儿童可能在胚胎时期就开始接受听觉刺激（Simmons，2003）。在正常儿童1岁左右，经过大概16个月的听觉刺激，儿童开始产生口语。有听力损失的儿童只有佩戴助听设备的时候才能够充分获取周围的声音，但目前的助听器和耳蜗都不是全天使用的。听障儿童在听觉言语发育的关键期大脑缺少足够的听觉刺激，听觉中枢发育受限，听觉中枢与言语、语言中枢也不能建立相应的神经联结。因此听障儿童的早发现、早干预是保障其听觉、言语和语言等功能正常发展的重要准则。

那么儿童选用合适的助听设备或植入耳蜗后，损失的听力通过设备得到了合适的补偿，能否自然而然地听懂周围的声音，学会说话呢？答案是否定的，儿童还需要进行针对性的康复训练，来补足因为听不到声音而错失的语言发育期。换言之，助听器或者人工耳蜗能够让听障儿童听到声音，为他们提供一个充满声音刺激的环境，但不能帮助小朋友理解声音的意义，这是“听力”与“听觉”之间的区别。听力是耳朵感知声音的能力，依赖听觉系统结构和功能的健全，是先天具有的能力，助听装置能帮助小朋友补偿缺失的听力。而听觉则是我们在听到声音的基础上，通过后天的学习和经验，使大脑建立起对声音的认识，特别是对口语的理解（刘巧云，2011）。比如，我们告诉小朋友“吃蛋糕啦”，助听装置能够帮助小朋友听清楚这句话，要想理解这句话并联想到好吃的蛋糕甚至是蛋糕的口感和味道，单纯佩戴助听装置不够，还需要专业的康复训练，帮助小朋友从“听到声音”到“听懂声音”，发展出与年龄相当的言语和语言能力。

（二）开展听障儿童早期康复训练，需遵循相应的原则

1. 新生儿及婴幼儿的早期诊断和早期康复训练

听力损失对听觉、言语和语言中枢发育产生影响，要尽可能早地诊断听力损失。诊断后应立即接受合适的听力技术的干预，同时开展科学的、有规律的康复训练。能够在3月龄左右确诊听力损失，并在6月龄前开展以家庭中心的早期康复的儿童，言语语言能力发展可达与正常听力儿童相当的水平（Fulcher et al.，2012）。

2. 立即接受合适的听觉技术并最大限度地进行听觉刺激

听力损失的儿童应尽早干预，在合适的时间应用最佳的干预设备并保证使用时间。长期使用听力干预设备能够将充足的听觉刺激传入大脑，在大脑中建立新的神经联结，这些神经联结又为口语、阅读和书写等语言功能打下了基础。

3. 指导家长教育儿童通过聆听的方式发展听觉与口语功能

家庭环境是儿童接触最多的环境，爸爸妈妈和其他的照料者是儿童接触时间最长、最熟悉的人。家长应为儿童提供丰富的有意义的听觉刺激，这样儿童可以在觉醒的时间里学习去聆听，最终发展为通过聆听去学习。

4. 创设有助于通过聆听习得口语的日常环境

儿童的日常环境通常是嘈杂的，中枢听觉神经系统的发育直到青少年时期才会完全成熟（Litovsky，2015）。不成熟的听觉处理能力和不理想的听声环境，会使儿童听取言语声存在困难。因此，在儿童听觉和口语发展的早期阶段非常需要有效的环境改造策略，比如在墙壁上贴附吸音材料改善房间混响，应用FM系统和与助听器或人工耳蜗相连的无线远程麦克风等，以给儿童提供听声友好的日常环境。

5. 指导家长帮助儿童将听觉和口语融入儿童生活的各个方面

大脑需要一个大量专注的听觉训练以建立和巩固神经间的连接，形成必需的听觉知识库。家长应给儿童提供充满有意义听觉刺激和口语刺激的生活环境，应学会利用生活中的听觉场景，教会儿童主动去听，积极表达。

6. 了解儿童听觉、言语、语言、认知和沟通的自然发展规律

听障儿童康复计划的制订、实施和效果评估都要与儿童的自然发展规律相匹配。在康复训练的过程中，听力师、言语治疗师和家长都应了解正常儿童听觉、言语、语言、认知和沟通的自然发展阶段。通过与正常儿童发展阶段的比较制定合适的短期、长期目标，尽快缩短听障儿童听觉发展年龄与实际年龄之间的差距。

7. 教育儿童通过聆听的方式自我监控口语表达

儿童听到什么就能表达出什么信息。训练儿童感知自己的言语声，这对实现听觉训练目标、获得流利的口语表达能力至关重要（Fagan，2014）。在发展的早期，治疗师要鼓励家长多模仿儿童发音，给儿童的发音提供反馈，通过模仿的形式促进儿童对自我言语声的听觉监控，帮助儿童发展交替言语（vocal turn-taking）的沟通技能。当儿童有了一定的听觉和语言能力时，儿童可以通过听觉反馈、监控言语表达，自我纠正不当的发音，促进清晰有效的沟通交流。

8. 动态评估听障儿童，制订个性化的康复方案，监控康复过程及效果

每个治疗周期都应监测孩子的听觉功能和沟通交流能力的发展，并制订下一阶段的康

复计划。除了非正式的观察，每3到6个月，治疗师应对儿童进行一系列标准化测试，结合听力学评估，评价儿童言语构音、接受和表达性语言的功能（Estabrooks et al.，2016）。

9. 促进听障儿童回归普通教育轨道

听力干预和康复训练的最终目标是，通过听力学家、言语语言病理学家、资源教师和其他学校人员的共同合作，让听障儿童回归普通教育，回归主流社会。

二、听觉功能评估

听觉功能是发展口语交流能力，甚至阅读和写作等语言功能的基础。听觉能力发展的四个阶段，即听觉察知能力（detection）、听觉分辨能力（discrimination）、听觉识别能力（recognition）、听觉理解能力（comprehension）（刘巧云，2011）。听觉功能评估是对儿童上述能力发展阶段的评价，以认识儿童现有的能力水平和正常发展阶段间的差异。常见的声音主要包括音乐声、环境声和言语声。其中言语声是听觉康复的重点，主要包括无意义言语声、字、词语、短句等。

（一）听觉察知能力

听觉察知能力指的是对周围存在的声音做出反应的能力，要求儿童关注出现的声音，对声音做出反应，没有声音时不反应。听觉察知是听力和听觉的连接点，当儿童能够有意识地判断声音有无时，就已经发展出听觉察知能力。儿童的听力水平以及助听效果为听觉察知的评估和训练提供直接依据。

1. 林氏六音法

林氏六音（Ling,2002）是一项快速、简单、有效的言语声的听觉察知评估方法。测试选取频谱能量由低频至高频的6个音位，即/m/、/u/、/a/、/i/、/sh/、/s/，覆盖完整言语频谱范围。通常可简单认为/m/、/u/集中于低频(500 Hz以内),/a/、/i/则集中于中频段(500～2000 Hz)，/sh/、/s/则代表高频（3 kHz以上）的言语声。林氏六音的测试结果能够帮助治疗师了解儿童对不同频谱范围的言语声察知的情况以及佩戴助听设备的效果。在0.5 m，1 m等不同距离进行林氏六音测试能够判断距离对儿童听取言语的影响，6个音位频谱分布也能指导听力师调试助听设备。林氏六音测试由治疗师或家长随机发出六个音。要注意发音时长必须一致，例如，不能发/sh/音比发/i/音时间更长，避免儿童利用频谱以外各种信息来猜测声音。此外，保持正常音量发音，不能放大这些声音的音量，例如，正常情况下，/s/音的音量比/a/、/u/的音量更轻。不应该扩大/s/音的音量，而应发出平时正常讲话的音量。

2. 行为观察法(刘巧云 等，2014)

治疗师或家长借助主频较为清晰的乐器，如鼓（低频250～500 Hz）、双响筒（中频1～2 kHz）、三角铁和响铃（高频3～4 kHz）等，在儿童进行其他活动的过程中，在周围自然地发出声音，观察儿童有无寻找声音来源，朝声音转头或动眼睛，突然停下手中的动作，身体开始活动或发声等行为，来评估儿童的无意识察知能力。如果未观察到察知声音产生的自发行为，治疗师应该鼓励并引导儿童去寻找声音，评估有意察知的能力。对于2岁半以上认知发展情况较好的儿童，可以采用条件化游戏的方式评估（Estabrooks et al.，2016）。治疗师提醒儿童注意是否有声音，然后按照测听规则给出测试声，让儿童听到声音后做出特定的动作，比如将一块积木搭起来，向棍子上套上一个圈或者单纯举手出等。测试声可以选择林氏六音的言语声，也可选择主频清晰的乐器声。

（二）听觉分辨能力

听觉分辨指在两种或更多的声音中感知相同与不同的能力。儿童在听觉分辨发展阶段学习关注各种声音的不同，对时长、强度、频率多方面或一个方面存在差异的环境声和言语声进行分辨（赵航 等，2014）。听觉分辨的任务为纠正在言语声听觉识别或者听觉理解阶段出现的错误，不作为一个独立发展阶段进行评估。康复训练过程中可以通过林氏六音来评估，如治疗师发长一点的“i——”和短一点的“i”，问儿童“两个声音一样吗”，或者发辅音/sh/和/s/问儿童“两个声音一样吗”，或者借助视觉辅助让选择一样或不一样的符号。目前临床中常用的标准化评估工具是《儿童超音段分辨能力评估表》（孙喜斌 等，2007），用图14.23所示的卡片让儿童指出声音的相同或不同。评估内容包括时长、语速、强度和频率四个方面。

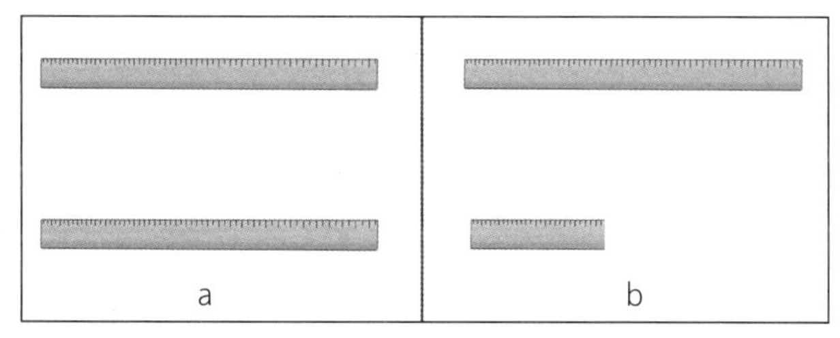

图14.23 时长分辨能力评估词卡示例

儿童对林氏六音的辨识能力有很重要的临床意义。元音能量聚集的频率段称为共振峰。/m/音的能量集中在300 Hz左右，/u/音两个共振峰分别在350 Hz和800 Hz左右。如果儿童对/m/和/u/音反应欠佳，意味着可能对其他低频声音分辨也有问题。/i/音有两个共振峰，第一共振峰在低频250 Hz左右，第二共振峰在高频3300 Hz（黄昭鸣，2017）左右，同时包含低频和高频，因此可以提供非常多有用的信息。如果孩子能分辨/i/和/u/音，但是无法分辨/m/或/u/音，这提示他对低频声音辨识能力欠缺。如果能够分辨/i/和/u/音，但不能分辨/i/和/sh/音，这说明儿童可能在高音调语音辨识方面发展欠佳。/sh/音用于检测2000～4000 Hz高频信息，/s/音用于检测3500～7000 Hz的高频信息，可以用于检验孩子对高频声音分辨能力。同时，言语频谱中高频区域的声音对言语清晰度影响更大。林氏六音中的/m/、/u/、/a/等与/sh/和/s/的分辨可以一定程度上反映儿童对强度差异的分辨能力。

（三）听觉识别能力

听觉识别是指儿童通过复述、指认或者命名的方式识别听到的环境声或者言语声所指代的物品或图片的能力，是儿童将生活中反复出现的环境声音，如下雨声、电视机声音、厨房炒菜声等，以及家长向其讲述的词语，如“鸡蛋”等，同声音所指代的物品逐渐形成联系，对声音赋予意义的阶段，是听觉康复中的关键环节。这个过程中最重要的能力是能分辨不同的言语声，并能理解言语声所指代的内容。

目前临床康复中最常用音位均衡式词表（phonetically-balanced scale）来评估儿童听觉识别能力。音位均衡词表的词语，其各个声母和韵母音位出现的频率与母语语料库中各个音位的频率相吻合，因此测试词表能最大限度地反映受试者对日常生活中各个语音的识别能力。中国听力语言康复研究中心孙喜斌教授研究的《儿童语音均衡式识别能力评估词表》遵循音位均衡词表编制原则，并充分考虑到儿童的言语特点、心理特点和听觉发展规律，在听障儿童的康复中广泛应用（孙喜斌 等，2006）。评估表包含韵母词表和声母词表，涵盖汉语言31个韵母、21个声母以及/w/和/y/两个零声母，同时配有色彩丰富、贴近生活、通俗易懂的图片，便于儿童测试。每组声母识别测试词在韵母和声调维度上保持一致，以便控制其他因素的影响，避免儿童利用韵母或声调不同识别词语，如图14.24在“书”“猪”和“哭”中识别“猪”，三个词韵母均为/u/，声调均为一声，考察儿童对声母的识别。评估时，由治疗师根据测试卡片内容，用一手遮挡口部口述词语，让儿童指出治疗师说的是哪一个图片，或是用软件由系统给出标准音让儿童复述或指认进行评估。

图14.24　儿童语音均衡式识别能力评估词卡

（四）听觉理解能力

听觉理解能力是指理解听到的言语声含义，并通过回答问题、听指令或对话等多种方式做出响应的能力。在实践中，听觉理解活动是低龄儿童沟通交流中的一部分，在听觉识别阶段，家长和治疗师已经为儿童设计了很多简单的理解训练活动。

听觉理解能力的评估可以使用标准化的听觉测试进行，如华东师范大学刘巧云（2011）教授研制的《儿童听觉理解能力评估词表》。该词表包括单条件、双条件和三条件词语理解三方面内容。单条件词语测试，儿童只需要理解一个条件并做出选择，例如，在“眼睛、鼻子、耳朵、嘴巴”四个词语中，听到“眼睛”就指出表示眼睛的图片。双条件词语理解则必须同时理解两个条件限定的词组，如儿童听到“绿色的轮船”时，必须在理解“轮船”的同时理解“绿色”。相应地，三条件词组理解难度最大，需要儿童理解三个条件并且听觉记忆达到三项才能准确地做出判断。比如让儿童找出指代“穿裙子的小女孩在画画”的图片，儿童就要理解并记忆“裙子”“女孩”和“画画”才能准确地做出选择。

（五）儿童听觉功能发育历程

儿童的听觉发育历程大致经过察知声音，声音与意义产生联系，模仿声音，听觉理解和高级听觉技能阶段。儿童从感知周围声音开始，逐渐将听到的声音与对应的物体联系起来，随着熟悉的声音和词语越来越多，以及听觉和发音器官的发育，开始模仿听到的声音和词语，这种模仿的行为会在听觉和语言发展的过程中持续存在。当积累了丰富的词语、词组和句子后，儿童的听觉理解能力得到发展，建立起高效的听说沟通模式，并发展出远距离听声，在噪声环境中听声，听录音设备声音和使用电话沟通等高级听觉技能。表14.7展示了0～48月龄正常儿童的听觉功能发展一般情况，在临床工作中可用于衡量听障儿童的发展水平（Estabrooks et al.，2016）。

表14.7 婴幼儿听觉功能发展阶段

月龄	听觉功能发展
0—3月龄	无意识和有意识的听觉察知能力 对大声音做出反应 通过微笑、转头、突然静止或活动等方式对声音做出反应 对低频声音（500 Hz）的反应好于高频声音（4 kHz） 能识别妈妈（主要照料者）的声音 能注意音乐音调并分辨不同的旋律
4—6月龄	环境声音对儿童开始有意义 开始将声音与意义联系起来，如偶尔对自己的名字做出反应 听觉察知更敏锐，对50～60 dB SPL的声音有转头等反应 开始较为准确地定位言语声 倾向于语速较慢、旋律语调丰富、句子较短的妈妈式语调 聆听自己的声音
7—9月龄	准确声源定位 分辨时长、音调、响度等超音段音位的声音特征 听觉注意的时间变长 开始将词语和其所代表的意义联系起来，如“吃奶” 分辨常用的音节和/a/、/u/等元音
10—12月龄	将更多的词语和其所代表的意义联系起来，如“手手”“果果” 监控自己和其他人的言语声 能够定位一定距离的声音 在有背景噪声的环境里分辨出讲话者的声音
13—18月龄	识别更多的词语，如“汽车”“小狗” 听觉记忆1项，能短时记忆在短语或句子末尾出现的物品，如“这是一只黄色的小狗”记住小狗。 跟随熟悉的1步指令，如“摸鼻子” 能够分辨不同的词组，如“妈妈抱抱”和“吃果果” 识别并将更多的词语和物品联系起来，如玩具、身体部位、食物和衣服等 能够模仿听到的词语
19—24月龄	听觉记忆2项，如“找出小狗和小鸟” 能够跟随两步指令，如“去拿那个球，然后扔过来” 分辨不同的歌曲 分辨描述性的词组，如“黄色的积木”
25—30月龄（2岁—2岁半）	在不同的语言背景中听觉记忆2项，如“找到骑自行车的小女孩” 用录音设备聆听熟悉的歌曲，如手机和电视 远距离听声音，如妈妈在厨房叫，正在客厅玩的儿童能够响应
31—36月龄（2岁半—3岁）	听觉记忆能力持续发展至3项不同的语言特征的物品 能够通过录音设备听儿童故事 跟随2～3步指令，如“拿一个苹果，去客厅，给妈妈”

续表

月龄	听觉功能发展
37—42月龄（3岁—3岁半）	听觉记忆增加至5项 能够复述一则5句话以内的简短故事 跟随3步指令 能够处理复杂结构的句子，如“你可以找到红色的苹果吗”
43—48月龄（3岁半—4岁）	能够处理更长和更加复杂的句子，如展示一张图片，问“你能找到什么动物住在树上，有羽毛和黄色的尖嘴巴吗” 能够跟随复杂概念的指令“把这个深蓝色的正方形放到空的罐子里” 复述一个5句话以上的较长的故事

三、听障儿童听觉、言语和语言功能训练方法

听障儿童自身的特殊性使得其康复有以听为主和超早期干预两大特点。以听为主指要通过听觉来发展言语、口语沟通交流，最终实现听觉、言语、语言、认知和社会沟通的全面发展；超早期的康复干预指听障儿童往往在12月龄以内就能够明确诊断听力损失的类型与程度，选择最合适的听力补偿设备，并且在12月龄以内就开始进行听觉和言语的康复。这两个特征要求听障儿童的康复需要根据不同的年龄及发育水平采取不同的方法与策略。通过早期开始并持续进行的个性化的康复干预，学龄段听障儿童能发展出适龄的听觉口语和认知功能，并可以回归普通教育。

（一）从诊断到15月龄的婴儿期

专业的治疗师应与家长合作，在婴儿成长的过程中不断沟通。这一时期家长与儿童相处时间最长，会自然而然地给婴儿进行关键的语言输入。语言输入的内容与方法对听障儿童的听觉语言发育至关重要，因此治疗师应指导家长如何与婴儿进行互动。婴儿期不论是验配助听器还是植入人工耳蜗，康复的方法与策略都大致相同。这一阶段的训练目标是帮助婴幼儿建立良好的听声习惯，训练其对周围各种声音有意识和无意识的听觉察知能力，并以听觉信息为基础对生活常见事物形成音义联结，促进口语的发生。

1. 听力补偿设备的管理

康复治疗的整个过程都要求婴幼儿在清醒的时间内佩戴助听器或人工耳蜗体外装置，以获得最大化的听觉刺激。但由于婴幼儿不舒适、设备调试不良等各种原因，让婴幼儿始终佩戴设备对家长来说是一项不小的挑战。家长要注意在婴幼儿拿掉设备之后立即为他重新戴上，不断重复这种动作之后婴幼儿会知道他必须要佩戴这个设备。在给婴儿重新戴上设备时，在手里放一个食物或者玩具来转移婴儿注意力，或者带婴儿玩一个他有兴趣的游戏，并且在玩的时候不断跟他讲话。当婴儿对周围环境产生兴趣并学会聆听，就不再抗拒使用这些装置，因为这能够让他们与有声世界产生联系。如果婴儿持续地拿掉听力装置，应该检查其耳道内有无耵聍栓塞和感染等情况，并且与听力师沟通设备调试是否适宜。

2. 婴儿与家长建立联结

婴儿与家长天然的联结不应因为听力障碍而受到阻碍。所有家长与婴儿自然地沟通，比如建立眼神接触，与婴儿用咿咿呀呀的方式对话交流，用缓慢轻柔的妈妈语调（motherese talk）与婴儿对话，都应该保持。在婴儿验配助听器或人工耳蜗开机之后，家长

就应该开始贴近婴儿，在助听器或人工耳蜗的麦克风旁边用正常的嗓音与婴儿对话。使用缓慢轻柔的妈妈语调能够强调言语声的超音段特征，如音调、响度与时长的变化。婴儿通过注视家长的方式对家长的言语做出反应，这是最初的眼神接触，是建立沟通能力发展的重要一步。家长应该将婴儿所在环境中的事物告诉他，并且提醒他关注周围的声音，比如小狗走进房间，家长应该立即说“我们家的汪汪来了，汪汪是一只小狗，宝宝你听，汪！汪！汪！”

3. 安静环境中的听觉察知训练

在听觉学习的最初阶段，为婴儿创造一个安静的环境很重要。理想的听觉环境应该没有电视机、手机、洗衣机、吸尘器和抽油烟机等家庭背景噪声。听觉察知训练应该先从家长的言语声开始，家长进行呼名训练，叫婴儿的名字，婴儿会慢慢学会对家长的声音做出反应。家长进行呼名训练的时候要注意不要改变语音语调，因为婴儿在能够响应之前需要不断重复地接受相同的言语声刺激。另外，家长应确保每次叫婴儿的名字都应有意义，比如叫他吃东西，叫他看一个好玩的玩具，叫他关注周围出现的物体等，并且在婴儿做出反应的时候及时奖励他。家长也要提醒婴儿察知周围大量的环境声，比如动物的声音、关门开门的声音、音乐声等。察知训练时候，把婴儿转向声源，然后指着耳朵说“听，这是××的声音”。比如用飞机训练，家长把婴儿朝向飞机声音的位置，然后说“听！我听到一个飞机，飞机飞在天上，轰隆轰隆”。

4. 交替发声训练

婴儿开始聆听自己的声音，感受发声的乐趣并且频繁发声时，是训练交替发声的最佳时机。交替发声训练是家长在婴儿咿咿呀呀发声的时候仔细聆听，等待婴儿结束发声，模仿婴儿咿咿呀呀的声音，并且加入一些新的标准化的口语内容。比如家长说“咿咿呀呀，小狗汪汪汪”。交替发声是言语沟通交流的最初形式，婴儿形成聆听后发声，再聆听再发声的技能，能够促进共同注意的发展，婴儿与家长建立并维持良好的交替发声的话轮也是社会性沟通交流的第一步（Leclère et al.，2014）。

5. 拟声词音义联结训练

拟声词就是用一个言语声来代替婴儿生活中常见的或者他熟悉的一个物品，帮助婴儿将言语声音与物品联系起来，为言语和口语的发展打下基础。康复时可使用的玩具和配对的声音有如下：飞机/u/，火车/kuang-chi/，泡泡/po-po/，汽车/di-di/，时钟/di-da、di-da/，救护车/wu-wa、wu-wa/，芭比娃娃/wa-wa/，小狗/wang-wang/，小猫/miao-miao/，牛/mou～/，鸭子/ga-ga/等。家长与治疗师应发挥想象力，将婴儿常见的交通工具、生活场景、家用电器、动物等等与固定的声音联系起来，让周围的声音具有意义。训练的时候要遵循听觉优先的原则，比如教婴儿学习小汽车的声音，要先用“di、di、di、di”的声音去吸引儿童的注意，再展示小汽车的玩具。训练时要注意应用等待的策略，每次发声之后等待几秒钟，鼓励婴儿模仿发声。

（二）16—30月龄的婴幼儿期

这一时期是婴幼儿听觉功能和语言积累与口语发生发展的关键时期。家长和治疗师应该持续地扩展语言输入的类型与复杂程度，并且聆听婴幼儿的言语，不断与婴幼儿保持对话，并为他们提供丰富的生活体验，继续促进其听觉和口语的发展。

1. 听觉反应训练

随着婴幼儿听觉功能的发展，结构化的听觉反应活动要纳入康复训练中，以确保儿童能够察知各种声音。这时幼儿已经可以抓握小物品，家长或治疗师要教会幼儿抓住一个小东西如积木，放在耳朵边上，当他听到声音的时候就把积木丢进面前的小盒子里，这种训练形式又称听声放物训练。训练的形式也可更改为听到声音就举手的听声举手模式，又或者听到声音就将小圆圈套进小木棍上的听声套圈模式。听觉反应训练时，治疗师将手指向耳朵，并说“我听到声音啦”，这种手势和口语辅助可提高儿童有意听觉注意的水平（Varghese et al.，2012）。要注意的是，家长或治疗师要教婴幼儿学会等待，等待声音出现之后再做出反应。听声反应的训练应该以言语声为主，林氏六音是很好的听觉反应训练材料，因为其覆盖了完整的言语频谱，如果婴幼儿能够对所有的音做出反应，那么说明他能听到绝大部分的言语声。

在训练的初始阶段，家长或治疗师要做出标准的示范，比如家长在小朋友旁边拿一个积木放在耳朵边，治疗师随机发出声音，家长立即说“我听到了”，然后将积木放进小盒子。训练时要注意变换每个人的位置，训练婴幼儿的声源定位能力，以及变化发声的距离，训练婴幼儿远距离听声的能力。同时，应变化发声的间隔时间，避免婴幼儿机械化、节律性的反应，而不是真正的听觉反应。婴幼儿的听觉能力达到听觉识别水平，或能够识别部分的言语声时，则可进行进阶的听声反应训练。即在婴幼儿听声放物训练的时候要求他们复述听到的内容，来促进听觉识别与理解能力，以及其口语表达能力的发展。

2. 听觉记忆训练——物品选择

听觉记忆训练要求婴幼儿理解并记忆听到的目标词语，并且做出相应的反应。听觉记忆与儿童的听觉能力、短时记忆与长时记忆能力紧密相关，听觉记忆训练形式包括物品选择和简单指令两种（Estabrooks et al.，2016）。物品选择训练通常从儿童熟悉的物品开始，在封闭的选项中选择一个进行物品选择训练。可以说“宝宝，拿来小狗”，婴幼儿不能理解听到的内容时或选择错误时，应该在言语指令中强调目标词语，如响度变大或重读。

随着儿童对语言的听觉理解能力的发展，物品选择训练要从听觉记忆1项，慢慢发展为2项和3项。在这一阶段，治疗师应注意儿童的表达能力肯定落后于听觉理解能力，因此即使儿童无法复述出治疗师或家长给出的内容，他们也有可能对言语声做出准确的反应。物品选择训练的形式可以是将几个玩具放在一边，然后治疗师或家长要求婴幼儿拿来某两个玩具，比如动物词语听觉记忆训练，将小狗、小猫、飞机、汽车几个玩具放在一起，治疗师或家长说“宝宝，拿来小狗和小猫”。物品选择训练的可以使用的训练句式包括：①名词加名词：哪个是勺子和刀；②形容词加名词：我想要大的勺子；③名词和状语：把小狗放进篮子里；④名词和动词：切开苹果等。训练时要灵活组织各种训练材料，最大限度地促进儿童听觉能力和口语表达能力的发展。

3. 听觉记忆训练——听指令

当婴幼儿能够很好地完成封闭式的物品选择训练时，可以进入开放式的听指令训练。听指令训练也是听觉记忆训练的一种形式，包括一步指令、两步指令和三步指令等。一开始婴幼儿只能完成简单的一步指令，但是随着儿童听觉理解能力的发展，他们能够完成更加复杂的指令。听指令的训练应该融入日常的活动或者游戏中。例如在玩动物玩具的时候，家长和治疗师可以发出指令给动物喂水，又或者是将娃娃放到不同的房间，将不同的车子放到不同的车库，从冰箱里拿出不同的食物，从衣柜里拿出不同的衣服等。

（三）31月龄至学龄前段儿童

这一阶段的儿童听觉能力得到充分发展，康复的主要目标是发展接受性和表达性语言能力，为进入普通学校学习、取得良好的学业表现打下基础。在这一阶段，儿童的听觉能力继续发展，从在安静环境中聆听发展为在噪声环境中聆听；听觉记忆发展，从两步指令发展为能跟随多元素的指令，并且能够使用电话与人进行交流。儿童的口语能力通过训练从能够表达简单的词汇和两个词语组成的短句，发展为能够表达包含形容词、时间地点副词、动词以及丰富名词的，具有一定语法结构的复杂句子。本节主要讲述如何通过聆听的方式促进31月龄至学龄前段儿童口语能力的发展。

1. 听觉排序训练

听觉排序（auditory sequencing）是一项重要的听觉技能，能够帮助儿童复述一个故事，或者复述他们听到的事情。听觉排序可以通过童话故事、儿歌、童谣和游戏的方式进行训练。儿童喜欢听家长给他们唱儿歌或者讲童谣，而且会慢慢复述儿歌和童谣给家长，家长要鼓励儿童的复述行为，并且采用二者交替的形式完成一首儿歌或者童谣。比如家长教儿童《小白兔》，家长说“小白兔，白又白”，让儿童说“两只耳朵竖起来”，家长再说“爱吃萝卜和青菜”，让儿童说“蹦蹦跳跳真可爱”。然后家长和儿童交换顺序再次进行练习，直到儿童可以自己按照听到的顺序把一首简单的童谣复述出来。

2. 高级听觉能力训练

在听觉发展的初始阶段，要为婴幼儿创设一个安静的环境，帮助其发展听觉察知、分辨、识别和理解能力。在学龄前的阶段则要向高级听觉能力扩展，如能远距离听声，在噪声环境中听声和使用手机或电话进行交流。远距离听声训练是在与儿童有一定距离的位置发出儿童熟悉的语音，让儿童聆听继而参与到某项活动中来。噪声环境中听声训练，开始可以选择油烟机声音、洗衣机声音等频率变化相对较少的声音作为背景噪声，随后使用电视机声音、手机声音等有强度和频率变化的声音作为背景噪声进行游戏和教学。听觉训练的内容应该从儿童熟悉的物品开始，以封闭式的选择和指认为主，慢慢转向不熟悉的物品和开放式的指令，并且慢慢加大背景噪声的强度。当儿童能够不借助唇读的方式与人对话，或者不依赖把对话所涉及的物品放置在眼前等视觉线索辅助，而发起并维持与人面对面的对话时，就可以开始进行电话交流的练习。现在的听力补偿设备可通过蓝牙连接手机，将电话声直接输入设备中以实现较好的聆听效果，听障儿童也能够发展出很好的电话沟通能力（Estabrooks et al.，2016）。

四、听障儿童的言语构音功能评估与训练

言语是沟通交流的形式，产生清晰言语声的关键是下颌、唇、舌、软腭等构音系统的精准协调的运动。

（一）听力损失与言语构音障碍的关系

儿童听到什么样的语音就会发展出什么样的言语。听障儿童根据不同类型及程度的听力损失而使用不同听力补偿设备。当补偿不足或过大时，其听到的语音是频谱缺失、浑浊

不清的，甚至完全听不到言语声，这使得听障儿童言语构音障碍较为普遍。当获取不同频段的听觉信息不足或缺失时，就可能会表现出不同特征的言语障碍。

低频段250～500 Hz听觉信息获取不足，可能导致言语声弱，气息声加重，以及出现高音调的问题。鼻腔参与共鸣产生的言语声，其声音能量谱多集中于低频区域，所以儿童容易出现鼻音过重或者鼻音缺失问题（如声母中鼻音/m/和/n/发音不清或过重），或前后鼻韵母混淆不清（如/an/、/ang/混淆等问题）。在构音清晰度方面，出现鼻音和塞音混淆，如/b/和/m/混淆，将“包”说成“猫”。听障儿童还有可能因为无法感知送气音和不送气音在发音时气流的差异而出现混淆，如/k/和/g/混淆，将“哭”说成“姑”。

中频段500～2000 Hz听觉信息获取不足，可能使听障儿童言语声过轻或过响，以及音调控制能力较差，表现为讲话音调忽高忽低，节奏和韵律感异样（万勤 等，2013）。在构音清晰度方面，中频段获取不足或导致部分元音的省略，比如在发较为复杂的韵母/uɑng /时，省略为/ang/，将“筐”说成“康”，或者表述不清。也可能导致韵母中位化的口腔聚焦障碍，将/i/与/ie/等舌位靠前的韵母发音舌位后移，将/u/和/e/等舌位靠后的韵母发音舌位前移，导致很多音听起来像在舌面上发出来一般含糊不清。

言语频谱中，高频区域2000～5000 Hz的声音对言语清晰度影响最大。高频段听觉信息获取不足，主要导致声母构音错误（张磊，2009）。表现为擦音和塞擦音混淆，如/z/、/c/、/s/和/zh/、/ch/、/sh/等声母构音错误，以及高频的声母，如/f/、/x/、/h/、/s/、/sh/等的遗漏，或者互相混淆，比如将“飞（fei）机”说成“灰（hui）机”。

（二）言语构音障碍的评估

干预听障儿童的构音障碍，要先对儿童的构音功能进行评估，再在对儿童言语构音能力综合分析的基础上进行针对性矫治，然后建立下颌、唇、舌、软腭的正确运动，最终帮助儿童产生清晰的言语声。

1. 言语构音功能的语音学

普通话声母共有21个（另有两个零声母/w/和/y/）。如表14.8声母可根据发音部位、发音方式、清浊音和送气进行分类（黄昭鸣 等，2017）。浊音是指发音时声带振动的声母/m/、/n/、/l/、/r/。发音部位指呼出的气流在声道受到限制的地方，即下颌、唇、舌等主动活动部位与软硬腭被动参与的部位。依据构音器官活动部位的不同，21个声母由前至后可以分成双唇音、唇齿音、舌尖前音、舌尖中音、舌尖后音、舌面音和舌根音。发音方式主要包括鼻音、塞音、塞擦音、擦音和边音五种。鼻音是气流经过鼻腔共鸣调制产生的。塞音是声道在发音部位完全闭合阻塞气流，当压力积蓄到一定程度后突然开放释放气流形成的。塞擦音是声道在发音部位完全闭合积蓄压力，再开放一条缝隙让气流从狭窄的声道缝隙中摩擦通过产生的。擦音是声道在发音部位形成一条缝隙呼出气流产生的。边音是发音时气流从舌的两边呼出形成的，汉语中仅有/l/为边音。要注意，同一个发音部位，使用不同的阻塞方式形成的声音是不同的，比如/j/与/x/。根据发音气流的多少分为送气音和不送气音，如发/b/时呼出气流较少，而发/p/时呼出气流较多。

表14.8 汉语声母构音表

发音方式			发音部位						
			唇音		舌尖音			舌面音	舌根音
			双唇音	唇齿音	舌尖前音	舌尖中音	舌尖后音		
鼻音	清音								
	浊音		m			n			(ng)
塞音	清音	不送气	b			d			g
		送气	p			t			k
	浊音								
塞擦音	清音	不送气			z		zh	j	
		送气			c		ch	q	
	浊音								
擦音	清音			f	s		sh	x	h
	浊音						r		
边音	清音								
	浊音					l			

2. 听障儿童言语构音清晰度评估

临床康复工作中，对听障儿童的构音语音能力的评估常使用构音评估表，通过主观评估的方式考察儿童各个音位的构音清晰度情况。华东师范大学黄昭鸣教授研发的《汉语构音语音能力评估词表》在言语障碍康复中应用最为广泛（黄昭鸣 等，2017）。《汉语构音语音能力评估词表》由50个单音节词组成，如表14.9，评估完成可获得声母、韵母音位的习得情况和构音清晰度得分，为制定构音障碍的矫治方案提供科学依据。治疗师实施评估时需要使用图卡，让儿童表达图卡上的内容，根据儿童构音情况，考察是否存在声母替代即两个声母混淆，声母歪曲即声母发音含糊不清，或声母遗漏等情况。黄昭鸣教授首次提出汉语普通话儿童声母音位习得的发展规律大致可分为五个阶段（图14.25）。将评估得到的构音清晰度得分与声母音位习得情况同年龄相当的正常儿童的发展阶段对比，可以观察出患者当前本应习得却未习得的音位。

表14.9 汉语构音语音能力评估表

序号	词	目标音	序号	词	目标音	序号	词	目标音	序号	词	目标音
S1	桌	zh	12	鸡	j	25	菇	g	38	拔	ɑ
	zhūo	√		jī			gū			bá	
S2	象	iang	13	七	q	26	哭	k	39	鹅	e
	xiàng			qī			kū			é	

续表

序号	词	目标音	序号	词	目标音	序号	词	目标音	序号	词	目标音
1	包 bāo	b	14	吸 xī	x	27	壳 ké	k	40	一 yī	i
2	抛 pāo	p	15	猪 zhū	zh	28	纸 zhǐ	zh	41	家 jiā	ia
3	猫 māo	m	16	出 chū	ch	29	室 shì	sh	42	浇 jiāo	iao
4	飞 fēi	f	17	书 shū	sh	30	字 zì	z	43	乌 wū	u
5	刀 dāo	d	18	肉 ròu	r	31	刺 cì	c	44	雨 yǔ	ü
6	套 tào	t	19	紫 zǐ	z	32	蓝 Lán	an	45	椅 yǐ	i
7	闹 nào	n	20	粗 cū	c	33	狼 láng	ang	46	鼻 bí	i
8	鹿 lù	l	21	四 sì	s	34	心 xīn	in	47	蛙 wā	1
9	高 gāo	g	22	杯 bēi	b	35	星 xīng	ing	48	娃 wá	2
10	铐 kào	k	23	泡 pào	p	36	船 chuán	uan	49	瓦 wǎ	3
11	河 hé	h	24	稻 dào	d	37	床 chuáng	uang	50	袜 wà	4

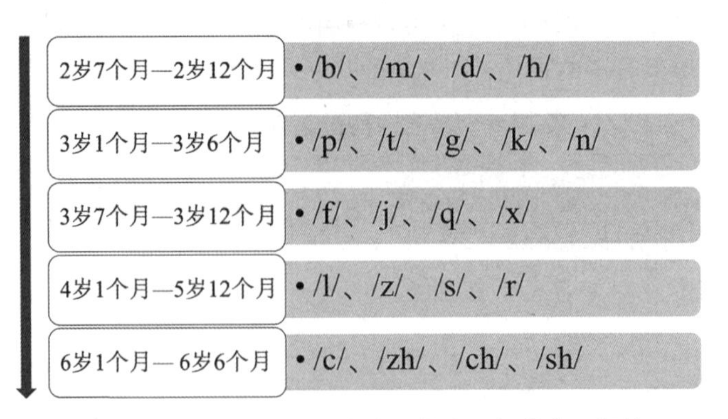

图14.25　汉语普通话儿童声母构音习得的发展规律

另外，评估结果中各个音位对的构音清晰度，对听障儿童的康复有重要临床价值。音位对是指在发音特征上存在最小差别的两个音位（刘巧云 等，2011）。图14.26展示了25对汉语普通话声母音位对结构，序号14表示有无/h/音的对比（黄昭鸣 等，2017）。例如/b/、/p/音位对，发音位置均为双唇音，也均为清音塞音，仅仅在送气方面存在差异，/p/为送气音而/b/是不送气音；又如/d/、/g/音位对，均为清音塞音，也都是不送气音，仅在发音位置上存在差异，/d/是舌尖中音，而/g/是舌根音。听障儿童音位对发音混淆是构音不清晰常见的原因。评估听障儿童的构音清晰度时，可以通过声母音位图分析音位对比情况，明确儿童构音障碍的错误倾向，能够更准确地理解儿童的构音障碍。如声母/k/、/g/发音混淆，将/k/全部发成/g/，是因为没有掌握送气的方法；将/f/发成/h/是发音部位错误，将唇齿擦音/f/转移到舌根处，发成了/h/。

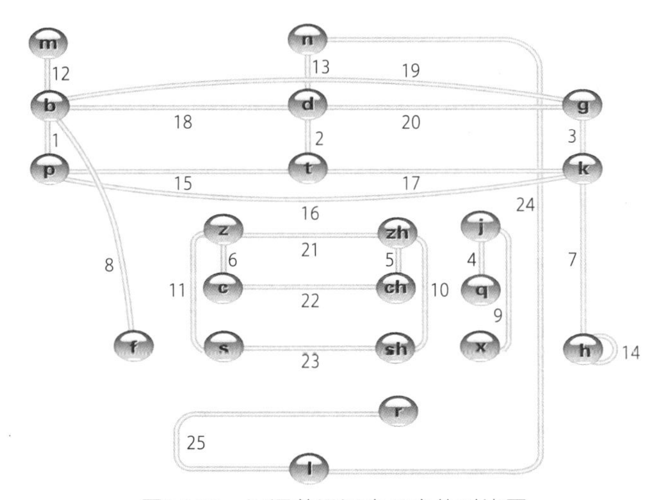

图14.26　汉语普通话声母音位对比图

3. 听障儿童言语构音功能康复训练

听障儿童言语构音功能康复训练包括听觉识别训练和声母构音训练两个环节。声母构音训练又包括音位诱导训练、音位习得训练、音位对比训练和音位强化训练四个步骤（黄昭鸣 等，2011）。

听障儿童的听觉与言语语言能力关系紧密，儿童准确识别各个声母及韵母音位是构音清晰的前提。因此对于语音清晰度较差的儿童，首先要借助标准化的工具评估其语音听觉识别能力，并进行针对性的听觉训练。听觉识别训练可以从最小音位对出发，根据每个音位对的特征设计相应的听觉材料进行训练。如/b/–/p/音位对识别训练，可以设计"抱抱""泡泡""爸爸""拜拜""拍拍手"等语料，并结合图片等视觉辅助。还可采用音位对听说联动法（张蕾，2011）进行训练。音位对听说联动法是根据听障儿童音位对的发音错误特征及与听觉识别错误的关系，将音位对的识别和发音训练结合，并借助儿童的听觉自我监控环路实现声母音位精细语音的辨识和清晰的发音。

音位诱导训练是声母构音语音训练中最为重要的一个阶段。它的主要目的是帮助儿童诱导出本被遗漏、替代或者歪曲的目标声母音位，是一个从无到有的过程（张磊，2009），可从以下两个步骤进行训练。①认识目标音位的发音部位和方法。需要让儿童认识该声母音位的发音特征，即某个音的发音部位在哪里，采用了何种发音方式，构音器官是如何运动的。如诱导儿童发/k/音，可以用压舌板或者冰水刺激儿童舌根部和软硬腭相接的位置，让儿童理解发音部位在舌根处。治疗师用轻的纸片放嘴巴前然后发音，让儿童感知到/k/需要大量吐气。②诱导目标声母音位。通过触觉、视觉等方式帮助儿童找到正确的发音部位，再建立目标音位的正确发音运动，即塞音、塞擦音、擦音等的一些运动技巧。当儿童认识到目标音位的正确发音部位和方式后，经过多次自主模仿，就能发出正确的目标音位。

音位习得训练是在音位诱导训练的基础上，通过大量的练习材料巩固发音，将诱导出的音位进行泛化，使儿童能够发出更多有意义的音节。比如/b/的训练，要学习“爸/bà/”“白/bái/”“冰/bīng/”等单音节词。治疗师需要变换目标音位所在的位置，在双音节词和三音节词中训练，如“白鸽/bái-ge/”“拔萝卜/bá-luó-bo/”。

音位对比训练是对儿童发音混淆的一对声母进行的对比强化训练，以提高听障儿童在连贯言语中的清晰度。例如/d/和/t/的发音部位都为舌尖音，发音方式也都是舌尖上抬与硬腭和牙龈相接触形成的塞音，唯一的差异是在塞音释放的时候，/d/不送气，而/t/需要呼出大量气流。音位对比训练要将包含两个对比音位的词语组合在一起进行训练，可以是两个单音节词，如“点-舔”“倒-套”“刀-掏”等，可以将两个音位组合在一个双音节词中进行训练，如“冬天”“地铁”和“电梯”。

音位强化训练是在儿童很好地掌握目标声母音位的发音，并可以准确地发出其单音节、双音节和三音节词语之后，采用模拟日常生活情景的方式，将训练的音位融入精心设计的活动、游戏，以及对话语言，使儿童在生活中能够清晰自然地表达。

五、听力师与言语治疗师和家长的合作

听力师通常是首先发现并确认婴幼儿存在听力损失的专业人员。听力师要向家长解释听力损失与听觉功能和大脑发展之间的联系，并且就婴幼儿的听力学诊断报告向家长解释其所患听力损失的病因、类型和程度，各项检查结果所反映的问题。如果家长对儿童的发展感到十分焦虑，听力师与言语病理学家都要向家长展示婴幼儿获得良好的听力干预之后能够获得的理想结果。听力师应协助家长选择最合适其孩子听力损失情况的干预设备，并尽快进行康复治疗。康复的时间越早越好，应在6月龄前为听损婴幼儿选择并调试好干预设备并进入康复治疗（Awad et al.，2019）。

听力师在儿童康复的过程中，应经常向言语病理学家和家长介绍儿童听力的情况以及儿童听力补偿设备特征。内容包括但不限于人工耳蜗的编程类型及可能产生的声音模式，助听器验配是否用移频技术，输入输出压缩比，大中小强度的声音会进行怎样的放大等。这些信息可帮助言语病理学家理解儿童能获取的听觉信息，从而设计和调整个性化的康复方案。家长应该保证儿童清醒时的佩戴时间，并且每天对设备进行检查以确保设备运行良好。为保证儿童能够最大化地获取听觉信息，听力师要与家长和言语治疗师沟通儿童日常生活中和康复中的表现。言语治疗师每天进行林氏六音辨识，其中听障儿童哪些音不能有效察知，哪些音不能分辨，是听力师调试干预设备的重要依据。此外，听力师还应及时判断儿童通过助听器是否只能取得有限的进步，并且将其转介到人工耳蜗植入环节。

六、听障儿童康复实例

（一）儿童基本情况介绍

小余，男，出生时听力筛查初筛及复筛双耳均未通过，于6月龄时转诊至上海交通大学医学院附属新华医院耳鼻咽喉头颈外科进行诊断性检测。听力学检测结果如下：①双耳226 Hz鼓室图A型，1000 Hz鼓室图呈单峰型；②双耳同侧镫骨肌1 kHz反射阈值>100 dB HL；③畸变产物耳声发射（DPOAE）双耳1～8 kHz频率均未通过；④如图14.27所示，脑干听觉诱发电位（ABR）结果显示click-ABR双耳反应阈值60 dB nHL；行0.5，1，2，4 kHz短纯音TB-ABR检查，左耳反应阈值依次为45，50，65，65 dB nHL；右耳反应阈值依次为50，60，75，70 dB nHL；⑤核磁共振与颞骨CT影像显示内耳无明显畸形，耳蜗底回、中回、顶回形态分化良好，无内听道狭窄，蜗神经发育不良或缺如。最终诊断为双耳感音神经性听力损失。

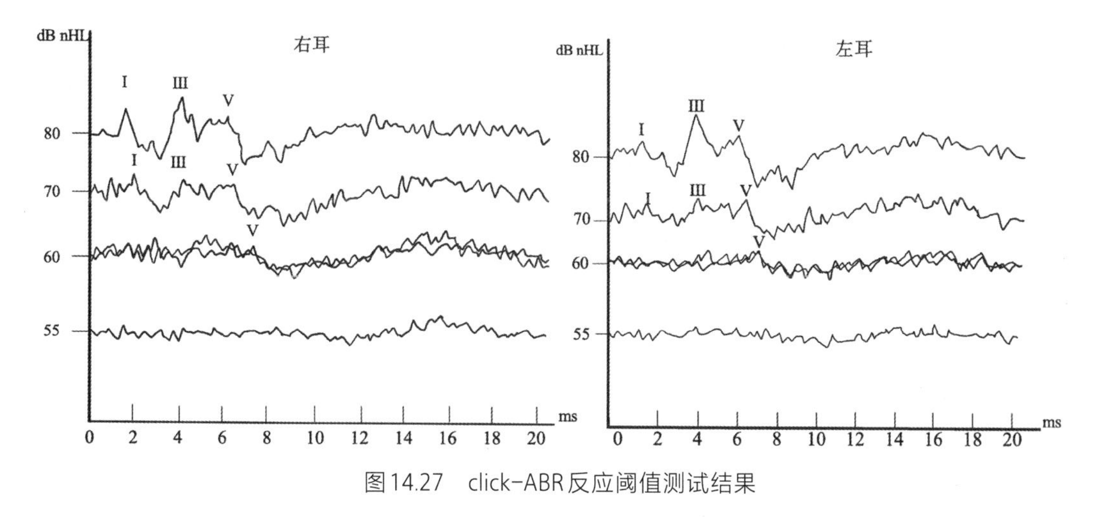

图14.27 click-ABR反应阈值测试结果

（二）听力干预方案

该儿童9月龄时双耳验配受话器，外置于耳道内的定制耳背式助听器（RIC）。依据儿童双耳0.5～4 kHz短纯音TB-ABR反应阈值，参照中国ABR专家共识预估的主观行为听阈进行验配，验配公式选择NAL-NA2以求在响度舒适的前提下最大化言语识别能力。通过真耳分析和助听行为观察法验证助听效果。家长反映儿童十分抗拒助听器，因此初始插入增益曲线按略低于目标曲线设置，特别是高声强时（80 dB SPL）的增益曲线，待儿童适应后再进行调整。

（三）康复方案设计

儿童10月龄时开始接受专业的听觉言语康复训练。初次评估其听觉与言语功能显示：①听觉能力分级量表（categories of auditory performance，CAP）评估为0级：对环境声和说话声没有注意；②听觉察知能力评估显示对林氏六音无反应，对鼓声、双响筒和三角铁声音均无反应。另外，家长反映幼儿非常抗拒使用助听器，经常自己扯掉助听器，每天使用时间不超过2 h。将评估结果对比正常儿童发展水平可知，该儿童听觉与言语语言功能落后于正常发展阶段，对周围出现的环境声音和言语声音基本无察知，言语能力上则仅有部分无意义的发音。因此第一阶段康复应该是以强化助听器使用和听觉察知训练为主。

1. 强化助听器使用

训练的目标是让儿童在清醒的时间内始终佩戴助听器以获得最大化的听觉刺激。首先检查其耳道内有无耵聍栓塞和感染等情况。排除耳模形状不适宜以及助听增益过大等因素以后，采用转移注意法和家长示范法诱导儿童增加助听器使用时间。①转移注意法：家长在儿童扯掉助听器之后立即为他重新戴上，并且在给儿童戴好助听器后，在手里放一个他喜欢的玩具来转移其注意力。②家长示范法：让家长两耳佩戴耳模，并向儿童展示，说“宝贝你看，爸爸妈妈都有，你也带上吧”。同时用专门为听障儿童设计的、带有助听器模型的动物玩偶玩具做示范，增加儿童对佩戴助听器的兴趣。

2. 听觉察知训练

初始阶段该儿童听觉训练以听觉察知训练为主，训练目标与内容设计如表14.10所示。听觉察知训练过程中要注意时刻监控儿童的表现。在进行林氏六音察知训练时，儿童对/sh/，/s/音无法察知，即使是治疗师有意识地引导儿童关注发出的/sh/，/s/音，儿童反应仍然欠佳，只是盯着治疗师的嘴巴。如果遮挡住嘴巴儿童则对声音无反应。儿童呈现下降型的听力损失，听力损失的特征可能是儿童无法察知/sh/，/s/音的原因。与听力师针对助听器的调试方案进行沟通，提高助听器中高频增益，并且适当应用移频技术弥补高频声的获取不足，从而解决儿童对高频言语声感知不足的问题。

表14.10　听觉察知训练设计示例

训练目标	训练活动	所需材料
听觉领域 1. 察觉环境声，如敲门、敲桌子、玩具发出的不同频率的声音 2. 拟声词的察觉。把玩具藏在盒子里或包里，匹配声音与对应的物品，如动物的声音（牛、鸭叫等），火车呜呜呜声 3. 林氏六音的察知训练	• 觉察训练 1. 乐器声察知：鼓、木槌、沙锤、三角铁等不同频率的玩具。方法：带领孩子随意敲击，训练孩子对声音的关注 2. 听声寻找训练：放声音，带领孩子寻找发出声音的东西 3. 言语声察知：选取对比度大的、易察觉的拟声词，如火车-呜呜、汽车-滴滴、牛-哞、鸭子-嘎嘎的叫声，观察孩子的反应 • 林氏六音在近距离（0.5 m）的察知训练	• 鼓、铃铛等不同频率的道具 • 汽车、火车、常见小动物 • 神秘袋/神秘盒 • 准备好备用道具，如泡泡机、积木等，以防孩子哭闹，导致课程中断

（四）家庭康复指导

家庭康复是听障儿童康复的重要环节，是治疗师康复的有效补充和巩固。听障儿童早期的一周家庭康复活动内容包括：①林氏六音察知训练：将林氏六音与具象化的物品结合起来，如“m”是奶牛，“u”是火车，“a”是大嘴巴，“i”是衣服，“sh”是狮子，“s”是吃辣辣的东西。可结合图片和家长表情、肢体动作的变化吸引儿童注意。②乐器声察知：用玩具钢琴弹奏儿童“小星星”，利用较为单一且悦耳的旋律诱发儿童对听觉的关注。同时带领儿童一起按不同的琴键，利用琴键发出的声音促进儿童听觉察知能力的发展。

家庭训练原则：①全天佩戴助听器，丰富听觉刺激。②互动交流：父母和孩子一起坐下来，保证周围环境安静，如果只有一位家长，需坐在干预耳的那一侧，保证声音在较好位置传入麦克风。如果是双耳干预，或有两位及以上的家长参与互动，则围坐在一起即可。参与者不要同时讲话。③抓住时机：抓住生活中的各个场景，描述你正在做的或者孩子正在做的事情，跟随孩子的兴趣，不必一味追求心中所设的康复目标。④听觉优先：听觉优先，务必记得先说话再做动作。让孩子养成聆听的习惯，尽量回避视觉帮助。另外，要求家长填写家庭康复反馈表，便于治疗师掌握儿童家庭康复训练的进展。图14.28展示了一周的家长家庭康复反馈表。

家庭反馈记录（每日康复训练时长及内容，孩子的表现）：

12.17 ①使用沙锤在身后发出声音，小朋友查觉后寻找，发现声音方向，引出沙锤，模仿沙锤声强化声音，小朋友接过沙锤自己模仿摇沙锤 ②敲击拼图数板，用声音引起注意，小朋友很快查觉，同时呼唤名字，亲子互动玩拼图 ③放歌曲，在放到诗[?]动物声叫时，家长模仿动物叫声一起唱并且同时模仿动物动作（小猫），小朋友很开心目前还不会跟着做。

日期	内容	具体活动	表现
12.18	聆听环境音 聆听说话	①水果切切乐（切、切、切） ②敲击木琴 ③呼唤名字，递小果玩具	①感兴趣，会用手拿水果并且很夸张[?] ②模仿家长敲打 ③及时反应
12.19	读绘本 聆听说话	①农场开本（模仿各种动物叫声） ②小鸡球球系列 ③呼唤名字 ④和宝宝喊大爷[?]	①会学习大人模仿动物动作（如小鸭子） ②主动递绘本 ③及时反应 ④目前会喊爸爸，外婆（阿婆）
12.20	聆听环境音 聆听说话	①奥尔夫雨声器 ②敲杯子 ③搭拆积木"给你积木""谢谢你积木"	①听到马上寻声 ②听到学习家长敲打 ③不停拆积木
12.21	唱儿歌 聆听说话	①爸爸去哪儿（家长同步做表情+手势演绎） ②呼唤名字 ③模仿打电话	①很开心，咿咿呀呀学声 ②及时反应 ③听到家长喊"喂"，马上做出打电话动作
12.22	聆听环境音 聆听说话	①摇铃 ②工具箱玩具（榔头敲打钉子） ③呼唤名字，用童[?]声音强化（[?]）	①及时寻声 ②学习家长敲打 ③及时反应 ④用[?]发声表示喜欢[?]
12.23	读绘本 聆听说话	①brown bear, brown bear what do you see ②小熊很忙 ③[?] ④呼唤名字 ⑤听指令（小手拍拍[?]）	①听家长读[?] ②③边听边玩积木 ④及时反应 ⑤主动伸出小手给指令[?]

图14.28　家长填写家庭康复反馈表

参考文献

陈柳，华清泉，唐志辉，等，2017. 神经纤维瘤病Ⅱ型的临床特点及听觉脑干植入[J]. 听力学及言语疾病杂志，25(2)：186–189.

丛珊，李琳，关海超，等，2016. 跨理论模型和动机性访谈心理干预对老年听力障碍患者助听效果的影响[J]. 听力学及言语疾病杂志，24(2)：176–179.

丁香香，刁明芳，赵丹珩，2022. 成人单侧耳聋和不对称听力损失人工耳蜗植入质量标准(摘译)[J]. 听力学及言语疾病杂志，30(2)：1–3.

冯定香，2020. 以人为本的听力康复服务[J]. 中国听力语言康复科学杂志，18(6)：405–408.

冯定香，2021. 应用激励工具开展以人为本的听力康复[J]. 中国听力语言康复科学杂志，19(01)：3–6.

黄昭鸣，张蕾，张磊，等，2011. 特殊需要儿童构音语音障碍的评估与治疗[J]. 中国听力语言康复科学杂志，(4)：61–64.

黄昭鸣，朱群怡，卢红云，2017. 言语治疗学[M]. 上海：华东师范大学出版社.

贾欢，陈颖，张治华，等，2020. 人工听觉脑干植入在先天性耳聋低龄儿童中的应用探索[J]. 上海交通大学学报：医学版，40(10)：1324–1329.

蒋雯，2015. 听觉脑干植入效果及新进展[J]. 听力学及言语疾病杂志，23(4)：435–437.

李洁，杨琳，王丹妮，等，2021. 经面神经后径路振动声桥圆窗植入术[J]. 临床耳鼻咽喉头颈外科杂志，35(11)：1023–1027.

刘巧云，2011. 听觉康复的原理与方法[M]. 上海：华东师范大学出版社.

刘巧云，卢海丹，周谢玲，等，2014. 听障儿童听觉察知能力评估的内容与方法[J]. 中国听力语言康复科学杂志，(1)：65–68.

刘巧云，赵航，陈丽，等，2011. 3 ~ 5岁健听儿童音位对比识别习得过程研究[J]. 听力学及言语疾病杂志，19(62)：116–119.

聂静，2002. 助听器行业中的“以人为本”[J]. 现代特殊教育，(3)：43.

孙喜斌，刘巧云，黄昭鸣，2007. 听觉功能评估标准及方法[M]. 上海：华东师范大学出版社.

孙喜斌，张蕾，黄昭鸣，等，2006. 儿童汉语语音识别词表语谱相似性的标准化研究[J]. 中国听力语言康复科学杂志，35(1)：16–20.

万勤，胡金秀，黄昭鸣，等，2013. 3 ～ 6岁听障儿童与健听儿童嗓音声学特征比较[J]. 听力学及言语疾病杂志，21(4)：353–355.

叶青，郑昊，2017. 人工听觉植入新进展[J]. 福建医药杂志，39(6)：1–8.

张磊，2009. 听障儿童声母构音异常的分析及治疗策略[D]. 上海：华东师范大学.

张蕾，2011. 听障儿童听觉和言语特征及其关系的研究与训练策略[D]. 上海：华东师范大学.

赵航，刘巧云，周谢玲，等，2014. 听障儿童听觉分辨能力评估的内容与方法[J]. 中国听力语言康复科学杂志，(5)：384–387.

中华耳鼻咽喉头颈外科杂志编辑委员会，2014. 人工耳蜗植入工作指南(2013)[J]. 中华耳鼻咽喉头颈外科杂志，49(2)：89–95.

周爱然，李永勤，陈璟，2021. 听觉脑干植入儿童康复训练个案研究[J]. 中国听力语言康复科学杂志，19(06)：464–465.

周爱然，林海英，陶仁霞，等，2022. 听觉脑干植入对耳蜗畸形听障儿童语言输入与提取效果的个案研究[J]. 中国听力语言康复科学杂志，20(3)：219–221.

Aazh H，Moore BC，2007. The value of routine real ear measurement of the gain of digital hearing aids[J]. Journal of the American Academy of Audiology，18(08)：653–664.

American Speech–Language–Hearing Association (ASHA)，2016[2023–12–28]. Code of Ethics (EB/OL). Available at：https：//www.asha.org/policy/code-of-ethics-2016/.

Avan P，Giraudet F，Büki B，2015. Importance of binaural hearing[J]. Audiology and Neuro–otology，20(1)：3–6.

Awad R，Oropeza J，Uhler KM，2019. Meeting the Joint Committee on Infant Hearing Standards in a Large Metropolitan Children's Hospital：Barriers and Next Steps[J]. American Journal of Audiology，28(2)：251–259.

Balint M.，1955. The doctor，his patient，and the illness[J]. The lancet，265(6866)：683–688.

Bentler R，Mueller HG，Ricketts TA，2016. Modern hearing aids：Verification，outcome measures，and follow–up[M]. Plural Publishing.

Briggs RJ，Fagan P，Atlas M，et al.，2000. Multichannel auditory brainstem implantation：the Australian experience[J]. Journal of Laryngology and Otology Supplement, 119(27): 46–49.

Carlson ML, Sladen DP, Gurgel RK, et al., 2018. Survey of the American neurotology society on cochlear implantation: part 1, candidacy assessment and expanding indications[J]. Otology and Neurotology, 39(1): 12–19.

Cherko M, Hickson L, Bhutta M, 2016. Auditory deprivation and health in the elderly[J]. Maturitas, 88: 52–57.

Ching TY, Dillon H, Hou S, et al., 2013a. A randomized controlled comparison of NAL and DSL prescriptions for young children: Hearing–aid characteristics and performance outcomes at three years of age[J]. International Journal of Audiology, 52(sup2): S17–28.

Ching TY, Johnson EE, Hou S, et al., 2013b. A comparison of NAL and DSL prescriptive methods for paediatric hearing–aid fitting: Predicted speech intelligibility and loudness[J]. International Journal of Audiology, 52(sup2): S29–38.

Choo OS, Kim H, Kim YJ, et al., 2021. Effect of age at cochlear implantation in educational placement and peer relationships[J]. Ear and Hearing, 42(4): 1054–1061.

Chris de Souza, Peter Roland, Debara L, 2017. Implantable hearing devices[M]. San Diego, CA: Plural Publishing inc.

Clark JG, English KM, 2013. Counseling–infused audiologic care[M]. Pearson Higher Ed.

Colletti V, Fiorino F, Carner M, et al., 2004. Perceptual outcomes in children with auditory brainstem implants[J]. International Congress Series, 1273: 425–428.

Cremers CW, O'Connor AF, Helms J, et al., 2010. International consensus on Vibrant Soundbridge® implantation in children and adolescents[J]. International Journal of Pediatric Otorhinolaryngology, 74(11): 1267–1269.

Debruyne JA, Janssen AM, Brokx JPL, 2020. Systematic review on late cochlear implantation in early–Deafened adults and adolescents: clinical effectiveness[J]. Ear and Hearing, 41(6): 1417–1430.

Deep NL, Roland JT Jr, 2020. Auditory brainstem implantation: Candidacy evaluation, operative technique, and outcomes[J]. Otolaryngologic Clinics of North America, 53(1): 103–113.

DiClemente CC, Prochaska JO, 1998. Toward a comprehensive, transtheoretical model of change: Stages of change and addictive behaviors[M]. In W. R. Miller & N. Heather (Eds.), Treating addictive behaviors (pp. 3–24). Plenum Press.

Dillon H, 2008. Hearing aids[M]. Hodder Arnold.

Dwyer A, Jones C, Davis C, et al., 2019. Maternal education influences Australian infants' language experience from six months[J]. Infancy, 24(1): 90–100.

Eisenberg LS, Johnson KC, Martinez AS, et al., 2008. Comprehensive evaluation of a child with an auditory brainstem implant[J]. Otology and Neurotology, 29(2): 251–257.

Estabrooks W, Maclver–Lux K, Rhoades E A, 2016. Auditory–Verbal Therapy[M]. San Diego: Plural Publishing.

Fagan MK, 2014. Frequency of vocalization before and after cochlear implantation: Dynamic effect of auditory feedback on infant behavior[J]. Journal of Experimental Child Psychology, 126: 328–338.

Fulcher A, Purcell AA, Baker E, et al., 2012. Listen up : children with early identified hearing loss achieve age-appropriate speech/language outcomes by 3 years-of-age[J]. International Journal of Pediatric Otorhinolaryngology, 76(12) : 1785-1794.

Gifford RH, Dorman MF, 2019. Bimodal hearing or bilateral cochlear implants? Ask the patient[J]. Ear and Hearing, 40(3) : 501-516.

Gomersall PA, Baguley DM, Carlyon RP, 2019. A cross-sectional questionnaire study of tinnitus awareness and impact in a population of adult cochlear implant users[J]. Ear and Hearing, 40(1) : 135-142.

Gr é goire A, Hox V, Romolo D, et al., 2020. Safe explantation of a vibrant soundbridge with incus short process coupler : case report and literature review[J]. Belgica-Ears, Nose, and Throat, 16(3) : 164-167.

Grenness C, Hickson L, Laplante-Lévesque A, et al., 2014. Patient-centred audiological rehabilitation : Perspectives of older adults who own hearing aids[J]. International Journal of Audiology, 53(sup1) : S68-75.

Hagr A, 2007. BAHA : bone-anchored hearing aid[J]. International Journal of Health Sciences, 1(2) : 265.

Holzinger D, Dall M, Sanduvete-Chaves S, et al., 2020. The impact of family environment on language development of children with cochlear implants : A Systematic Review and Meta-Analysis[J]. Ear and Hearing, 41(5) : 1077-1091.

Horner J, Modayil M, Chapman LR, et al., 2016. Consent, refusal, and waivers in patient-centered dysphagia care : Using law, ethics, and evidence to guide clinical practice[J]. American Journal of Speech-Language Pathology, 25(4) : 453-69.

Jafari Z, Kolb BE, Mohajerani MH, 2019. Age-related hearing loss and tinnitus, dementia risk, and auditory amplification outcomes[J]. Ageing Research Reviews, 56: 100963.

Kaplan AB, Kozin ED, Puram SV, et a1., 2015. Auditory brainstem implant candidacy in the United states in children 0-17 years old[J]. International Journal of Pediatric Otorhinolaryngology, 79(3) : 310-315.

Karltorp E, Eklöf M, Östlund E, et al., 2020. Cochlear implants before 9 months of age led to more natural spoken language development without increased surgical risks[J]. Acta Paediatrica, 109(2) : 332-341.

Keidser G, Dillon H, Flax M, et al., 2011. The NAL-NL2 prescription procedure[J]. Audiology Research, 1(1) : 88-90.

Kim Y, Lee J Y, Lim W S, et al., 2019. Speech perception growth patterns in prelingual deaf children with bilateral sequential cochlear implantation[J]. Otology and Neurotology, 40(8) : 761-768.

Kitcher SR, Weisz CJ, 2020. Shedding light on optical cochlear implant progress[J]. EMBO Molecular Medicine, 12(8) : 12620.

Lecl è re C, Viaux S, Avril M, et al., 2014. Why synchrony matters during mother-child interactions : a systematic review[J]. Public Library of Science ONE, 9(12) : e113571.

Lewis S, 2009. Patient-centered care : an introduction to what it is and how to achieve it[S]. Saskatchewan Ministry of Health.

Ling D, 2002. Speech and the hearing-impaired child[M]. 2nd ed. Washington DC : AG Bell Association for the Deaf and Hard of Hearing.

Litovsky R, 2015. Development of the auditory system[J]. Handbook of Clinical Neurology, 129(7) : 55-72.

Liu YW, Tao DD, Chen B, et al., 2019. Factors affecting bimodal benefit in pediatric mandarin-speaking chinese cochlear implant users[J]. Ear and Hearing, 40(6): 1316-1327.

Lorraine AB, Patricia BK, Sharon AL, 2004. Application of the stages-of change model in audiology[J]. Journal of the Academy of Rehabilitative Audiology, 37: 41-56.

Maeda Y, Sugaya A, Nagayasu R, et al., 2016. Subjective hearing-related quality-of-life is a major factor in the decision to continue using hearing aids among older persons[J]. Acta Oto-Laryngologica, 136(9/10): 919-922.

McCarty Walsh E, Morrison DR, McFeely WJ, 2021. Totally implantable active middle-ear implants: A large, single-surgeon cohort[J]. The Journal of Laryngology and Otology, 135(4): 304-309.

Mosnier I, Sterkers O, Bouccara D, et al., 2008. Benefit of the vibrant soundbridge device in patients implanted for 5 to 8 years[J]. Ear and Hearing, 29(2): 281-284.

National Institute for Health and Care Excellence(NICE), (2019-03-07)[2023-04-02]. Cochlear implants for children and adults with severe to profound deafness[EB/OL]. Available at: https://www.nice.org.uk/guidance/ta566/resources/cochlear-implants-for-children-and-adults-with-severe-to-profound-deafness-pdf-82607085698245.

Neher T, Behrens T, Carlile S, et al., 2009. Benefit from spatial separation of multiple talkers in bilateral hearing-aid users: Effects of hearing loss, age, and cognition[J]. International Journal of Audiology, 48(11): 758-74.

Nevison B, Laszig R, Sollmann WP, et al., 2002. Results from a European clinical investigation of the Nucleus multichannel auditory brainstem implant[J]. Ear and Hearing, 23(3): 170-183.

Nordvik Ø, Heggdal PO, Brännström JK, et al., 2019. Quality of life in persons with hearing loss: A study of patients referred to an audiological service[J]. International Journal of Audiology, 58(11): 696-703.

Park LR, Griffin AM, Sladen DP, et al., 2022. American cochlear implant alliance task force guidelines for clinical assessment and management of cochlear implantation in children with single-sided deafness[J]. Ear and Hearing, 43(2): 255-267.

Peter N, Liyanage N, Pfiffner F, et al., 2019. The influence of cochlear implantation on tinnitus in patients with single-sided deafness: A systematic review[J]. Otolaryngology Head and Neck Surgery, 161(4): 576-588.

Philipsen HH, Gregory M, 2016. Practice implications of the patient journey model[M]. The Experience of Hearing Loss, 177-187.

Picton TW, Taylor MJ, 2007. Electrophysiological evaluation of human brain development[J]. Developmental Neuropsychology, 31(3): 249-278.

Roche JP, Hansen MR, 2015. On the Horizon: Cochlear Implant Technology[J]. Otolaryngologic Clinics of North America, 48(6): 1097-1116.

Rogers CR, 2013. Client-centered therapy[M]. Curr Psychother, 95: 150.

Ryu NG, Moon IJ, Byun H, et al., 2015. Clinical effectiveness of wireless CROS (contralateral routing of offside signals) hearing aids[J]. European Archives of Oto-Rhino-Laryngology, 272(9): 2213-2219.

Saunders GH, Lewis MS, Forsline A, 2009. Expectations, prefitting counselling, and hearing aid outcome[J]. Journal of the American Academy of Audiology, 20(5): 320–334.

Scollie S, Ching TY, Seewald R, et al., 2010. Evaluation of the NAL–NL1 and DSL v4.1 prescriptions for children: Preference in real world use[J]. International Journal of Audiology, 49(sup1): S49–63.

Shen J, Anderson MC, Arehart KH, et al., 2016. Using cognitive screening tests in audiology[J]. American Journal of Audiology, 25(04): 319–331.

Simmons DD, 2003. The ear in utero: An engineering masterpiece [J]. Hearing Health, 19: 10–14.

T á vora–Vieira D, Rajan GP, Van de Heyning P, et al., 2019. Evaluating the long–Term hearing outcomes of cochlear implant users with single–sided deafness[J]. Otology and Neurotology, 40(6): 575–580.

Taylor B, Mueller HG, 2000. Fitting and dispensing hearing aids[M]. Plural Publishing.

Theriou C, Fielden CA, Kitterick PT, 2019. The cost–effectiveness of bimodal stimulation compared to unilateral and bilateral cochlear implant use in adults with bilateral severe to profound deafness[J]. Ear and Hearing, 40(6): 1425–1436.

Tremblay KL, Pinto A, Fischer ME, et al., 2015. Self–reported hearing difficulties among adults with normal audiograms: The Beaver Dam Offspring Study[J]. Ear and Hearing, 36(6): e290.

Uecker F C, Szczepek A, Olze H, 2019. Pediatric bilateral cochlear implantation: simultaneous versus sequential surgery[J]. Otology and Neurotology, 40(4): 454–460.

Van Beek–King JM, Bhatti PT, Blake D, et al., 2014. Silicone–coated thin film array cochlear implantation in a feline model[J]. Otology and Neurotology, 35(1): 45–49.

van der Straaten TFK, Briaire JJ, Vickers D, et al., 2021. Selection criteria for cochlear implantation in the United Kingdom and Flanders: Toward a less restrictive standard[J]. Ear and Hearing, 42(1): 68–75.

Varghese LA, Ozmeral EJ, Best V, et al., 2012. How visual cues for when to listen aid selective auditory attention[J]. Jaro–journal of The Association for Research In Otolaryngology, 13(3): 359–368.

Vincent C, 2012. Auditory brainstem implants: how do they work[J]?. Anatomical Record, 295(11): 1981–1986.

Werker J, 2012. Perceptual foundations of bilingual acquisition in infancy[J]. Annals of The New York Academy of Sciences, 1251: 50–61.

Wie OB, Torkildsen JVK, Schauber S, et al., 2020. Long–term language development in children with early simultaneous bilateral cochlear implants[J]. Ear and Hearing, 41(5): 1294–1305.

Zeitler DM, Prentiss SM, Sydlowski SA, et al., 2023. American Cochlear Implant Alliance Task Force: Recommendations for Determining Cochlear Implant Candidacy in Adults[J]. Laryngoscope, 00: 1–14

Zeng FG, 2017. Challenges in improving cochlear implant performance and accessibility[J]. IEEE Transactions on Bio–medical Engineering, 64(8): 1662–1664.

Zhang H, Peng Y, Zhang N, et al., 2022. Emerging optoelectronic devices based on microscale LEDs and their use as implantable biomedical applications[J]. Micromachines, 13(7): 1069–1085.

第三篇

特殊类型的听力障碍

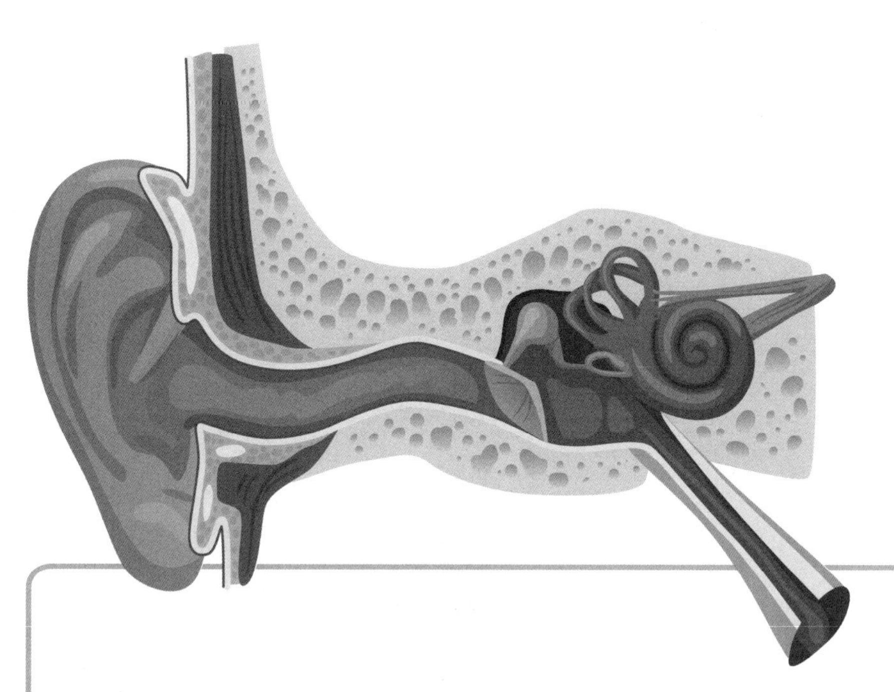

本篇对常见影响听力与平衡问题的疾病进行系统介绍，应用了上篇的检查项目，以加深对临床听力与平衡检查的理解。

临　床　听　力　学

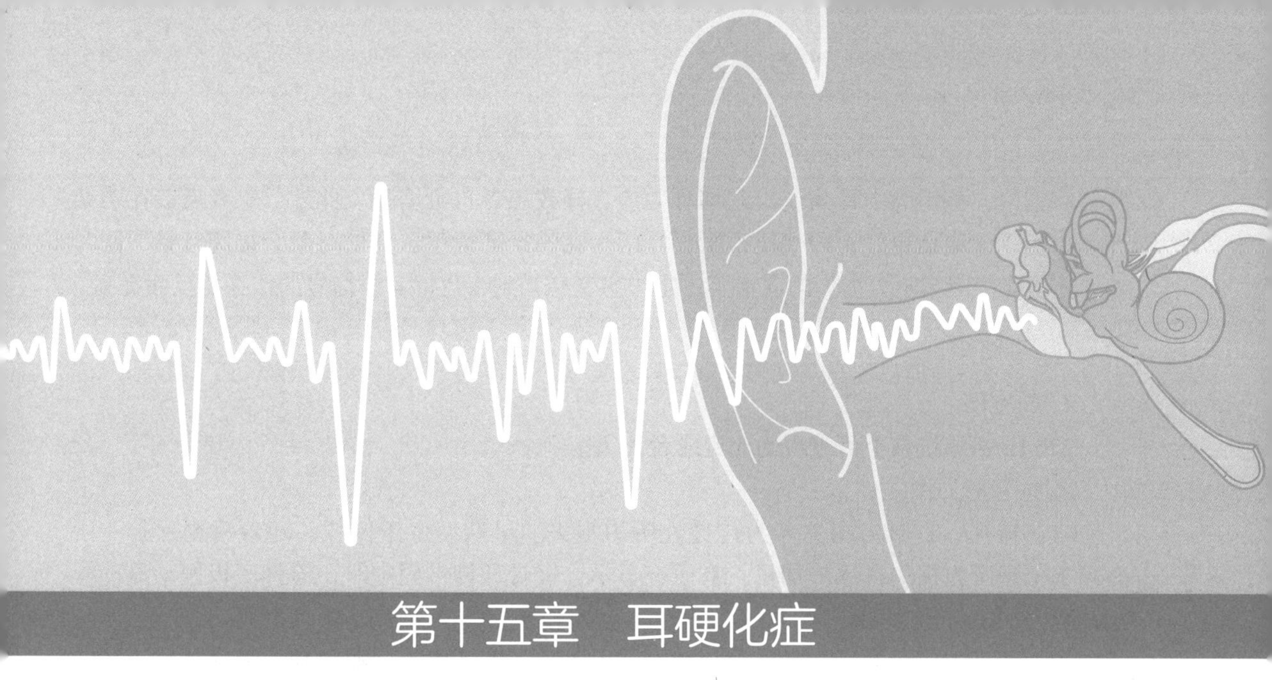

第十五章　耳硬化症

耳硬化症是一种渐进性发展的疾病，病理特征为原发性骨迷路包囊内出现海绵状变性并替代正常骨质。该病主要影响颞骨的耳囊，异常的骨质沉积包绕听骨链，导致传导性听力下降，当异常骨质沉积发展到耳蜗时，进展为混合性听力下降。耳硬化症常发区域为前庭窗前段和镫骨底板（80%）、蜗窗（30%）、耳蜗之前周围区（21%）和内听道前段（19%）（Arnold，2007）。

一、发病率

耳硬化症在白种人中发病率较高，可达0.3% ～ 0.4%，在黑人、亚洲人和美洲原住民中发病率较低（Declau et al.，2001）。患者中的男女比例为1 ：（1.5 ～ 2.0）。平均发病年龄为30.2岁（Batson et al.，2017）。

二、病理学机制

耳硬化症患者中耳囊内的骨重塑异常增加，导致骨质沉积物不断积累。病理性骨重塑主要分为三个阶段：①耳海绵病期，表现为破骨细胞活动和微血管增加；②过渡阶段，在成骨细胞的作用下，海绵骨开始沉积；③耳硬化期，沉积的海绵状骨发展成致密骨，第一阶段形成的微循环变窄。

三、病因和高危因素

60%的耳硬化症患者有家族遗传史，40% ～ 50%的患者无遗传史或存在其他遗传性问题。青春期、妊娠期和更年期等时期的激素变化会导致耳硬化症患者听力损失加重。麻疹病毒、炎症和调节细胞因子继发的炎症都被认为与耳硬化症的发展有关（Batson et al.，2017）。

四、临床症状

耳硬化症主要临床表现为双耳听力渐进性下降，对称或不对称，数年或数十年发展成严重听力损失，50%的患者伴有耳鸣，10%不到的患者出现眩晕或不平衡感。患者说话时常轻声细语，是因为中耳病变出现堵耳效应，导致患者自听增强。此外，患者反馈在嘈杂环境中听别人说话更好，即韦氏误听，是因为在嘈杂环境下，交谈对象会提高音量，同时外界环境噪声因为听力损失的存在不一定被患者感知到，目标言语信号的信噪比反而提高。

五、听力检查

1. 鼓室图

226 Hz声导抗结果可表现为A型或者As型。

2. 纯音听力图

（1）特征一：听力图总体为传导性听力损失。早期发生于低频，随着病程延长，所有频率出现听力损失且逐步加重。有研究显示，镫骨环韧带固定时，镫骨底板振动显著减小，听力损失可达47 dB。

（2）特征二：骨导听阈曲线中2000 Hz处呈现Carhart切迹，即与其他频率相比，2000 Hz骨导阈值最高（最差），表现为感音神经性或混合性听力损失，可在术后恢复正常。Kashio等（2011）研究发现约31%的患者（102例耳硬化症患者）存在Carhart切迹，在其他传导性听力损失患者的听力图中也有此类现象，例如先天性外耳道闭锁患者（约占1/3的患者）。

3. ABR潜伏期检查

气导高强度（80～90 dB nHL）刺激下，患耳Ⅰ、Ⅲ、Ⅴ波潜伏期延长，波间期未见明显异常，主要为传导性听力损失特点。

4. DPOAE

各频率均未能通过，主要是中耳病变影响了测试刺激信号向内耳的传入和可能存在的畸变产物信号的传出。

六、前庭功能检查

1. VEMP

气导VEMP引出率较低，骨导引出率较高（Satar et al.，2021；Saka et al.，2012），建议临床使用骨导VEMP评估耳硬化症患者的耳石器功能。

2. 冷热试验

耳硬化症患者会表现出双侧或者单侧半规管反应减弱（Rajati et al.，2022）。

3. 视频头脉冲试验（vHIT）

单纯的耳硬化症患者vHIT结果可为正常（Rajati et al.，2022）。

七、其他检查

1. 电耳镜检查

大部分患者电耳镜检查结果正常，但是少数患者会在鼓膜岬处出现红色，即Schwartz征。

2. 影像学检查

颞骨高分辨率CT对耳硬化症诊断的敏感性为34%～95%，特异性为95%～100%（梅凌云 等，2022）。敏感性差异化较大的主要原因是，当疾病处于非活动期以及病灶仅局限在镫骨底板等极小区域时，CT敏感性不高；当处于活动期或病灶面积扩大或多发（例如耳蜗型耳硬化症）时，CT更易察觉异常。因此，早期患者的CT结果可能为“未见明显异常”。然而，CT仍然可以用来排除其他中耳疾病，如胆脂瘤。CT常见表现包括前足板周围的耳囊内骨透光性增加、镫骨增厚和前庭窗增宽，或耳蜗外轮廓的脱钙区域（双环征）提示耳蜗受累（Batson et al.，2017）。

八、耳诊断与治疗

1. 诊断

诊断主要基于患者主诉、听力检查结果和CT报告三个方面。如果CT报告耳硬化症，可直接明确诊断；如果CT报告未见异常，手术探查是最终的诊断方式。如果术中可见镫骨底板固定等耳硬化症表现，可明确临床诊断。

2. 治疗

为改善听力，可采取手术植入人工听骨治疗，或使用助听设备。研究显示，人工镫骨植入的患者术后听力平均可改善约30 dB。患者亦可选择传统的气导和骨导助听器，或可植入式助听设备，例如骨锚式助听器和骨桥（bone bridge）。骨导型助听设备可以直接将外界声学信息传递至内耳，不需要中耳参与，适合中耳结构硬化的患者。发生耳蜗硬化，出现严重的混合性听力损失时，可考虑手术植入人工听骨并验配合适的助听设备，或考虑人工耳蜗植入（Batson et al.，2017）。

参考文献

梅凌云，张帅，2022. 影像学检查在耳硬化症诊治中的应用及研究进展[J]. 中国耳鼻咽喉颅底外科杂志，28(02)：1–7.

Arnold W，2007. Some remarks on the histopathology of otosclerosis[J]. Advances in Oto–rhino–laryngology，65：25–30.

Batson L，Rizzolo D，2017. Otosclerosis：An update on diagnosis and treatment[J]. Journal of the American Academy of Physician Assistants，30(2)：17–22.

Declau F，Van Spaendonck M，Timmermans JP，et al.，2001. Prevalence of otosclerosis in an unselected series of temporal bones[J]. Otology & Neurotology，22(5)：596–602.

Kashio A，Ito K，Kakigi A，et al.，2011. Carhart notch 2–kHz bone conduction threshold dip：a nondefinitive predictor of stapes fixation in conductive hearing loss with normal tympanic membrane[J]. Archives of Otolaryngology – Head and Neck Surgery，137(3)：236–40.

Rajati M，Jafarzadeh S，Javadzadeh R，et al.，2022. Comprehensive vestibular evaluation in patients with Otosclerosis：A case control study[J]. Indian Journal of Otolaryngology and Head & Neck Surgery，74(4)：582–587.

Saka N，Seo T，Fujimori K，et al.，2012. Vestibular–evoked myogenic potential in response to bone–conducted sound in patients with otosclerosis[J]. Acta Oto–laryngologica，132(11)：1155–9.

Satar B，Karaçaylı C，Çoban VK，et al.，2021. Effects of otosclerosis and stapedotomy on vestibular–evoked myogenic potentials[J]. Journal of Laryngology and Otology，11：1–5.

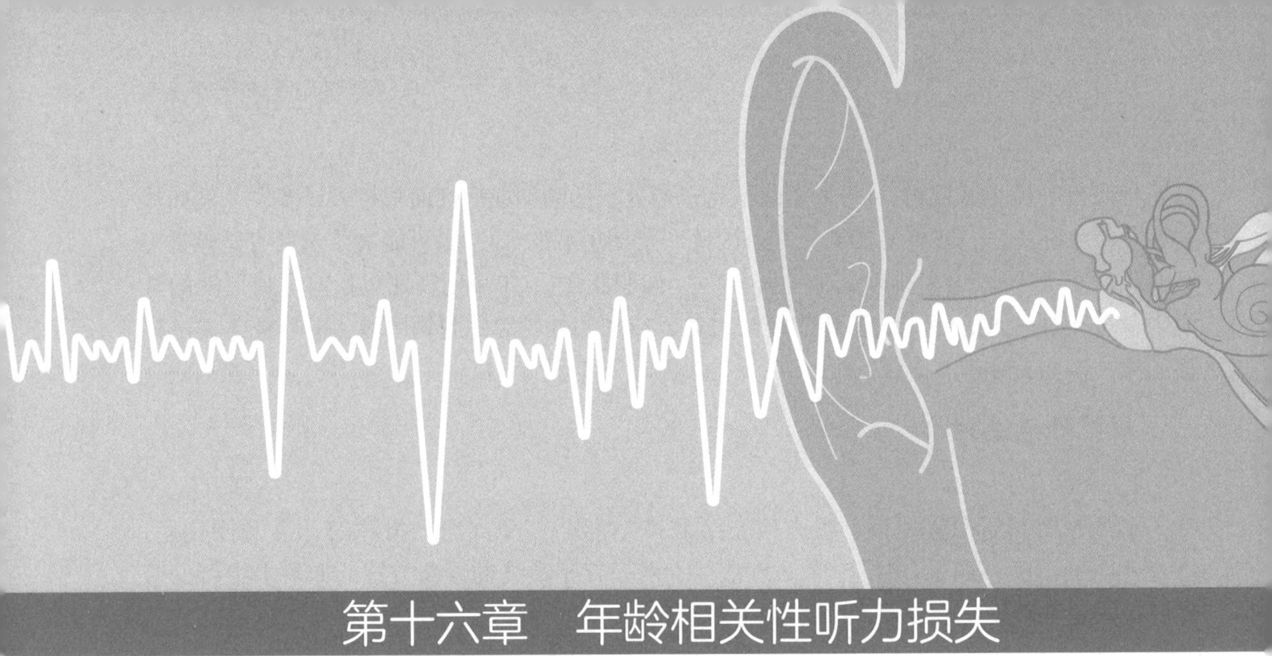

第十六章　年龄相关性听力损失

一、定义与流行病学

年龄相关性听力损失（age-related hearing loss，ARHL），又称老年性聋（presbycusis），是指随年龄增长出现的进行性且不可逆的双侧对称性感音神经性听力损失，通常伴随言语理解能力不同程度的下降。ARHL最早可发生于青中年期，并随着年龄的增长逐渐加重。据世界卫生组织的报道，60周岁以上的人群中，超过25%的人存在轻度以上的听力损失（听力较好耳的听力损失超过35 dB）。

二、病因

ARHL的病因主要分为三大类，即听觉系统的老化、慢性病并存以及外在环境刺激。随着机体的衰老，外毛细胞、内毛细胞、螺旋神经节细胞、血管纹，神经突触、神经纤维等重要听觉感知结构都会发生退行性变化，由此引起的一系列细胞毒性反应与细胞损伤会带来听功能的减退。除此之外，老年人常存在“多病共存”的情况，如动脉硬化、高血压、糖尿病等均为老年人高发的慢性病，也是ARHL的重要内因之一，已有研究提示内耳的血管损害与ARHL存在相关性（Carraro et al.，2016）。

除了细胞老化和自身疾病的内源性因素，不良的环境与生活方式也可能持续损害听觉系统，不断累积形成听力损失，成为ARHL的一部分。常见的环境因素包括耳毒性药物的使用（如顺铂类化疗药物）、噪声暴露、有毒化学环境暴露（如甲苯、汞、一氧化碳、铅等）、不健康的生活习惯如吸烟、酗酒、高脂饮食等。

临床经验提示，近亲中有明显ARHL的个体，随年龄增长其出现ARHL的可能性更大。遗传学研究人员一直以来试图锁定导致ARHL的关键基因，目前发现可能与ARHL有关的基因有*GRM7*、*Cx26*、*GSTs*、*CYP1A1*、*SLC26A4*等（Xu et al.，2017；Fetoni et al.，2018；Karimian et al.，2020；Friedman et al.，2009）。但ARHL是多因素导致，不同的病理类型可由不同的基因组合引起，故关键基因的确定难度较大，目前关于ARHL特异性基因的研究仍在进行中。

总之，ARHL被认为是由机体衰老、药物、噪声、遗传等多重因素相互作用或共同影响导致的。由于其复杂的成因，究竟何种因素在ARHL的发生中占主导地位尚未有普遍共识。

三、病理机制

听觉系统是一个整体，听觉感知通路中任何部分的病理变化都可能导致听力损失的发生。老年人耵聍质地较硬且耳道皮肤弹性差，故耵聍栓塞在老年人中的发病率高于青年人，多达1/3的老人存在不同程度的耵聍栓塞，是老年群体听力下降的最常见病因之一。相比其他因素导致的传导性听力损失，与年龄相关的传导性听力损失病理特征并不典型，故很少被列入ARHL的讨论范围。目前主流学术界研究讨论的ARHL仅指因内耳及神经系统的进行性退化引起的不可逆听力损失。

根据人体颞骨组织病理学研究与其他哺乳动物模型研究，ARHL被认为存在以下几类病理机制，即感音型、神经型、血管纹型、机械传导型、中枢型、混合型以及不确定型（Gates et al.，2005；Schuknecht et al.，1993）。

感音型：毛细胞功能障碍引起的ARHL。随年龄的增长，听觉感受器中的感音细胞与支持细胞从耳蜗底周向顶部逐渐凋亡，其中外毛细胞凋亡最早，听觉感受器的退化直接阻碍了声信号在耳蜗中的表达。感音型ARHL表现为高频区域的纯音听力下降，病理和临床表现与噪声性听力损失相似，故有学者提出除了衰老，长期噪声暴露可能也是感音型ARHL的主要致因。

神经型：神经系统功能障碍引起的ARHL。螺旋神经节细胞与传入神经随年龄增大而出现萎缩。耳蜗神经元的萎缩退化可弥漫性地发生于整个耳蜗螺旋结构。研究发现，螺旋神经节细胞的损伤程度和位置与纯音听力图也存在相关性。外周听神经系统的损伤会引起动作电位幅度下降、神经抑制减少、兴奋同步性下降，从而导致耳蜗内声信号的机械–电传导与听觉信息的神经表达出现异常。神经型ARHL患者的标志性特征为言语识别能力下降严重。

血管纹型：血管纹组织萎缩导致的内毛细胞功能障碍，也称代谢型。耳蜗外侧壁的血管纹组织对维持耳蜗内静息电位具有重大意义，是内耳中新陈代谢活性非常高的结构，故最易受到衰老因素的侵蚀而发生萎缩退化。血管纹组织的萎缩导致离子通道异常，内淋巴电位降低，影响内毛细胞的活性，从而阻碍听觉信号的传导。血管纹型ARHL在听力图呈现几乎平坦的曲线。

机械传导型：耳蜗力学结构因老化产生的物理学变化，如基底膜弹性减弱导致的机械信号在耳蜗内传导障碍。

中枢型：听觉皮层可随年龄的进展发生进行性改变，不仅如此，外周神经系统的神经抑制的缺乏和兴奋性同步性的下降也会最终导致中枢听觉系统的神经编码异常。此类中枢听觉系统异常引起的听功能障碍称为中枢型ARHL。其特征为可引起言语理解与听觉认知障碍。

混合型：混合两种及两种以上上述病理表现的ARHL。

不确定型：未见明显上述病理表现的ARHL。

四、诊断

临床上通过评估该听力损失是否符合ARHL的典型性症状，判断该听力损失是否与年龄相关。若明显不符合ARHL的典型症状，需进一步完善检查，寻找年龄以外的病因。ARHL的典型性症状与诊断要点如下。

（一）主诉

ARHL引起的听力损失为双耳渐进性的感音神经性听力损失，当患者主诉双耳耳聋症状已持续数年或数十年，且耳聋程度逐年加重，提示ARHL可能。若患者主诉听力损失为单侧的、突发的或伴有明显神经性症状（如头晕、面瘫、肢体麻木等），可排除ARHL，但应完善电生理、影像学等神经相关检查。也可通过主诉了解患者是否存在ARHL高风险因素，如高血压、糖尿病、癌症化疗等。

（二）听功能下降

毛细胞的退化从耳蜗最底周开始，故ARHL的受损起始于高频区域，随病情进展由高频向低频推进。典型的ARHL在纯音听力图上表现为双侧对称的高频（1000 Hz以上）陡降型听力曲线且无气骨导差。根据病程与病因的不同，也可出现高频缓降型或较平坦的听力曲线。但若纯音听力图表现为单纯的传导性听力损失，可排除ARHL，需排查可能的外、中耳疾病。对于早期的ARHL，常规的8 kHz以内纯音测听可能完全正常，可通过扩展高频测听（10～20 kHz）监测是否在超高频区域出现听力下降，以便早期诊断。

与纯音测听相比，耳声发射测试对耳蜗损伤更敏感。早期少量的耳蜗损伤不足以造成纯音听力下降时，耳声发射往往能更早地显示出高频区域的听力异常，是疑似ARHL患者的必测项目之一。

（三）言语识别率下降

ARHL以高频听力下降为主，而高频信息对言语理解的贡献非常重要，故ARHL患者常出现言语识别障碍。另外，外周神经系统的编码异常、中枢听觉系统退化、大脑皮层认知功能下降等都可能导致言语识别率下降。对于早期ARHL，噪声下言语识别能力的下降甚至可能是唯一的症状，部分ARHL患者安静下言语识别能力正常，故噪声下言语识别率测试更具有临床意义。

（四）电生理测试

ARHL是因神经元减少，神经纤维萎缩，导致神经传导的速度变慢。ARHL在听觉诱发测试中表现为各波潜伏期、波间期延长，以及波幅值降低。有研究认为，高速率刺激ABR对衰老性听损伤的敏感性更高（徐良慰 等，2016）。早期的衰老性听损伤可表现为内毛细胞与神经纤维之间存在突触病变，且这些突触病变的发生远早于毛细胞的损伤（魏薇 等，2019），造成隐性听力损失。耳蜗电图的AP波与听觉诱发电位的I波同源，起源于听神经远端，其幅值可反映听神经被激活的数量和同步性，突触损伤阻碍了内毛细胞与听神经之间的生物电传导，导致听神经的电活动降低，电生理测试中表现为听觉诱发电位的I波的幅值降低，耳蜗电图的SP/AP波幅值比升高（因AP波幅值降低）（张燕梅 等，2021）。

（五）其他伴随症状

耳蜗的退化除听力下降以外，还常伴随耳鸣、重振等症状。ARHL患者因蜗性损伤导致其听觉动态范围变窄，患者主诉平时听音不清，但对高强度声音的耐受度又低，当家人大声与其沟通时觉得响度难以忍受，常被怀疑为故意装聋，此为重振现象，是ARHL的典型症状之一。正如感音神经性聋往往伴随耳鸣的发生，ARHL患者由于高频听力下降常伴随尖锐的高频耳鸣，可为间歇性也可为持续性，耳鸣匹配检查可见耳鸣声频率与听力下降频率相符。

五、ARHL与认知障碍

大量研究发现，ARHL与老年痴呆的发生率存在相关性，ARHL已成为老年痴呆的重要危险因素。有学者认为，长期听力与言语功能受损会募集大脑皮层中更多神经资源弥补听觉感知的缺陷，导致如记忆、注意等相关等其他认知区域的神经储备相应减少，从而引起各类认知障碍（Wingfield et al.，2006）。也有学者认为可能听力下降本身就是认知障碍早期的症状之一，听觉刺激减少及其带来的孤立感加速了认知障碍的发生进程（Bowl et al.，2019）。

六、ARHL的预防与干预

ARHL属于不可逆的感音神经性听力损失，预防意义大于治疗意义。由于ARHL受外界环境因素影响较大且该因素人为可控，在早期阶段采取及时的预防措施，可有效降低ARHL进展的速度与程度。涉及的预防措施包括尽可能避免噪声与耳毒性因子暴露，健康的生活方式如戒烟、健康饮食等。ARHL起病隐匿，早期可能仅出现偶尔的噪声下言语识别能力下降，容易被患者忽视，因此，在老年群体中加大预防宣教力度不可忽视。

ARHL虽不可修复，但可通过使用助听器、人工耳蜗等听觉辅助设备改善听力与言语交流能力。助听器验配是ARHL最主要的听觉辅助手段，也可根据患者的日常活动要求配合使用智能降噪、无线调频等技术以满足不同聆听场景需求。在助听器无效或效果很差的情况下，人工耳蜗植入也逐渐在符合植入条件的老年群体中成为主流选择。

听力技术干预前，临床人员和家属需充分尊重患者对听力干预的意向，并使用相应的测试手段（包括主、客观检查，问卷，量表等）全面评估老年患者的听功能、认知功能与精神状态。充分了解患者实际生活中的听觉困境与需求，是为患者设计最优助听器方案的前提。ARHL通常涉及长期的言语功能甚至认知功能障碍，临床人员应帮助患者建立合理的期望值，并引导其积极配合早期的设备适应过程。由于助听设备的零件通常体积较小，精密度高，使用前期需要对老年患者进行使用指导，并积极回访使用情况。助听设备使用后，需配合必要的听力康复与认知康复训练。定期评估患者心理、认知、生活质量等方面的改善情况也至关重要。总之，ARHL的干预需要多学科专业人员建立起以患者为中心的康复团队，以更加有针对性地改善患者的生活质量。

参考文献

魏薇，杨丽辉，熊伟，等，2019. 老年性聋小鼠耳蜗带状突触损伤特点及机制研究[J]. 中华耳科学杂志，17(02)：198-202.

徐良慰，冀飞，杨仕明，2016. 80岁以上老年性聋患者高刺激速率ABR的临床观察[J]. 中华耳科学杂志，14(02)：170–175.

张燕梅，陈喆，宗亚静，等，2021. 不同言语识别能力的老年性聋耳蜗电图特征分析[J]. 中华耳科学杂志，19(03)：447–451.

Bowl MR，Dawson SJ，2019. Age–Related Hearing Loss[J]. Cold Spring Harbor Perspectives in Medicine，9(8)：a033217.

Carraro M，Harrison RV，2016. Degeneration of stria vascularis in age–related hearing loss; a corrosion cast study in a mouse model[J]. Acta Oto–laryngologica，136(4)：385–390.

Friedman RA，Van Laer L，Huentelman MJ，et al.，2009. GRM7 variants confer susceptibility to age–related hearing impairment[J]. Human Molecular Genetics，18(4)：785–796.

Fetoni AR，Zorzi V，Paciello F，et al.，2018. Cx26 partial loss causes accelerated presbycusis by redox imbalance and dysregulation of Nfr2 pathway[J]. Redox Biology，19：301–317.

Gates GA，Mills J H，2005. Presbycusis[J]. Lancet，366(9491)：1111–1120.

Karimian M，Behjati M，Barati E，et al.，2020. CYP1A1 and GSTs common gene variations and presbycusis risk：a genetic association analysis and a bioinformatics approach[J]. Environmental Science and Pollution Research，27(34)：42600–42610.

Schuknecht HF，Gacek MR，1993. Cochlear pathology in presbycusis[J]. Annals of Otology Rhinology and Laryngology，102(1 Pt 2)：1–16.

Wingfield A，Grossman M，2006. Language and the aging brain：patterns of neural compensation revealed by functional brain imaging[J]. Journal of Neurophysiology，96(6)：2830–2839.

Xu J，Zheng J，Shen W，et al.，2017. Elevated SLC26A4 gene promoter methylation is associated with the risk of presbycusis in men[J]. Molecular Medicine Reports，16(1)：347–352.

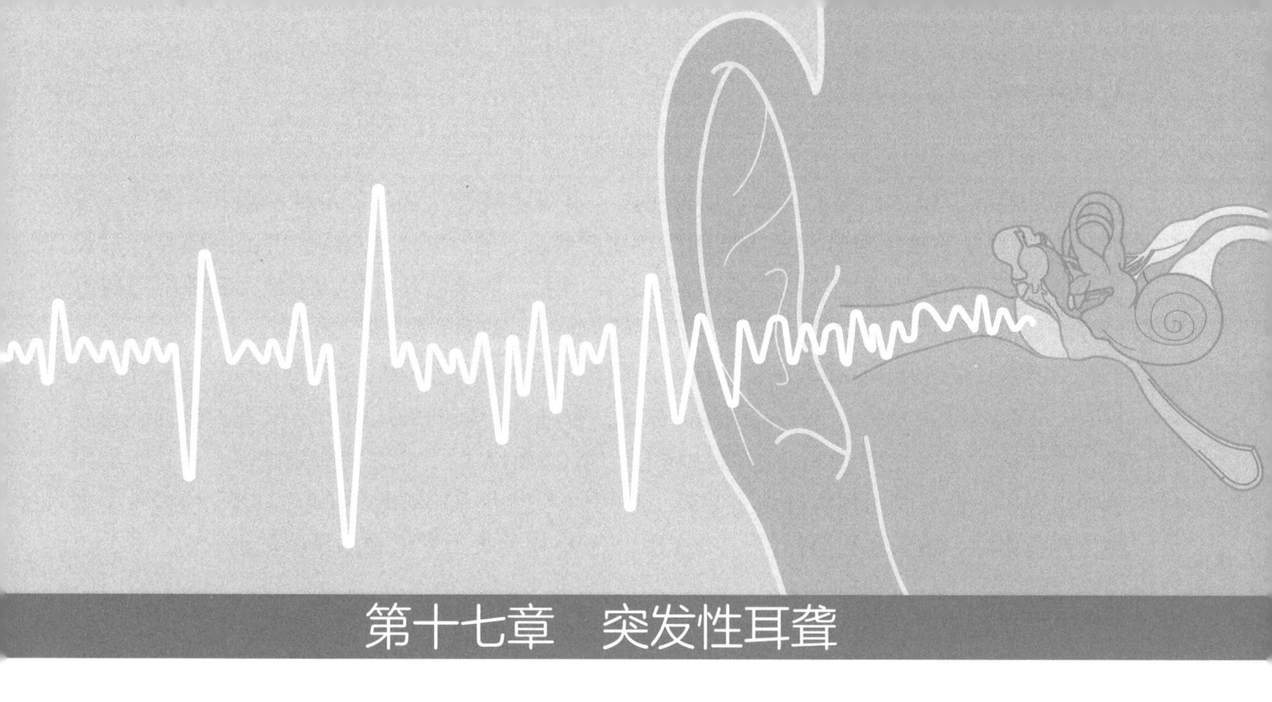

第十七章　突发性耳聋

突发性耳聋（sudden hearing loss，SHL）是指短时间内突然发生的听力损失，其最明显的特征在于起病快速且不能用可逆性因素解释。不同国家的权威机构对SHL的定义略有差异。在我国，科研和临床上所采用的SHL诊断标准主要来源于2015年由中华医学会耳鼻咽喉头颈外科学分会和中华耳鼻咽喉头颈外科杂志编辑委员会更新修订的《突发性聋诊断和治疗指南》。该指南将SHL定义为“72小时内突然发生的、原因不明的感音神经性听力损失，且至少在相邻的两个频率听力损失≥20 dB HL”（中华耳鼻咽喉头颈外科杂志编辑委员会 等，2015）。而由美国耳鼻咽喉头颈外科学会于2019年发布的最新版诊疗指南Clinical Practice Guideline: Sudden Hearing Loss（Chandrasekhar et al.，2019）则首先对SHL、突发性感音神经性聋（sudden sensorineural hearing loss，SSNHL）和特发性突发性感音神经性聋（idiopathic sudden sensorineural hearing loss，ISSNHL）这三个概念做了明确的定义和区分。美国诊疗指南认为，对于SHL应先鉴别其听损性质是否为感音神经性。此外，与我国相比，美国指南还制定了更高的SHL诊断标准（至少连续三个频率听力下降≥30 dB）。余力生与王秋菊主任均认为选择2个频率20 dB nHL作为判定标准可以兼顾疾病和国情，虽然部分患者纯音测听只有1～2个频率20 dB nHL的听力下降，但可伴随明显的耳鸣、耳闷等不适症状，也应该按照突聋进行治疗，符合指南和医保政策（马鑫 等，2022）。为避免混淆，本节将沿用我国指南的定义，后文中所出现的SHL，其听损性质均默认为感音神经性。

近年来，我国SHL的发病率呈现上升趋势，尽管目前尚缺乏大样本流行病学数据。相比之下，美国的SHL发病率为（5～20）/100000人，每年新发病例数为4000～25000例；而日本的SHL发病率自1972年的3.9/100000人逐年上升至2001年的27.5/100000人，呈逐年上升趋势。据德国的SHL诊疗指南报告，德国在2004年的SHL发病率为20/100000人，而2011年则新增至每年（160～400）/100000人（中华耳鼻咽喉头颈外科杂志编辑委员会 等，2015）。

SHL的病因和病理生理机制目前仍未完全阐明。SHL可能是局部和全身病因引起的，其中常见的病因包括血管性疾病、病毒感染、自身免疫性疾病、传染性疾病和肿瘤等。仅有10%～15%的SHL患者在发病期间能够明确病因，而另有约1/3的患者的病因是经过长期随访和评估后推测或确认的。精神紧张、压力大、情绪波动、生活不规律和睡眠障碍等均可能是SHL的诱因（中华耳鼻咽喉头颈外科杂志编辑委员会 等，2015）。

SHL主要的临床听力学表现包括：①突然发生的听力下降；②耳鸣；③听觉过敏或重听；④眩晕或头晕等。为了辅助诊断SHL，可进行常规的临床听力学检查，包括纯音测听、声导抗、耳声发射（OAE）、听性脑干反应（ABR）以及前庭功能测试等。另外，如果患者出现中、低频听力损失并伴有眩晕，还可以考虑进行耳蜗电图（ECochG）检查（中国突发性聋多中心临床研究协作组，2013）。以下是相关听力学检查的具体细则。

一、纯音测听

纯音测听是临床上最常用的听力检查方法，它通过受试者对各频率纯音信号的反应来判断听力损失的程度和类型。对于SHL，根据受损频率和程度的不同，听力图可分为低频下降型、高频下降型、平坦下降型和全聋（含极重度聋）型（中华耳鼻咽喉头颈外科杂志编辑委员会 等，2015）。低频下降型表现为1000 Hz及以下频率出现听力下降，且至少在250和500 Hz处听力损失≥20 dB HL；高频下降型表现为2000 Hz及以上频率出现听力下降，至少在4000和8000 Hz处听力损失≥20 dB HL；平坦下降型表现为所有频率均出现听力下降，250～8000 Hz的平均听阈≤80 dB HL；全聋型则表现为所有频率均出现听力下降，250～8000 Hz的平均听阈≥81 dB HL。

值得注意的是，SHL的各型听力图之间可能会相互转化（例如在早期表现为低频和高频下降型的听力图都有可能随时间推移而恶化为平坦下降型或者全聋型听力图）。此外，尽管SHL患者自发病后各频率的纯音听阈一般较为稳定，但不排除部分低频下降型听力图的SHL出现反复发作（李兴启 等，2011）。SHL可能与全身系统疾病、自身免疫疾病、代谢性疾病等相关，因此在临床上发现SHL病例时，有必要进行特殊检查和治疗（梁勇 等，2013）。对于SHL的不同听力图型与预后关系，学者进行了探讨。他们将患者的纯音听力图型进一步细分为缓降型、陡降型、平坦型、上升型、盔型（即中频损失较低频和高频为重，曲线的凹面向上）、反盔型（即中频损失较轻而低频和高频损失较重，曲线的凹面向下）以及全频听力均丧失的全聋型，共七种类型。经过系统治疗后，上升型和反盔型听力损失的预后最好，总有效率（痊愈＋显效＋有效）为100.0%；其次为缓降型，总有效率为70. 0%；全聋总有效率为66.7%；最差的是陡降型，总有效率仅为50.0%（彭易坤 等，2007）。

二、声导抗

声导抗检查中的鼓室图有助于分析中耳功能，而镫骨肌声反射和声反射衰减还可用于检查一部分蜗后听觉传导通路的功能。SHL患者的声导抗检查结果常表现为鼓室图正常，但镫骨肌声反射可能会消失或阈值升高。

三、耳声发射

耳声发射（OAE）主要反映耳蜗外毛细胞的功能，可在结合其他听力学检查的情况下鉴别内毛细胞损伤或蜗后病变。由于SHL的听损性质主要是感音神经性，所以通常情况下无法引出OAE。然而，对于一些病变部位在蜗后的听力疾病（如听神经病），其首次发作的表现若符合SHL的特征，那么此类患者的OAE也是可以引出的（李兴启 等，2011）。

四、听性脑干反应

听性脑干反应（ABR）起源于内耳、听神经和听觉脑干，是在头皮表面记录到的神经电活动，主要用于评估从内耳到听觉脑干的听觉通路的完整性及其功能，能够反映听觉传导通路神经纤维神经冲动释放的同步性（兰兰 等，2022）。

对于年龄较小的SHL患儿，由于主观配合度较差，无法进行纯音测听，所以ABR检查显得尤为重要，其结果能在一定程度上反映患者的听力损失程度及性质。另外，临床工作过程中我们还会经常发现儿童患者伪聋的情况。王秋菊主任提倡尽早进行ABR（阈值+潜伏期）和耳声发射检查，既可以了解客观听力，又可以避免伪聋情况和避免中枢性聋的漏诊。同时，突聋患者ABR的Ⅴ波也是预测预后的指标，并可以鉴别脱髓鞘病变、中枢性聋等问题（马鑫 等，2022）。

五、前庭功能测试

SHL不仅会对听觉功能产生急性损害，还会对前庭功能造成影响（Sokolov et al., 2019）。在一项系统回顾性分析中，对4814名SHL患者进行了研究，其中有1709名患者伴有眩晕（Yu et al., 2018）。此外，许教远等（2014）将436例SHL患者分为伴眩晕和不伴眩晕组，并根据耳聋程度进行细分，最终发现SHL伴眩晕者的前庭功能明显下降，而不伴眩晕者可能同样存在前庭功能损伤，且听力损失越严重，前庭功能下降的可能性越大。

另一部分研究表明，与没有眩晕的SHL患者相比，大多数伴眩晕的SHL患者（86.67%）有更严重的听力损失（Guan et al., 2020），这与先前报道的结果一致（Takeuti et al., 2019）。耳蜗和前庭具有连续且类似的解剖结构，故可能受到相同的有害因素的影响。耳蜗的底部在解剖学上更接近半规管和耳石器官，所以高频听力损失患者往往会有更多的眩晕发作（Hong et al., 2008）。然而，在实际研究过程中，我们发现高频损失的SHL患者很少出现眩晕，这可能与患者的自我代偿机制有关。

需要注意的是，并不是所有伴眩晕的患者都会出现严重的听力损失。例如那些伴耳石症的SHL患者，其眩晕程度与听损程度可能不成比例，故需要进一步鉴别诊断（李兴启 等，2011）。

六、耳蜗电图

耳蜗电图（ECochG）是在耳蜗周围通过近场记录到的一组电位，包括耳蜗微音电位（CM）、总和电位（SP）以及听神经复合动作电位（AP）。对于听损程度达到极重度乃至全聋的SHL患者，ECoChG可能无法引出。其他类型的SHL患者，低频听力损失型的SP/AP ≥ 0.4者，其疗效与SP/AP < 0.4者差异无统计学意义；而平坦型及高频听力损失型的SP/AP ≥ 0.4者，其疗效要优于SP/AP < 0.4者（张呈辉，2016）。

参考文献

兰兰，王秋菊，2022.听性脑干反应临床实践——技术应用到疾病诊断[J].中国听力语言康复科学杂志，20(3)：161-168.

李兴启，孙建和，杨仕明，等，2011.耳蜗病理生理学[M].人民军医出版社.

梁勇，李昕琚，2013.美国耳鼻咽喉头颈外科学会《临床实用指南：突发性聋》解读与思考[J].中华耳鼻咽喉头颈外科杂志，48(05)：436-440.

马鑫，王方园，余力生，等，2022.从指南到临床实践—2015年版突发性聋诊断和治疗指南学术讨论[J].中华耳鼻咽喉头颈外科杂志，57(10)：1248-1253.

彭易坤，杨洋，姜娅，等，2007.听力损失程度和听阈图型与突发性聋预后关系探讨[J].临床耳鼻咽喉头颈外科杂志，21(10)：453-454.

许教远，区永康，郑忆庆，等，2014.突发性聋患者前庭功能分析[J].听力学及言语疾病杂志，22(02)：135-137.

张呈辉，2016.突聋患者耳蜗电图与预后的关系[J].听力学及言语疾病杂志，24(3)：288-290.

中国突发性聋多中心临床研究协作组，2013.中国突发性聋分型治疗的多中心临床研究[J].中华耳鼻咽喉头颈外科杂志，48(5)：355-361.

中华耳鼻咽喉头颈外科杂志编辑委员会，中华医学会耳鼻咽喉头颈外科学分会，2015，突发性聋诊断和治疗指南(2015)[J].中华耳鼻咽喉头颈外科杂志，50(6)：443-447.

Chandrasekhar SS，Tsai DBS，Schwartz SR，et al.，2019. Clincal practice guideline：sudden hearing loss (update) [J]. Otolaryngology-Head and Neck Surgery，161(1)：1-45.

Guan R，Zhao Z，Guo X，et al.，2020. The semicircular canal function tests contribute to identifying unilateral idiopathic sudden sensorineural hearing loss with vertigo[J]. American Journal of Otolaryngology，41(3)：102461.

Hong SM，Byun JY，Park CH，et al.，2008. Sacuular damage in patients with idiopathiv sudden sensorineural hearing loss without vetigo[J]. Otolaryngology-Head and Neck Surgery，139(4)：541-5.

Sokolov M，Gordon KA，Polonenko M，et al.，2019. Vestibular and balance function is often impaired in children with profound unilateral sensorineural hearing loss[J]. Hearing Research，372：52-61.

Takeuti AA，Correa APS，Leao EM，et al.，2019. The relationship between the etiology of profound prelingual sensorineural hearing loss and the results of vestibular-evoked myogenic potentials[J]. International Archives of Otorhinolaryngology，23(1)：1-6.

Yu H，Li H，2018. Association of vertigo with hearing outcomes in patients with sudden sensorineural hearing loss：A systematic review and meta-analysis[J]. JAMA Otolaryngology-Head & Neck Surgery，144(8)：677-83.

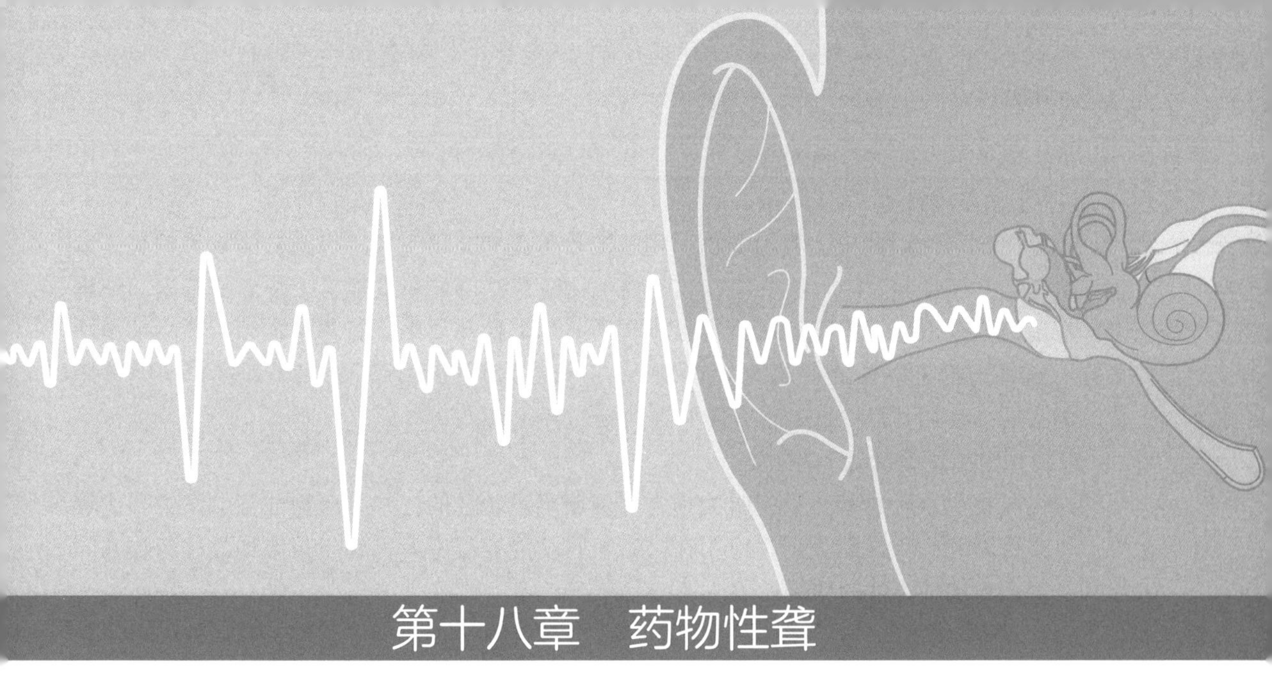

第十八章　药物性聋

一、耳毒性药物的定义

估计有超过200种常用的治疗癌症和感染的药物会导致内耳损伤（Konrad-Martin et al.，2005）。任何可能对内耳结构（包括耳蜗、前庭、半规管和耳石）造成损伤的药物，都被认为是耳毒性的（ASHA，1994）。所谓耳毒性，可进一步被划分为耳蜗毒性和前庭毒性，即损伤部位不只听觉系统，也涉及前庭系统。因此，耳毒性药物可导致听觉或前庭功能障碍，且其影响通常是不可逆转、永久性的（也有一定可能是可逆转、短暂性的）。服用耳毒性药物后产生的症状可能包括耳鸣、头晕和难以理解在噪声环境中的言语。耳毒性药物一般先引起高频听力受损，随着用药时间增加，低频听力也会逐渐下降。

二、常见的耳毒性药物

表18.1总结了耳毒性药物的类别、影响范围、损害类型和药物性聋的发生率。

表18.1　耳毒性药物类

药物类型	影响部位	损坏性质	听力受损发生率
氨基糖苷类	耳蜗毛细胞	不可逆转	3% ～ 50%
大环内酯类	血管纹	可逆转	50 ～ 100例（截至2003年）
万古霉素	未知	可逆转	8%
铂基化合物	耳蜗毛细胞、血管纹、螺旋神经节	不可逆转	顺铂：49.2% 卡铂：13.8%
袢利尿剂	耳蜗钠-钾-氯转运体	可逆转	3.3%
水杨酸盐、非甾体抗炎药	血管纹出现血管收窄	可逆转	250例（调查19832人）

* 部分资料来自Lindeborg et al.，2022.

（一）氨基糖苷类

这是一种可注射的抗生素类药物，用于治疗传染病，可引起不可逆转的听力损失，发生率为3% ～ 50%。常见的氨基糖苷类药物包括链霉素、卡那霉素、丁胺卡那霉素、新霉素、双氢链霉素、妥布霉素和庆大霉素。在所有耳毒性药物中，氨基糖苷类药物的耳毒性最强。这些药物可以导致初期的听力损失，甚至在停用药物后听力损失程度仍会继续恶化。为了减少使用耳毒性抗生素，需要寻找新的替代品。

（二）万古霉素和大环内酯类

这两种抗生素药物都可引起听力损失，但属可逆转性的，并且药物性聋的发生率比较低。万古霉素和大环内酯类药物应用在高龄、肾功能衰退患者，或与其他耳毒性药物共同给药，都会增加耳毒性的相关风险。

（三）铂基化合物

这些以铂为基础的化疗药物，包括顺铂和卡铂，在治疗成人和儿童的多种癌症方面非常有效。但是，铂基化合物都具有很强的耳毒性，会导致不可逆转的听力损失，可直接影响纹状体、血管肌、螺旋神经节和耳蜗毛细胞。铂基化合物的耳毒性与氨基糖苷类相似。铂基化合物是多种儿科疾病的主要治疗药物，因此在听力受损的情况下，儿童的语言发展总体上也受影响。顺铂引起的药物性聋发生率在成人为23% ～ 50%，在儿童中可高达60%。

（四）袢利尿剂、水杨酸盐、非甾体抗炎药、抗疟药

袢利尿剂用于治疗高血压、充血性心力衰竭、肾功能衰竭、肝硬化和肾病综合征，但会改变耳蜗功能。袢利尿剂在耳蜗中影响钠–钾–氯转运体，在血管纹的上皮形成水肿空间，引起内淋巴电位迅速降低，最终导致耳蜗电位丧失。常用的水杨酸盐有乙酰水杨酸（阿司匹林）和水杨酸钠。水杨酸盐的耳毒性副作用最常表现为高频耳鸣和听力损失。非甾体抗炎药是西方使用的最广泛的非处方药物，被用作解热镇痛药、抗血小板药、抗炎药，并用于预防心脏病发作、脑血栓形成和结直肠癌。所有耳毒性药物都与可逆转性听力损失有关，且相关听力损失的发生率较其他耳毒性药物要低得多。

（五）噪声增强药物的耳毒性

耳毒性药物和噪声之间可能会发生协同作用，例如，噪声已被证明会增强顺铂、水杨酸盐和氨基糖苷类的耳毒性（Hu，2019）。

三、听力学应用于监测药物性聋

进行耳毒性监测主要有两个目标：①及早发现药物所引起的听力变化，以便考虑改变药物方案；②当听力障碍发生时，听力学家可以及时做出相关干预。

耳毒性监测包含早期干预的目标。例如，当早期检测到听力变化时，可以提醒医生，使用较少耳毒性药物来替代治疗（AAA，2009）。此外，当临床上出现显著的听力变化时，尤其言语频率的听力受到影响时，监测的目标可能变成帮助患者保持有效的沟通，例如交谈时避开吵闹的地方等。不幸的是，即使通过有效的耳毒性监测，听力损伤也不一定能避免，因为医生总会优先考虑药物对治疗疾病的有效性。当耳毒性药物引起不可逆转的听力损失时，听力学家就要完成耳毒性监测的第二个目标，即帮助患者面对听力损伤，包括咨

询、沟通，并使用听力辅助器、助听器等及时进行干预。

只有经过专业培训的听力学家才能实现耳毒性监测的两个目标。因此，听力学家应制订耳毒性监测计划，以预防或减少听力受损，帮助患者保持最有效的日常言语交流。改善患者的生活质量被认为是现今医疗系统中非常重要的一环。因此，即使患者可能患有危及生命的疾病，使用耳毒性药物时，都应兼顾患者的生活质量，包括因听力受损而带来的困难。

四、耳毒性监测的方法

在过去几十年，听力学出现了四种主要的耳毒性监测方法，包括听力评估（basic audiometry）、超高频测听（high frequency audiometry，HFA）、耳声发射（OAE）和听性脑干反应（ABR）。听力评估时一般从250 Hz到8000 Hz测试患者的气导听阈。超高频测听指对8000 Hz以上频率（最高16或20 kHz）的气导阈值的测试。耳声发射在临床上最常用为瞬态声诱发耳声发射（TEOAE）或畸变产物耳声发射（DPOAE）。听性脑干反应是为了测试内耳至听觉脑干的听觉通路是否正常。

各种监测方法在实用性、可靠性和针对特定患者群组的适用性方面各不相同。所有这些监测方法都值得考虑，具体取决于监测计划的目标。各种监测方法，都需结合临床目的和患者的情况，可单独或组合使用。使用过程中，以下几点需留意。

（一）听力评估基线

不论用哪种监测方法，耳毒性监测都需要有听力评估基线。理想情况下，所有听力评估基线都应在耳毒性药物给药之前获得，以便日后的听力受损具有解释基础。因此，听力评估基线应该相当全面，包括常规频率范围内的纯音阈值、高频测听、鼓室图、言语测听和耳声发射测试等。

（二）高频测听(HFA)的优点

耳毒性药物往往最先影响耳蜗基底转的外毛细胞（outer hair cells，OHCs），引起高频听力损失。高频测听可在早期检测到氨基糖苷类或顺铂诱导的耳毒性高频听力损失。

（三）耳声发射测试(OAE)的优点

耳声发射测试能用于监测外毛细胞的受损情况。耳声发射测试在儿童群组尤其有效、快捷。

（四）听力受损对HFA和OAE的局限性

在听力受损严重的患者中使用HFA 和 OAE，可能得不到反应，难以应用于监测。

（五）OAE在测试中耳炎患者时的局限性

中耳炎常见于儿童和接受耳毒性药物治疗的患者，而中耳炎会影响OAE的测试结果，干扰 OAE的监测能力。所以当 OAE 测试作为测试组合的一部分时，应该定期评估鼓室图。

（六）听性脑干反应(ABR)的局限性

听性脑干反应受测试时间较长和频率特异性的限制。因此，使用 1 kHz 到 4 kHz 之间的刺激声会降低ABR在耳毒性监测中的有效性；而使用高频刺激音，ABR可能成为早期耳毒性的客观监测工具。

随着耳毒性药物使用时间的增加，单靠一种监测工具可能不足。此外，对于中耳炎高发的儿童患者群体，OAE 测试不应该是耳毒性监测的唯一方法。不论使用哪种监测方法，都应当注意，任何听力反应发生变化时，都需要进行传统的听力学评估以排除传导性听力损失成分，确保观察到的变化都可能归因于耳毒性引起的感音神经性听力损失。

五、监测方案

（一）会造成不可逆转听力损失的耳毒性药物

接受这类耳毒性药物（如氨基糖苷类或铂类化疗）的患者，应使用传统听力测试以监测听力损失。目前，没有通用的标准或指南来鉴定听力损失达到什么程度才算为药物性聋。药物性聋的最早发生在患者可能不知道的高频，应该在设定的频率范围和特定的时间内提供筛查。表18.2列出了两个监测耳毒性药物的方案（Lindeborg et al.，2022）。ASHA将耳毒性听力受损，定义为以下任何一种情况：①单一频率变化≥20 dB；②在两个或多个连续频率上出现≥10 dB的变化；或③三个连续频率都无反应。当然，对特别容易受到耳毒性影响的人群可以调整监测频率，包括那些患有潜在肾脏疾病、营养不良或免疫缺陷的人群；也可因资源限制而有相应调整，如巴西就采用较简单监测耳毒性药物的方案。

表18.2　耳毒性监测的方案

方案	监测时间表	监测频率/Hz	出现耳毒性听力受损（阈值变化）
美国ASHA（1994）	基线测试，治疗期间每周听力图监测，治疗后3个月和6个月进行复检	250～20000	①在任何一个测试频率≥20 dB；或 ②在两个或多个连续频率上出现 ≥10 dB；或 ③在三个连续频率都无反应（使用药物前有反应）
巴西	基线测试，治疗期间每周听力图监测	500～4000	在两个或多个频率出现 ≥15 dB的变化

* 部分资料来自Lindeborg et al.，2022.

（二）会造成可逆转听力损失的耳毒性药物

对于接受可逆转的耳毒性药物的患者（如袢利尿剂、大环内酯类、万古霉素、水杨酸盐或非甾体类抗炎药），除非患者在听力、耳鸣或平衡功能方面出现主观变化，否则无须进行传统听力筛查。对于长期接受此类耳毒性药物的患者，听力评估基线的确定可能有一定参考价值。

六、药物性聋的治疗方法

耳毒性听力损失的治疗方法，包括使用辅助性听力器材和助听器。大多数助听设备对 4000 Hz 以下的声音有效，但可能无法解决早期出现的高频听力损失问题。人工耳蜗可以改善一些药物性聋程度较重的患者，但使用这些设备需要进行适当的耳科评估和设备监控。也有报告发现人工耳蜗应用在药物性聋患者的性能低于预期。

参考文献

American Academy of Audiology（AAA），（2009-10）[2023-04-02]. Position statement and clinical practice guidelines on ototoxicity monitoring[EB/OL]. https：//audiology-web.s3.amazonaws.com/migrated/Oto-MonGuidelines.pdf_539974c40999c1.58842217.pdf.

American Speech-Language-Hearing Association（ASHA），1994[2023-04-02]. Audiologic management of individuals receiving cochleotoxic drug therapy[EB/OL]. https：//www.asha.org/policy/gl1994-00003/.

Hu XJ，2019. Protective capability of Astragalus（Huangqi）on auditory function in a rat model of estrogen deficiency[J]. Chinese Medical Jourcal，132（1）：106-108.

Konrad-Martin Dawn，Gordon SJ，Reavis MK，et al.，2005. Audiological monitoring of patients receiving ototoxic drugs[J]. Perspectives on Hearing and Hearing Disorders：Research and Diagnostics，9（1）：17-22.

Lindeborg MM，Jung DH，Chan DK，et al.，2022. Prevention and management of hearing loss in patients receiving ototoxic medications[J]. Bulletin of the World Health Organization，100（12）：789-796.

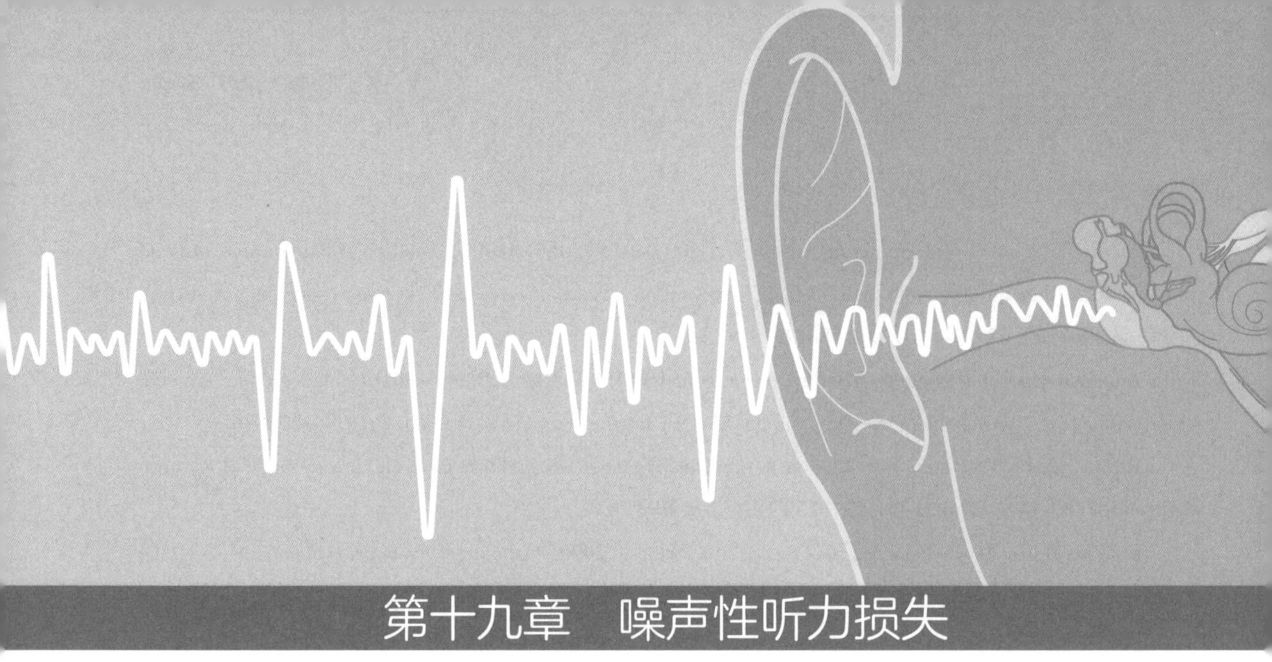

第十九章　噪声性听力损失

噪声普遍存在于人类生存的环境中，过度暴露在噪声下可能会造成听觉和非听觉影响。例如长时间暴露于高强度噪声会引起噪声性听力损失（noise-induced hearing loss，NIHL），由于长期从事接触噪声的职业而引起的听力损失则被称为职业性听力损失（occupational noise-induced hearing loss，ONIHL）。2021年世界卫生组织（WHO）发布的《世界听力报告》中指出患有听力损失及面临听力损失风险的人逐年增多，控制噪声是保持听力的七项关键干预措施之一，并强调了减少高音量环境暴露的重要性。

一、流行病学

所有年龄段，包括儿童、青少年、年轻人和老年人都暴露于各种噪声中，他们都有可能是潜在的NIHL患者。NIHL的发生率仅次于老年性耳聋。美国疾病防控中心（Centers for Disease Control and Prevention，CDC）基于2011—2012年国家健康和营养调查（National Health and Nutrition Examination Survey，NHANES）的研究（Carroll et al.，2017）认为，70岁以下的人群中，可能至少有1000万（6%）～4000万（24%）成年人存在因噪声暴露导致的单耳或双耳听力损失。研究人员还估计多达17%的青少年（12—19岁）其听力测试提示NIHL。据WHO估计，超过10%的世界人口每天面临着有害噪声的损伤。

二、病理

（一）噪声对听功能的影响

噪声对听力的影响是多种多样的。在经过噪声暴露后会出现三种类型的听力变化：暂时性阈移（temporary threshold shift，TTS）、永久性阈移（permanent threshold shift，PTS）以及声损伤（acoustic trauma）。

1. 暂时性阈移

暂时性阈移（TTS）指经强噪声暴露后出现的听敏度暂时性下降，持续时间短，不到1 h，也可能为数小时或数天。TTS的程度和持续时间取决于所暴露噪声的强度和持续时间。刺激频率也是TTS的影响因素之一，2000～6000 Hz的纯音声刺激最易导致TTS。PTS常与

TTS相互重叠，因此对TTS的易感性往往是永久性听力损伤的一个指征，尤其在噪声为间断或脉冲性噪声时。

2. 永久性阈移

TTS不能完全恢复时，就成为永久性阈移（PTS）。最常见的情况是每次TTS都遗留轻微的毛细胞损伤，不易被察觉，多次积累就会导致PTS。PTS的基本影响因素与TTS相同，包括噪声强度、持续时间以及频率，这些因素以复杂的方式相互作用。

3. 声损伤

声损伤出现于一次强烈的噪声暴露后，如爆炸。即使暴露时间很短，但过高的强度也有可能导致永久性的耳蜗损伤。除了直接损伤耳蜗中的毛细胞，鼓膜也有可能破裂，听骨链会中断。此外，还可能会对中枢听觉系统的结构产生一定影响。

（二）噪声性听觉损伤的机制

在声音传导过程中，为响应声能的变化，基底膜发生震动，静纤毛的尖端发生偏转，其上的机械传导通道被打开，Corti器中的毛细胞去极化，使得钾离子内流。去极化过程会释放神经递质，诱导神经信号传递至脑干。参与上述传导过程的细胞，以直接（毛细胞）或间接（例如血管纹，维持耳蜗内电位差）的形式增加新陈代谢来处理声音刺激。创伤性的声压会加重或扭曲整个传导过程，从而导致机械和代谢损伤，同时还会导致生理、病理、生物、分子等一系列复杂变化。这些变化相互影响、协同作用，造成以毛细胞为主的耳蜗组织损伤。

1. 机械性损伤

机械性损伤可直接导致沿基底膜结构组织的物理损伤。轻微的声学损伤，如TTS，可能出现支持细胞弯曲、外毛细胞与盖膜之间的连接暂时中断，以及静纤毛根部不可逆的损伤。在更强的噪声下，静纤毛根部会断裂，外毛细胞的肌动蛋白丝聚集，静纤毛的尖端连接也可能断裂使传导通路中断。尖端连接的轻微损伤，可在约48 h内被肌动蛋白丝芯修复，因此可能仅造成TTS。严重创伤可能破坏细胞膜、网状层断裂或者Reissner's膜（前庭膜）破裂。整个Corti器的损伤可能是强声导致的机械性和代谢影响。基底膜的损伤位置与噪声的频率相关，存在固有的灵敏度梯度，底部的毛细胞比顶端损伤更严重。

2. 血流变化

侧壁微脉管系统的血管收缩也常出现在噪声暴露后，导致耳蜗缺氧和局部缺血。

3. 兴奋性毒性

噪声还可能造成内毛细胞突触的病理变化。神经递质（谷氨酸盐）的过量释放会过度刺激内毛细胞，诱发兴奋性毒性。这可能会导致突触后膜通透性变化，使钙离子内流、渗透失衡、树突水肿，最终导致细胞结构和功能损害。

4. 代谢/氧化应激

代谢功能的急剧变化导致毛细胞死亡的最有力假设是氧自由基的过度形成。氧自由基是机体代谢反应的正常产物，也称为活性氧（reactive oxygen species，ROS）。有研究表明，ROS在发生NIHL时主要集中在外毛细胞（OHCs）和血管纹附近，破坏细胞核膜、DNA以及磷脂类物质，严重者导致细胞坏死和凋亡。Henderson等（2006）在文献中报道，由于OHCs在接受声音刺激时具有可摆动性，在遭受噪声暴露后的一过性应激反应中，OHCs代偿性有氧呼吸产生的过量氧自由基在其周围积聚，进而导致OHCs的损伤和坏死。耳蜗内血管纹周围的毛细血管丰富并含有内淋巴液，噪声对血管纹的直接冲击可能会引起炎症，而ROS容易在炎性组织部位聚集。

三、临床表现

（一）听力损失

NIHL是渐进性的感音神经性听力损失（SNHL）。最初表现为较高频段的听力下降，多为4 kHz，但可逐步发展为多频段损伤。NIHL大多表现为双耳对称的听力损失。但已有研究发现非对称性的NIHL，可能是外源性噪声因素或（和）内源性解剖特性导致的。外源性噪声因素即双耳接触到的外界噪声强度可能存在明显差异。如噪声源为枪械或警报器等，则可能会出现双耳不对称的听力损失。内源性解剖特性即双耳结构对外界噪声的处理可能存在明显差异，例如解剖学上镫骨肌反射的保护作用可能存在双耳差异，导致不对称性，但仍需进一步研究。

（二）耳鸣

耳鸣的严重程度与听力损失程度有关，多为双侧，但也有单侧耳鸣病例的报道。噪声接触工人的耳鸣患病率比其他人群高，而在军队中出现耳鸣的比例显著增加。除了NIHL带来的焦虑、抑郁和睡眠障碍，耳鸣还严重影响了工人的生活质量。如耳鸣有可能导致军事活动中注意力分散。

（三）前庭功能障碍

越来越多的研究表明，噪声可损害囊反射通路和（或）前庭毛细胞，从而诱发前庭功能障碍。人体研究发现，异常（幅值降低，潜伏期延迟或无反应）的oVEMP和cVEMP与慢性和急性的声损伤有关。除了VEMPs提示的耳石器官损伤外，动物实验已证实噪声引起的创伤会导致大量静纤毛束损伤和半规管（水平和前半规管）的基线放电率降低。

四、临床检查

（一）纯音测听

早期或中晚期呈现典型的“V”形听力图（图19.1），切迹在4 kHz，并可扩展至相邻的3 kHz和6 kHz，在8 kHz有一些听力恢复。4 kHz处影响最大，可能是外耳道共振和中耳本身的机械特性所致。随着噪声性损伤加强，听力图的切口变得更深更宽，最终累及2 kHz、1 kHz和0.5 kHz。噪声导致的SNHL，一般高频平均听力损失不超过75 dB HL，较低频处不大于40 dB HL。然而，慢性噪声暴露有可能导致重度至极重度SNHL，这与个人潜在的遗传基因或噪声的强度、类型、持续时间均相关。近年发现，扩展高频纯音测听有助于早期发现NIHL。

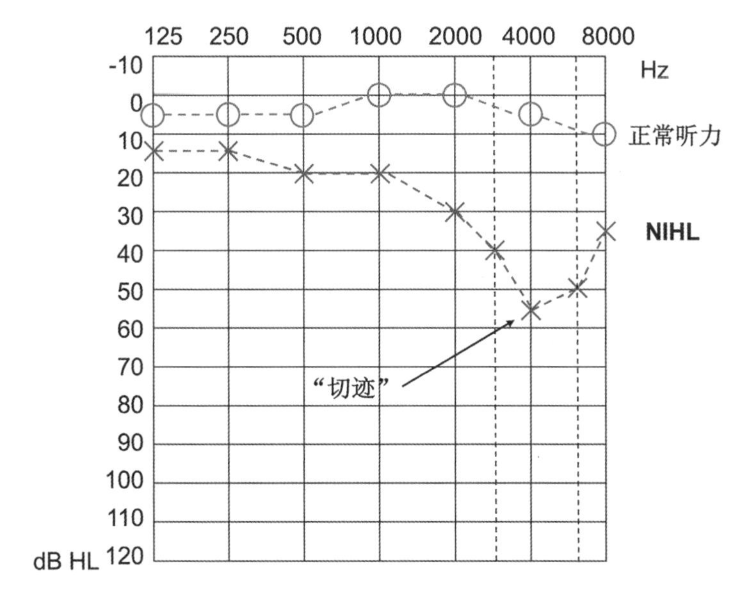

图19.1 噪声性听力损失听力图

（二）言语测试

即使纯音听力图正常，NIHL也可表现为安静和噪声下言语识别得分降低。这可能与突触损伤，以及内毛细胞之间的连接损伤和听觉神经纤维低自发放电率而导致的时间处理能力降低有关。建议除行纯音测听外，进行安静和噪声下言语测试，以更准确量化噪声损伤。

（三）耳声发射（OAEs）

耳声发射在诊断和管理NIHL中，具有客观、灵敏且易于操作的特点。在大样本研究中发现，2 kHz和3 kHz存在短声诱发OAE（click-evoked OAE）可用于区分NIHL和正常听众，其敏感度为92.1%（正确判断NIHL），而特异度为79%（正确判断正常者）。同样，2 kHz、3 kHz和4 kHz DPOAE引不出也可作为鉴别NIHL的指标，其敏感度为82%，特异度为92.5%。研究表明，OAEs或许可以在标准纯音测听前，为噪声导致耳蜗损伤给予早期提示。但单独的OAE结果只能用于监控听力变化，当OAEs幅值降低或引不出，且（或）存在听力损失时，纯音测听是必不可少的。

（四）其他客观测试

电生理测量（如ABR）已被用于检测噪声诱发的突触问题。有研究表明，超阈值ABR反应的Ⅰ波幅值降低可用于预测突触的损伤程度。但由于ABR测试电极位置属于远场记录，敏感性低，不建议将Ⅰ波幅值作为耳蜗突触病的诊断性检查。有证据表明，声反射可能有助于早期发现噪声引起的突触病，但仍需进一步研究。

五、诊断与鉴别诊断

有效全面的病史采集可以大大优化NIHL的诊断。NIHL的纯音测听可出现典型的“V”形切迹，伴耳鸣而无其他致病因素，必要时也可结合其他听力学检查加以辅助和交叉验证。NIHL与单侧或非对称性SNHL间的鉴别诊断很重要，因为后者的病因可能是前庭神经鞘瘤，此类病例需进一步进行MRI辅助检查。

对于职业噪声性听力损失，我国已经制定并且多次修改诊断标准。现阶段使用《职业性噪声聋的诊断》（GBZ 49—2014），严格按照国标来进行鉴定和诊断评级（中华人民共和国国家卫生和计划生育委员会，2014）。国标中对职业病史的定义是，连续3年以上职业性噪声作业史，每日8小时等效声级≥85 dB（A），患者出现渐进性听力下降、耳鸣等症状，纯音测听结果提示SNHL，同时结合职业健康监护资料和现场职业卫生调查结果，在排除其他致聋因素后，方可进入诊断鉴定环节。

六、治疗

（一）药物干预

不同类型的药剂可降低继发于NIHL后的听觉创伤的风险。

（1）皮质类固醇的抗炎作用可减少损伤，特别是鼓室内地塞米松在NIHL之前或之后使用具有治疗作用。

（2）抗氧化剂可能是类固醇的安全替代，且副作用更小。

（3）神经营养药物有助于恢复受损的突触。

（4）其他具有保护性的NIHL药物还包括镁制剂和他汀类药物。镁制剂通过减少钙离子流入细胞，减少ROS的形成，以最小化声损伤。他汀类药物通过减少氧化应激和提高毛细胞存活率来预防NIHL。

上述药物的作用还有待进一步研究和证明。治疗期间应脱离噪声环境。近几年，许多学者也一直在探索抗氧化剂和其他毛细胞再生药物等，以减轻声损伤对耳蜗的影响。

（二）其他疗法

永久性听力损失者可佩戴助听器。重度、极重度的听力下降者若助听器无效，可考虑人工耳蜗植入或其他声电刺激装置。

七、预防

随着工业企业、交通、能源和军事装备的发展，噪声的危害与日俱增，对有害噪声采取积极有效的预防措施，将其控制在规定的限值以下，可以减少NIHL的发生率，减轻听力损失程度。

对NIHL的预防措施大致包括以下几个方面。

（一）制定噪声暴露的安全限值

世界上大多数国家包括我国制定的工业企业噪声暴露安全限值（或卫生标准）为85 dB等效连续A计权声压级。这种规定是在85 dB（A）的噪声环境，每天工作8 h，每周工作40 h，每年工作50周，工作40年，90%的人员语言频率平均听力损失不超过25 dB。如果噪声强度每增加3 dB，每天工作时间就要减少一半，即交换率为3 dB。也有的国家把交换率定为5 dB。

（二）工程控制

工程控制包括设置隔声监控室、对强噪声机组安装隔声罩、作业场所的吸声处理以及在声源或声通路上装配消声器等措施。

（三）个人听力保护

各种隔声耳塞及耳罩是有效的个人听力保护用品。为避免声损伤而设计的耳塞和耳罩，称为护听器（或称护耳器）。好的护听器不但有良好的隔声效果，而且具有通话性能。佩戴护听器是一种既简便又经济的办法，在世界范围被广泛应用。

（四）定期进行听力检查

对在强噪声暴露环境作业人员，上岗前应进行基础听力检查，并记入个人听力档案。以后应根据不同的噪声环境，定期进行听力检查。一般噪声暴露级为85 ～ 90 dB（A），每3 ～ 5年做一次测试；95 ～ 105 dB（A），1 ～ 2年做一次测试；115 dB（A）以上每隔半年做一次测试，测试结果记录个人听力档案。稳态噪声的最大暴露声级不得超过140 dB（A）。如发现有听力损失，应及早采取有效措施。

参考文献

中华人民共和国国家卫生和计划生育委员会，2014. 职业性噪声聋的诊断：GBZ 49—2014 [S].

Carroll YI，Eichwald J，Scinicariello F，et al.，2017. Vital signs：Noise-induced hearing loss among adults - United States 2011-2012[J]. Morbidity and Mortality Weekly Report，66(5)：139-144.

Henderson D，Bielefeld EC，Harris KC，et al.，2006. The role of oxidative stress in noise-induced hearing loss[J]. Ear and Hearing，27(1)：1-19.

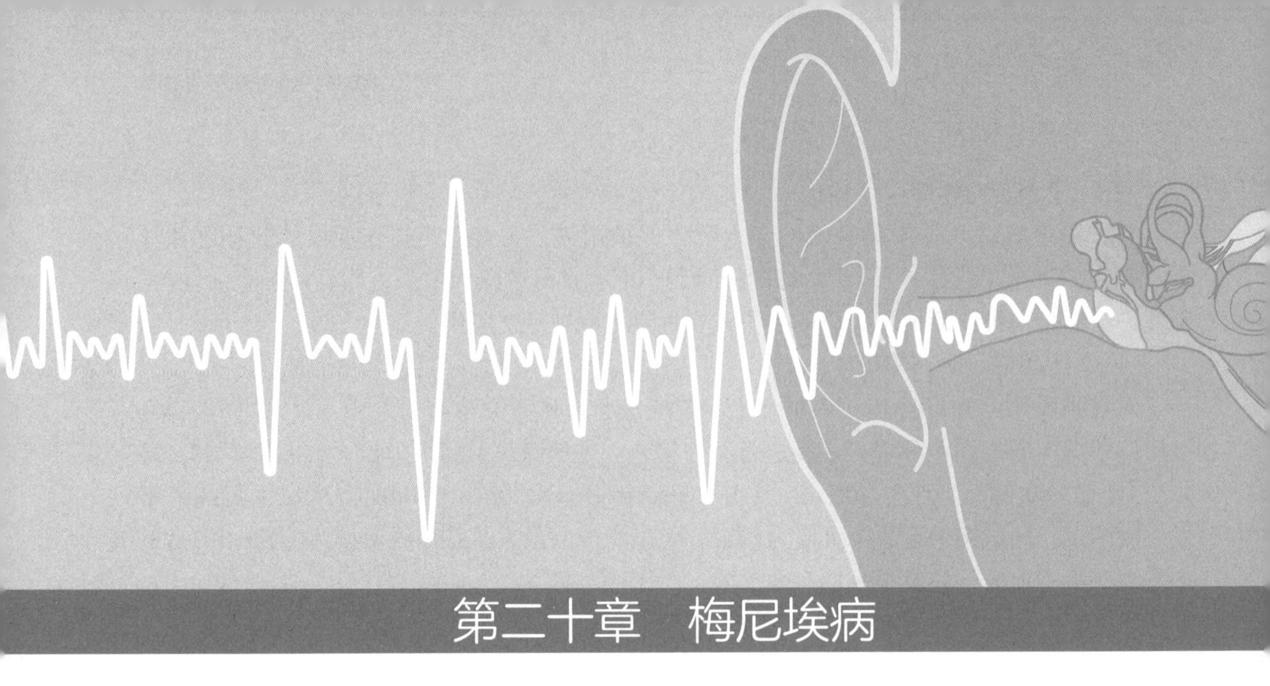

第二十章　梅尼埃病

梅尼埃病（Menière's disease，MD）是一种由遗传和环境因素共同作用、以内耳膜迷路内淋巴积水（endolymphatic hydrops）为标志特征的综合征。其病程多变，个体差异大，常表现出自发性眩晕，一般伴有波动性感音神经性听力损失（SNHL）、耳鸣和耳胀满感（aural fullness）。

一、流行病学

目前，梅尼埃病的发病率和患病率因地理位置和人口结构而异。据现有的报告，梅尼埃病的患病率在全球范围内变化很大，每100000人中可能有3～513人患病。

梅尼埃病在欧洲后裔中更常见，在西欧呈南北梯度上升。报告的最高患病率为荷兰的513/100000，西班牙坎塔布里最低（75/100000）。相比之下，亚洲或美洲原住民人群的患病率较低，例如在日本每10万居民中仅有3.5例。梅尼埃病的发病高峰年龄段为40—60岁，在儿童和65岁以上人群中的发病率较低，女性比例略高于男性。

二、病因

梅尼埃病的潜在病因尚不完全清楚，但它与内淋巴积水有关。内淋巴积水是该病的标志性特征，已在尸检中被证实。梅尼埃病受多种因素的影响，每位患者的病因可能不同，故梅尼埃病可能不应被视为一种独立的疾病。流行病学和临床证据已经开始将梅尼埃病与其他致病因素相关联，例如自身免疫性疾病、过敏性易染体质、遗传因素、自身炎症、激素或病毒感染等。

（一）遗传因素

包括梅尼埃病在内的前庭性疾病的遗传学特征是复杂的。部分患者存在家族史，但其遗传方式可能多变。对于梅尼埃病的分子学基础，现已开展了相关的大队列家族性和散发性病例研究。然而，由于这些研究仍存在效力不足、缺乏双胞胎研究等问题，目前无法通过特定基因位点诊断梅尼埃病。

（二）自身免疫因素

动物研究表明，内耳具有免疫应答能力，能诱导抗体产生，而内淋巴囊是产生免疫应答的部位。抗原抗体反应导致内耳毛细血管扩张，通透性增加，体液渗入膜迷路，外加血管纹等结构分泌亢进，特别是内淋巴囊因抗原抗体复合物沉积而出现吸收功能障碍，引起膜迷路积水。

（三）其他因素

有学者提出，食物和环境中的过敏原与梅尼埃病有相关性，例如内耳会对食物或环境中的某些物质表现出更强的敏感性。此外，梅尼埃病也许还与其他疾病或致病因素相关，包括但不限于良性阵发性位置性眩晕、创伤、个体解剖变异性以及心理因素（例如压力或焦虑）。

三、病理

1937年，人类颞骨的组织病理学研究发现，梅尼埃病患者中存在内淋巴积水，这可能揭示了梅尼埃病的病理机制。内淋巴积水是指内淋巴液积聚导致内耳中内淋巴空间扩大，进而促使耳蜗管压力增加，损害Corti器和内耳膜迷路。在梅尼埃病患者中发现的其他病理变化包括前庭纤维化、腔内沉淀物增加、耳蜗毛细胞受损和骨螺旋板中神经纤维损失等。

四、临床表现

（一）典型症状

梅尼埃病的临床表现复杂多变，例如许多患者可表现出与眩晕危象相关或不相关的偏头痛，不过大部分患者常在病程演化的前2～3年表现出三种典型的临床症状（三联征），即发作性眩晕、感音神经性听力损失以及耳鸣。

梅尼埃病的发展可分以下几个阶段：

在初始阶段，眩晕是最典型的症状，这被认为是疾病的开始。仅有不到30%的患者会从一开始就表现出三联征。从首次出现症状到呈现出完整三联征通常有一年的病程。

活动期或中间期一般会持续几年，此阶段患者开始出现听力相关症状，包括感音神经性听力损失以及耳鸣。其中听力损失以单侧多见，表现为波动性下降，且通常先影响低频听力；而耳鸣程度则由轻到重，最终可发展成永久性耳鸣。眩晕危象持续存在，会有几个月症状减轻的缓解期。

最后阶段，患者通常不会主诉实际的眩晕感，而更常见的症状是残留性头晕或因前庭功能减退带来的失衡感。此外，听力损失可成为永久性，并伴有持续性的耳鸣。

耳鸣是梅尼埃病患者最容易致残的症状之一。在许多案例中，耳鸣也可能是疾病的初始症状。耳鸣声常为低音调，有时也为窄带噪声，部分患者将其描述为类似机器的轰鸣声。在疾病开始时，耳鸣是间歇性的，出现在83%发作性眩晕的患者中，并在急性期后消失；而在疾病进展中，耳鸣则可能成为永久性的，且耳鸣的频率或强度在急性期后可能有所变化。一般来说，患者提到这种变化的时间，常先于新一轮的眩晕发作。在最后阶段，眩晕消失，耳鸣成为主要症状，严重影响患者的生活质量。

（二）其他临床表现

1. 发作性倾倒（Tumarkin耳石危象）

发作性倾倒指发作期的突然倾倒而不伴有知觉丧失，无预兆性或局灶性神经系统症状，可能出现在眩晕或不稳后。这可能是与椭圆囊斑或球囊斑有关的瞬间功能出现紊乱，导致垂直感损伤。此现象多见于双侧梅尼埃病。

2. Lermoyez综合征

这是一种罕见的梅尼埃病变体。在眩晕危象期，患者报告听力有所改善，听力下降进程缓慢。

3. 局部综合征

局部综合性可表现为听力损失但不伴有眩晕（耳蜗型梅尼埃病）或眩晕但不伴有听力损失（前庭型梅尼埃病），这两者被认为是梅尼埃病的不完全表型，常见于家族性梅尼埃病。

4. 迟发性梅尼埃病

这类梅尼埃病患者在起初仅表现出眩晕，在多年后（甚至50年后）才进展为重度或极重度感音神经性听力损失。

五、检查

（一）体格检查

应对疑似有梅尼埃病的患者进行全面的临床检查，包括耳镜检查、颅神经检查、动眼神经检查（扫视、平滑追踪、视觉辐辏、前庭眼反射、头脉冲测试）、Romberg征（昂白征/闭目难立试验）测试和步态测试。

（二）听力学评估

（1）纯音测听：眩晕发作期可表现为低中频、波动性感音神经性听力损失。

（2）言语测试：梅尼埃病长期发作患者的言语识别率降低。

（3）声导抗测试：鼓室图正常，以排除中耳积液等传导性因素。

（4）声反射：评估镫骨肌收缩、前庭神经和面神经功能。

（5）耳声发射（OAEs）：评估耳蜗外毛细胞的功能，在特定病例中考虑使用，可反映患者早期的耳蜗功能状态。例如在纯音测听未发现变化前，OAEs是否表现为减弱或引不出。

（6）耳蜗电图（ECochG）：SP增大、SP-AP复合波增宽，SP/AP比值增加，AP的振幅-声强函数曲线异常陡峭。经鼓室的短纯音耳蜗电图（transtympanic tone burst electrocochleography）是一种简单且经济的、判断内淋巴积水情况以辅助梅尼埃病诊断的技术。但在临床中缺乏高敏感性，是否能将耳蜗电图作为梅尼埃病诊断的重要指标仍存在争议。

（三）前庭功能评估

前庭功能评估并未包含在梅尼埃病诊断标准中，它们只起辅助作用。

1. 冷热试验（caloric tests）

冷热试验指用不同温度刺激，以评估单侧水平半规管功能障碍。约75%的单侧梅尼埃病患者表现出冷热试验优势偏向。

2. 视频头脉冲试验（video head impulse testing，vHIT）

梅尼埃病也可能累及垂直半规管，建议在冷热试验基础上加以vHIT评估。

3. 前庭诱发肌源性电位（vestibular evoked myogenic potentials，VEMPs）

除耳蜗外，椭圆囊、球囊是受内耳水肿影响较大的结构。因此VEMPs作为评估椭圆囊（oVEMP）和球囊（cVEMP）的测试有助于证明内耳膜迷路积水。但VEMPs在梅尼埃病中的运用尚未得到证实。

（四）血清检测

在梅尼埃病的评估中，可通过血清检测确定梅尼埃病的其他风险因素。血清检测包括但不限于血细胞计数、综合代谢检查、红细胞沉降率、免疫学评估和感染源等。初步证据表明，血清细胞因子有助于鉴别梅尼埃病和前庭性偏头痛（Flook et al.，2019）。

（五）神经影像学评估

磁共振成像（MRI）有助于诊断膜迷路积水和排除其他障碍，但该技术是否可广泛用于梅尼埃病的临床诊断尚存争议。例如，2015年Bárány协会颁布的梅尼埃病诊断标准和2020年美国耳鼻咽喉头颈外科学会（American Academy of Otolaryngology-Head and Neck Surgery Foundation，AAO-HNS）的临床实践指南，仍然强调基于症状和体征的诊断标准，而不是MRI。

六、诊断标准

1995年，AAO-HNS制定了梅尼埃病分类诊断标准。2015年，Bárány协会联合其他国家与国际组织修订了之前的诊断标准（Lopez-Escamez et al.，2015）。2020年，AAO-HNS批准颁布了最新的梅尼埃病临床实践指南（Basura et al.，2020）。2021年，《临床耳鼻咽喉头颈外科杂志》刊登了我国学者对2020版梅尼埃病临床实践指南的解读（于慧前 等，2021）。

美国2020版梅尼埃病临床实践指南推荐将梅尼埃病分为确定梅尼埃病（definite MD）和疑似梅尼埃病（probable MD）。

（一）确定梅尼埃病

（1）前庭症状：两次及以上自发性、发作性眩晕，每次发作的持续时间为20 min～12 h；

（2）听力检测：患耳在眩晕发作之前、发作期或发作之后至少记录到一次中低频感音神经性听力下降；

（3）患侧耳伴有波动性听觉症状，包括听力损失、耳鸣或耳闷胀感；

（4）排除其他前庭疾病。

（二）疑似梅尼埃病

（1）前庭症状：两次及以上自发性、发作性眩晕或头昏，每次发作的持续时间为20 min～24 h；

（2）患侧耳伴有波动性听觉症状，包括听力损失、耳鸣或耳闷胀感；

（3）排除其他前庭疾病。

七、鉴别诊断

（一）中枢性眩晕

中枢性眩晕可能源于听神经瘤、岩斜脑膜瘤、多发性硬化、动脉瘤、血管功能不全等疾病。

（二）周围性眩晕

周围性眩晕可能源于迷路炎、半规管裂、前庭导水管扩大、外淋巴瘘、偏头痛相关的前庭疾病（10%表现出眩晕）。

（三）其他疾病

其他疾病包括代谢性糖尿病、甲状腺功能亢进或减退和Paget's病。

美国2020版梅尼埃病临床实践指南强调，梅尼埃病和前庭性偏头痛的临床特征重叠，建议临床医师在评估梅尼埃病的同时鉴别患者是否符合前庭性偏头痛的诊断标准。研究指出，由于偏头痛的患病率很高，所以患者同时患有梅尼埃病和前庭性偏头痛并不少见。前庭性偏头痛的患者多数具有偏头痛病史或偏头痛特征（即偏头痛、光恐惧症或视觉恐惧症）；但是，即使存在偏头痛，如果听力图表现为可识别的梅尼埃病特征性听力损失，也应诊断为梅尼埃病。

八、治疗

在梅尼埃病的治疗中，应综合考虑患者的年龄、疾病持续时间、合并症、听力情况和日常生活中的心理影响，主要分为急性期治疗和预防性治疗。主要目标首先是减少疾病发作频率，其次为降低眩晕危象的严重程度。

（一）急性期（48 h）

对于急性眩晕发作的总体治疗目标是缓解症状的严重程度。美国2020版梅尼埃病临床实践指南推荐患者使用中枢前庭抑制剂，包括第一代抗组胺药、苯二氮䓬类和抗胆碱能药，还可以使用抗多巴胺、能止吐的5-HT3拮抗剂。此类药物最好仅在眩晕和呕吐发作期使用，通常为发病后12 h内，症状消退后不建议使用。若每日用药可能会导致中枢前庭系统的代偿延迟。

（二）预防性治疗

预防性治疗的总体目标是降低眩晕发作的严重程度和频率，避免听力损失进一步加重，并改善整体生活质量。预防是多方面的，规模化方法包括以下几种。

1. 饮食结构调整

低钠饮食，减少或消除咖啡因、烟草和酒精的摄入，保持充足水量补给。

2. 药物治疗

最常用的药物包括利尿剂、全身性类固醇和倍他司汀。但近期的研究认为利尿剂似乎并不能阻止梅尼埃病的进程（Gibson，2019）。全身类固醇是基于梅尼埃病的免疫学假说，给药方案因人而异，需特别关注长期使用类固醇的不良反应。倍他司汀用于治疗各种类型的头晕，在欧洲很受欢迎，并被认为有益于血管舒张，但其用于治疗梅尼埃病眩晕的机制尚不明确。

3. 鼓室内疗法

梅尼埃病的鼓室内疗法已被证明是有效的。给予鼓室内注射类固醇和庆大霉素可改进和控制梅尼埃病症状。虽然庆大霉素作为耳毒性药物会增加听力损失的风险，但研究发现鼓室内注射庆大霉素导致听力恶化的概率低于地塞米松。一项小型研究发现，鼓室内注射曲安奈德能使78%的患者的眩晕症状得到控制，但其剂量或治疗方案尚未达成共识（Jumaily et al.，2017）。

4. 外科手术

由于鼓室内注射庆大霉素或激素等治疗方案的兴起，近年来梅尼埃病的外科手术治疗量有所下降。通过其他保守方法仍无法控制疾病的患者，可考虑手术治疗，但执行手术治疗时应充分考虑术后风险。例如，对单侧无实用听力的患者推荐迷路切除术，此外还有内淋巴囊减压术或分流术、前庭神经切除术等。

5. 前庭康复

推荐临床医生为患有慢性失衡的梅尼埃病患者提供前庭康复或物理治疗（急性眩晕发作期不推荐）。但由于缺少大样本的数据研究，需要更强有力的证据来支持前庭康复在慢性失衡疾病中的重要性，尤其是双侧梅尼埃病患者。

6. 听觉康复

感音神经性听力损失是诊断梅尼埃病的关键标准之一。听觉下降的性质决定了梅尼埃病听觉康复的方法，特别是梅尼埃病早期表现出听觉波动时对助听器的适应是很难的。建议具有听力下降的梅尼埃病患者根据听力损失的严重程度选择助听设备（助听器或人工耳蜗），患者和临床医生根据听力损失和助听设备的特点共同决策。

7. 随访和预后

建议临床医生记录梅尼埃病患者治疗后的眩晕、耳鸣、听力下降以及生活质量的改变等情况。另外，对综合性多诊疗中心疾病管理系统、工具的广泛应用和整理有助于更深入地了解干预措施的价值以及以患者为中心的结果。

美国2020版梅尼埃病临床实践指南中梅尼埃病的算法如图20.1所示。

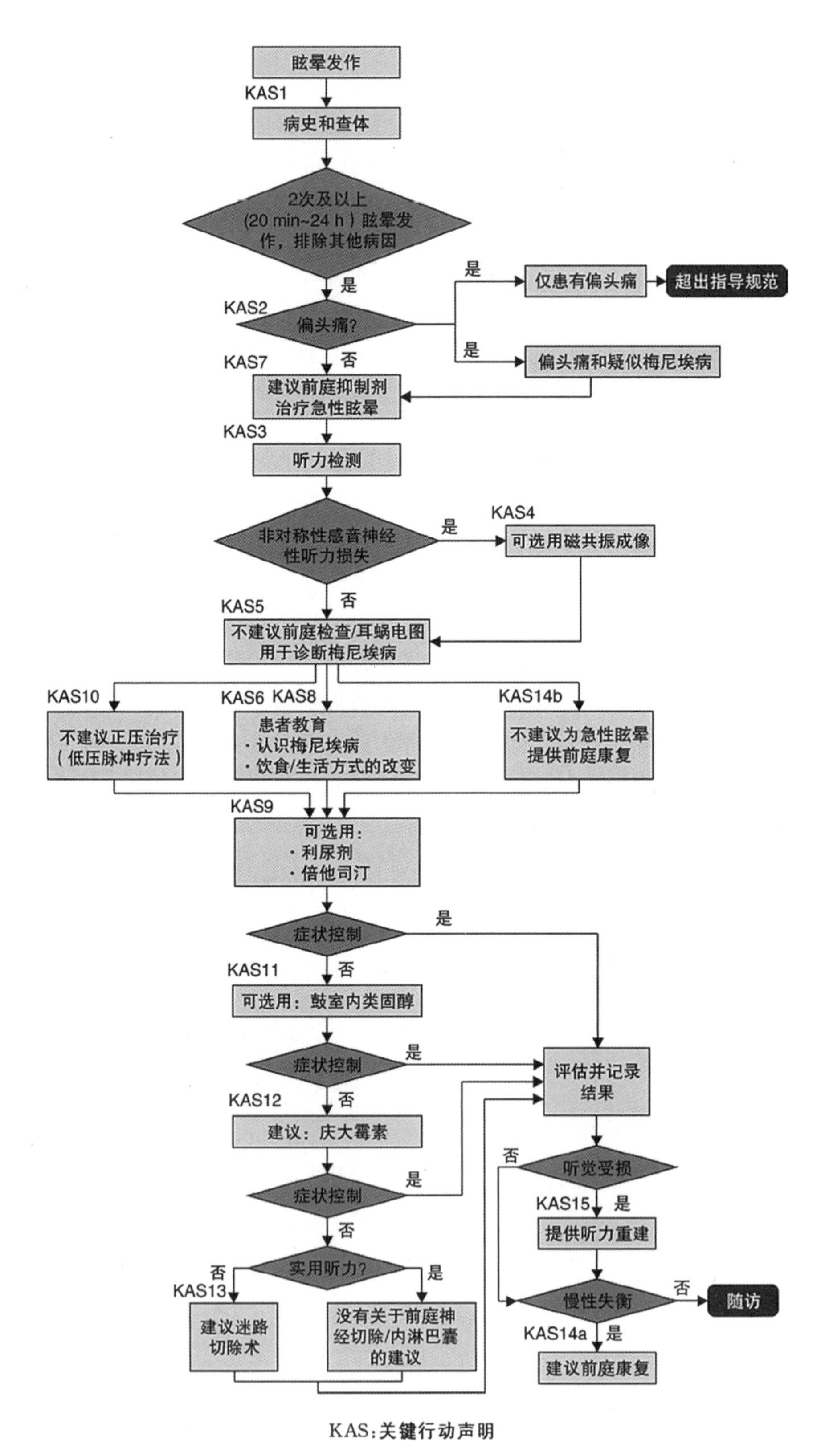

图20.1 美国2020版梅尼埃病临床实践指南：梅尼埃病算法

参考文献

于慧前，李华伟，李庆忠，2021. 2020版梅尼埃病临床实践指南解读[J]. 临床耳鼻咽喉头颈外科杂志，35(5)：385-390.

Basura GJ，Adams ME，Monfared A，et al.，2020. Clinical practice guideline：Ménière's disease[J]. Otolaryngology-Head and Neck Surgery，162(2_suppl)：S1-S55.

Flook，M.，Frejo L，Gallego-Martinez A，et al.，2019. Differential proinflammatory signature in vestibular migraine and meniere disease[J].Frontiers in Immunology，10：1229.

Gibson WPR，2019. Meniere's Disease[J]. Advances in Oto-Rhino-Laryngology，82：77-86.

Jumaily M，Faraji F，Mikulec AA，2017. Intratympanic triamcinolone and dexamethasone in the treatment of Ménière's syndrome[J]. Otology & Neurotology，38：386-391.

Lopez-Escamez JA，Carey J，Chung WH，et al.，2015. Diagnostic criteria for Menière's disease[J]. Journal of Vestibular Research，25(1)：1-7.

Moleon MD，Martinez-Gomez E，Flook M，et al.，2021. Clinical and cytokine profile in patients with early and late onset meniere disease[J]. Journal of Clinical Medicine，10(18)：4052.

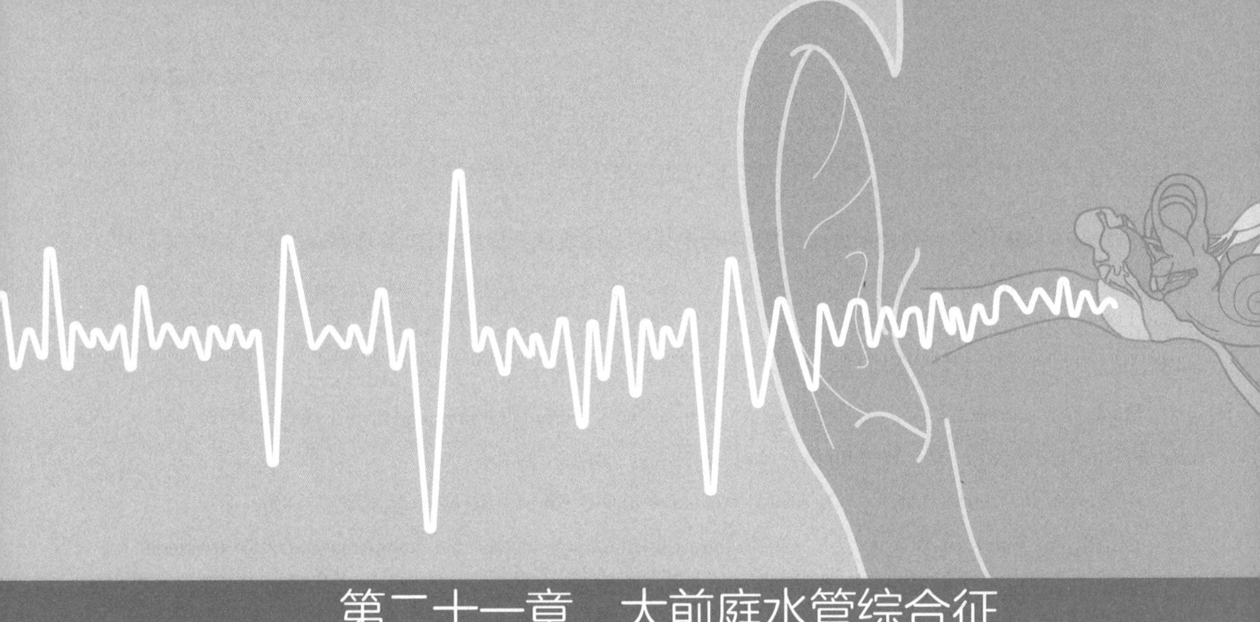

第二十一章　大前庭水管综合征

大前庭水管综合征（large vestibular aqueduct syndrome，LVAS）是临床常见的一种先天性内耳畸形，表现为前庭导水管扩大伴感音神经性听力损失及其他症状，又称前庭导水管扩大（enlarged vestibular aqueduct，EVA）。大前庭水管综合征约占先天性耳聋的1%～1.5%。

一、病因

多种遗传和环境因素可导致大前庭水管综合征，最主要的病因是*SLC26A4*基因（又称PDS基因）突变，为常染色体隐性遗传。*SLC26A4*基因定位于染色体7q31，编码形成跨膜转运蛋白Pendrin。Pendrin蛋白表达于内耳、甲状腺和肾脏等人体多个器官与组织中，负责介导负离子转运。*SLC26A4*基因*IVS7-2A-G*突变是我国LVAS患者中绝对高发的基因突变（戴朴 等，2005）。

二、病理

前庭水管是一个细小的骨性管道，呈倒“J”形，起于前庭内侧壁，向后上方延伸，开口于颞骨岩部的后内侧面，连接内耳与颅腔。充满内淋巴液的膜性内淋巴管走行于前庭水管中。内淋巴管呈“Y”形，与椭圆囊、球囊相通，末端出前庭水管外口达岩锥的小脑面，扩大成囊状称内淋巴囊。内淋巴囊的一半位于前庭导水管内，另一半位于近乙状窦的两层硬脑膜之间。内淋巴囊和内淋巴管对维持内耳内淋巴理化状态平衡有重要意义。

大前庭水管综合征患者高分辨率CT（high-resolution computated tomography，HRCT）可见前庭水管显著扩大，岩骨后缘出现三角形、喇叭样或管状骨质缺损，骨质缺损边界清晰，尖端指向前庭与前庭或总脚相连（图21.1）。内耳膜迷路磁共振T2加权成像可见内淋巴管径显著变宽，内淋巴囊增大（图21.2）。体积变大的内淋巴囊和内淋巴管使得内淋巴可能逆流回听觉与前庭器官。此外，有部分大前庭水管综合征患者合并有Modini畸形，耳蜗发育不全，第二回和顶回融合成一个囊腔。

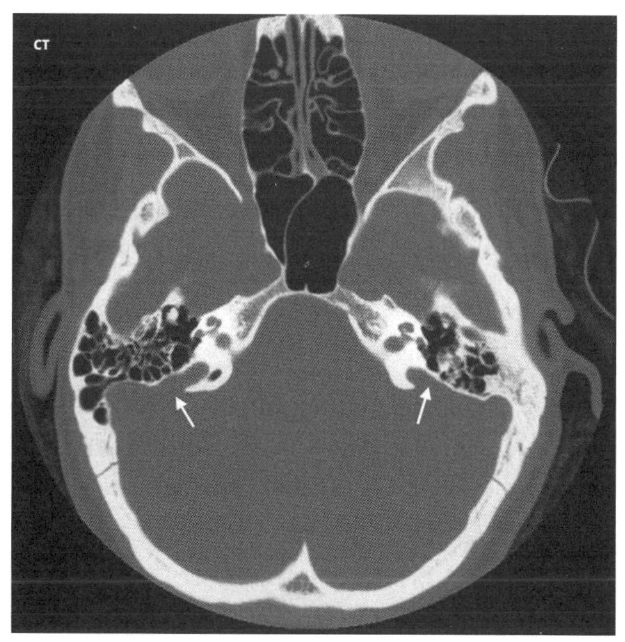

图21.1 前庭导水管扩大高分辨率CT成像

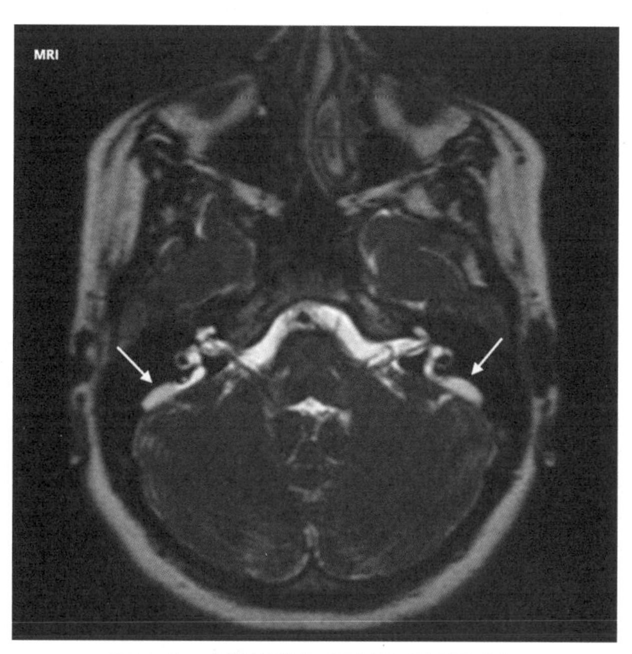

图21.2 内耳膜迷路磁共振T2加权成像

三、临床表现

1. 突发性或渐进性听力损失伴有波动

大前庭水管综合征患者表现为感音神经性听力损失，双耳发病为主导。患儿出生时听力可无明显异常，听力损失在出生后至成年间发生。大前庭导水管患者的听力损失可表现为突然下降，类似突发性耳聋。突发听力下降的诱因常为头部受撞击、跌倒、激烈体育活动等，或因环境压力引起体内压力的急剧变化如屏气、潜水等。儿童突发性听力下降要考虑前庭导水管扩大可能。患者听力损失也可渐进性加重，有波动性的特点。大前庭导水管患者最终下降至重度极重度听力损失。

2. 发作性眩晕

大前庭水管综合征患者可出现发作性眩晕伴突发性听力损失，发病表现如梅尼埃病。部分儿童表现出平衡障碍，前庭功能可减低。在强声刺激下可有眩晕、眼震和头位倾斜（Tullio征阳性）。约三分之一的大前庭水管综合征患者有眩晕发作史。

四、大前庭水管综合征患者听力损失机制

前庭导水管扩大不是导致听力损失的直接原因，二者可能是同一种致病因素导致的。目前大前庭水管综合征患者听力损失的机制尚未完全明确，有理论认为可能是由于头部创伤或其他原因导致脑脊液压力增高时，压迫内淋巴囊周围硬脑膜，挤压内淋巴囊使得囊内高渗液体通过宽大的内淋巴管反流至内耳导致耳蜗毛细胞受损（Jackler et al.，1989）。另外，正常情况下狭小的前庭导水管和耳蜗导水管能够缓冲快速变化的颅内压力。前庭导水管异常扩大而耳蜗导水管保持正常大小时，脑脊液压力快速波动造成蜗隔两侧的压力不平衡，对膜迷路产生剪切作用而损伤内耳精细结构。脑脊液压力急剧增加时，也可冲破硬脑膜，经扩大的前庭水管冲入内耳，严重者可冲破前庭窗流入中耳，造成脑脊液耳漏，或经咽鼓管流入鼻腔，造成脑脊液耳鼻漏。另一种理论认为，LVAS产生的机制为颅内压变化引起内淋巴流动和内耳压力变化造成前庭膜或基底膜薄弱部分破裂，内外淋巴混合对听觉结构造成永久性的化学损伤（Campbell et al.，2011）。

五、听力学特征

1. 纯音测听

大前庭水管综合征患者听力损失程度为中度至极重度，临床首诊时多表现为重度或极重度听力损失。纯音听力特征为高频听力受损突出、中低频受损相对较轻的下降型听力曲线，也有部分患者为全频段重度损失的平坦型。如图21.3所示，大前庭水管综合征患者听力的另一大特征是中低频段（2 kHz以下）常存在明显气骨导差。

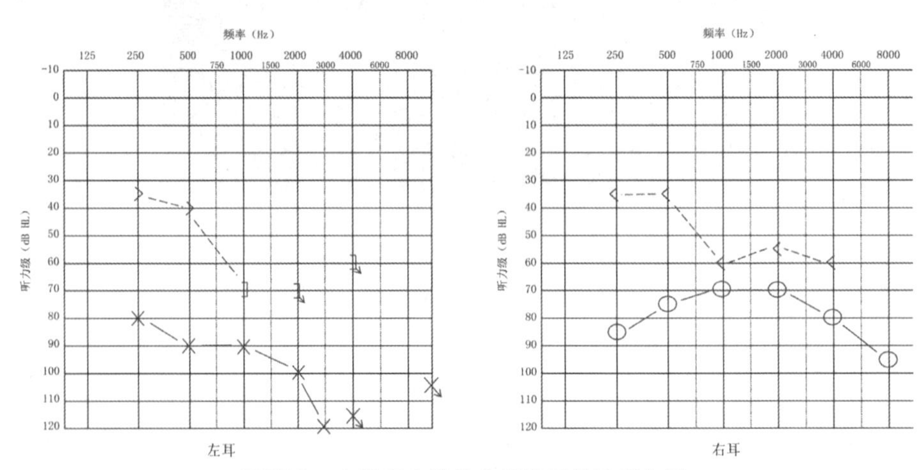

图21.3 大前庭水管综合征患者纯音听力图

大前庭水管综合征听力图中的气骨导差为内耳源性，内耳第三窗理论可解释其机制（Merchant et al.,2008）。正常内耳结构有前庭窗和圆窗，分别称为第一窗和第二窗，还包括耳蜗导水管、前庭导水管及血管神经通过的一些孔道。这些细小狭长的开孔沟通内耳与颅腔，为正常的内耳窗口。前庭导水管异常扩大则形成了病理性第三窗。正常耳朵气导传声时，镫骨振动将声刺激向内传入前庭，前庭阶和鼓阶间形成压力差，引起基底膜振动，兴奋毛细胞（图21.4 A）。当前庭导水管扩大，形成病理性第三窗时，部分气导声音能量从扩大的前庭导水管逸散，前庭内声压降低，声音能量分散主要出现在低频，导致气导听力下降（图21.4 B）。正常耳朵骨导传声时，声刺激压缩颅骨引起内耳液体压缩，前庭窗和蜗窗阻抗不同导致耳蜗前庭阶和鼓阶间的阻抗不对称，从而振动基底膜感受骨导声（图21.4 C）。前庭导水管异常扩大时，降低了前庭侧的阻抗，使耳蜗前庭阶和鼓阶间的压力差增大，从而改善了耳蜗对骨导刺激的反应，出现了气骨导差（图21.4 D）。

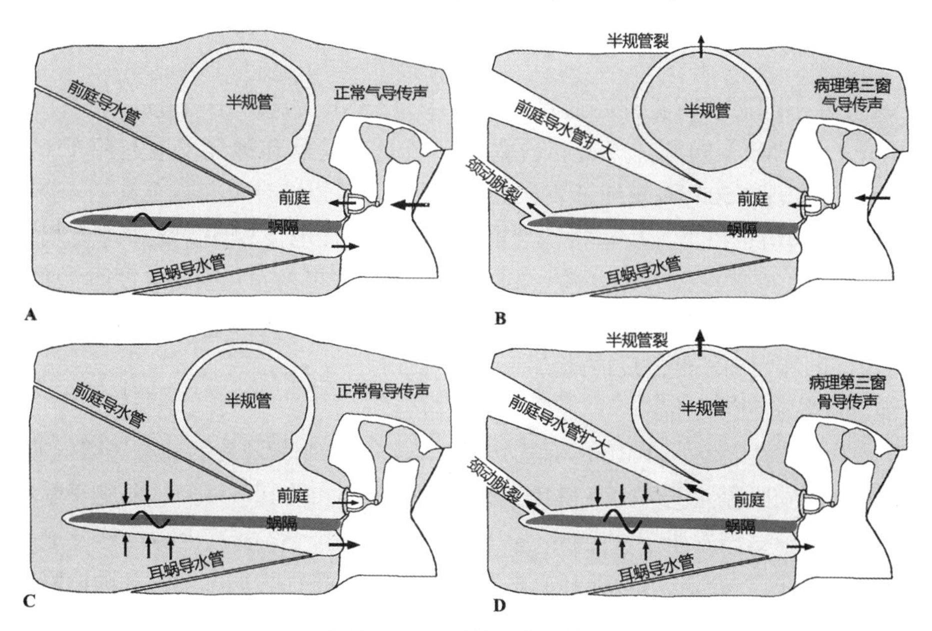

图21.4 内耳第三窗理论

A：正常内耳气导传声；B：内耳存在第三窗气导传声；C：正常内耳骨导传声；D：内耳存在第三窗骨导传声（引自Merchant et al., 2008）

2. 声导抗

大前庭水管综合征患者鼓室图主要表现为A型和As型，少部分可为Ad型。部分婴幼儿听力保护较好情况下可引出声反射。这进一步说明大前庭水管综合征听力图中的气骨导差不源于中耳病变而源于内耳。

3. 听性脑干诱发电位

大前庭水管综合征患儿听性脑干诱发电位（ABR）检测时，强声刺激后3～4 ms会出现一个特征性的短潜伏期负反应波（ASNR）（图21.5）。文献报道大前庭水管综合征患者ASNR的引出率高达56.52%～75.71%（Liu et al.，2013；兰兰 等，2006），可作为大前庭水管综合征的早期诊断指标。

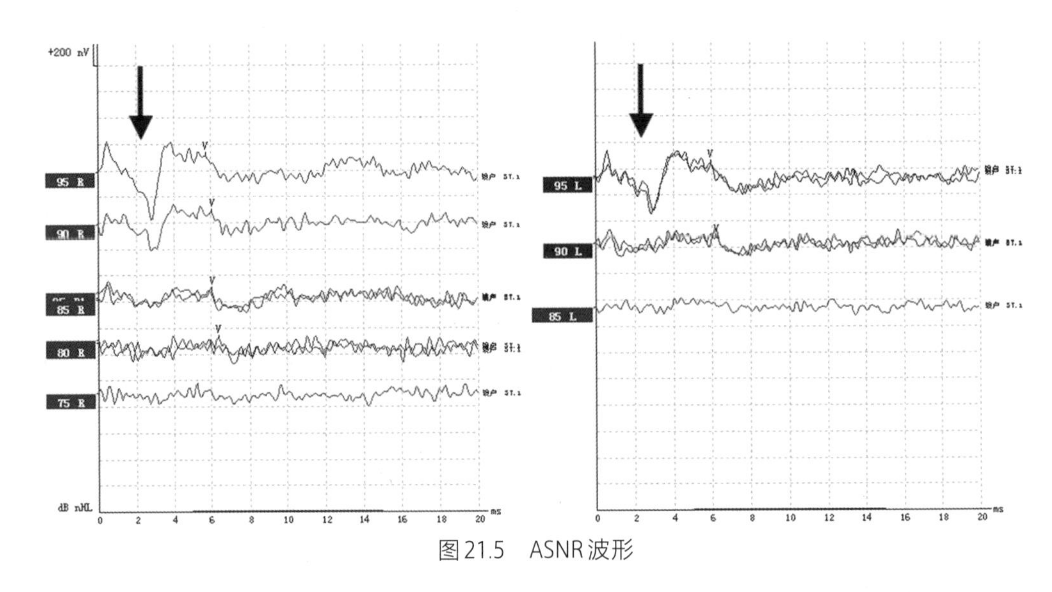

图21.5 ASNR波形

ASNR波并不起源于听觉神经通路。目前认为ASNR波起源于前庭，与颈性前庭诱发肌源性电位（cVEMP）同源，球囊和前庭神经核是感受器和神经反应起源（Nong et al., 2002）。有研究发现，500 Hz短纯音刺激比短声和1 kHz短纯音可获得更高的ASNR引出率及波幅，ASNR阈值也更低，反应特性与前庭诱发肌源性电位相同，支持球囊起源说（肖青 等，2019）。另外要注意，内耳畸形和不伴有内耳畸形的重度-极重度听力损失患者、听神经病患者等仍可诱发ASNR波，但大前庭水管综合征患者的ASNR波形引出率更高，同时具备更高的波幅和较低的反应阈值。

4. 前庭诱发肌源性电位

前庭诱发肌源性电位（VEMPs）是由声音、振动或电刺激诱发的前庭迷路的肌电反应。其中颈肌前庭诱发肌源性电位（cVEMP）评估球囊功能和前庭下神经、前庭脊髓束传导通路完整性；眼肌前庭诱发肌源性电位（oVEMP）评估椭圆囊-前庭上神经传导通路和前庭眼反射通路完整性。大前庭水管综合征患者VEMPs主要特征为振幅增大和阈值降低，与内耳病理性第三窗有关（Sheykholeslami et al., 2004），且oVEMP的表现更为显著（Taylor et al., 2012）。VEMPs检查能监测大前庭水管综合征儿童前庭症状的发展，未有前庭症状的大前庭水管综合征儿童VEMPs表现可正常。

六、诊断

影像学检查是大前庭水管综合征诊断的金标准，颞骨HRCT和内耳MRI在前庭导水管扩大诊断中有重要价值。儿童或青少年出现双侧突发或者进行性听力下降、波动性发展等典型特征，应行高分辨率HRCT检查。颞骨轴位CT测量半规管总脚至前庭水管外口的1/2处（中点），直径超过1.5 mm即可诊断前庭水管扩大（Valvassori et al., 1978）。也可借助内耳MRI评估内淋巴管与内淋巴囊扩大，对前庭导水管扩大相关听力损失进行辅助诊断。

要注意的是，研究表明，小月龄患儿进行高分辨率的CT影像学检查会极大地增加患儿成年后罹患恶性肿瘤的风险，不建议对1岁以内婴幼儿进行颞骨HRCT检查。此外，内耳MRI虽无放射性损伤，但其极大的背景噪声产生的强声压，有导致儿童噪声性听力损伤的风险。

七、干预方法

目前没有研究证实存在有效减少与前庭导水管扩大相关的听力损失或减缓其发展的治疗方法。

1. 预防

保护大前庭水管综合征患儿听力是首要工作，应让听力损失尽可能晚发生，避免在儿童习得语言之前下降至重度或极重度。家庭要每天常规监测小儿的听力情况，定期检查听力，养成良好的听力随访习惯，出现问题及时就诊。应注意避免导致听力下降的诱因，如上呼吸道感染导致咳嗽、发热，头部外伤；不参加竞技性体育运动；不做颅内压力增高的动作，如用力吹奏乐器、用力擤鼻、用力排便等；远离因环境压力导致体内压力急剧变化的活动，如潜水、高压氧舱治疗等。乘飞机导致大前庭水管综合征患者听力损失的风险较低，但感冒或流感出现鼻塞症状时，可用鼻腔减充血剂降低飞行相关的听损风险。另外，防护的同时不宜过分限制儿童的活动，以免干涉儿童的正常发展。

2. 突发听力下降治疗

大前庭水管综合征患者突发性听力下降时，可按突发性感音神经性耳聋处理，使用糖皮质激素、甘露醇、甲钴胺及改善微循环药物等进行治疗，及时治疗可恢复部分下降的听力。

3. 助听器和人工耳蜗

患儿听力下降后，应尽早验配助听器，确保儿童接受充分的言语刺激，保证言语语言功能的发展。相关人员应通过行为听力测试动态监控儿童听力情况，并且与言语病理学专业人员合作评估儿童言语语言发育情况，全面评估助听器使用的效果。助听器效果较差时应考虑人工耳蜗植入。大前庭水管综合征是人工耳蜗植入的适应证。大量研究表明大前庭水管综合征患者植入人工耳蜗获得了良好收益，显著提高了言语识别能力，有利于前庭水管扩大儿童言语语言发展（Benchetrit et al.，2022；Alahmadi et al.，2022）。当两侧听力不对称下降时，可以考虑较好耳验配助听器，差耳植入人工耳蜗的双模式干预方案，并积极监控听力损失情况和发育水平，根据患儿具体情况考虑对侧再行人工耳蜗植入。

八、临床案例

1. 基本情况

儿童，女，4岁，家长因儿童听声反应欠佳，发音不清等原因就诊。家长主诉孕期无特殊患病，儿童足月顺产，出生时无窒息、产伤等异常情况，新生儿听力筛查通过，双方家族成员无先天性耳聋。

2. 听力学检查

临床行耳内镜、声导抗、小儿游戏测听、畸变产物耳声发射（DPOAE）、听性脑干诱发电位（ABR）和多频稳态诱发电位（ASSR）等听力学检查。结果显示：①声导抗双耳As型，右耳声导纳为0.22 ml，左耳声导纳为0.28 ml，双耳1 kHz镫骨肌反射均未引出；耳内镜观察儿童双侧鼓膜形态良好，光锥清晰，未见鼓室内异常病变特征。②行为测听如图21.6所示，右耳平均听阈106 dB HL，气导左耳平均听阈76 dB HL；双耳250 Hz ～ 2 kHz均存在气骨导差。

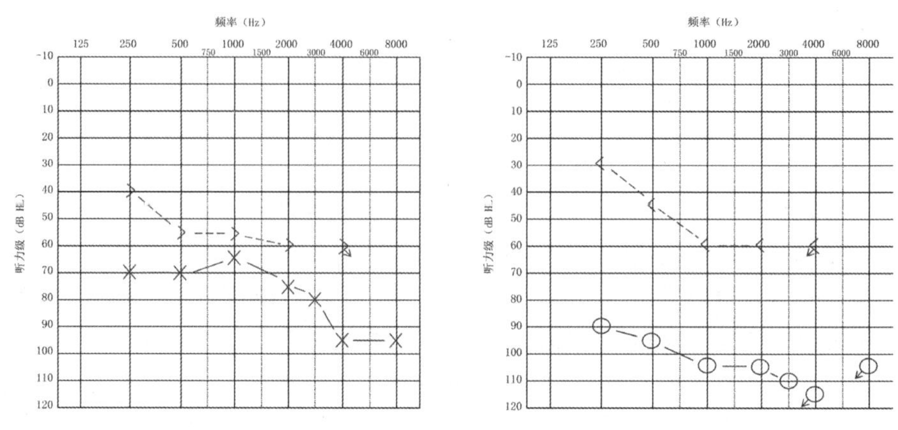

图21.6　儿童行为测听结果

表21.1展示患儿的click-ABR、TB-ABR和ASSR反应阈值，显示双耳均存在听力损失。另外，右耳在不同声刺激ABR测试中均引出ASNR波（气导click-ABR，图21.7），且左耳click-ABR气导与骨导反应阈值存在15 dB差值。

表21.1　儿童各电生理检查反应阈值

（单位：dB nHL）

项目	耳别	AC-click	BC-click	500 Hz	1 kHz	2 kHz	4 kHz
ABR	右耳	＞ 95	＞ 45	＞ 95	＞ 95	/	/
	左耳	60	45	80	70	/	/
ASSR	右耳	/	/	80	90	90	100
	左耳	/	/	70	60	60	90

AC=air conduction, BC= bone conduction

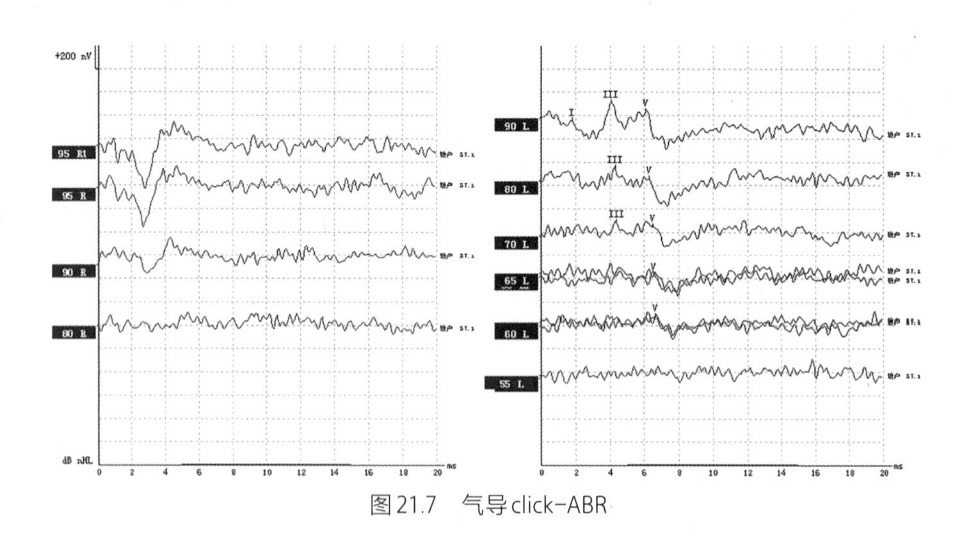

图21.7　气导click-ABR

分析患儿听力学检查结果，行为测听显示双耳为重度-极重度听力损失，且双耳均存在显著气骨导差，而声导抗与耳镜检查未提示存在中耳病变，表明气骨导差可能为内耳来源。电生理反应阈值与行为听阈相符，且ABR测试中诱发ASNR波形。结合病史及检查结果考虑，高度怀疑该患儿为前庭导水管扩大，遂行颞骨HRCT检查进一步明确诊断。

3. 影像学检查

儿童HRCT可见双侧前庭导水管扩大，呈三角形骨质缺损，边缘清晰，前庭水管中点内径右耳为3.1 mm，左耳为3.6 mm，确诊为前庭导水管扩大（图21.8）。

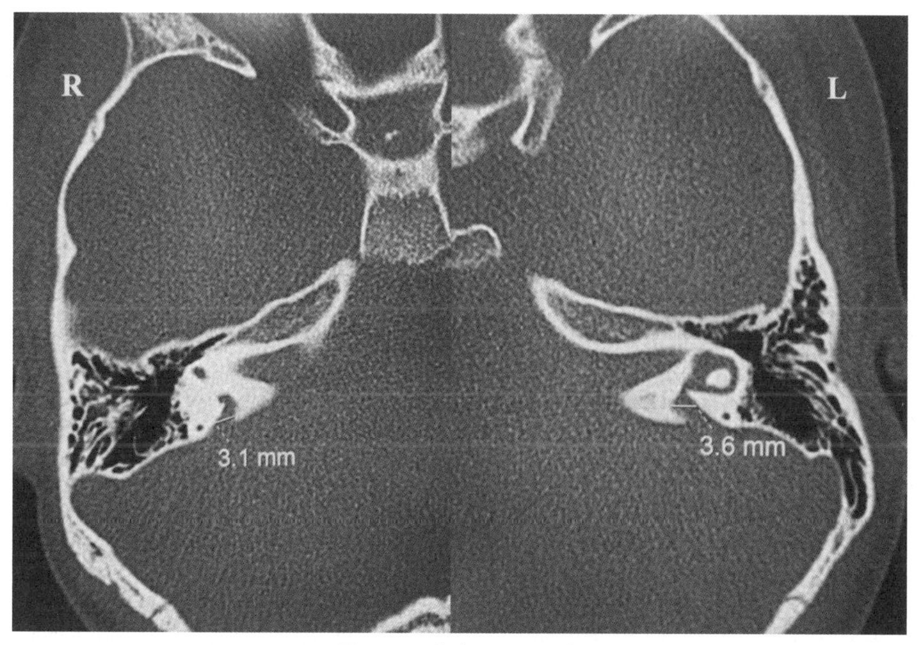

图21.8 儿童HRCT影像

4. 干预方案

儿童左耳平均听力为76 dB HL，可以通过大功率助听器接受到较好的听觉刺激，获得助听收益，而右耳平均听力为106 dB HL，残余听力很差，即使将助听器增益调试至临界，对声音感受仍很差，且儿童会感到不适。综合考虑儿童的年龄和言语语言发育迟缓的情况，建议采用左耳验配助听器，右耳植入人工耳蜗的双模式干预。建议家长立即为儿童左耳验配大功率助听器，随后开始听觉与言语康复训练，并尽快考虑右耳人工耳蜗植入。

5. 随访记录

儿童明确诊断前庭导水管扩大次日即为左耳验配助听器。初次验配时考虑儿童听声舒适度和对助听器的适应性，未将增益调试至目标曲线，在随后的1月内并根据儿童行为反应和家长日常观察反馈逐步进行调试，达到相对理想的增益曲线，声场测得500 Hz～4 kHz助听听阈分别为35，40，40，50 dB HL。儿童明确诊断2月左右接受人工耳蜗植入手术，目前开机2月余，人工耳蜗调试两次，最近于声场测得耳蜗植入耳行为反应阈值250 Hz～8 kHz（倍频程）分别为45，35，40，45，50，45 dB HL。儿童目前已开始进行听觉口语法康复训练。

参考文献

戴朴，黄德亮，王嘉陵，等，2005. PDS基因检测－诊断大前庭水管综合征的新方法[J]. 中华耳科学杂志，3(4)：241–244.

兰兰，于黎明，陈之慧，等，2006. 短潜伏期负反应诊断前庭水管扩大的意义[J]. 听力学及言语疾病杂志，14(4)：241–244.

肖青，陈建勇，沈佳丽，等，2019. 不同声刺激模式对大前庭水管综合征患者短潜伏期负反应的影响[J]. 听力学及言语疾病杂志，27(3)：238–242.

Alahmadi A，Abdelsamad Y，Salamah M，et al.，2022. Cochlear implantation in adults and pediatrics with enlarged vestibular aqueduct：A systematic review on the surgical findings and patients' performance[J]. European Archives of Oto–Rhino–Laryngology，279(12)：5497–5509.

Benchetrit L，Jabbour N，Appachi S，et al.，2022. Cochlear implantation in pediatric patients with enlarged vestibular aqueduct：A systematic review[J]. Laryngoscope，132(7)：1459–1472.

Campbell AP，Adunka OF，Zhou B，et al.，2011. Large vestibular aqueduct syndrome：anatomic and functional parameters[J]. Laryngoscope，121(2)：352–357.

Jackler RK，De La Cruz A ，1989. The large vestibular aqueduct syndrome [J]. Laryngoscope，99(12)：1238–1242.

Liu L，Yang B，2013. Acoustically evoked short latency negative responses in hearing loss patients with enlarged vestibular aqueduct[J]. Acta Neurologica Belgica，113(2)：157–160.

Merchant SN，Rosowski JJ，2008. Conductive hearing loss caused by third–window lesions of the inner ear[J]. Otology & Neurotology，29(3)：282–289.

Nong DX，Ura M，Kyuna A，et al.，2002. Saccular origin of acoustically evoked short latency negative response[J]. Otology & Neurotology，23(6)：953–957.

Sheykholeslami K，Schmerber S，Habiby Kermany M，et al.，2004. Vestibular–evoked myogenic potentials in three patients with large vestibular aqueduct[J]. Hearing Research，190(1–2)：161–168.

Taylor RL，Bradshaw AP，Magnussen JS，et al.，2012. Augmented ocular vestibular evoked myogenic potentials to air–conducted sound in large vestibular aqueduct syndrome[J]. Ear and Hearing，33(6)：768–771.

Valvassori GE，Clemis JD，1978. The large vestibular aqueduct syndrome [J]. Laryngoscope，88(5)：723–728.

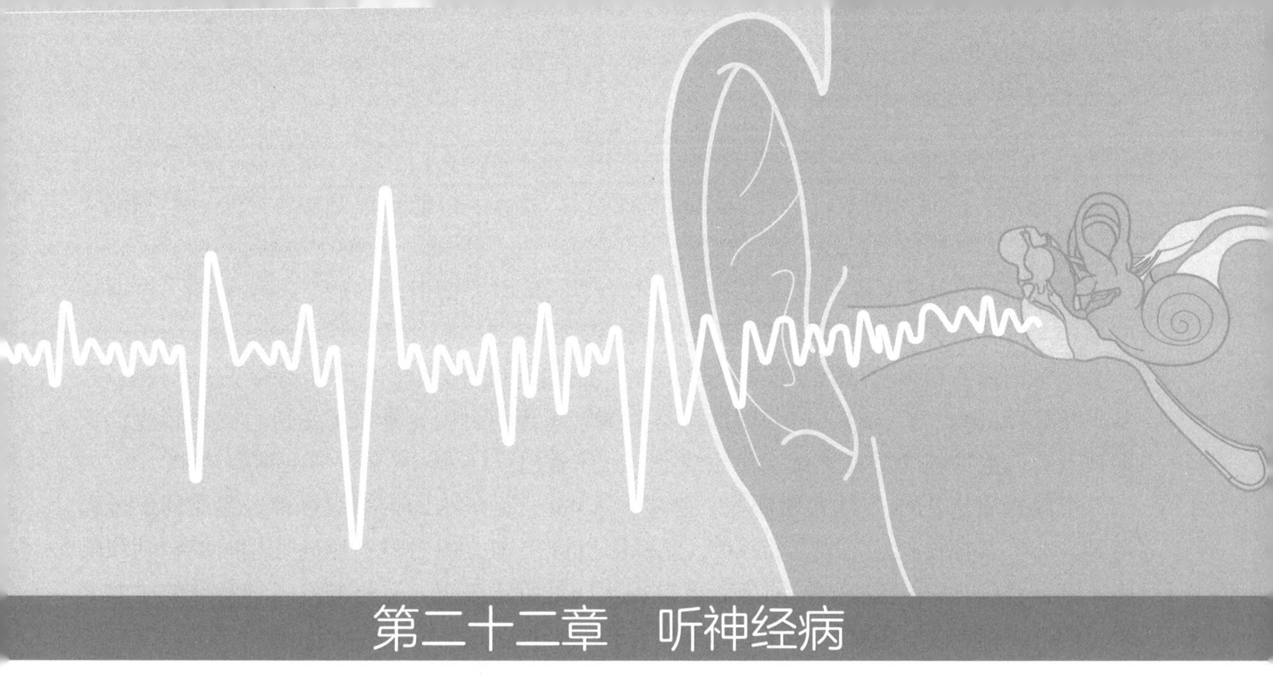

第二十二章　听神经病

一、听神经病定义及名称争议

听神经病（auditory neuropathy，AN）是一种罕见的感音神经性听力障碍，在儿童听障群体中约占10%。其病理表现可简单概括为蜗后听觉传导通路（即耳蜗-听皮层）无法正常地传递声刺激。与该病相关的概念最初由Starr等（1996）提出，他们观察到一群耳蜗功能正常但言语分辨能力差的年轻人。听神经病患者的主要特征为轻度至中度的听力损失、耳声发射(otoacoustic emission，OAE）以及耳蜗微音电位(cochlear microphonic，CM）可引出、听性脑干反应缺失或存在异常、言语分辨能力差。

听神经的命名一直以来存在争议。部分学者认为听神经病仅描述了听觉系统的第一个神经元，但病变部位也可发生在更高等级的中枢听觉神经系统。且定义该疾病的一系列测试结果并没有提供有关听神经功能障碍或神经病变的直接证据，因此认为听神经病这一表述可能无法包含符合相应特征的所有疾病（Hayes et al.，2008）；另一些学者则认为谱系障碍更适于描述缺乏客观检查评估且对潜在病因了解有限的疾病，但近些年的研究发现使该病的病因、诊断及评估逐渐清晰，故应称呼其为听神经病（Starr et al.，2015）。最近，中国听觉神经病变临床诊断与干预多中心研究协作组（2022）达成了共识，将听神经病定义为一种以内毛细胞、突触、螺旋神经节细胞和（或）听神经本身功能不良所致的听觉信息处理障碍性疾病，并可根据病因或症状分为不同亚型，如“听突触病”“遗传性听神经病”“迟发型听神经病”和“非综合征型显性遗传性听神经病”等。本文综合上述意见，采用了听神经病（AN）这一表述，并认为AN应满足以下特征：①病变部位在内毛细胞、突触、螺旋神经节细胞和（或）听神经；②外毛细胞功能（可用OAE和（或）CM检测）存在或曾经存在，听性脑干反应ABR异常或不存在。

二、病因及分类

AN的病因可分为环境因素和遗传因素。新生儿AN的环境诱因包括产前胎儿感染、早产、缺氧、黄疸、脑膜炎等；而环境噪声和年龄则是诱发成人AN的主要原因。多数AN表现为双侧损失，而单侧AN仅占总量的10%不到，其病因可能有单侧病毒感染、单侧蜗神经发育不良和肿瘤等（Liu et al.，2012）。

遗传因素在AN患者中也占了一定比例。不同基因突变引起的病变部位不同，根据病变部位又可分为突触前病变、突触病变和突触后病变。

突触前病变指内毛细胞（inner hair cells，IHCs）功能障碍，原因有基因突变和缺氧等。常见致病基因为*SLC17A8*，该基因编码谷氨酸转运蛋白，突变导致无法进行突触传递；长期缺氧对内毛细胞的影响要大于外毛细胞，临床常用OAE和CM来评估毛细胞功能。

突触病变指IHCs带状突触病变，新生儿AN的常见病因即带状突触神经递质释放过程遭到破坏。其常见致病基因为*OTOF*，该基因负责在IHCs突触进行胞吐作用时结合钙和磷脂。存在*OTOF*基因突变的不同患者可呈现不同的听觉表现，还可导致一种特殊的对温度敏感的听力损失——温度敏感性听神经病（Zhu et al.，2021）。

突触后病变指螺旋神经节（spiral ganglion neurons，SGNs）的轴突、树突及胞体或听觉神经纤维本身出现病变，导致听觉神经纤维的数量减少，声音编码被破坏引起感知缺陷。原因可能有遗传性耳聋基因、噪声暴露、年龄和全身代谢性疾病因素（如高胆红素血症）等。其常见致病基因为*OPA1*基因，是线粒体内膜的主要组织者，在耳蜗内多个部位表达，主要存在于SGNs中。患者会表现出不同程度的视力障碍与听力障碍，视力障碍发生时间通常要比听力障碍早。

三、评估诊断

首先要进行详细的病史询问，包括家族史、药物史和耳聋情况等，对于新生儿则还需要知晓产前、围产期及出生情况（如是否有黄疸、早产、缺氧等）；其次需要进行详细的听力学评估。听力学评估包括以下几个方面。

（一）纯音测听（行为测听）

因病因不同，每个患者可表现出从正常到极重度不等的听力损失，并结合其他检查结果综合评估严重程度。新生儿无法行主观检查，需要依靠客观检查了解其听力情况。

（二）声导抗

鼓室图正常（A型）。同侧和对侧的镫骨肌反射阈值升高或消失。

（三）耳声发射

评估外毛细胞（OHCs）和血管纹功能，AN患者测试结果可呈现引出或未引出，引出的患者随着时间推移OAE也会减少或消失。当听阈超过40 dB HL，OAE较难引出时可用耳蜗微音电位（CM）来评估OHCs功能。

（四）耳蜗电图

目前认为CM、总和电位（SP）以及复合动作电位（CAP）分别用于评估OHCs、IHCs及听神经纤维。AN患者的CM和SP可呈现引出或未引出，而CAP则为未引出或异常（振幅降低且波形比正常波形更宽）。研究表明AN患者的CM振幅可能高于正常人，且在AN程度较严重时CM可仍存在（Soares et al.，2016）。

（五）听性脑干反应

AN患者高强度下ABR Ⅰ波消失，Ⅲ、Ⅴ波分化差、潜伏期延长及振幅降低或完全无波形。

（六）多频稳态反应

ASSR阈值与纯音测听结果不符，与ABR结果相似，但未引出的比例低于ABR。

（七）言语测听

言语识别率与纯音测听结果严重不符，表现出较差的言语感知理解能力。AN病变部位较低者安静下测试结果可正常，但在噪声下结果往往较差。

除了听力学评估，还需进行影像学检查（检查耳蜗和听神经解剖结构）和遗传学评估（检查致病基因是否突变），尽可能明确致病原因。部分患者还可出现前庭眩晕症状，温度试验可出现双侧无反应的结果。对于综合型AN患者，彻底的神经系统检查也是必要的，明确其病因有助于制订干预治疗方案。

四、干预与处理

（一）放大声音信号

程度较轻的AN患者的主诉通常为噪声环境下聆听困难。对于此类患者，使用助听器和FM调频系统可以提高聆听环境的信噪比，从而提高言语可听度。由于AN病变涉及的部位不仅限于毛细胞，所以患者的理解能力通常无法通过助听器得到提升（单纯的声音放大并不会改善听觉处理功能）。带有突出时间差异算法的助听器可能对AN患者是有帮助的，此类算法可以通过夸大自然声音的强度变化来人为地增强声音强度提示。

（二）人工耳蜗

人工耳蜗（CI）是AN患者首选的干预方式，因为其绕过了毛细胞，直接刺激听神经纤维，这对突触前及突触病变的AN患者比较有效。研究表明，病变部位在树突的AN患者大多能从CI中获得不同程度的益处，具体表现为安静下和噪声下言语识别率提高（Rance et al., 2015）。而对于病变部位在突触后的AN患者，其CI预后效果具有较大的个体差异性。不过需注意，AN患者的病变部位并不是决定CI效果的唯一因素，目前CI仍是AN患者的最有效的干预方式。

参考文献

中国听觉神经病变临床诊断与干预多中心研究协作组，2022. 中国听觉神经病变临床实践指南(2022版)[J]. 中华耳鼻咽喉头颈外科杂志，57(3)：241-262.

Hayes D，Sininger YS，Northern J，(2008-08). Guidelines for identification and management of infants and young children with auditory neuropathy spectrum disorder[EB/OL]. Guidelines Development Conference at NHS 2008，Como，Italy. Available at：https：//www.audiology.org/wp-content/uploads/2021/06/ANSDGuidelines2008.pdf.

Liu C，Bu X，Wu F，2012. Unilateral auditory neuropathy caused by cochlear nerve deficiency[J]. International Journal of Otolaryngology，2012：914986.

Rance G，Starr A，2015. Pathophysiological mechanisms and functional hearing consequences of auditory neuropathy[J]. Brain，138(11)：3141-3158.

Soares ID，Menezes PL，Carnaúba AT，et al.，2016. Study of cochlear microphonic potentials in auditory neuropathy[J]. Brazilian journal of otorhinolaryngology，82(6)：722–736.

Starr A，Picton TW，Sininger Y，et al.，1996. Auditory neuropathy[J]. Brain，119(3)：741–753.

Starr A，Rance G，2015. Auditory neuropathy[J]. Handbook of clinical of neurology，129：495–508.

Zhu YM，Li Q，Gao X，et al.，2021. Familial temperature–sensitive auditory neuropathy：distinctive clinical courses caused by variants of the OTOF gene[J]. Frontiers in Cell and Developmental Biology，9：732930.

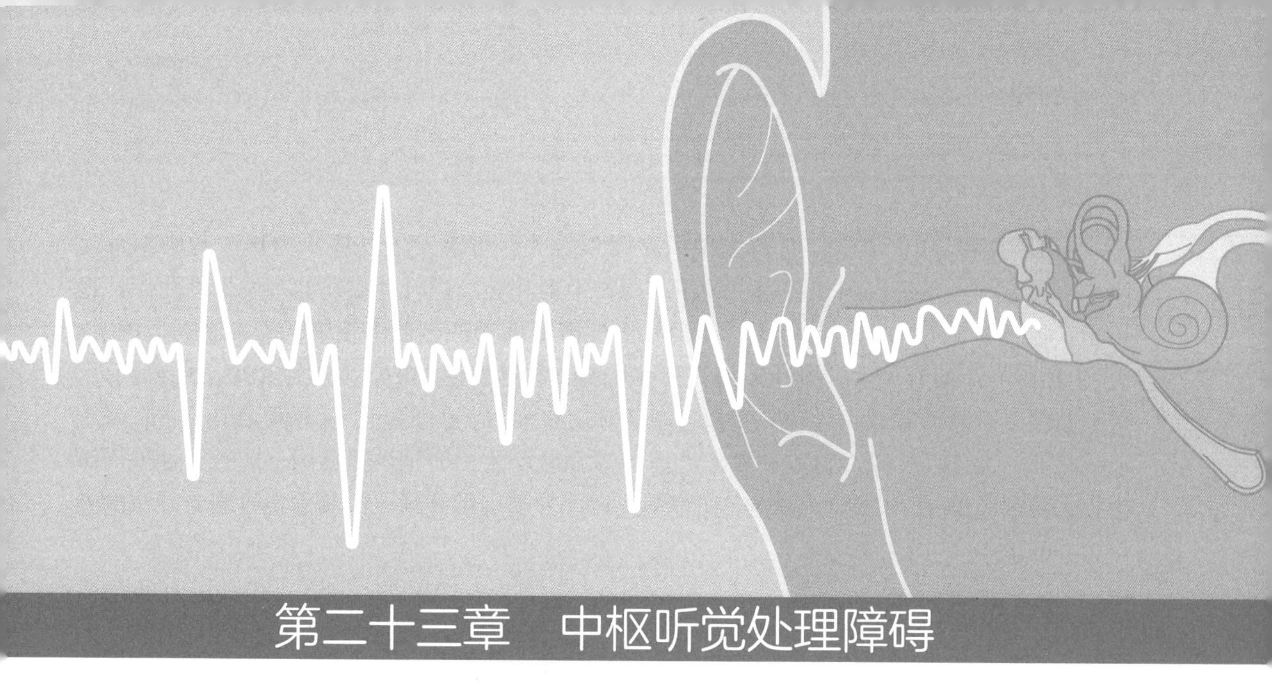

第二十三章　中枢听觉处理障碍

一、中枢听觉处理（CAP）和中枢听觉处理障碍（CAPD）

中枢听觉处理（central auditory processing，CAP）是中枢听觉神经系统（central auditory nervous system，CANS）中听觉信息的感知处理，以及作为处理基础产生电生理听觉电位的神经生物学活动（ASHA，2005）。

CAP由保存、提炼、分析、修改、组织和解释听觉外围信息的机制组成。这些机制是听觉辨别、时间处理和双耳处理的基础，具体见表23.1。

表23.1　CAP涉及的听觉技能

听觉技能	具体内容
听觉辨别	对言语和非言语刺激声的频率、强度和持续时间的识别
听觉时间处理和模式识别	随时间推移处理非言语刺激声的能力，包括 （1）时间整合：将简短声音的声能整合并随着时间累加信息的能力。时间整合是指对声音进行排序、整合一系列声音以及双耳随时间处理刺激 （2）时间分辨率（如时间间隙检测）：解析声学信号随时间变化 （3）时间排序：按顺序处理持续时间模式并感知一系列声音 （4）时间掩蔽：较强音素会掩盖其附近的较弱音素。一种声音掩盖在它之前或之后的另一种声音
双耳处理	声音定位和偏侧化：在空间中定位声源的能力、检测嘈杂环境中的声学信号的能力以及双耳融合能力

美国言语–语言–听力协会（ASHA，2005）和美国听力学会（AAA，2010）将CANS对听觉中枢疾患所引起的处理障碍定义为中枢听觉处理障碍（central auditory processing disorder，（C）APD）。英国听力学会（BSA，2018）指出，APD患者对言语和非言语声音信号的感知不佳，并且会因听觉活动的反应能力下降而影响生活，这与加拿大听力协会给出的定义相似。与美国指南不同的是，后两者更注重行为上的表现，并指出了干预的重

要性。

APD的病因并不单一，它与多种风险因素相关，可继发于外周听力损失的中枢神经障碍，或是神经系统疾病如肿瘤、外伤、药物中毒和神经退行性疾病如多发性硬化等；遗传因素也可能在其中起一定作用，新生儿出生情况如早产、低出生体重等都是高危因素。BSA（2018）将APD分为发展性APD、获得性APD和继发性APD。发展性APD无明确病因，可与其他发育障碍并存，导致儿童语言习得和文字学习上的影响。获得性APD与神经系统疾病相关，如创伤、噪声暴露和耳毒性药物等。继发性APD则由遗传因素或永久性外周听力损失导致（BSA，2018）。但近来许多学者对此分类表示怀疑，因其不包含衰老导致的老年人群的APD。

二、APD的诊断评估

首先需要完整的病史，病史信息由参与评估的专业人员如听力学家、言语语言学家和心理学家等获得。需要获得的信息有年龄、听觉相关行为的症状（如噪声下交流困难、声源定位困难等）、家族遗传史及教育情况或经历，儿童还需要了解出生史、生长发育史、言语语言发育史及社会交往情况等。

评估过程需要不同领域的专业人士参与，了解其听觉功能，注意力、记忆力、认知能力以及言语语言发育等情况。听觉方面，首先行听力学检查如纯音测听、声导抗和耳声发射等测试，检查外周听觉是否存在病变。因为外周听力损失会影响个体在背景噪声中的言语辨别情况，所以要考虑外周听力损失对测试结果的影响。其次评估CANS功能，包括主观测试、客观测试及问卷评估（表23.2）。

表23.2 临床常用APD评估诊断测试表

<table>
<tr><td rowspan="2">主观测试</td><td>言语测试</td><td>噪声下言语感知测试（BKB-SIN；Quick-SIN）、分听测试、SCAN-3（儿童/成人）、空间化噪声句子测试（LISN-S）、单声道低冗余度语音识别（LPFST）</td></tr>
<tr><td>非言语测试</td><td>噪声下间隙测试GIN、频率模式测试FPT、持续时间模式测试DPT、声源定位测试</td></tr>
<tr><td rowspan="2">客观测试</td><td>电生理测试</td><td>听性脑干反应ABR、频率跟随反应FFR、中潜伏期听觉诱发反应MLAER、长潜伏期听觉诱发反应LLAER</td></tr>
<tr><td>影像学检查</td><td>PET/CT、磁共振</td></tr>
<tr><td>问卷评估</td><td colspan="2">韦氏儿童智力量表WISC-Ⅳ、言语、空间和听力质量量表SSQ</td></tr>
</table>

主观测试是主流测试，部分测试发展较为成熟，已被商业化运用。学者们建议使用两种及以上的行为测试评估，评估结果只考虑测试中最差的几个得分，总时长不应超过45～60 min，若两个及以上的测试得分比同龄段平均值低两个及以上的标准差，或一个测试分数低于同龄段平均值三个标准差以上，则考虑受试者存在APD（AAA，2010）。下面是几项代表性主观测试。

分听测试（dichotic listening test，DT）是一种评估大脑半球处理语言信息的时间整合能力的测试，用于研究与半球侧化或语言优势相关的言语感知，对脑干、皮质和胼胝体功能障碍敏感。测试时两个言语刺激同时通过耳机分别呈现给左耳和右耳，受试者被要求回忆听到的声音，刺激声有单音节词、数字或辅音元音（CV）音节。胡旭君等（Hu et al.，2019；2020）研发了普通话数字和普通话单音节词的分听测试及相关手机软件。

双耳掩蔽级差（masking level difference，MLD）是一种听觉现象，当其中一侧耳朵的信号或噪声刺激相位发生变化时（S_0N_0、$S_\pi N_0$和S_0N_π），测试音阈值会出现差异。目前尚未统一测试流程，根据研究目的可变换声音、声强、时长。简单来说就是三个一定时长和声强的噪声段，每段相间一定时长，信号声通常使用500 Hz的纯音（低频更容易分辨），受试者须确定哪个噪声段包含信号声。当受试者能够连续两次正确识别信号，信号声强度降低，无法正确识别信号时信号声强度则升高。强度变化之间的步阶是固定的，但阈值判断方法各不相同，有取最后一次的信号声强度，也有最后两次的信号声强度平均值。MLD的计算方法是$S_\pi N_0$和S_0N_π的阈值减去S_0N_0阈值。MLD效应在低频更明显（阈值差异更大），正常人500 Hz的MLD ≥ 10 dB，也有研究表明语音刺激声对病变更敏感（Ho et al.，2015）。双耳处理最初在脑干发生，其负责检测双耳间的时间和强度差异，因此MLD被认为可用于检测脑干病变。

噪声下间隙测试（gap in noise，GIN）被认为是听觉时间敏锐度的代表性测试，在临床上作为中枢听觉时间处理机制完整性的指标之一，异常的GIN结果被认为提示CANS神经系统病变，其敏感性为72%，特异性为93%（Filippini et al.，2020）。该测试由36个不同的6 s白噪声片段组成。每个片段包含零到三个静音间隙。噪声段之间的间隔为5 s，静音间隙的持续时间为2，3，4，5，6，8，10，12，15和20 ms。测试结果包含两个标准：检测噪声间隙的阈值和每只耳朵正确反应的百分比。检测噪声间隙的阈值是六个正确反应中有四个的最短间隙持续时间。正确反应的百分比是该测试所有正确反应的平均百分比。

频率模式测试（frequency/pitch pattern sequence test，FPT/PPT）通过识别声音刺激的声学轮廓来评估时间排序能力。受试者说出感知到的声音刺激是“高”还是“低”，10个刺激为一组，每侧耳单独进行，正常范围为90%以上。FPT评估声音频率识别机制，是识别和理解音乐旋律的基础技能，有过音乐训练的人在该测试中表现会更好。

持续时间模式测试（duration patterns test，DPT）由每段三个纯音组成。每个音调的频率为1000 Hz，持续时间为250 ms（短S）或500 ms（长L）。音调之间的间隔为300 ms。通常有六种模式（LLS，LSL，LSS，SLS，SLS，SLL和SSL），每段之间存在6 s的静音间隔。正确回答的百分比是该测试所有结果的平均值。建议刺激声强度选择在言语识别阈或纯音平均听阈（500，1000和2000 Hz）50 dB SL，但强度对该测试影响并不显著，10 dB SL的声强也可。DPT和PPT同为时间顺序测试，提供有关大脑半球功能、胼胝体整合功能以及与认知和感知过程相关的信息，对脑病变患者具有良好的敏感性、特异性和复测可靠性。不过两者之间没有相关性，不能替换使用（Chowsilpa et al.，2021）。

空间化噪声句子测试（listening in spatialized noise-sentences test，LISN-S）评估受试者使用空间线索的能力，专为儿科评估设计。目标音（句子）和干扰声（故事）均为言语声，通过变换两者的空间位置和录制语音者的不同可分为四种测试条件。测试一是目标音和干扰声均由一人录制，且两者均由正前方的扬声器（0°）给出；测试二是位置不变，干扰音由另一人录制；测试三是目标音和干扰声同一人录制，目标音仍在正前方0°，干扰声位置

在侧方 ±90°；测试四是位置同测试三，目标声和干扰声为不同人录制。受试者重复目标音内容即可，每种测试最多30个句子，初始目标音强度62 dB SPL，干扰声55 dB SPL，若受试者每个句子的正确率超过50%，目标音强度降低2 dB，反之增加2 dB。测试结果由5个分数呈现：低提示SRT（测试一）；高提示SRT（测试四）；说话者优势（测试一和测试二差异）；空间优势（测试一和测试三差异）；总优势（测试一和测试四差异）。其中低提示SRT和说话者优势因为不涉及空间因素，可放在同组分析（Cameron et al.，2006）。

主观测试主要评估听觉处理能力，即上文提及的听觉技能，然而即使最简单的听觉事件也会受高层次的认知因素的影响，因此认知能力在评估测试中起着至关重要的作用。目前被广泛接受的理论认为，注意力、感知、记忆、语言和执行功能等形成了人类的认知，执行功能具有三项基本技能，即抑制（自我控制和干扰控制）、工作记忆（在短时间内维护、处理和操作信息的能力）和认知灵活性（Diamond et al.，2013）。表23.3是听觉技能所对应的测试及其运用到的认知功能。

表23.3　听觉技能所对应的测试及其相关认知功能

听觉技能		测试项目	认知能力
听觉辨别		频率、强度和持续时间阈值测试；无标准化临床测试	评估听觉短期记忆水平和右大脑半球的功能水平
时间处理和模式识别	时间整合	无标准化临床测试	/
	时间分辨率	噪声下间隙测试GIN	抑制能力、处理速度和计划
	时间排序	频率模式测试FPT； 持续时间模式测试DPT	工作记忆、持续听觉注意能力、抑制能力和认知灵活性
	时间掩蔽	向前掩蔽、向后掩蔽测试； 无标准化临床测试	/
双耳处理		双耳掩蔽级差MLD；LISN-S； 分听测试——数字、单词、CV音节	持续听觉注意能力、抑制控制、认知灵活性和工作记忆； LISN-S评估空间听力，不受注意力影响

因行为测试的结果有较大的个体差异，尚有部分患者无法配合行为测试。AAA和BSA建议行电生理测试，且可以排除注意力因素。其中FFR因刺激声/da/包含较多的语言信息得到许多学者的关注，具有良好的复测准确性和稳定性，可以作为评估听觉训练的指标。除此之外，学者们尝试用影像学来帮助研究APD的病理机制，也得到了有力证据（Alvand et al.，2022）。

因为APD患者症状的多样性和异质性，评估诊断至今尚未有统一的标准，即使AAA和ASHA的共识也尚未得到所有学者的认可。大多数APD测试都需要注意力和记忆力的参与，而受试者的注意力在评估过程中是波动的状态，很难量化。除此之外，测试人员的经验和知识储备也会影响结果，为了增加测试准确性，建议测试人员严格按照规范的测试程序。对于临床医生，不建议以诊断为目标，应把重心放在系统且详细的评估程序上，仔细评估受试者的受损范围和严重程度，制定有针对性的干预策略。

三、儿童APD和成人APD

APD可发生在所有年龄段，各年龄段的APD表现不同但又存在相似之处。在评估儿童的听觉处理能力时，首先要考虑个体的年龄和认知状态，因其会影响个体的行为测量，继而影响结果的准确性。目前认为，7岁时CANS才发育完全，因此要对7岁以下儿童的听觉功能准确评估尚有困难。儿童APD的主诉大多是在嘈杂的环境中难以理解言语，声音定位困难，不能正确回应口头信息，经常要求重复信息，容易分心，交流时响应时间长及执行听觉任务困难（ASHS，2005；AAA，2010）。学龄儿童可能在拼写和阅读等方面存在困难，这与阅读障碍、学习障碍和注意力缺陷多动障碍等其他发育障碍存在重叠，区分这几种疾病是目前诊断APD的难点和争议之一。

因目前尚未统一APD的定义及诊断标准，导致各研究的发病率差异较大，儿童中发病率为0.2% ～ 5.0%不等，合并学习障碍比例达30% ～ 50%（Nagao et al.，2016；chermak et al.，1997；Silman et al.，2000）。APD通常伴有其他精神发育障碍这一点被多数学者认可。各种发育障碍的儿童在智力、注意力、记忆力和语言特征方面都存在相似之处，这些患儿往往又伴有相对较差的听觉处理技能，APD患儿与这些发育障碍患者之间的重叠症状引起了许多学者的讨论，即APD是否能作为一个客观的疾病独立存在。目前认为APD可以由外周听力损失（自下而上）和认知、注意力等能力（自上而下）引起。其中注意力是听觉处理的关键（BSA，2018）。临床中，许多儿童因为注意力缺陷被诊断为APD，这会影响他们的干预、治疗，如果不能确定其疾病特异性，APD就不能被视为一种独立存在的疾病，用聆听障碍来描述相关缺陷（APD、注意、记忆和语言障碍）可能更合适（Cacace et al.，2013；Moore，2018）。另一些学者提出反对意见，多个国际组织已经认可APD是一个独立存在的疾病，聆听障碍仅是一个症状的描述，对诊断帮助并不大。把APD引起的困难表现归因于注意力和认知，没有考虑到听觉在其中的贡献，许多APD研究中并没有对患者补偿听觉缺陷就对其进行评估诊断，这并不恰当（Iliadou et al.，2018）。APD是一个临床表现多样的疾病，需要用全面的评估方法去诊断。

成人APD中受到广泛关注的是与年龄相关的APD，也称为中枢性老年聋（Gates，2012）。衰老会导致人体各种系统和生理结构变化。当听觉系统发生结构和生理变化导致听觉感知变化和听力损失时，CAP也会受到影响，主要特征为在嘈杂环境中言语感知能力下降。衰老引起多系统功能减弱，老年人的认知能力下降也是其中症状之一，且听力损失和认知能力之间的关系已被许多研究证实（Fu et al.，2021；Tong et al.，2022），这使评估APD变得困难，涉及因素越多，解释其评估结果的难度越大。一些研究试图通过比较年龄相似但听力程度不同的老年人，以去除年龄因素的影响，但他们忽略了认知在其中的作用。Murphy等（2018）将两者同时考虑在内，发现老年APD测试结果不佳的原因中听力损失占比不大，更多是因为老年人工作记忆的限制导致认知能力下降，而部分听觉测试尤其是时间处理模块又依赖工作记忆能力。

四、鉴别诊断

（一）与隐性听力损失HHL的鉴别

动物研究发现，噪声暴露和衰老会导致内毛细胞和听神经纤维之间的部分突触缺失，继而引起部分螺旋神经节丧失（突触病），或螺旋神经节的尖峰（刺激诱发动作电位）活性和纤维群的同步中断，导致螺旋神经节脱髓鞘（髓鞘病）（Budak et al.，2021），使听神经纤维对声音反应减弱但内毛细胞完好（Kujawa et al.，2015）。由此推测在纯音听阈正常且无其他外周听觉异常的人群中出现耳鸣、噪声中言语感知困难和听觉过敏等的症状可能与此相关，提出隐性听力损失（HHL）的概念。一些研究表明，ABR的Ⅰ波振幅和噪声下言语识别测试是提示HHL的指标（Liberman et al.，2016；Bramhall et al.，2017），也有研究持反对意见（Guest et al.，2018）。

HHL症状之一为噪声下言语感知困难，可能与突触缺失或脱髓鞘导致时间处理能力下降有关。而APD的症状和评估内容与HHL都非常相似，因此想要完全地区分APD和HHL并不容易，何况两者均尚未有统一的定义和诊断标准。

（二）与听神经病的鉴别

听神经病（auditory neuropathy，AN）是一种以内毛细胞、突触、螺旋神经节细胞（spiral ganglion cell，SGC）和（或）听神经本身功能不良所致的听觉信息处理障碍性疾病（中国听神经病临床诊断与干预多中心研究协作组，2022）。AN的存在与环境和遗传因素有关，包括早产、新生儿窘迫、感染、遗传因素和耳毒性药物。和APD患者相似，AN患者通常表现出与听力损失程度不符的言语感知能力，尤其在噪声环境下，其言语感知缺陷也归因于听觉系统时间处理能力受损。但不同的是，AN在听力学评估中具有典型表现——ABR严重异常但OAE能引出，可以用此来分辨两种疾病。

（三）与注意力缺陷多动障碍的鉴别

根据精神障碍诊断与统计手册（第5版）（*American Psychiatric Association*（2013）），注意力缺陷多动障碍（attention deficit hyperactivity disorder，ADHD）特征为干扰功能或发育的一种持续注意力不集中的模式，分为注意力不集中（11种症状）和多动/冲动（9种症状）。诊断标准为每个分类下出现6种及以上的症状（若两种分类均满足需12种及以上症状），在2个及以上的环境中持续存在超过 6 个月，且与发育水平不一致，影响社交、学习或工作。

和APD相似，ADHD的特征是存在多种合并症，常见的有学习障碍、阅读障碍和孤独症谱系障碍等。目前ADHD仍是排除性诊断，其评估主要依赖临床访谈（包括患者本人和其家属），包含医学和社会病史，以及客观检查辅助诊断。在儿童中ADHD可能与APD共同存在，鉴别两种疾病需要儿科医生和心理医生共同参与。

五、干预处理

（一）助听器

APD患者听觉处理能力较差，表现出在噪声下聆听困难，学龄儿童容易出现学业成绩不理想的情况。助听器的定向麦克风和降噪功能可以帮助改善噪声中的语音理解。研究表明，在课堂中使用远程麦克风助听器能够帮助提高学龄APD患者的信噪比，教师佩戴麦克风，言语声通过无线传递至APD患者的接收器，提高声学输入的质量（Stavrinos et al.，2020），FM调频系统同理。

（二）听觉训练

听觉训练被认为是能够在神经生理学上产生变化的干预方法，但要产生变化并使其维持，需要投入足够的时间。神经生理学数据表明，在训练开始一周内便会产生相应变化。和语训相似，任务难度应根据患者表现适当增加，以便保持挑战性，起到激励作用。训练内容通常与评估内容相同，目的是训练听觉处理能力，具体训练计划应由专业人员根据患者情况定制。

参考文献

中国听神经病临床诊断与干预多中心研究协作组，2022. 中国听神经病临床实践指南(2022版)[J]. 中华耳鼻咽喉头颈外科杂志，57(3)：241-262.

Alvand A，Kuruvilla-Mathew A，Kirk IJ，et al.，2022. Altered brain network topology in children with auditory processing disorder：A resting-state multi-echo fMRI study[J]. Neuroimage clinical，35：103139.

American Academy of Audiology(AAA)，(2010-08-24) [2023-04-02]. Diagnosis，treatment and management of children and adults with central auditory processing disorder[EB/OL]. Available at：https：//www.audiology.org/wp-content/uploads/2021/05/CAPD-Guidelines-8-2010-1.pdf_539952af956c79.73897613-1.pdf.

American Psychiatric Association，2013. Diagnosticand statistical manual of mental disorders[M]. 5th ed. Washington，DC：American Psychiatric Publishing.

American Speech Language Hearing Association(ASHA)，2005[2023-04-02]. (Central) Auditory processing disorders[R/OL]. Available at：http：//www.ak-aw.de/sites/default/files/2016-12/ASHA_ CAPD_2005.pdf.

Bramhall NF，Konrad-Martin D，McMillan GP，et al.，2017. Auditory brainstem response altered in humans with noise exposure despite normal outer hair cell function[J]. Ear and Hearing，38(01)：e1-e12.

British Society of Audiology(BSA)，2018-02[2023-04-02]. Position Statement and Practice Guidance，Auditory Processing Disorder[EB/OL] (APD). Available at：https：//www.researchgate.net/publication/324437594_Position_Statement_and_Practice_Guidance_Auditory_Processing_Disorder_APD.

Budak M，Grosh K，Sasmal A，et al.，2021. Contrasting mechanisms for hidden hearing loss：Synaptopathy vs myelin defects[J]. PLoS Computational Biolology，17(1)：1008499.

Cacace AT，McFarland DJ，2013. Factors influencing tests of auditory processing：A perspective on current issues and relevant concerns[J]. Journal of the American Academy of Audiology，24(07)：572 - 589.

Cameron S，Dillon H，Newall P，2006. The listening in spatialized noise test：an auditory processing disorder study[J]. Journal of the American Academy of Audiology，17(5)：306 - 320.

Canadian Association of Speech-Language Pathologists and Audiologists(CASLPA，现更名为Speech-Language & Audiology Canadda，SAC)，2012-12(2023-12-23). Canadian guidelines on auditory processing disorder in children and adults：Assessment and intervention[EB/OL]. Available at：https：//canadianaudiology.ca/wp-content/uploads/2016/11/Canadian-Guidelines-on-Auditory-Processing-Disorder-in-Children-and-Adults-English-2012.pdf.

Chermak GD，Musiek FE，1997. Central Auditory Processing Disorders：New Perspectives[M]. San Diego，CA：Singular Pub.

Chowsilpa S, Bamiou D E, Koohi N, 2021. Effectiveness of the auditory temporal ordering and resolution tests to detect central auditory processing disorder in adults with evidence of brain pathology : Asystematic review and meta-analysis[J]. Frontiers in Neuroscience, 12: 656117.

Diamond A, 2013. Executive functions[J]. Annual review of psychology, 64: 135-68.

Filippini R, Wong B, Schochat E, et al., 2020. GIN test : A meta-analysis on its neurodiagnostic value[J]. Journal of the American Academy of Audiology, 31(2) : 147-157.

Fu X, Liu B, Wang S, et al., 2021. The relationship between hearing loss and cognitive impairment in a Chinese elderly population : The baseline analysis[J]. Frontiers in Neuroscience, 15: 749273.

Gates GA, 2012. Central presbycusis : An emerging view[J]. Otolaryngology- head and neck surgery, 147(1) : 1-2.

Guest H, Munro KJ, Prendergast G, et al., 2018. Impaired speech perception in noise with a normal audiogram : No evidence for cochlear synaptopathy and no relation to lifetime noise exposure[J]. Hearing Research, 364: 142-151.

Ho CY, Li PC, Chiang Y C, et al., 2015. The binaural masking-level difference of mandarin tone detection and the binaural intelligibility-level difference of mandarin tone recognition in the presence of speech-spectrum noise[J]. Public Library of Science ONE, 10(3) : 0120977.

Hu XJ, Lau CC, 2019. Factors affecting the mandarin dichotic digits test[J]. International journal of Audiology, 58(11) : 774-779.

Hu XJ, Lau CC, 2020. Dichotic listening using Mandarin CV-words of six plosives and vowel /a/[J]. International journal of Audiology, 59(12) : 941-947.

Iliadou V, Kiese-Himmel C, 2018. Common misconceptions regarding pediatric auditory processing disorder[J]. Frontiers in Neurology, 8: 732.

Iliadou VV, Chermak G D, Bamiou D E, et al., 2018. Letter to the editor : An affront to scientific inquiry re : Moore, D. R. (2018) Editorial : Auditory processing disorder, Ear Hear, 39, 617-620[J]. Ear and Hearing, 39(6) : 1236-1242.

Kujawa SG, Liberman MC, 2015. Synaptopathy in the noise-exposed and aging cochlea : Primary neural degeneration in acquired sensorineural hearing loss[J]. Hearing Research, 330(Pt B) : 191-9.

Liberman MC, Epstein MJ, Cleveland SS, et al., 2016. Toward a differential diagnosis of hidden hearing loss in humans[J]. PLoS One, 11(09) : e0162726.

Liu P, Zhu H, Chen M, et al., 2021. Electrophysiological screening for children with suspected auditory processing disorder : Asystematic review[J]. Frontiers in Neurology, 12: 692840.

Moore DR, 2018. Editorial : Auditory processing disorder[J]. Ear and Hearing, 39(4) : 617- 620.

Murphy CFB, Rabelo CM, Silagi ML, et al., 2018. Auditory processing performance of the middle-aged and elderly : auditory or cognitive decline[J]? Journal of the American Academy of Audiology, 29(1) : 5-14.

Nagao K, Riegner T, Padilla J, et al., 2016. Prevalence of Auditory Processing Disorder in School-Aged Children in the Mid-Atlantic Region[J]. Journal of the American Academy of Audiology, 27(9) : 691-700.

Pomponio ME, Nagle S, Smart JL, et al., 2019. The effect of varying test administration and scoring procedures on three tests of (central) auditory processing disorder[J]. Journal of the American Academy of Audiology,

30(8)：694–702.

Stavrinos G，Iliadou VV，Pavlou M，et al.，2020. Remote microphone hearing aid use improves classroom listening，without adverse effects on spatial listening and attention skills，in children with auditory processing disorder：Arandomised controlled trial[J]. Frontiers in neuroscience，14：904.

Silman S，Silverman CA，Emmer MB，2000. Central auditory processing disorders and reduced motivation：three case studies[J]. Journal of the American Academy of Audiology，11(2)：57 - 63.

Tong J，Zhang J，Xu L，et al.，2022. Effect of hearing loss on cognitive function in patients with mild cognitive impairment：A prospective，randomized，and controlled study[J]. Frontiers in aging neuroscience，14：934921.

Valderrama JT，Beach EF，Yeend I，et al.，2018. Effects of lifetime noise exposure on the middle–age human auditory brainstem response，tinnitus and speech–in–noise intelligibility[J]. Hearing research，365(6):36–48.

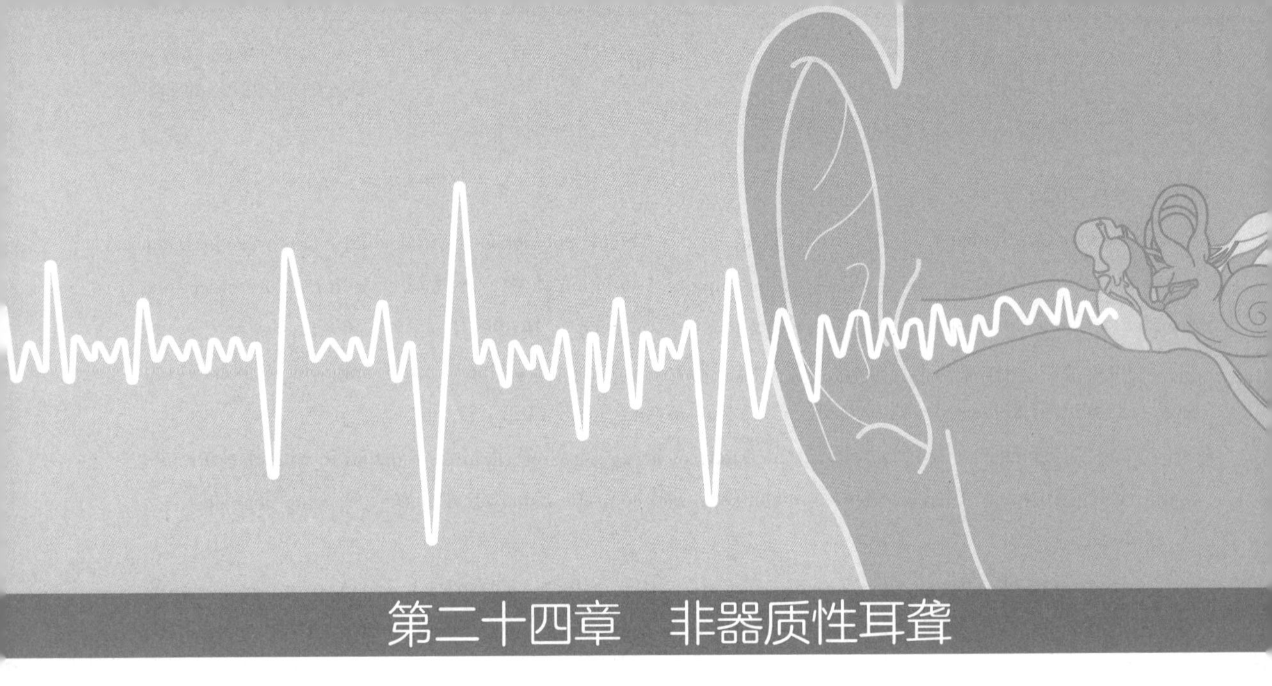

第二十四章　非器质性耳聋

非器质性耳聋是一种特殊的听力障碍，通常指即便在无器质性病变的情况下，患者依然能表现出不同程度的听觉功能障碍，也被称为功能性听力损失或假性听力损失。此类患者因表现出的较差听敏度且与听力测试结果不相符而被诊断为非器质性耳聋。非器质性耳聋可见于各年龄段，但是针对儿童群体的流行病学研究较成人充分。研究表明，6—17岁儿童的非器质性耳聋的发病率为7%。有学者甚至认为非器质性耳聋是儿童双耳突发性耳聋的主要病因之一。儿童非器质性耳聋最常在青春期出现，7岁以下儿童的发病则相对较少（Weisleder et al.，2022）。

一、非器质性聋的分类

非器质性耳聋与其他功能性疾病类似，根据患者的动机（是否故意）以及获益性质（外在或内在），可以大致分为三类（Austen et al.，2004），包括伪聋、人为性障碍（factitious disorder）以及转化性障碍（conversion disorder）。

二、非器质性耳聋可能出现的听力检查表现与鉴别技巧

非器质性耳聋患者可能会出现蓄意伪聋，其表现形式包括单侧伪聋、双侧伪聋、听力正常者的伪聋，以及听力损失程度的夸大等。因此，在临床上，听力师需要熟练掌握听力检查的原理，培养严密的听力学诊断逻辑，以便敏锐地发现伪聋者在听力检查中出现的任何破绽。下面列举伪聋者常见的几种听力检查表现及相应的鉴别技巧，供读者参考。

（一）病史询问

如前文所述，伪聋者通常会有伪聋的动机，例如希望通过听力损失来获得某些利益。在进行测试前的病史询问中，一些导致伪聋的潜在动机可以被发现。例如对一些因车祸、工伤、打架纠纷等情况前来就诊的患者通常要警觉。此外，病史询问还提供了观察患者日常言语沟通表现的机会。真实的听力损失者在交谈过程中常因听音不清而不自觉有以下表现：①靠近说话者；②侧耳倾听（使好耳靠近说话者）；③紧盯说话者的嘴唇动作试图唇读；④常重复说话者的问题以确定自己是否听对；⑤自己说话的声音响度高于正常交谈响

度。在病史询问中，若患者未表现出明显的交谈障碍，但在后续的听力测试中表现出严重的听力损失，则应警惕伪聋的可能。此外，处于青春期的儿童伪聋者在问诊时常表现为寡言少语、症状描述较模糊等，听力师也应注意。

（二）主观听力测试的重复性

伪聋者为夸大听力损失程度，通常会故意提高听阈。在主观听力测试中，他们只会在听到刺激声达到一定响度时才做出反应，这一响度可视为伪聋者自定的“目标”。在听到每个刺激声时，伪聋者都会将其与内心的标准进行对比，若未达到“目标”，就不做出反应。然而，这意味着伪聋者必须在刺激声强度不断变化时，稳定地将反应保持在“目标”上，这并不容易。特别是在复测某频率的听阈（如常规复测1000 Hz）时，伪聋者通常无法根据响度记忆将伪装出的听阈固定在某一个强度。因此，在主观听力测试中，伪聋者测得的“听阈”往往存在10 dB以上的浮动。这种反应重复性不佳的表现提示了蓄意伪聋的可能。

需要强调的是，有些受试者可能因未充分理解测试指导，误以为只有刺激声听得非常清楚时才能做出反应，无意中导致测出的听力较真实听力差。若受试者的反应重复性差，或测得的听力损失程度与受试者的沟通能力严重不符，那么听力师应怀疑测试结果的真实性并重新进行测试指导以及重复测试，直至测试反应重复性较好。若经过数次指导后受试者仍无法达到较好的配合度，应在测试报告上注明受试者配合不佳，并考虑是否存在伪聋可能。

（三）主观听力测试中的假阳性

在主观听力测试中，假阳性是指当刺激声未被呈现时，受试者错误地做出应答的情况。偶尔的假阳性反应是主观听力测试中难以避免的正常现象。尽管假阳性反应可能导致测试结果的不准确或反应重复性差等问题，但也反映出受试者渴望听到刺激声的强烈愿望；与之相反，伪聋者因故意伪装听力损失而几乎不会做出假阳性反应。若怀疑受试者可能是伪聋，测试人员可以在给声时故意停顿数十秒。正常配合的受试者在长时间的安静情况下，很可能会出现至少一次假阳性反应，而伪聋者通常不会做出应答。

（四）客观听力测试

在主观听力测试中，伪聋者有可能通过欺骗来伪装听力损失。因此，为了鉴别非器质性聋，采用客观听力测试可能是必要的，如耳声发射、镫骨肌声反射阈和听性脑干反应等测试。若多项客观听力测试结果明显优于主观听力测试的表现，则可合理怀疑该受试者的主观测试结果存在非器质性耳聋的成分。

（五）“影子听力”效应

在进行纯音测听前，受试者会被告知按下同侧手的应答器（或者举同侧手）来表示哪一侧耳听到声音。在无掩蔽情况下，当持续提升患耳给声强度，直至与好耳听力间的差值大于耳间衰减时，好耳即可因交叉听力“偷听”到患耳侧传来的刺激声，从而形成“影子听力”。如图24.1所示，该受试者左耳听力正常，在无掩蔽的情况下，当右耳侧的刺激声强度升高至大于耳间衰减时，真实的右耳聋受试者可在左耳“偷听”到来自对侧的测试音，因此会做出应答反应，导致在听力图上记录的右耳听阈实际为左耳的“影子听力”。然而，右耳伪聋者因感知到刺激声来自右侧，会故意不做出应答，以至于依然无法测得右耳听阈，“影子听力”效应消失。当临床上观察到“影子听力”效应消失时，即可合理怀疑伪聋的存在。

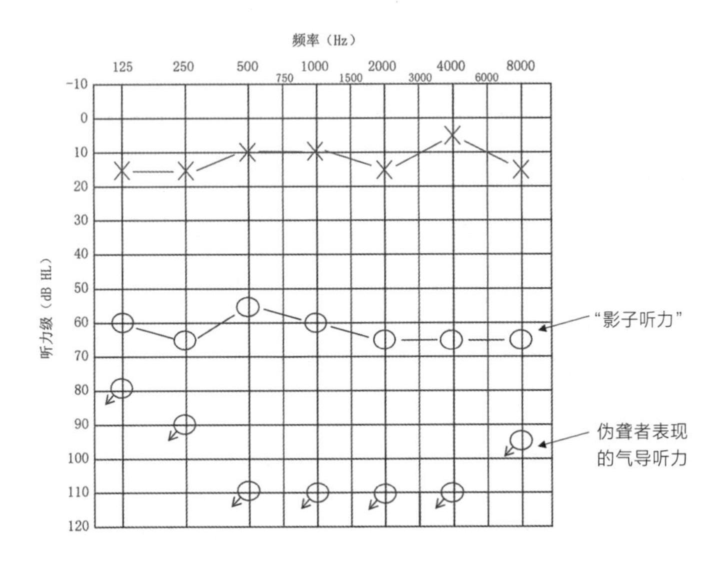

图 24.1　真正右侧聋者与右侧伪聋者所测得的右耳气导纯音听阈对比（无掩蔽）

骨导测试也可用于鉴别单侧伪聋，其原理在于骨导耳机的耳间衰减非常小，尤其是在中、低频区域的耳间衰减几乎为0，而高频区的耳间衰减通常也不大于20 dB。因此，在不进行掩蔽的情况下，即使骨导耳机放置于较差耳侧，所测得的骨导听力仍接近较好耳的听阈。当把骨导耳机置于较差耳侧时，只要给声强度到达较好耳的骨导听阈附近，测试者便会因感知到测试音而做出反应；由于伪聋者不了解该原理，他们对伪聋侧所听到的声音一律不做反应或只有响度较大时才应答，所以听力师可以通过观察受试者的反应来轻易地发现伪聋现象。图 24.2 中展示了真正右侧聋者的骨导“影子听力”与右侧伪聋者的骨导听力测试结果。

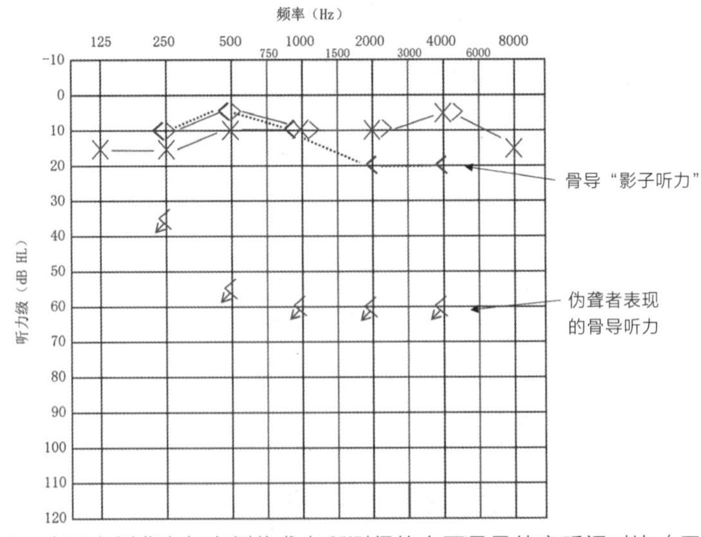

图 24.2　真正右侧聋者与右侧伪聋者所测得的右耳骨导纯音听阈对比（无掩蔽）

（六）Stenger测试

Stenger测试是一种鉴别单侧伪聋的特殊测试方法，其基本原理是当双耳同时聆听相同频率的声音时，只有响度更大的一侧能被感知到。例如，当向左耳播放A声音，同时向右耳播放B声音时，如果A声音的响度更大，那么聆听者会感觉仅左耳听到了声音。

在进行纯音测试时，若怀疑受试者的某一侧耳有伪聋情况，听力师可以立即使用Stenger测试进行验证。例如当受试者表现出右耳听力下降，而左耳正常（如图24.3所示），则可以在左耳（好耳侧）播放该耳听阈阈上10 dB（10 dB SL）的纯音（白色五角星标示），同时在右耳播放低于听阈10 dB（−10 dB SL）的相同频率纯音（黑色五角星标示）。真正右耳聋的受试者仅会在左耳听到阈上10 dB的刺激声并做出左侧应答，此为Stenger测试阴性，提示不存在伪聋；相反，右耳伪聋者在此测试条件下，右耳的感觉级高于左耳，因此其仅感知到右耳的刺激声，但为了伪装右侧耳聋而不做出任何反应，此为Stenger测试阳性，提示右耳所测的听阈高于真实听阈，存在伪聋的可能。Stenger测试的适用情况为伪装成单侧聋的双耳健听者，且表现出的耳间听阈差至少为25 dB。

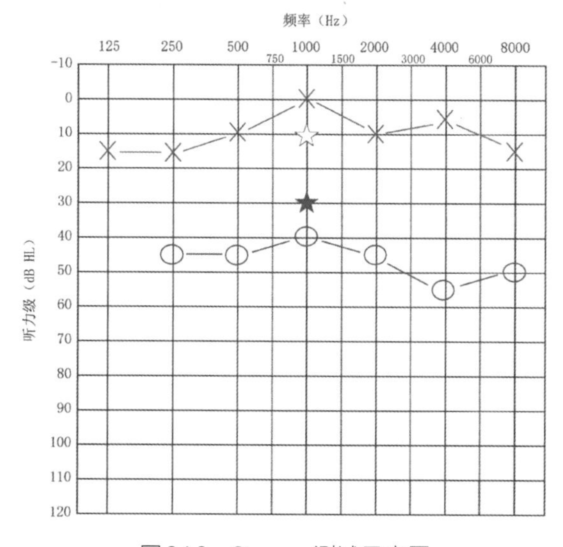

图24.3　Stenger测试示意图

除了用于鉴别单侧伪聋，Stenger测试还能在一定程度上确定伪聋耳真实的听阈范围，包含两种具体测试方法。第一种测试方法是在好耳播放10 dB SL纯音的同时，以对侧耳（伪聋耳）−10 dB SL为起始强度并以5 dB为步幅逐渐降低伪聋耳侧的给声强度，直至伪聋者首次出现反应。当伪聋耳的感觉级首次低于好耳的感觉级时，Stenger测试首次由阳转阴。因为好耳的感觉级固定为10 dB SL，故此时伪聋侧的感觉级大概率小于等于5 dB，即伪聋侧的给声强度与真实听阈接近。第二种测试方法在好耳播放10 dB SL纯音的同时，在对侧耳（伪聋耳）播放0 dB HL的刺激声，此时好耳的感觉级较高，故伪聋者会做出应答。随后以5 dB为步幅逐渐增加伪聋耳的给声强度，直至伪聋耳的感觉级大于好耳的感觉级，伪聋者感知到伪聋耳侧出现声音，此时伪聋者为掩饰真实听力而停止应答，即Stenger阳性首次出现。此时所对应的伪聋侧给声强度也被称为最低对侧干扰强度（minimum contralateral interference levels，MCILs）。研究表明，90%健听成人在蓄意伪聋时，Stenger测试所测得的

MCILs低于真实听阈17～19 dB（Norrix et al.，2017）。因此，听力师可以通过MCILs大致推算出受试者的真实听阈。

改良版的Stenger测试将传统的纯音刺激声改为扬扬格词言语声，其余测试方法不变。在该测试中，在好耳播放10 dB SL的扬扬格词，同时在差耳播放所测言语识别阈以下10 dB强度的同一词语。若受试者正确复述该词，则为阴性；两次以上未正确复述词语，则为阳性。

（七）低强度言语测听

在言语测听中，通常需要言语强度高于听阈至少30 dB才能获得较高的言语识别率。然而，在进行低强度言语测试（即言语测试声强度仅少量超过听阈）时，伪聋者的言语识别率往往高于健听者在相同感觉级下的言语识别率。此时，异常偏高的低感觉级言语识别率是不合理的，这可能表明所测得的听阈偏高，故存在伪聋的可能性。

三、非器质性聋的处理策略

与器质性耳聋的医学或听力学处理策略不同，非器质性耳聋要求听力师掌握心理学方面的引导与沟通技巧。对于存在伪聋动机的人群，应将客观听力检查结果作为主要判断依据，并在测试前告知受试者该听力测试无需人为配合就可得到真实结果。这可以在一定程度上挫败某些伪聋者的信心，让其知难而退，打消伪聋的念头。有学者认为，以下测试顺序可用于预防潜在的伪聋行为：①声导抗；②耳声发射；③言语识别阈，对于单侧聋者可包括改良版Stenger测试；④气导纯音测听，可包括Stenger测试；⑤低感觉级言语识别阈；⑥骨导纯音测听；⑦ABR或ASSR（Katz et al.，2015）。

当测试结果指向受试者蓄意伪聋时，听力师需要在主观测试结果中备注受试者配合度欠佳的情况，并尝试沟通后再重复测试。需要注意与伪聋者的沟通方式，例如可委婉地告知受试者，由于配合度欠佳，所测结果无法作为听力诊断的依据，暗示其无法通过伪聋达到赔偿等目的。未成年人存在伪聋倾向时，可配合家长与孩子沟通，尝试分析其伪聋的具体动机。未成年人的伪聋动机通常与学业、人际关系等有关，视需要可联系专业的心理咨询机构进行心理疏导。

总之，对于有经验的听力师而言，非器质性耳聋的鉴别并不困难，但这也是听力检查中非常特殊的一项任务。每一个听力师都要意识到，对于伪聋的判断会涉及对一个人道德品质的评判，所以要格外谨慎。

参考文献

Austen S, Lynch C, 2004. Non-organic hearing loss redefined: understanding, categorizing and managing non-organic behaviour[J]. International Journal of Audiology，43(8)：449-457.

Norrix LW, Rubiano V, Muller T, 2017. Estimating Nonorganic Hearing Thresholds Using Binaural Auditory Stimuli[J]. American Journal of Audiology，26(4)：486-495.

Katz J, Chasin M, English KM, et al., 2015. Handbook of clinical audiology[M]. 927.

Weisleder DH, Weisleder P, 2022. Functional Hearing Disorder in Children[J]. Seminars in Pediatric Neurology，41：100956.

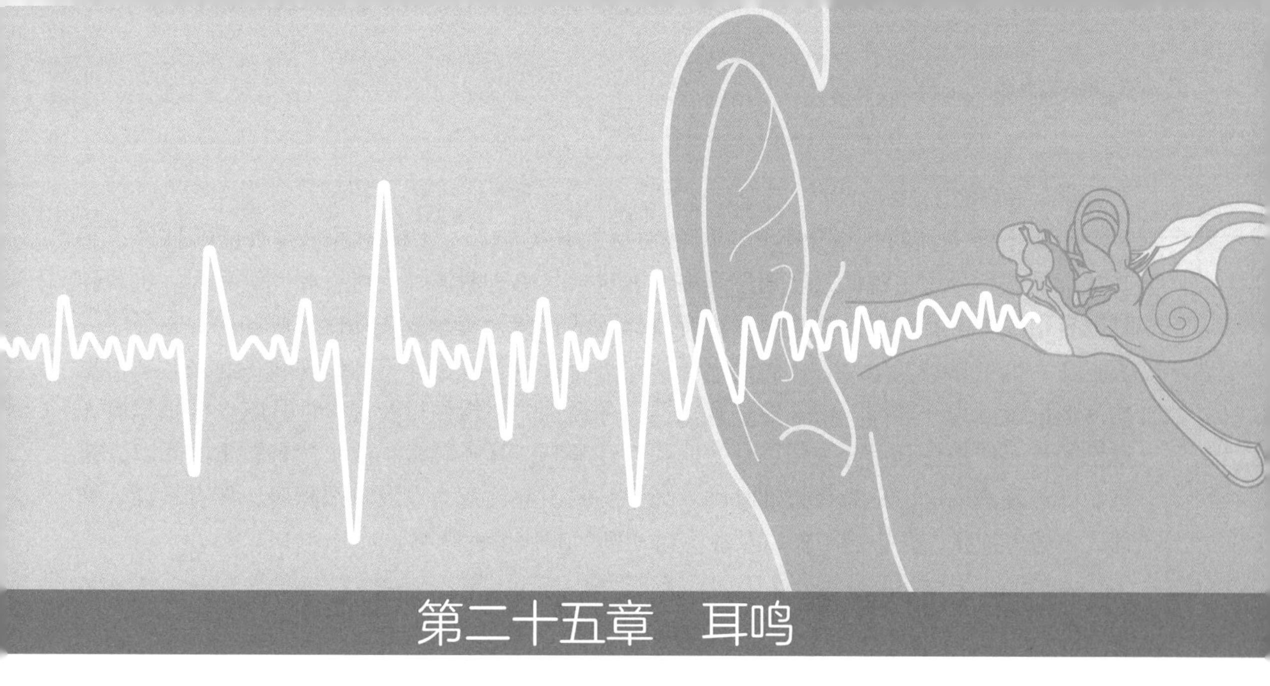

第二十五章　耳鸣

本章将讨论的耳鸣非常特殊。首先，耳鸣不是一个或一类疾病，它是一种症状，并且这种症状具有明显的主观性，但在实践中常常以疾病的形式来对待耳鸣。其次，目前对于耳鸣的产生机制、影响因素、测试指标和干预手段都存在许多争议。应当特别注意不能把个别推测当作明确的科学结论。最后，耳鸣的复杂性远远超出听力学的范畴，需要从多学科的角度综合理解，共同应对。

一、耳鸣概述

耳鸣（tinnitus）是在没有外源性的声或电刺激情况下的一种声音感觉，其本质是一种症状。耳鸣会影响个人工作并损害生活质量，在某些极端情况下，耳鸣甚至会导致自杀。重度耳鸣常伴有听觉过敏和情感障碍，如畏声症和抑郁症。诊断和治疗的前提是努力寻找并治疗原发病因以及继发症状。如果对原发病治疗后仍然有耳鸣，或者无法找到原发病，则需要对耳鸣分析后对症治疗。治疗的目的是降低耳鸣对生活的影响并达到耳鸣习服，而非消除耳鸣。

二、耳鸣的性质

（一）耳鸣的音调

耳鸣的音调可分为低调、中调和高调。中、内耳病变常引起低、中调耳鸣，而神经性以及中枢性耳鸣则常为高调。耳鸣的音调还可分为单调、复调和可变调。复调常提示有多个病变部位或病理过程，而可变调的耳鸣则常提示颈椎病。有的耳鸣呈持续性，如蝉鸣声常为主观性耳鸣；而有搏动性或节奏特征的耳鸣常为客观性耳鸣。音乐声则常为音乐家特有的耳鸣。

（二）耳鸣的时间

根据发作时间分为急性（≤3个月）、亚急性（4个月至1年）和慢性耳鸣（>1年），也可以分为间断、持续、阵发性耳鸣。许多正常人可以出现短暂的一过性耳鸣，提示短暂的内耳血管痉挛或听觉系统功能障碍。梅尼埃病的耳鸣反复发作与病情波动有关。

三、耳鸣的分类

除了上面提到的一些分类，临床最常见的分类如下。①根据耳鸣是否能够被外人感知或记录到，分为主观性与客观性耳鸣。客观性耳鸣有肌源性、血管源性等病因。主观性耳鸣有很多种声音形式，如高频的声音或低频的音调，持续或波动性音调等。耳鸣可以一直存在，也可只是偶尔出现。然而，通常无法将特定事件与耳鸣的出现联系起来。②根据病变部位可分为外耳性、中耳性、耳蜗性、神经性、中枢性以及混合性耳鸣。③根据有无继发的神经精神症状可分为代偿性、非代偿性耳鸣。耳鸣轻微，或虽然有较重的耳鸣，但患者已经逐渐适应，称为代偿性耳鸣。如果耳鸣引起注意力以及睡眠障碍，伴有烦躁、抑郁、焦虑等症状，并影响工作以及社交活动则为非代偿性耳鸣。

四、耳鸣的流行病学调查

（一）成人耳鸣的发生率

由于耳鸣定义的不确定性，且随着地域、年龄和性别的变化而变化，其流行病学调查差异性很大。有研究报道，美国约十分之一成年人有耳鸣问题，50岁以下成年人耳鸣的总体发生率为13.5%，67岁以上患者为34.4%（Bhatt et al.，2016）。根据瑞典的一项调查报告，耳鸣发生率为27.8%（Bauer et al.，2009）；另一些研究报告显示，成年人长期耳鸣发生率为4.4%～15.1%，50岁以下人群为7.6%～20.1%。英格兰一项研究报告显示，40—60岁的发生率平均为17.5%，60岁以上的发生率为22.2%。耳鸣的发生率随年龄呈单调递增趋势直到70岁左右，此后发生率要么不变要么随年龄增长略有下降。75岁以下女性发病率较低，但75岁以上耳鸣的性别差异变小。一些证据表明，接触噪声会增加耳鸣的风险。随着在4 kHz听力损失程度的增加，患耳鸣的概率也可能会增加（Møller et al.，2011；Jarach et al.，2022）。

（二）儿童耳鸣的发生率

儿童也会出现类似成年人的耳鸣，但是他们很少主动提及耳鸣症状，除非直接问。在儿童身上可以表现为难以集中注意力、睡眠障碍、听力障碍、娱乐活动减少、听觉过敏等。关于儿童耳鸣发生率的研究较少，同样存在差异性大的问题，不同的研究显示儿童人群的耳鸣发生率在6%～59%（Kentish et al.，2000）。听力损失，晕动病，听觉过敏，噪声暴露被认为是儿童耳鸣发生的危险因素，年龄、性别与儿童耳鸣发生率也存在相关性（Møller et al.，2011）。

五、耳鸣的病因病理研究

（一）耳鸣的病因研究

耳鸣的病因似乎与听力损失、噪声、年龄、心理状态、耳毒性药物，以及医学问题（如前庭神经鞘瘤、多发性硬化和躯体感觉损害）等多种因素有关。

耳鸣常与各种各样的听力下降有关，但听力损失也可不发生耳鸣。耳鸣患者通常有听力损失，但耳鸣也可能发生在听力正常或接近正常的人，虽然这并不常见。研究证实，由噪声、年龄和听力损失等引起的耳蜗活动减少，会导致与耳鸣感知相关的中枢听觉系统和非听觉中枢（包括边缘系统和小脑）的神经活动发生变化。在一项研究中发现，低频听力损失与心血管疾病风险之间存在关联（Friedland，2009）。这些研究者发现，一个人听力图的形状与心血管及外周动脉改变疾病强相关。有趣的是，与正常血压和低血压相比，高血压与较低的耳鸣发生率相关（Podoshin，1997）。

耳鸣可能发生在暴露于巨大的噪声后，或是某些药物的并发症，如耳毒性抗生素（阿司匹林、艾美他辛、利尿剂（呋塞米）、奎宁等）。耳鸣也常发生在头部损伤后，如战争中的爆炸伤常引起耳鸣的高发病率。

很多疾病都会对听觉系统造成损害，可能导致耳鸣。主要因素有：①病毒感染；②血管损伤；③免疫介导；④内耳异常；⑤中枢神经系统异常，包括肿瘤、创伤、出血、梗死和其他病理。耳鸣可以和其他疾病同时发生，也可作为疾病的症状之一出现，如梅尼埃病；而前庭神经鞘瘤则几乎总是伴有耳鸣。耳鸣常为颅内低血压症状之一（Couch，2008）。听神经损伤常导致耳鸣。唐氏综合征可能也与较高的耳鸣发生率相关。据报道，自闭症患者有一种不正常的对响度的感知，但是否存在耳鸣尚无法确定（Khalfa，2004）。耳鸣常与抑郁同时发生，人们常说抑郁症和耳鸣是一种共病。然而，也有可能引起耳鸣与抑郁的机制是相似的，或者两者具有相同的危险因素。恐音症也可同时伴耳鸣。

对于大多数耳鸣患者，其病因仍然是特发性的。成人耳鸣患者最常见的病因包括特发性（71.0%）、感染（12.8%）、耳科疾病（4.7%）、创伤（4.2%）、血管或血液（2.8%）、肿瘤性（2.3%）或其他不明病因（2.2%）。对耳鸣患者进行详细的病史询问和体格检查，可明确外伤、脑血管意外、耳外科手术等原因。对于病史或体格检查无法明确病因的耳鸣患者，需行内听道和桥小脑角MRI扫描，以排除前庭神经鞘瘤病。影像学诊断（fMRI，PET）可有效鉴别以耳鸣为主要症状的颞骨或颅内病变。

（二）耳鸣的病理研究

耳鸣的病理生理学涉及耳蜗、听神经和前庭神经、耳蜗背核、听觉皮层、边缘神经和自主神经系统的病理。具体包括OHC和IHC病理、听神经同步异常，中枢神经系统异常以及边缘和自主神经系统异常。但耳鸣和这些病因之间的直接因果关系仍然难以确定。

有证据表明，耳鸣涉及中枢听觉结构神经可塑性的变化。感觉输入的减少，过度刺激，损伤及其他未知的内在因素都可以促进神经可塑性的激活（Makar，2021）。

神经可塑性改变可发生在内毛细胞和听神经之间，或中枢听觉通路任何水平的突触。神经可塑性的激活可以是有益的或者有害的。有益的神经可塑性可促进神经系统损伤后的恢复。在感觉系统中，它可弥补功能的丧失或使神经系统随适应需求而变化。有害的神经可塑性激活参与疾病症状的产生，比如某些形式的耳鸣，神经性疼痛和某些形式的肌肉痉挛等。神经可塑性的激活可以改变信息加工过程并导致：①中枢神经系统内信息的重组和通路变化；②神经抑制和兴奋之间平衡的变化；③单个神经细胞活动的同步性增加；④神经细胞群活动的时间一致性增加（Baizer et al.，2012）。

大多数慢性耳鸣是由噪声暴露、耳科疾病或衰老过程引起的高频听力损失。生理学证据提示，在这些患者中，耳鸣可能不是耳蜗损伤后耳内持续的刺激过程引起的，而是耳与大脑连接的部分断开导致中枢听觉通路发生的变化引起的。在动物中，实验性噪声创伤引起的听力损失会导致初级听觉皮层内的音位排列图（tonotopic map）重组，听力损伤区域的大多数频率损失，且其接近正常听力边缘的频率被过度表达。在听力障碍区域，皮质的同步活动增加，神经元的自发放电率增加。生理学、心理声学和脑成像研究的证据提示，听力减退区域的神经同步（时间耦合的神经活动）增加可能是耳鸣发生的一个重要机制（Eggermont，2007）。神经连接的异常（病理性）变化可能是神经可塑性激活，打开休眠的（非掩蔽）突触或关闭正常传输的（掩蔽）突触。非经典传入途径的激活就是神经连接变化的一个例子。耳鸣常伴有跨模态交互作用，这可能是非经典感觉通路通过信息的重新转导而异常激活导致的（Lockwood et al.，2001）。非经典感觉通路的参与可以解释重度耳鸣伴随的情绪障碍、感觉异常、感觉过敏、非典型感觉体验等症状。耳鸣的长期存在通常是中枢听觉和非听觉系统的复杂网络结构作用的结果（Lanting et al.，2009）。

六、耳鸣的诊断和测试

耳鸣可由多种不同的基础病理引起，并伴有多种不同的合并症，提示需要进行多学科综合诊断评估。基本诊断方法应包括详细的病史询问、耳鸣严重程度评估、耳科临床检查和听力学测试。对大多数的病人来说，这些基本的诊断方法就足够了。如果基本诊断结果显示急性耳鸣的发作与潜在危险的基础疾病（如颈动脉夹层）有关，则应采取进一步的诊断措施。在分级诊断中，首先应区分搏动性和非搏动性耳鸣。对于非搏动性耳鸣，建议区分伴有听力减退的急性耳鸣、阵发性耳鸣和慢性耳鸣。

（一）病史和问卷调查

对所有耳鸣患者都要询问详细的病史，以获得决定治疗方案所必要的信息。病史应包含有关耳鸣的病史和特征描述、耳鸣造成的特定行为、社会人际关系和情绪后果、可能会加重或减轻耳鸣严重程度的相关因素、以前的耳鸣治疗以及相关的共病。

耳鸣严重程度的定量评估是临床管理和研究所必需的。各种经过验证的问卷可用于量化耳鸣痛苦、残疾或障碍程度。数字等级量表和视觉模拟量表是量化耳鸣不同方面（如响度或烦恼）简单适宜的工具。

（二）耳科评估

临床耳科评估对耳鸣的鉴别具有重要意义，有可能通过找到的潜在原因而获得药物或外科干预。要特别注意各种原因引起的客观性耳鸣，如耳或颈部的器质性病变。应当对耳、头颈部和颞颌关节进行检查。耳科学、放射学和听力学检查结果有助于做出正确的诊断。

（三）听力学临床评估

耳鸣残障量表（THI）是最常用的耳鸣评估测试。纯音测听的频率范围建议为125 Hz至16 kHz。此外，进行声导抗、声反射测试、言语识别阈值测试和言语辨别测试有助于确定听力损失的类型和中耳状况。耳声发射（OAE）测试有助于精确评估外毛细胞功能。在特定的患者中使用听性脑干反应（ABR）进行进一步评估，可排除前庭神经鞘瘤等疾病。

（四）耳鸣的其他测试

1. 耳鸣音调匹配

一般用耳鸣匹配法测试，目的在于找出耳鸣的主调。用纯音听力计向耳鸣的对侧耳发出舒适响度（或与耳鸣响度近似）的纯音，从1 kHz处测起，令患者比较此纯音的音调与对侧耳鸣的音调，如测试音调高于耳鸣音调，则降低纯音频率；反之，则增高纯音频率，直至患者感到听力计的纯音音调与对侧耳的耳鸣音调相同或相似，此纯音音调即为患者耳鸣的主调。

2. 倍频程混淆试验

目的是找出耳鸣的主调而不是其倍频纯音产生的音调。当已找出耳鸣主调后，用纯音听力计发出比此主调高一个倍频程的纯音，让患者比较此纯音听起来是否与原匹配的耳鸣主调相似；然后用低一个倍频程的纯音重复此测试步骤。此法可排除倍频混淆现象造成的测试误差。在音调匹配测试中，仅个别病例出现了倍频混淆现象。耳鸣音调的准确测试有助于提高掩蔽疗法的效果。

3. 耳鸣的响度测试

由于重振对响度测试的影响应在尽可能短的时程内完成测试，音调匹配测试后，最好休息几分钟。应注意测试音对耳鸣的同侧掩蔽效应及交叉掩蔽效应。通常先在对侧耳施加1 kHz的纯音，改变其输出分贝值，让患者比较耳鸣的响度，直至听起来等响。记录HL和SL两个参数。

4. 耳鸣响度的主观评估

早先使用六级评估法，即0级，无耳鸣；1级，耳鸣响度轻微，似有若无；2级，耳鸣响度轻微，但肯定听得到；3级，中等响度；4级，耳鸣很响；5级，耳鸣很响，有吵闹感；6级，耳鸣极响，相当于患者体验过的最响环境噪声。近年来多采用视觉模拟量表（VAS）评估耳鸣的响度，VAS量表主要是一条100 mm的直线，该直线的一端表示“完全无耳鸣”，另一端表示“经历过的最响声音”或“响到极点”等。患者会被要求在这条线上相应的位置做标记（用一个点或一个“×”等）代表他们的耳鸣程度。

5. 耳鸣掩蔽试验

耳鸣能够被声刺激掩蔽，是其非常重要的病理生理现象。它同时提供了耳鸣的一种治疗方法，也有利于耳鸣的分类。掩蔽最好采用窄带噪声。根据耳鸣频率匹配检查结果给予相应频率的最小掩蔽级的纯音（或窄带噪声）。最小掩蔽级（minimum masking level，MML），即刚好能使耳鸣消失的最小声强。

耳鸣掩蔽听力图分以下几种类型：①会聚型：常为高调耳鸣且伴有高频听力损失，听力曲线与掩蔽阈曲线从低频到高频逐渐靠拢，故称会聚型。多见于噪声聋伴耳鸣者，约占受测试对象的22%。②分离型：两条曲线从低频至高频逐渐分开，故称分离型。比较少见，可出现于部分低频感音神经性聋且伴耳鸣者，约占受检者的2%。③重叠型：听力曲线与掩蔽阈曲线相互毗邻，近乎重合，故称重叠型，可见于梅尼埃病与耳硬化者。此型比较多见，约占受检者的53%。④间距型：当听力曲线与掩蔽曲线在各个频率均相距10 dB或大于10 dB时，两条曲线有一定的间距，这意味着需要用较响的声音才能把耳鸣掩蔽住。此型不太多见，约占受检者的17%。⑤不能掩蔽型：任何强度的纯音或噪声均不能掩蔽患者的耳鸣即属此型，也称阻尼型。

6. 耳鸣的响度不适级（LDLs）测试

该测试测定患者在听力图评估的所有频率下产生不适所需的声刺激阈值。

7. 残余抑制测试

向患者的耳鸣侧耳施以有效的掩蔽声，根据具体情况可选用不同频率的纯音或窄带噪声，也可选用宽带噪声甚至白噪声，取掩蔽效果最好者。掩蔽声强度为阈上10 dB，持续时间1 min，让患者描述耳鸣程度的变化过程，包括耳鸣响度变化及其持续过程。在有效掩蔽声停止后，不少患者的耳鸣减弱或抑制效应还可持续一段时间，通常为数秒、数分钟，这种现象被称为后效抑制效应，也叫残余抑制。有的可长达数十分钟，有的短至数秒，有的无后效抑制现象。个别患者甚至出现相反的结果，即在掩蔽声停止后，耳鸣立即出现且瞬间响度比平时更甚，而后逐渐恢复到原有响度水平。

（五）前庭检查

膜迷路是一个整体，前庭半规管的损伤也可能出现耳鸣。由于前庭中枢与听觉系统之间存在连接通路，视觉和躯体感觉系统也可能与耳鸣机制有关。了解前庭系统发病机制和病理生理学可帮助我们从多种感觉通路参与的角度理解某些形式的耳鸣。

（六）脑功能的客观测试

该测试检测与耳鸣相关的大脑变化，包括神经影像学、脑电图和脑磁图描记术。这些方法使无创性检测人类大脑中的神经元活动和确定活动的解剖位置成为可能。神经影像学的发现有助于更好地理解不同形式耳鸣的病理生理学变化，但仍需要大样本量研究。

七、耳鸣的治疗

主观性耳鸣是最具挑战性的常见听力障碍。主要原因是：①目前没有客观测试可以检测耳鸣是否存在或严重程度。临床评估及治疗效果主要依靠患者自己评估。功能成像方法能检测到一些耳鸣患者的大脑功能异常并可定位到特定的大脑区域，但这些方法仍然在开发中，还不能普遍使用于临床。②耳鸣的发生机制仍然不清楚。③用于耳鸣实验的动物模型仍存在争议。因此，到目前为止，几乎没有成功可用的治疗形式，许多不同的治疗方法正在尝试中。

虽然治疗严重耳鸣的期望目标是消除症状，但这很少实现。大多数情况下，先要寻找耳鸣的原因，如果能制定以因果关系为导向的治疗方案则效果会比较理想。然而，在许多情况下，只能给予对症治疗，尽可能减少不愉快的听觉感觉和伴随症状，提高生活质量。所有的诊断和治疗步骤都应该伴有同理心和积极的咨询态度。多学科的综合协同工作显得尤为重要。

急性耳鸣（病程≤3个月）通常给予扩张血管、改善微循环、营养神经等治疗。同时注意解除心理压力，注意休息。对于爆震性聋和外伤后引起的耳鸣建议尽早使用类固醇皮质激素（Goble et al.，2009）。

噪声掩蔽可以产生短暂的残余抑制效应，虽对外周性耳鸣有一定作用但无法持续。对于神经性耳鸣要想进行掩蔽治疗必须使用与耳鸣同频的纯音，音量还必须超过耳鸣20 dB，患者很难耐受。因此目前已经很少采用掩蔽治疗耳鸣。

习服疗法又称适应再训练疗法，可能是通过对神经系统（听觉系统、边缘系统和自主神经系统）重新训练或再编码，放松对耳鸣的警戒，打破耳鸣与不良情绪之间的关联，以此减轻或消除耳鸣以及与耳鸣相关的症状。习服疗法主要包括咨询和声治疗（sound therapy）两个部分。咨询，即教育患者了解耳鸣的产生机制以及了解如何达到适应，其重点是消除耳鸣的神秘性，逐步消除耳鸣对患者的负面影响；声治疗就是在患者的日常生活中提供能接受的背景声音，患者还能感知到耳鸣声，但是耳鸣的声音相对变得不那么引人注意。声治疗可以通过增加环境声音、使用声发生器以及对伴有听力下降者使用助听器或者助听型声发生仪器来进行。

2014年，美国发表了基于循证医学的慢性耳鸣临床指南——《耳鸣临床应用指南》（Clinical Practice Guideline: Tinnitus）。该指南主要介绍了耳鸣的评估、治疗和管理以及患者教育三部分的内容。该指南主要评估持续性的失代偿性耳鸣患者（持续时间6个月及以上）。失代偿性耳鸣指影响患者生活质量和（或）健康功能状态；病人积极寻求治疗和干预策略以减轻症状。该指南提出两种方法来判断失代偿：①直接询问患者耳鸣是否恼人；是否妨碍交流、注意力、睡眠或生活质量；是否花费大量时间和精力治疗耳鸣。②指南中列举了5种问卷，包括心理状态、社会功能、睡眠等几个主要方面。其中应用最为广泛的是耳鸣残疾量表（THI），该量表包括25个问题，评估了心理、社会、职业、生理功能和愤怒等情绪问题的严重程度。该指南对失代偿性耳鸣患者耳鸣的治疗提出了8项总结，为：①建议通过教育、咨询等方式向患者提供耳鸣管理策略；②建议对合并感音神经性耳聋的耳鸣患者进行助听器获益评估；③建议推荐认知行为治疗；④可选择向患者推荐声治疗；⑤不推荐抗抑郁药、抗惊厥药、抗焦虑药或鼓室内药物作为主要治疗；⑥不推荐银杏叶、褪黑素、锌或其他膳食补充剂作为主要治疗；⑦不推荐经颅磁刺激治疗作为主要治疗；⑧由于目前发表的研究质量偏低，关于针灸治疗的效果无法提出建议（David et al.，2014）。

参考文献

Baizer JS，Manohar S，Paolone NA，et al.，2012. Understanding tinnitus：The dorsal cochlear nucleus，organization and plasticity[J]. Brain Research，1485：40–53.

Bauer CA，Brozoski TJ，Myers K，2007. Primary afferent dendrite degeneration as a cause of tinnitus[J]. Journal of Neuroscience Research，85(7)：1489–98.

Bhatt JM，Lin HW，Bhattacharyya N，2016. Prevalence，severity，exposures，and treatment patterns of tinnitus in the United States[J]. JAMA Otolaryngology–Head & Neck Surgery，142(10)：959–965.

Cacace AT，Cousins JP，Parnes SM，et al.，1999. Cutaneous evoked tinnitus. II：Review of neuroanatomical，physiological and functional imaging studies[J]. Audiology and Neuro–Otology，4(5)：258–268.

Couch JR，2008. Spontaneous intracranial hypotension：The syndrome and its complications[J]. Current treatment options in neurology，10(1)：3–11.

David E. Tunkel，Gordon H，et al.，2014. Clinical Practice Guideline：Tinnitus[J]. Otolaryngology–Head and Neck Surgery，151(2)：1–40.

Eggermont JJ，2007. Correlated neural activity as the driving force for functional changes in auditory cortex[J]. Hearing Research，229(1–2)：69–80.

Friedland DR，Cederberg C，Tarima S，2009. Audiometric pattern as a predictor of cardiovascular status：Development of a model for assessment of risk[J]. Laryngoscope，119(3)：473–486.

Goble TJ，Møller AR，Thompson LT，2009. Acute corticosteroid administration alters place–field stability in a fixed environment：Comparison to physical restraint and noise exposure[J]. Hearing Research，253：52–9.

Jarach CM，Lugo A，Scala M，et al.，2022. Global prevalence and incidence of tinnitus：A systematic review and meta-analysis[J]. JAMA Neurology, 79(9) : 888–900.

Kentish RC, Crocker SR, McKenna L, 2000. Children's experience of tinnitus : A preliminary survey of children presenting to a psychology department[J]. British Journal of Audiology, 34(6) : 335–340.

Khalfa S, Bruneau N, Rogé B, et al., 2004. Increased perception of loudness in autism[J]. Hearing Research, 198(1–2) : 87–92.

Lanting CP, de Kleine E, van Dijk P, 2009. Neural activity underlying tinnitus generation : Results from PET and fMRI[J]. Hearing Research, 255(1–2) : 1–13.

Lockwood AH, Wack DS, Burkard RF, et al., 2001. The functional anatomy of gaze evoked tinnitus and sustained lateral gaze[J]. Neurology, 56(4) : 472–480.

Makar SK, 2021. Etiology and pathophysiology of tinnitus – A systematic review[J]. International Tinnitus Journal, 25(1) : 76–86.

Møller AR, Møller AR, Baguley DM, et al., 2011. Textbook of Tinnitus[M]. Springer, 276–277.

Møller AR, Møller MB, Yokota M, 1992. Some forms of tinnitus may involve the extralemniscal auditory pathway[J]. Laryngoscope, 102(10) : 1165–1171.

Podoshin L, Ben–David J, Teszler CB, 1997. Pediatric and Geriatric Tinnitus[J]. International Tinnitus Journal, 3(2) : 101–103.

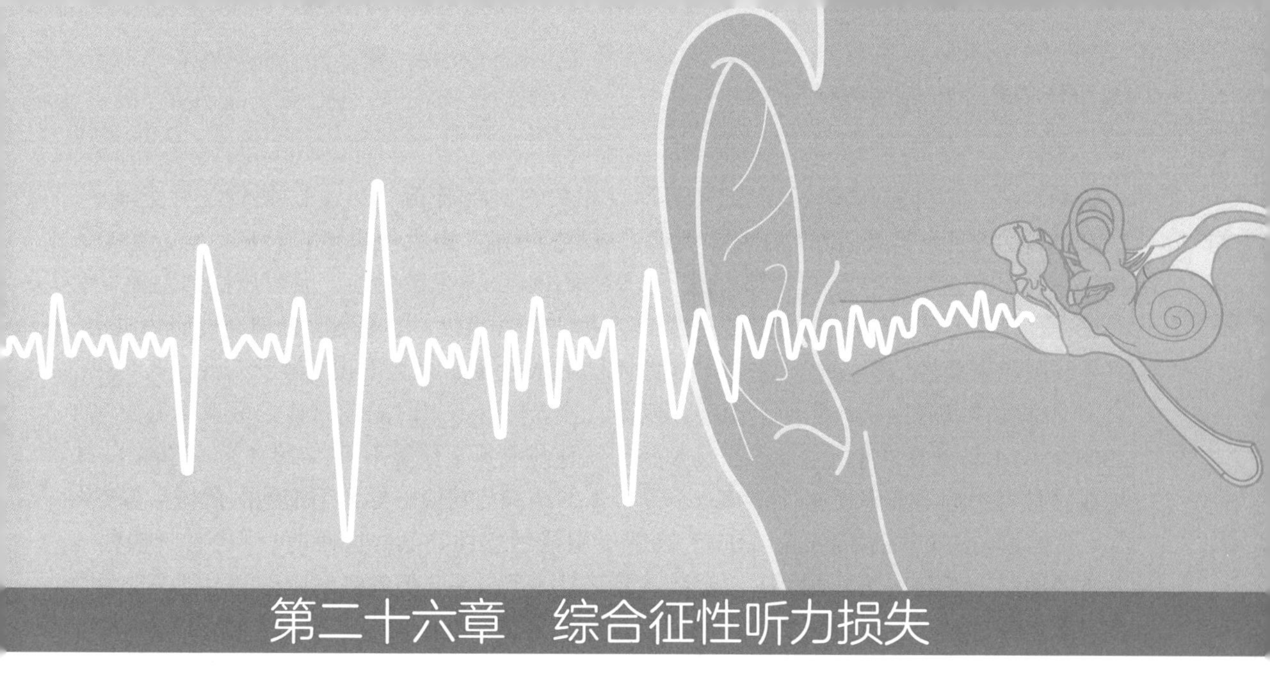

第二十六章　综合征性听力损失

综合征性听力损失（syndromic hearing loss）是指与其他疾病相关的听力障碍。据美国耳鼻咽喉头颈外科学会(American Academy of Otolaryngology–Head Neck Surgery，2023）统计，高达30%的遗传性听力障碍属于综合征性听力损失。目前已知存在400多种综合征，其不仅会引起听力损失，还会影响身体其他系统的功能，如肾脏、眼睛和心脏等。综合征性听力损失主要由三种遗传模式引起，分别为常染色体隐性遗传（autosomal recessive）、常染色体显性遗传（autosomal dominant）以及X连锁遗传（X–linked）。其中，常染色体隐性遗传表示孩子的突变基因来自父母双方，常染色体显性遗传表示孩子的突变基因来自父母中的一方，而X连锁遗传则表示孩子的X染色体上的突变基因来自母亲。

综合征性听力损失的表现因人而异，即使在同一家族中也可能存在差异，这具体取决于综合征的严重程度以及合并的其他健康问题。听力损失可稳定可波动，可呈单耳或双耳，影响程度可从轻微至严重，且受累部位可涉及外耳、中耳、内耳。在综合征性听力损失的管理方面，听力学家应与医生和语言病理学家密切合作，共同承担鉴别、诊断和提供治疗方案等职责。

本章将介绍一些最广为人知的综合征性听力损失，包括Waardenburg综合征，Usher综合征，鳃–耳–肾综合征，Pendred综合征，Treacher Collins综合征，Jervell–Lange–Nielsen综合征，Alport综合征，CHARGE综合征和2型多发性神经纤维瘤病。

一、常染色体隐性遗传

涉及常染色体隐性遗传机制的综合征性听力损失包括Usher综合征、Pendred综合征以及Jervell–Lange–Nielsen综合征。

（一）Usher综合征

Usher综合征（Usher syndrome，USH）是临床上最常见的视网膜色素变性合并感音神经性听力损失的疾病。根据听力下降和视网膜色素变性的发病时间、严重程度，以及是否合并前庭功能障碍，USH综合征在临床上被分为三型，其中1型临床表现最严重，而2型最为常见（约占USH患者总人数的50%以上）。有部分USH病例存在基因型与临床分型不一致的现象，这可能与其较高的遗传异质性相关（李淑娟 等，2018）。影像学检查显示，USH患者的内耳结构大多发育正常，无脑干或小脑萎缩，也无骨质异常（王轶 等，2000）。据统计，USH在全球的发病率为（3.3～16.6）/100000，呈散发性，无明显性别差异（徐晨阳 等，2021）。1型发展最迅速，主要表现为先天性重度-极重度感音神经性听力损失，且视网膜色素变性出现较早（常在青春期前），夜盲症通常是首发视觉症状。此外，1型常合并前庭功能障碍以及幼儿期运动发育迟缓，独立行走习得时间较同龄儿童晚（王轶 等，2000）。与1型相关的蛋白主要参与毛细胞的发育与成熟（徐晨阳 等，2021），该蛋白的缺失或异常可影响毛细胞顶连（tip-link）复合体的结构与功能，导致毛细胞的机械-电转化（mechno-electrical transduction，MET）功能受阻或敏感性降低，这便是1型患者听损程度较重的原因（王肃旸 等，2021）。2型症状较轻且进展较慢，但发病率最高，主要表现为中度至重度感音神经性听力损失，视网膜色素变性出现在10—38岁（平均年龄15±8.5岁），目前多认为2型患者前庭功能正常（王肃旸 等，2021）。3型常表现为进行性加重的感音神经性听力损失并伴不同程度的前庭功能障碍，视网膜色素变性的存在与否不确定，具体临床表现具有高度可变性（徐晨阳 等，2021）。目前，该病尚无有效的治疗方法，其干预重点是提高患者独立沟通交流能力，方法包括对听力损伤者（特别是年龄小的患儿）行助听器验配或人工耳蜗植入，对语言障碍者则应接受特殊训练以便交流。患者如出现白内障等视觉性并发症也应积极对症治疗，并可佩戴防紫外线眼镜护眼。对除未成年人及哺乳期妇女以外的患者，补充适量的维生素A可以延缓视网膜色素的变性进展。一些针对USH基因治疗的药物，如UshStat等目前已获得美国国立卫生研究院批准并进入临床试验。此外，对USH患者进行宣传教育、遗传咨询和遗传诊断可减少此类患儿的出生（梁小芳 等，2013）。

（二）Pendred综合征

Pendred综合征即耳聋-甲状腺肿综合征，是一种以家族性耳聋、甲状腺肿、碘有机化障碍为特征的综合征，由染色体7q上的*PDS*基因突变所致。患者常伴有内耳发育异常，最常见的为前庭导水管扩大（袁永一 等，2014）。纯音测听及听性脑干反应（ABR）检查示听神经反应差，提示为神经性聋。听力损失以高频为主且程度较重（低频有残余听力并呈传导性聋），听力图多为下降型，少数为平坦型，几乎无上升型（左路杰 等，2011）。对于本综合征所引起的耳聋，目前并无特效疗法。然而，当患者早期突然发生听力下降时，可应用改善内耳微循环药物、糖皮质激素及神经营养剂并配合休息以进行治疗；对于已经出现不可逆性听力损失者，可以早期验配助听器，并开展相关特殊教育；发展至重度耳聋后，植入人工耳蜗亦可作为一种重要的治疗手段。此类患者应避免举重或其他剧烈运动，并建议每半年或一年行纯音测听等常规检查，以监测听力损失的进展（左路杰 等，2011）。

（三）Jervell-Lange-Nielsen综合征

Jervell-Lange-Nielsen综合征（Jervell-Lange-Nielsen syndrome，JLNS）主要表现为双耳先天性重度感音神经性聋以及严重的心律失常（高元丰 等，2012），甚至可能导致晕厥或猝死（余国膺，2006）。

正常听力需要维持内耳内淋巴液中的高钾浓度，富含钾离子的内淋巴液是由血管纹中的钾通道产生的（Schwartz et al.，2006），而耳蜗中钾通道的功能异常将会导致耳聋。该病的致病机理在于编码正常钾通道的基因*KCNE1*或*KCNQ1*出现异常（90%由*KCNQ1*突变引起），而这会导致绝大部分甚至所有耳蜗毛细胞钾通道的失活，进而引起耳蜗感受功能的下降或丧失。由于JLNS患者的病变部位在耳蜗，因此植入人工耳蜗便成为一个可行的治疗方案（刘淑梅 等，2003）。此外，特异性基因治疗或通道阻滞药和开放药治疗也将是最终的根治方法。

二、常染色体显性遗传

涉及常染色体显性遗传机制的综合征性听力损失包括Waardenburg综合征、Treacher Collins综合征、鳃–耳–肾综合征以及2型多发性神经纤维瘤病。

（一）Waardenburg综合征

Waardenburg综合征（Waardenburg syndrome，WS）是一种以感音神经性聋、虹膜色素异常、内眦异位以及前额白发为特征性临床表现的遗传性综合征。该综合征可分为4型：1型患者的主要特征为内眦异位；2型患者无内眦异位，其致病基因较为复杂；3型患者具有与1型相似的临床表现，并伴有颜面、肌肉或骨骼的异常与发育不全，或者伴有小头症及重度智力残疾；4型与2型临床表现相似，且合并先天性巨结肠、先天性心脏疾病（倪晓琛 等，2022）。WS的发病率约为1/42000，占遗传性耳聋病因的2% ～ 5%，在耳聋人群中占0.9% ～ 2.8%（倪晓琛 等，2022）。感音神经性聋是WS常见的临床特征。在进行人工耳蜗植入后，WS患者可以获得与非综合征性耳聋患者相似的术后康复效果（倪晓琛，2022）。

（二）Treacher Collins综合征

Treacher Collins综合征（Treacher Collins syndrome，TCS）是一种罕见的颅面骨发育不全综合征，其特征性症状是由位于染色体5q上的基因*TCOF1*（编码糖浆蛋白）突变引起的鱼样面容。新生儿群体中TCS的发病率约为1/5000，常见的临床表现包括颧骨与下颌发育不良、唇裂、嘴宽、外耳道闭锁等（冯英秋 等，2022），而内耳发育基本正常。CT检查表明此类患者通常存在外耳道闭锁、乳突气化和中耳异常（例如听小骨发育不全）等病变，且大约50%的患者可因上述症状而患有传导性听力损失（殷斌 等，2019）。对存在耳郭畸形并伴传导性听力损失的患儿，应尽早进行听力干预，3个月时即可佩戴软带骨锚式助听器（BAHA），而6岁后骨皮质厚度达到3 mm以上时即可进行BAHA植入术。研究表明，TCS患儿初期的听觉发育水平可能低于正常儿童，但在佩戴软带BAHA后，其听力发育稳步提升，且越来越接近正常水平（王艺贝 等，2017）。

（三）鳃–耳–肾综合征

鳃–耳–肾综合征（Branchio-oto-renal syndrome，BOR）是一种以听力障碍、耳前瘘管、鳃裂囊肿或瘘管及肾脏畸形症状为主要特征的遗传性疾病。BOR由位于染色体8q上的*EYA1*基因突变引起，其发病率约为1/40000。BOR最常见的临床表现为耳聋（98.5%）、耳前凹（83.6%）、鳃异常（68.5%）、肾异常（38.2%）和外耳异常（31.5%）。Chang等（2004）基于大样本数据分析了BOR的表型，提出了被普遍接受并沿用至今的诊断标准，即以耳聋、耳前瘘管、鳃裂瘘管或囊肿和肾脏畸形为主要表现，以外耳异常（如外耳道狭窄闭锁等）、中耳畸形（如听骨链畸形、鼓室发育异常等）、内耳发育不全（如耳蜗Mondini畸形、大前庭导水管等）及面部或味觉异常等为次要表现。当满足3个或以上主要表现；或同时满足2个主要表现及2个次要表现；或满足1个主要表现的同时，一级亲属中至少有1名BOR患者时，即可确诊（Chang et al.，2004；陈岸海 等，2022）。目前对于因BOR所造成的感音神经性聋尚无根治办法，助听器验配可作为辅助治疗手段。对于不能从助听器获得良好听力补偿的BOR患者，人工耳蜗植入术有望作为替代手段；对于存在耳前瘘管的BOR患者，若感染则须于术切除才可达到根本治疗的目的；对中耳听骨链异常的BOR患者，可尝试通过中耳探查性切开术和听小骨重建来恢复听力（Shen et al.，2018）。

（四）2型多发性神经纤维瘤病

2型多发性神经纤维瘤病（Neurofibromatosis type 2，NF2）是一种遗传性综合征，病因为22号染色体上的*NF2*基因缺失导致merlin蛋白发生改变，从而使个体易患多发性神经系统肿瘤。约95%的患者有可能发展为双侧听神经瘤，而50%的患者则可能同时患有听神经瘤、脑膜瘤、室管膜瘤、脊髓神经鞘瘤和玻璃体混浊等多种疾病。NF2的临床表现与听神经瘤极其相似，但病程较长，从发病到住院平均4.9～5.2年。NF2最常见的症状是耳鸣，其次是双侧进行性听力下降，还有眩晕（眼震电图可表现明显前庭神经反应减低）、站立不稳、面瘫和三叉神经分布区感觉障碍等，晚期也可出现颅内压增高。NF2的治疗主要针对颅内肿瘤（尤其是听神经瘤），治疗方式包括保守治疗、显微外科手术、立体定向放射治疗三种（刘忆 等，2010）。鉴于NF2患者的听神经瘤是一种进展缓慢的良性病变，手术后听神经功能的受损率较高，对于符合保守治疗适应证的患者，保守治疗未尝不是一种理想的选择。对于双侧大型神经瘤且听力受损严重、压迫症状明显的患者，可以考虑双侧听神经瘤切除术，同时行听力补救措施（如人工耳蜗植入等）。NF2是一种基因疾病，故需要探索非手术治疗的新方向。近年来，随着遗传生物学的不断发展，基因治疗可能是根治NF2的最可行方法。

三、X连锁遗传

涉及X连锁遗传机制的综合征性听力损失包括Alport综合征、Norrie综合征以及耳-腭-指综合征。

（一）Alport综合征

Alport综合征（Alport syndrome，AS）是一种常见的遗传性儿童肾脏疾病，多表现为X连锁显性遗传（朱园杰 等，2022）。该病以血尿、蛋白尿及肾功能进行性减退为主要临床表现，同时可伴肾外表现如高频感音性听力损失、眼部异常等，故也被称为眼-耳-肾综合征。与该综合征相关的听力损失通常会首先影响高频声的感知，随时间的推移将逐渐累及全频域。AS患儿的听力损失主要出现在学龄期，约50%的AS患儿最终会进展为听力损失，且有随年龄增长而加重的趋势（倪婕 等，2022）。不同性别的AS患者的听力损失情况可有较大差异，例如女性患者的发病率及听损程度均低于男性患者；即便同为女性患者，听损表现也可呈现较大差异，可从无听损至轻中度听损，听力图表现为槽型（PTA正常，4～8 kHz听阈明显下降）。由于AS患者的听损程度一般为轻度或中度，所以助听器对其有一定的补偿效果。

（二）Norrie综合征

Norrie综合征是一种罕见的X染色体遗传病，目前文献报告已有400余例。约有30%

的患者表现为渐进性听力损失，而30%到50%的患者则会出现坐立和行走等运动技能的发育迟缓。除此之外，还可能伴有轻度至中度智力障碍、精神病，以及循环、呼吸、消化、排泄或生殖等方面的异常。

（三）耳–腭–指综合征

耳–腭–指（趾）综合征（otopalatodigital syndrome）是一种以骨骼发育不良为主要表现的疾病群，与眼距过长和颅面畸形有关。该综合征可导致面部中部扁平、小鼻子和腭裂等症状（Robertson，2007）。目前，唯一已证实的相关基因为X染色体q28位置上的*FLNA*（Filamin Aalpha）基因。此综合征罕见，据估计发病率应为十万分之一以下，且目前尚无治愈方式，主要是根据患者的症状提供解决方案。例如助听器验配可以补偿听力损失，而矫形手术可纠正脊椎严重侧弯。

参考文献

Schwartz PJ，吴晓燕，2006. Jervell–Lange–Nielsen综合征：自然病程史、分子基础和临床结果[J]. 世界核心医学期刊文摘(心脏病学分册)，(10)：26–27.

陈岸海，凌捷，冯永，2022. 鳃耳综合征/鳃耳肾综合征的遗传学研究进展[J]. 中南大学学报(医学版)，47(01)：129–138.

冯英秋，周妮娜，刘清莲，等，2022. Treacher Collins综合征患儿临床特征及致病基因分析[J]. 中国听力语言康复科学杂志，20(03)：187–190.

高元丰，李翠兰，2012. Jervell和Lange–Nielsen综合征发病机制与治疗策略[J]. 心血管病学进展，33(04)：445–448.

李淑娟，刘晓雯，陈兴健，等，2018. 常见综合征型耳聋临床表型及相关基因研究进展[J]. 中华耳科学杂志，16(03)：375–381.

梁小芳，睢瑞芳，董方田，2013. Usher综合征的分子遗传学及治疗[J]. 协和医学杂志，4(4)：446–450.

刘淑梅，刘桂馨，肖成贤，等，2003. Jervell Lange–Nielsen综合征[J]. 中西医结合心脑血管病杂志(07)：403–404.

刘忆，漆松涛，2010. Ⅱ型多发性神经纤维瘤病的治疗[J]. 中国临床神经外科杂志，15(08)：505–507.

刘玉洁，刘丹丹，魏磊，等，2022. 儿童COL4A5基因新突变致Alport综合征1例[J]. 临床与病理杂志，42(06)：1505–1508

倪婕，陈植，凌晨，等，2022. 儿童Alport综合征的临床、病理及基因分析[J]. 罕见病研究，1(03)：259–267.

倪晓琛，戢小军，罗意，等，2022. Waardenburg综合征患者人工耳蜗术后效果评价：系统评价以及meta分析[J]. 中华耳科学杂志，20(04)：689–695.

王倩，陈伟，陈艾婷，等，2020. CHARGE综合征语前聋儿童人工耳蜗植入病例报道2例[J]. 中华耳科学杂志，18(04)：675–677.

王肃旸，刘晓雯，郭玉芬，2021. Usher综合征的分子遗传学研究及治疗进展[J]. 听力学及言语疾病杂志，29(04)：459–463.

王艺贝，陈晓巍，王璞，等,2017. Treacher Collins综合征的临床诊断与BAHA听力干预疗效分析[J].临床耳鼻咽喉头颈外科杂志，31(08)：577–582.

王轶，王直中，曹克利，2000. Usher综合征[J].听力学及言语疾病杂志，(01)：61–63.

徐晨阳，刘晓雯，郭玉芬，2021. Usher综合征表型及发病机制研究进展[J].中华耳科学杂志，19(05)：850–854.

殷斌，石冰，贾仲林，2019.Treacher Collins综合征的致病基因和临床治疗策略[J].华西口腔医学杂志，37(03)：330–335.

余国膺，2006.基因分析在Timothy综合征、Romano–Ward长QT综合征、Jervell–Lange–Nielsen长QT综合征以及Andersen综合征中的作用[J].中国心脏起搏与心电生理杂志(04)：354.

袁永一，黄莎莎，左路杰，等，2014.耳聋–甲状腺肿综合征的临床诊断及分子病因分析[J].中华耳科学杂志，12(01)：15–18.

朱园杰，胡志娟，2022. COL4A3基因新突变导致的常染色体隐性遗传Alport综合征1例伴文献复习[J].临床肾脏病杂志，22(08)：701–704.

左路杰，张勋，袁永一，2011. Pendred综合征临床特点及病因研究进展[J].听力学及言语疾病杂志，19(06)：576–578.

American Academy of Otolaryngology–Head and Neck Surgery，2023. Genes and Hearing Loss[R/OL]. [2023–04–02].www.enthealth.org/be_ent_smart/genes–and–hearing–loss/.

Chang EH，Menezes M，Meyer N C，et al.，2004. Branchio–oto–renal syndrome：The mutation spectrum in EYA1 and its phenotypic consequences[J]. Human Mutation，23(6)：582–589.

Robertson SP，2007. Otopalatodigital syndrome spectrum disorders：Otopalatodigital syndrome types 1 and 2，frontometaphyseal dysplasia and Melnick–Needles syndrome[J]. European Journal of Human Genetics，15(1)：3–9.

Shen LF，Zhou SH，Chen QQ，et al.，2018. Second branchial cleft anomalies in children：A literature review[J]. Pediatric Surgery International，34(12)：1251–1256.

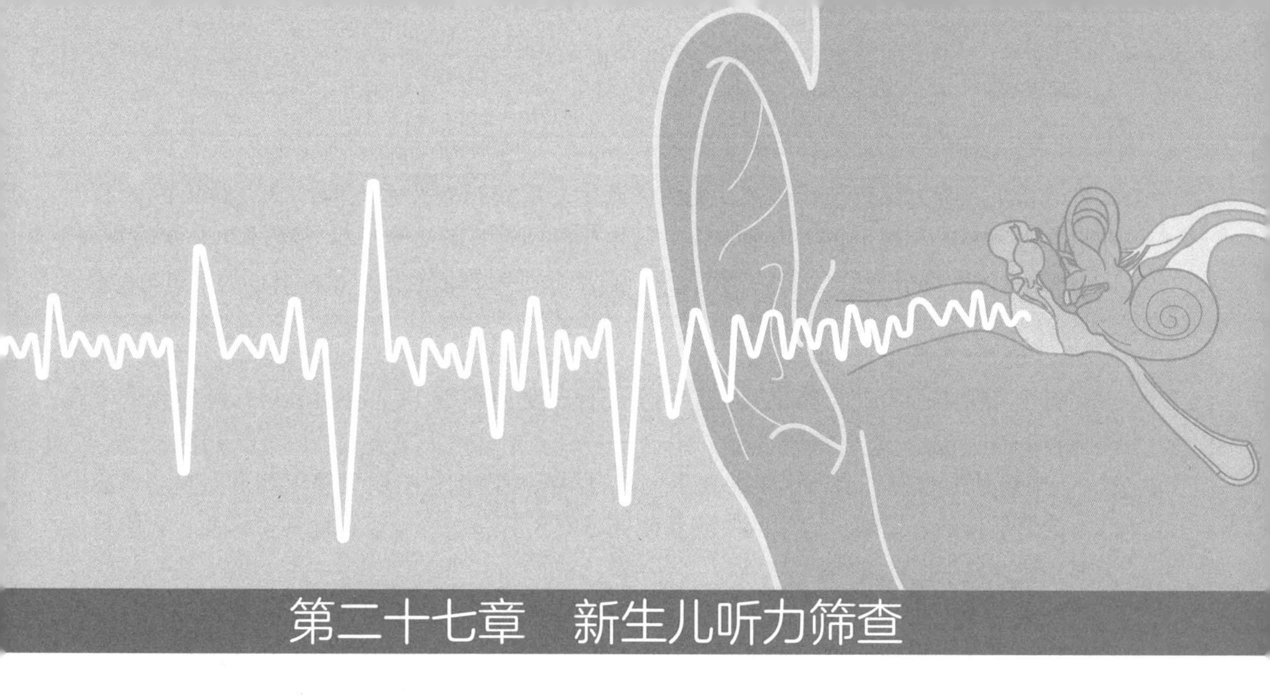

第二十七章 新生儿听力筛查

据相关文献报道，先天性耳聋是最常见的出生缺陷，在美国，每1000名新生儿中即有3人患先天性耳聋（White et al.,2010），而国内不完全统计资料亦表明其具有较高的发病率。先天性耳聋患儿如果不能被及时发现和干预，将导致语言和交流障碍，严重影响其未来的学习、生活和工作，给家庭和社会带来沉重的负担，后果严重。因此，先天性耳聋的早期诊断和干预就至关重要，而通过新生儿听力筛查可以有效实现这一目标。

一、历史与现状

早在20世纪40年代，Ewing等（1944）便强调尽早发现永久性听力损失儿童的重要性。Downs等（1965）首次提出了婴幼儿听力筛查的概念。1969年，婴儿听力联合委员会（Joint Committee on Infant Hearing，JCIH）成立，旨在尽早识别和更好地治疗重听或耳聋的婴幼儿（Joint Committee on Infant Hearing，2007）。在早期阶段，JCIH并不建议对所有新生儿进行筛查，而仅对有听力损失高危因素的婴儿进行筛查。但随后的研究表明，采用此方案仅能发现约50%的听障患儿（Mauk et al.，1991）。1993年，美国国立卫生研究院（National Institute of Health，NIH）在其发布的《关于婴幼儿听力损失早期发现声明》中提倡进行新生儿普遍听力筛查（universal newborn hearing screening，UNHS）。1994年，JCIH在其报告中认同了此方案，并提出“所有听力损失的婴幼儿均应在3个月内确诊，在6个月内接受干预”。其他重要组织（包括美国言语语言听力协会、美国听力学学会、美国儿科学会、全国聋人协会等）也纷纷呼吁开展此项目。1998年，欧盟在意大利米兰召开的新生儿听力筛查会议上推广在欧盟成员国中开展UNHS。在其后的几年中，UNHS在各国迅速发展，并进一步扩展为早期听力检测和干预（early hearing detection and intervention，EHDI）项目。至今，美国新生儿筛查的比例已超过98%，部分欧盟成员国新生儿筛查的比例已超过90%。

我国1994年颁布的《中华人民共和国母婴保健法》提出要在全国逐步开展新生儿听力筛查，并于1998年首次在北京和南京等地医院开展筛查工作。2004年12月，卫生部正式将“新生儿听力筛查技术规范”纳入《新生儿疾病筛查技术规范》中。2009年,《新生儿筛查管理办法》规定将听力筛查作为新生儿疾病筛查的必查项目。经过20余年的发展,UNHS在我国大部分地区已普及,但偏远地区因条件限制依然仅对目标高危人群进行筛查。

二、筛查策略

新生儿听力筛查的策略主要包括新生儿普遍听力筛查(UNHS)和目标高危人群筛查(targeted screening,TS)两种。

UNHS是指对所有活产出生的新生儿在尽早的时间内进行听力筛查测试。它是目前国际公认的最佳筛查策略,大量的实践和研究证实了其有效性、可行性和可靠性,我国目前大部分地区均采用此策略。

TS是对有听力损失高危因素的新生儿进行筛查测试。此策略在早期占据重要地位,但目前已不再作为首选,仅适用于无法开展UNHS的地区。JCIH(2007)在《2007年的立场声明:早期听力检测和干预项目的原则和指南》中列出了11条与儿童永久性先天性、迟发性或进行性听力损失相关的高危因素:①监护人关注发现小儿有听力、语言、言语或发育迟缓;②永久性儿童期听力损失家族史;③新生儿重症监护时间超过5天,或存在以下情况者(无须考虑监护时间):使用体外循环膜氧合技术、辅助通气、耳毒性药物(庆大霉素或妥布霉素)或环利尿剂(呋塞米),以及高胆红素血症需换血治疗;④宫内感染,如巨细胞病毒、风疹病毒、疱疹病毒、梅毒和弓形虫;⑤颅面部畸形,包括耳郭、外耳道、耳垂和颞骨畸形;⑥与已知的合并有感性神经性聋或永久性传导性聋的综合征有关的体征表现,如白额发;⑦与听力损失、迟发性或进行性听力损失相关的综合征,如神经纤维瘤病、骨质疏松症和Usher综合征,以及其他容易识别的综合征,包括Waardenburg、Alport、Pendred、Jervell和Lange-Nielson综合征;⑧神经退行性疾病如Hunter综合征,或感觉运动神经病,如Friedreich共济失调和Charcot-Marie-Tooth综合征;⑨与感音神经性聋有关的出生后感染,包括明确的细菌性或病毒性(特别是疱疹病毒和水痘)脑膜炎;⑩头部外伤,特别是需要住院治疗的颅底或颞骨骨折;⑪化疗。

三、筛查方法

由于技术水平的限制,早期使用的筛查方法主要是行为测试和问卷。但相关研究表明,这些方法有较高的假阳性和假阴性率,并不是可靠的筛查方法(Li et al.,2009;Watkin et al.,1990),这也是新生儿听力筛查项目在早期推行和开展困难的重要原因。直到二十世纪八十年代末和九十年代初,耳声发射(OAE)(Kemp,1978;Lonsbury-Martin et al.,1990)和自动听性脑干反应(AABR)(Herrmann et al.,1995)技术相继问世,技术的巨大进步使新生儿听力筛查项目的实用性和价值才得以体现,才能够在全球广泛开展。目前,OAE和AABR已成为WHO推荐的首选筛查方法,而行为测试和问卷则作为补充,用于条件有限而无法开展OAE或AABR的地区。

目前,应用于听力筛查的OAE技术主要有瞬态声诱发耳声发射(TEOAE)和畸变产物耳声发射(DPOAE)两种,它们均可无创、自动且客观地记录外耳至耳蜗外毛细胞的功能状态,对中耳和耳蜗外毛细胞的功能异常敏感,可发现30 dB HL以上的听力损失(Katz,

2015）。AABR是一种以ABR为基础的电生理测试技术，可无创、自动和客观地记录外耳至低级脑干听觉传导通路的功能状态，其结果与听力损失密切相关。

关于OAE和AABR的选择，目前的实践和研究表明，没有哪一种技术对所有的情况都更好。美国国家听力评估与管理中心进行的一项调查显示，50.3%的筛查项目使用OAE，而62.4%的筛查项目使用AABR（一些项目同时使用OAE和AABR，故比例之和超过100%）。在筛查中使用哪种技术，应综合考虑，以下几点可作为参考。

（1）从筛查针对的听力损失的类型考虑，如果要识别因听神经病（AN）导致的听力损失婴儿，则应使用AABR而不是OAE，因为OAE无法测量听神经的功能状态，其结果有可能是正常或接近正常的。JCIH（2007）推荐AABR技术作为新生儿重症监护病房（neonatal intensive care unit，NICU）唯一合适的筛查技术，因为大多数AN患儿都有NICU住院史，而健康婴儿的发病率很低（Katz et al.，2015）。

（2）从筛查针对的听力损失的程度考虑，相对于AABR，OAE对听力损失更为敏感。目前大多数AABR设备使用的刺激声强度为35 dB nHL，这意味着许多轻度听力损失的婴儿会通过测试。Johnson等（2005）进行了一项多中心研究，对近87000名婴儿进行两阶段OAE-AABR测试，将其中973名（1432耳）OAE未通过但AABR至少一只耳通过的婴儿纳入研究，在婴儿平均9.3个月大时进行诊断性听力学评估，结果发现21名婴儿（30耳）被确诊为永久性双耳或单耳听力损失，其中大多数（77%）为轻度听力损失。

（3）在两阶段筛查方案中，考虑到筛查未通过的婴儿回到门诊复查困难，AABR更具优势，因为其筛查通过率较OAE高（Katz et al.，2015）。

（4）从设备和耗材的成本考虑，OAE的成本明显低于AABR。

四、筛查方案

我国《新生儿疾病筛查技术规范（2010年版）》规定，正常出生的新生儿进行两阶段筛查，即出生后48 h至出院前完成初筛，未通过者和漏筛者在42天内应进行双耳复筛，复筛仍然未通过者应在出生后3个月内接受进一步的诊断，具体方案如图27.1所示。对于NICU婴儿，出院前应进行AABR筛查，未通过者直接转诊至听力障碍诊治机构进行诊断。对于具有听力损失高危因素的婴儿，即使通过听力筛查，也应在3年内每年进行一次随访，如果在随访过程中怀疑其存在听力损失，应让其及时前往听力障碍诊断机构就诊。在尚无条件开展新生儿听力筛查的医疗机构，应告知新生儿的监护人，在3个月龄内将其转诊至有条件的筛查机构完成听力筛查（卫生部办公厅，2010）。

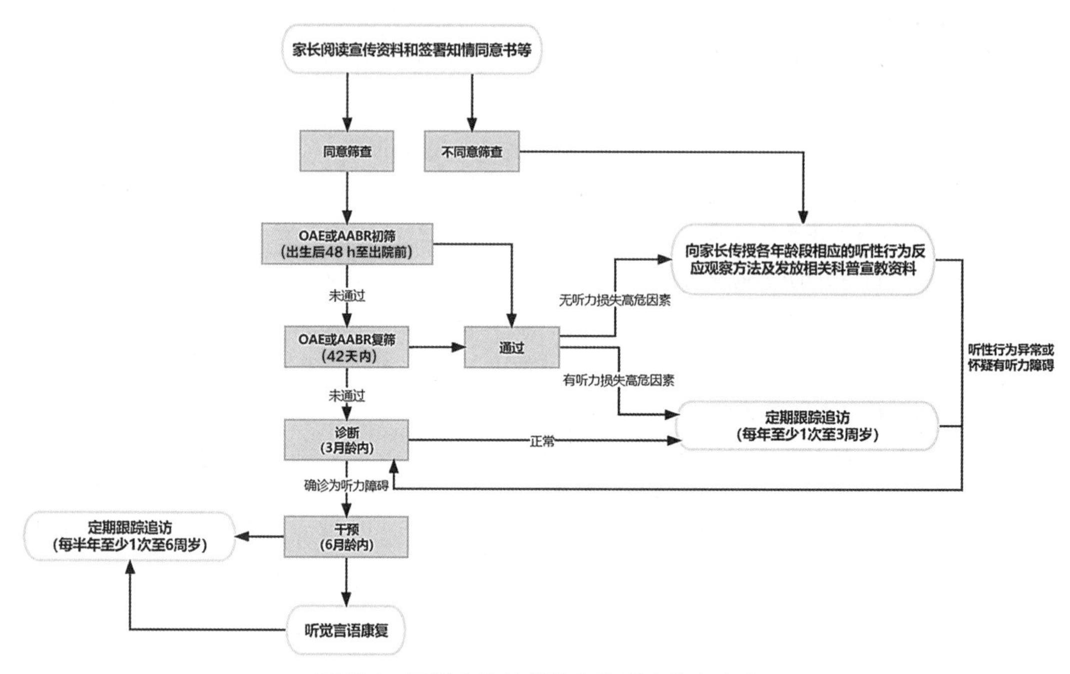

图27.1　正常出生的新生儿的听力筛查方案

听力诊断应遵循交叉验证原则，确定听力损失的程度和性质，包括病史、耳鼻咽喉科检查、听力学检查和其他辅助检查。对于疑似患有其他缺陷或全身疾病的患儿，应让其到相关科室就诊。对疑似有遗传因素导致听力障碍的患儿，应让其到具备条件的医疗保健机构进行遗传学咨询。对于确诊为永久性听力损失的患儿应在出生后6个月内进行临床医学和听力学干预。在患儿进行人工听觉装置干预后，应到专业的听觉言语康复机构进行康复训练，并定期进行复查和调试。此外，筛查机构还应负责对初筛未通过者进行随访，诊断机构应负责对可疑患儿进行追访，对听力障碍确诊患儿进行复诊（每半年至少1次）。

参考文献

Katz J，2006. 临床听力学[M]. 第5版. 韩德民，莫玲燕，卢伟，等，译. 北京：人民卫生出版社.

卫生部办公厅，2010. 新生儿疾病筛查技术规范(2010年版)[S]. 北京：中华人民共和国卫生部.

Downs MP，Sterritt GM，1965. Identification audiometry for neonates：A preliminary report[J]. Journal of Advanced Research，4：69–80.

Ewing IR，Ewing AWG，1944. The ascertainment of deafness in infancy and early childhood[J].Journal of Laryngology and Otology，59(9)：309–333.

Herrmann BS，Thornton AR，Joseph JM，1995. Automated infant hearing screening using the ABR：Development and validation[J]. American Journal of Audiology，4(2)：6–14.

Johnson JL，White KR，Widen JE，et al.，2005. A multicenter evaluation of how many infants with permanent hearing loss pass a two-stage otoacoustic emissions/automated auditory brainstem response newborn hearing screening protocol[J]. Pediatrics，116(3)：663–672.

Joint Committee on Infant Hearing, 2007. Year 2007 position statement : Principles and guidelines for early hearing detection and intervention programs[J]. Pediatrics, 120(4) : 898–921.

Katz J, Chasin M, English K, et al., 2015. Handbook of clinical audiology[M]. 7th ed. Philadelphia : Wolters Kluwer Health.

Kemp DT, 1978. Stimulated acoustic emissions from within the human auditory system[J]. Journal of the Acoustical Society of America, 64(5) : 1386–1391.

Li X, Driscoll C, Culbert N, 2009. Investigating the performance of a questionnaire for hearing screening of schoolchildren in China[J]. Australian and New Zealand Journal of Audiology, 31(1) : 45–52.

Lonsbury–Martin BL, Martin GK, 1990. The clinical utility of distortion–product otoacoustic emissions[J]. Ear and Hearing, 11(2) : 144–154.

Mauk GW, White KR, Mortensen LB, et al., 1991. The effectiveness of screening programs based on high–risk characteristics in early identification of hearing impairement[J]. Ear and Hearing, 12(5) : 312–319.

Watkin PM, Baldwin M, Laoide S, 1990. Parental suspicion and identification of hearing impairment[J]. Archives of Disease in Childhood, 65(8) : 846–850.

White KR, Forsman I, Eichwald J, et al., 2010. The evolution of early hearing detection and intervention programs in the United States[J]. Seminars In Perinatology, 34(2):170–179.

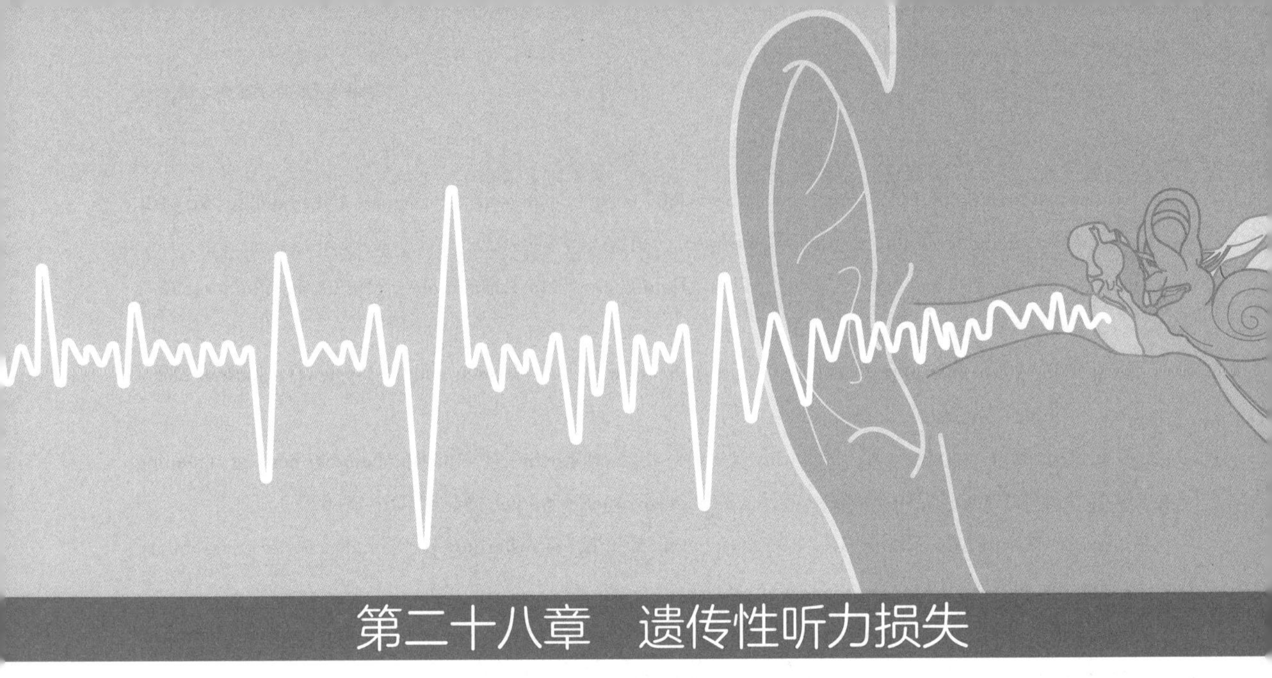

第二十八章　遗传性听力损失

一、遗传学基础知识

遗传学评估可以帮助患者及其家属了解听力损失原因及其他家庭成员发生听力损失的概率。遗传学评估应作为耳聋诊断的重要部分，主要包括病史及家族史的收集、体格检查、基因检测，以及其他医学检查和咨询。遗传咨询是帮助人们理解遗传因素对疾病、患者心理和家庭产生影响的过程。咨询内容具体包括：①综合病史和家族史，以评估疾病发生或复发的机会；②关于遗传、检验、治疗、预防、资源和研究的教育；③提供咨询，帮助患者及其家属优化选择和提高风险适应。

当基因检测结果不能明确致病性时，通过结合其他相关信息，仍能给予患者适当的咨询。对于经过严格评估后仍不能明确其病因学诊断的患者，应定期随访，分析其疾病的转归特点。在人们对遗传改变相关的临床表型有更多了解后，对基因测试结果的临床意义和解释也会随着时间的推移而改变。

随着遗传性疾病样本的基因数目不断增加，临床分子实验室能够检测到的新的序列变异也越来越多。某些疾病仅与单个基因相关，而多数表型与多个基因相关（杨焕明，2016）。

核型分析即在显微镜下计数和识别染色体结构的检测技术。按照国际统一规定，将染色体分组、编号，形成结构清晰的核型图，便于发现染色体异常（图28.1）。

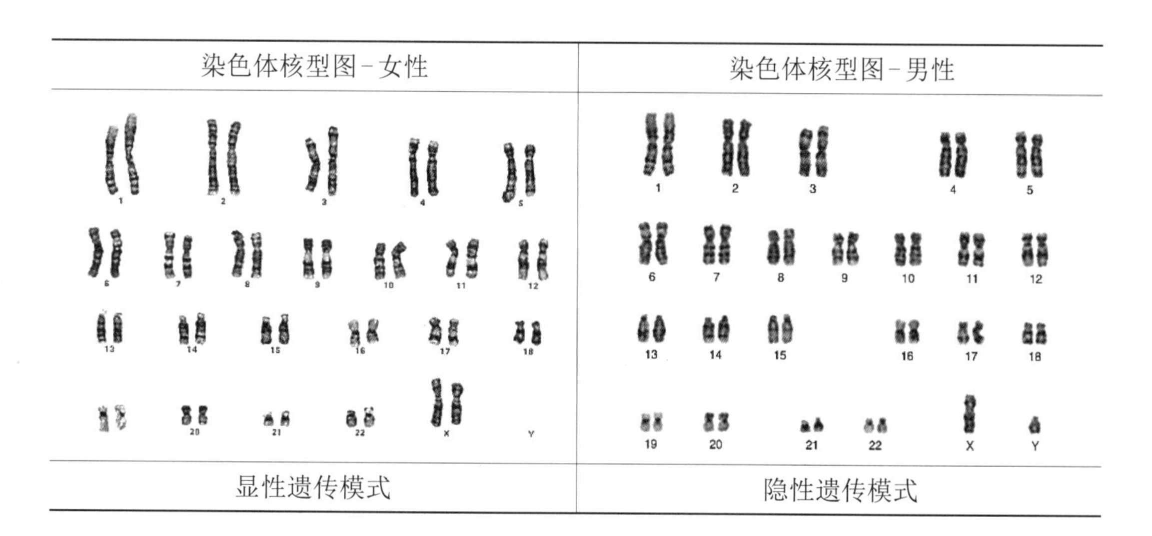

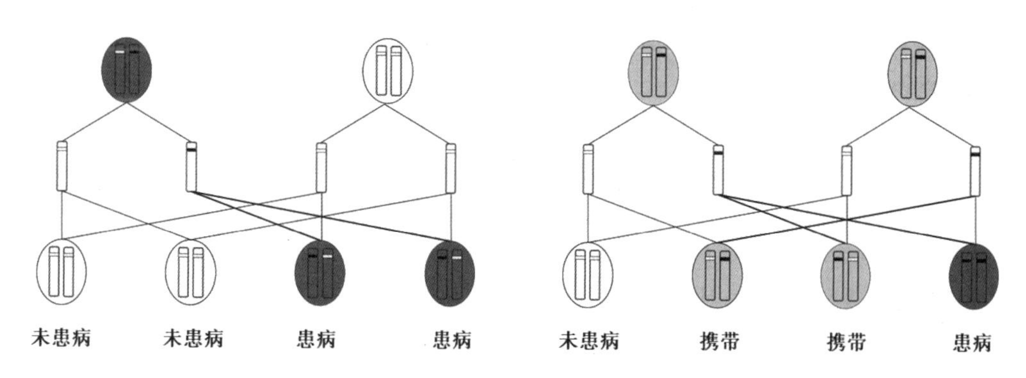

图28.1 核型分析

染色体相关的术语和符号，见表28.1。

表28.1 染色体相关的术语和符号

符号	意义	符号	意义
p	短臂	+	增加
q	长臂	−	缺失
r	环状	dup	重复
i	等臂	der	衍生（不平衡）
t	平衡易位	del	缺失
;	异位	inv	倒位
/	嵌合体	ins	插入
H	次溢痕	mos	嵌合体（同源）
s	随体	rob	罗伯逊易位

二、遗传性耳聋概述

听力损失的病因主要包括遗传因素、感染因素及环境因素。遗传因素作为先天性听力损失的主要原因，占听力损失发生率的60%。其中，70%的遗传性耳聋是非综合征型耳聋，即仅有耳聋症状。综合征型耳聋不仅有耳聋症状，也有其他器质性病变。非综合征型听力损失的名称可由所涉及的基因或遗传位点来确定。将非综合征型耳聋位点用DFN来表示，并根据遗传模式进一步细分（DFNA为常染色体显性，DFNB为常染色体隐性，DFNX为X-linked），DFN后附上数字表示基因定位和（或）发现的顺序（Shearer，2017）。据统计，80%的非综合征型耳聋是常染色体隐性遗传，这当中大部分极重度至重度听力损失最常见的是*GJB2*基因突变，轻中度常染色体隐性听力损失最常见的是*STRC*基因突变，但也存在种族差异（Sloan-Heggen et al.，2016）。

遗传性耳聋指父母把遗传物质传递给后代导致的耳聋，或由于遗传物质改变（如基因突变或染色体畸变）导致的耳聋。在我国，每一千个新生儿中就有一个患有先天性耳聋，先天性听力损失中，一半以上为遗传性的。遗传模式主要包括细胞遗传学和染色体异常，单基因遗传模式（孟德尔遗传），多基因遗传模式，以及其他非传统的遗传模式。遗传性耳聋主要表现为听力下降，根据程度不同可分为轻度、中度、重度和极重度。一部分患者通过佩戴助听器可进行无障碍交流。对于助听器无法补偿的极重度耳聋患者或某些类型的听神经病患者，若使用助听器不能解决问题，经过严格的筛选后，可尝试通过手术植入人工耳蜗进行干预。遗传性耳聋的预后与其早期干预情况有关。

单基因遗传（孟德尔遗传）是由单个基因突变引起的病症，包括常染色体隐性遗传、常染色体显性遗传和性连锁遗传。其中，性连锁遗传包括X-连锁遗传和Y-连锁遗传。解放军总医院的王秋菊教授在国际上首次发现了Y-连锁遗传性耳聋家系，并在国际上首次发现和证实了人类遗传学中第一个Y-连锁遗传性疾病（王秋菊 等，2004）。在遗传性耳聋患者中，80%为常染色体隐性遗传，19%为常染色体显性遗传，1%为性连锁遗传及线粒体遗传。

利用新一代测序技术，临床实验室检测遗传性疾病的产品种类不断增加，包括基因分型、单基因、基因包、外显子组、基因组、转录组和表观遗传学检测。检测样本日益复杂，基因检测在序列解读方面不断面临着新的挑战。

美国医学遗传学与基因组学学会(The American College of Medical Genetics and Genomics，ACMG）建议使用特定标准术语来描述孟德尔疾病相关的基因变异——“致病的”“可能致病的”“意义不明确的”“可能良性的”和“良性的”（Richards et al.，2015）。

三、单基因遗传模式

遗传模式是指遗传信息传递的特点。分析亲代与子代遗传性状的相似与变异情况可帮助我们了解遗传模式。人类的遗传模式主要分为单基因遗传和多基因遗传模式。其中，单基因遗传模式又可分为常染色体遗传和性染色体遗传。位于常染色体的单基因遗传模式遵循孟德尔遗传规律，而线粒体遗传属于母系遗传模式。

常染色体隐性遗传模式（图28.2）的特点包括：

（1）又称“水平”遗传模式。

（2）家庭中可出现一个耳聋患者或更多兄弟姐妹患病。
（3）患者的父母和孩子通常不患病。
（4）患者的兄弟姐妹有1/4的概率受到影响。
（5）男性和女性患病的概率相当。
（6）在有多个近亲结婚的家庭中，存在多代患病的可能。
导致常染色体隐性遗传性耳聋的基因有*CABP2*、*PJVK*、*MYO15A*等。

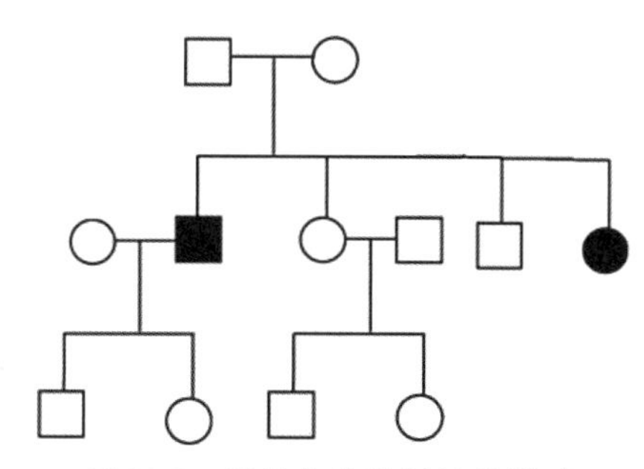

图28.2　常染色体隐性遗传模式

常染色体显性遗传模式（图28.3）特点包括：
（1）又称“垂直”遗传模式。
（2）存在多代患病的情况。
（3）每个患者通常有一个患病的父亲或母亲。
（4）患者的每个孩子有1/2的概率会患病。
（5）男性和女性患病的概率相当。
导致常染色体显性遗传性耳聋的基因有*COCH*、*EYA4*、*KCNQ4*等。

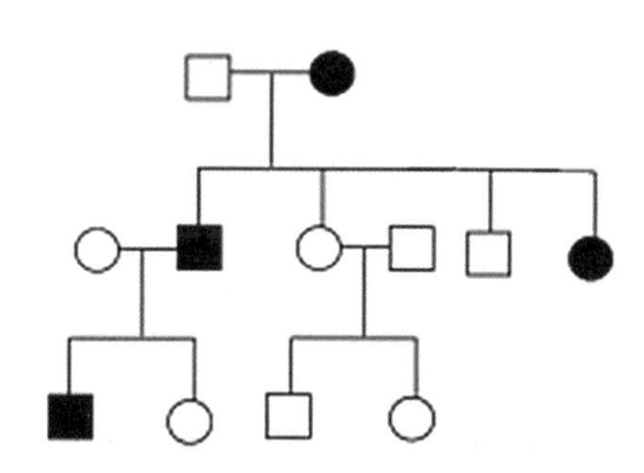

图28.3　常染色体显性遗传模式

X–连锁遗传模式（图28.4）特点包括：
（1）患病男孩可能有一个患病的舅舅。
（2）患者的父母和子女通常不患病。
（3）不存在父亲遗传给儿子的情况。
（4）若为隐性遗传：患病的主要是男性，女性可能是携带者。
（5）女性携带者的儿子患病的风险为1/2，其女儿有1/2的风险成为携带者。
导致X–连锁遗传性耳聋的基因有*PRPS1*、*COL4A6*等。

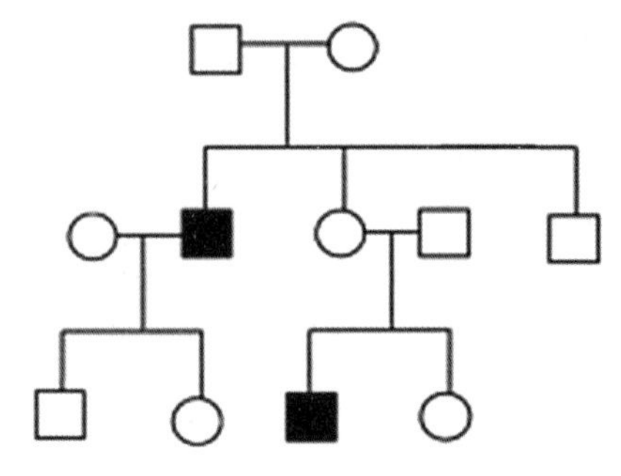

图 28.4　X- 连锁遗传模式

线粒体遗传模式（图 28.5）特点包括：

（1）垂直遗传模式。

（2）男性患者不会再遗传给后代（患病男性的后代不患病）。

（3）女性患者的所有子女都可能受到影响，存在多种可能。

导致线粒体遗传性耳聋的基因有 *MT-RNR1*、*MT-TS1*、*MT-CO1* 等。

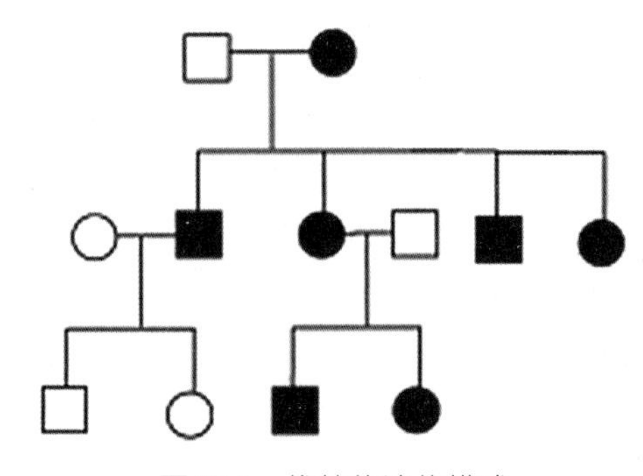

图 28.5　线粒体遗传模式

Y- 连锁遗传模式（图 28.6）特点包括：

（1）垂直遗传模式。

（2）患病男性的所有儿子都患病。

（3）只有男性患病。

导致 Y- 连锁遗传性耳聋的基因有 *AIFM1* 等。

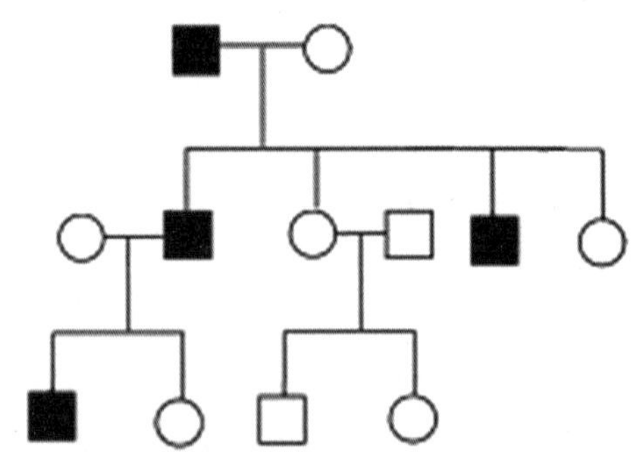

图 28.6　Y- 连锁遗传模式

四、遗传咨询

遗传咨询可减少遗传性耳聋的发生与延续。我国每年约有100万出生缺陷儿，发生率高达5.6%，出生缺陷已成为我国一个重大的公共卫生问题。随着生育政策的全面放开，出生缺陷儿的数字将持续增加。此外，我国不孕不育患者人数超过5000万，发生率达12.5%～15%。高通量测序技术的发展，为遗传病和癌症的预防、诊断和治疗带来了福音，国家也加大了对此技术的支持力度。遗传咨询是基因测序转向临床应用必不可少的一环，但由于历史原因，遗传咨询过去在我国没有得到重视。到目前为止，我国遗传咨询机构缺乏，还没有专业的遗传咨询师，公众对遗传咨询认知不足，这些都严重制约了我国基因测序等先进技术的应用和普及。

在对咨询对象提供咨询和沟通方面，遗传咨询师应做到以下几点：

（1）确定和协商咨询内容，了解咨询对象的期望；

（2）收集咨询对象本人和家人的经历、情感、价值观、文化和宗教信仰等信息，提供个性化方案；

（3）评估咨询对象对医疗信息的理解程度，并做适当宣教；

（4）运用适当的沟通技巧，富有同理心，建立融洽的医患关系，确定咨询对象主要的关注点；

（5）确定咨询对象的心理状态，以进行适当的干预；

（6）充分尊重咨询对象的文化、语言、生活方式、宗教信仰和价值观；

（7）以当事人为中心，进行心理支持，达到治疗目的。①确定并处理咨询过程面临的伦理与道德困境；②了解咨询对象的需求和看法，理解当事人需要，并进行详细的信息沟通；③认识到个人知识或能力的局限性，必要时寻求其他专业支持；④尊重咨询对象的保密权利。

五、遗传咨询中的伦理问题

没有伦理，科学就没有灵魂；没有科学，人类就没有力量。伦理与法律不同，伦理主要讨论“应该做什么，以及应该如何去做才符合伦理”的问题。而法律则是规定“什么事是合法的，怎么做是不违法的，什么事是违法的，什么事绝对不允许做”。美国在2008年颁布了《遗传信息反歧视法案》，任何基于遗传信息的就业或保险形式的歧视将受到法律的制裁，是继反对种族歧视和性别歧视后，在法律层面被明令禁止的歧视，是人类文明的第三个里程碑。

所有涉及人类的研究都应该遵循三个基本的伦理原则，即“尊重个人、有益原则和正义原则”。以人类为对象开展的相关研究应按照符合伦理规范的协议进行。协议应明确：①研究目的，即以人类为对象进行研究的原因；②受试者面临的任何已知风险的性质和程度；③拟用什么方式招募受试者，以及如何招募。确保受试者的参与是自愿的，并以书面形式收集知情同意书。研究者在进行研究之前必须获得批准或许可。

应规定负责收集和储存样本的机构必须遵守的职责，包括妥善保存样本，管理样本和衍生的遗传数据，控制其使用和分配。

知情同意书是患者或志愿者与医疗从业者或研究人员就研究的后果、危害、益处、风险和预期结果进行沟通后，由参与者签署的文件。基因数据库经常作为关键的生物医学资源，使研究人员能够执行各种各样的研究项目。因此，参与者必须被告知，他们的样本可能在未来被用于目前无法预见的其他研究目的。

根据尊重自主性的原则，在没有得到他人同意的情况下，不允许看到或使用他人的表观遗传检测数据，更不允许对他人施加压力进行基因检测。表观遗传测试的结果可能会提供一些有关个人的敏感信息，不仅包括他们增加的疾病风险，还包括他们接触的环境和生活方式。在没有得到同意的情况下，强行进行表观遗传检查，是不符合尊重自主性的原则的。

表观遗传学是研究基因的核苷酸序列不发生改变的情况下，基因表达的可遗传的变化的一门遗传学分支学科。表观遗传学是与遗传学相对应的概念，遗传学是基于基因序列改变所致基因表达水平的变化；而表观遗传学是指非基因序列改变所致基因表达水平的变化。表观遗传学检测在疾病诊断中仍有其局限性，其准确性和稳定性也有待验证。

大多数直接面向消费者的表观遗传学检测（direct-to-consumer epigenetic tests，DTC-ET）公司没有明确指出遗传数据保护策略（Dupras et al.，2020）。未经他人同意而侵犯他人的隐私在道德上是不可接受的。应该应用数据管理的监管制度和标准以确保隐私安全。潜在的表观遗传歧视可能会对参与表观遗传研究产生影响。就正义原则而言，区别对待基因变异的人在伦理上是不可接受的。目前没有一家DTC-ET公司在其政策中提及滥用或缺乏针对表观遗传歧视的法律保护的潜在风险。因此，需要完善相关法律法规，引导DTC-ET朝着正确的方向发展。

六、听力及基因联合筛查

我国新生儿听力筛查从1999年开始实施。王秋菊等（2007）在广泛开展新生儿听力筛查基础上首次融入了聋病易感基因筛查，率先提出了新生儿听力与基因联合筛查，并建立了规模化的联合筛查中国模式，实现耳聋的早发现、早诊断和早干预，这种理念与模式越来越多地被国际同行认同。通过科学指导和干预，可有效避免耳聋的发生及出生缺陷，完善耳聋的三级预防。耳聋基因筛查通常采用目标区域捕获技术检测中国人群常见的4个耳聋基因，包括*GJB2*、*SLC26A4*、*GJB3*、*MT-RNR1*基因。

新生儿听力初筛时间为出生后48 ～ 72 h，复筛时间为出生42天前后。新生儿耳聋易感基因筛查采血可通过：①脐带血：出生时在产房采取近婴儿端脐带血；②足跟血：与新生儿疾病筛查同时同量采集血样。采血方法：采血人员将脐带血或足跟血滴0.1 ml在采血卡的圆圈内，血量太少太多都不符合要求。联合筛查流程见图28.7，联合筛查的结果可有6种不同的组合形式，见表28.2（王秋菊，2021）。

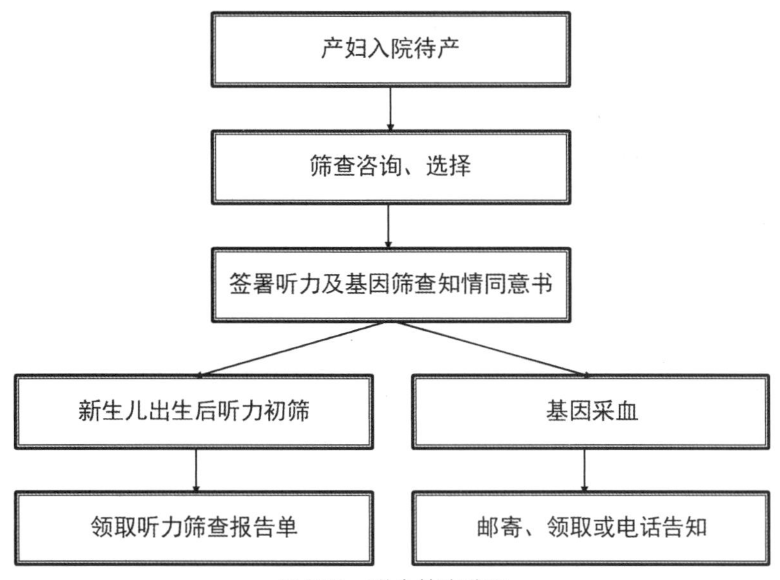

图28.7　联合筛查流程

表28.2　听力与基因联合筛查结果分析

听力筛查	基因筛查	结果解读和咨询指导
通过	通过	随诊
通过	未通过	高度预警
通过	携带者	遗传咨询
未通过	通过	听力学诊断流程
未通过	未通过	听力学与基因联合诊断
未通过	携带者	听力学与遗传咨询

思考题：

（1）当患者不愿意行基因检测时，请从不同角度思考，医务工作者是否应当说服患者进行检测。

（2）当家属想了解患者得某种疾病的风险，但未经患者同意时，咨询人员可以告知家属患者的检测结果吗？

（3）耳聋夫妻想通过产前诊断技术生育一个健康儿，请从法律和伦理两方面阐述是否合适？

参考文献

韩东一，翟所强，韩维举，2008. 临床听力学[M]. 北京：中国协和医科大学出版社.

李兴启，王秋菊，2015. 听觉诱发反应及应用[M]. 北京：人民军医出版社.

王秋菊，沈亦平，邬玲仟，等，2017. 遗传变异分类标准与指南[J]. 生命科学，47(6)：668–688.

王秋菊，杨伟炎，韩东一，等，2004. Y–连锁遗传性耳聋：中国一大家系的听力学表型特征[J]. 中华耳科学杂志，2(2)：81-87.

王秋菊，2021. 新生儿听力与基因联合筛查330问[M]. 北京：人民卫生出版社.

杨焕明，2016. 基因组学[M]. 北京：科学出版社.

Dupras C，Beauchamp E，Joly Y，2020. Selling direct-to-consumer epigenetic tests：Are we ready[J]?. Nature Reviews Genetics，21(6)：335-336.

Marilyn M. Li，Ahmad Abou Tayoun，Marina DiStefano，et al.，2022. Clinical evaluation and etiologic diagnosis of hearing loss：A clinical practice resource of the American College of Medical Genetics and Genomics (ACMG) [J]. Genetics in Medicine，24(7)：1392-1406.

Richards Sue，Aziz Nazneen，Bale Sherri et al.，2015. Standards and guidelines for the interpretation of sequence variants：a joint consensus recommendation of the American College of Medical Genetics and Genomics and the Association for Molecular Pathology[J]. Genetics in medicine，17(5)：405-24.

Shearer AE，Hildebrand MS，Smith RJH，1999-02-14 [2017-06-27更 新]Hereditary Hearing Loss and Deafness Overview[M]. Seattle (WA)：University of Washington，Seattle; 1993-2022.

Sloan-Heggen CM，Bierer AO，Shearer AE，et al.，2016. Comprehensive genetic testing in the clinical evaluation of 1119 patients with hearing loss[J]. Human Genetics，135(4)：441-450.

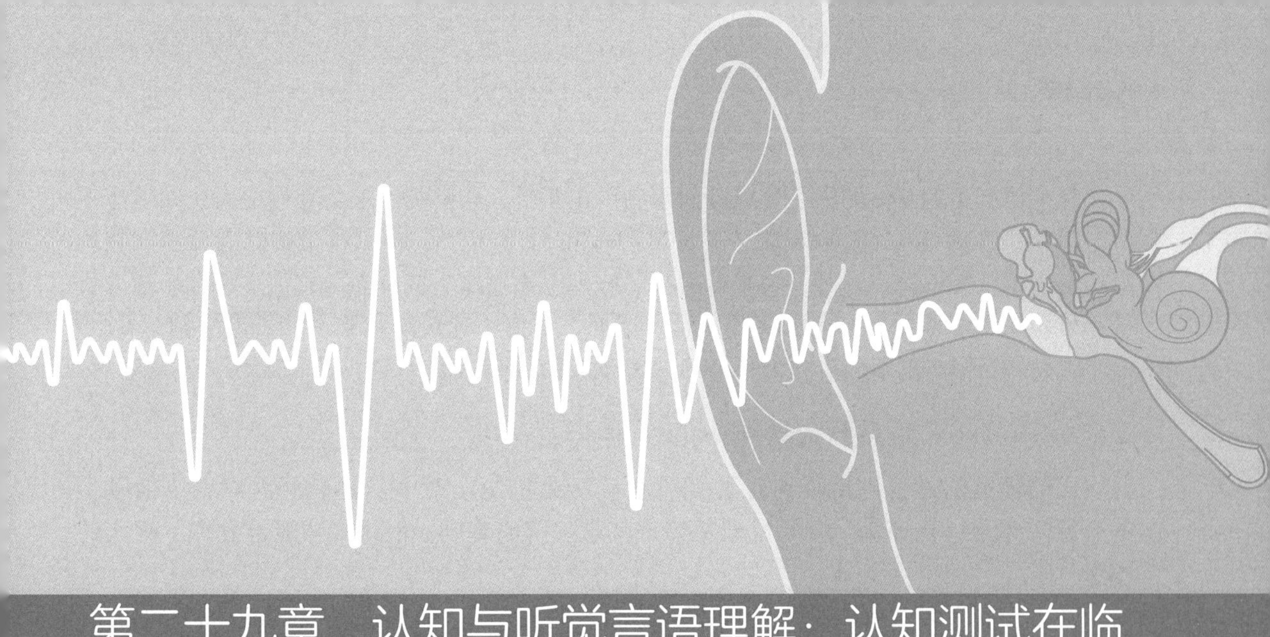

第二十九章　认知与听觉言语理解：认知测试在临床听力学中的意义

听觉言语理解包括从听到言语信号到理解言语信号的过程。从听到到听懂，认知功能的参与是不可或缺的。与听觉功能一样，认知功能可能也会随着年龄的增长而逐渐下降。听力下降和认知下降在老年人群中都有较高的发生率。在全球范围内，70岁以上的老年人中约有63%存在听力下降（Lin，2011；Lin et al.，2011），而65岁以上的老年人有20%～40%存在轻度认知障碍（mild cognitive impairment，MCI）（Ward et al.，2012）。研究显示，听力下降（特别是未被干预的听力下降）和各种痴呆疾病都有一定的相关性（Livingston et al.，2020）。此外，在听力言语康复中，给听损者验配助听器只是旅程的起点，而康复的最终目标是要让听损者能最大限度地恢复言语交流能力。了解言语理解的完整过程能帮助听力师或助听器验配师更好地进行听力咨询与听力言语康复训练。因此，本章将介绍认知功能在听觉言语理解中的作用、认知功能和听觉言语理解的关系，以及认知测试在临床听力学工作中的应用。

一、认知功能和轻度认知功能障碍

认知功能涉及各种认知参与的活动过程，如感知（perception）、注意（attention）、记忆（memory）、决策（decision making）和言语理解（language comprehension）（Rui，2014）。认知功能在日常生活行为和社会行为中起着关键的作用。

MCI是介于因年龄而引起的正常认知能力退化与严重痴呆之间的阶段。它的特点是人在记忆、语言、思维和判断方面出现认知障碍。当患者存在MCI时，记忆或一些认知功能将会出现一定程度的下降（且在日常生活中能够注意到），但这些变化还没有严重干扰其日常生活和工作。MCI的致病原因多种多样，后续的病程发展也不固定，可能会长年稳定保持在MCI阶段，也可能会进一步发展成阿尔茨海默病（Alzheimer disease，AD）或其他类型的痴呆疾病，亦可能随着时间的推移而逐渐恢复。相对于认知功能正常者，MCI患者发展为痴呆的风险明显增加。据统计，每年有10%～15%的MCI患者最终发展为各类痴呆症。

目前已知引起MCI的最主要风险因素为：①年龄，年龄的增加会直接增大认知功能下降的风险；②携带*APOE e4*基因，这种基因也和AD有相关，但是携带该基因并不意味着一定会出现认知下降。此外，包括糖尿病、吸烟、高血压、肥胖在内其他疾病和生活方式等因素也可能导致MCI的患病风险增加。因此，规避上述风险因素可能有助于预防MCI。对于听损者，佩戴助听器可能也是一种有效预防MCI的措施。

二、认知功能在听觉言语理解中的作用

言语理解的过程包括听到言语信号（无意或主动）、处理言语信号并对言语信号中的有意义部分进行理解。听觉处理是整个言语理解的基础，但认知功能也发挥了很大的作用。

言语理解涉及多种方式，例如由声学驱动的自下而上（acoustically-driven bottom-up processing）的处理方式和由认知驱动的自上而下（cognitively-driven top-down processing）的处理方式。自下而上的听觉处理指的是被动察觉言语信号并将相关信息传递至听觉中枢形成言语理解的过程，是外界刺激主导的；而自上而下的听觉处理指的是主动运用认知功能来调控言语理解的过程，是内部知觉主导的（Rönnberg et al.，2021）。

在安静环境下，健听或借助听力辅助装置能获得良好听力补偿的听损者，几乎能获取所有的言语信息，从而达到基本正常的言语理解水平。在这些情况下，言语感知基本可以依靠自下而上的听觉处理方式，而不需要过多的认知功能的参与。但是，当聆听者处于噪声或其他不利于聆听的环境下时，仅仅依靠自下而上的听觉处理方式可能难以获得良好的言语识别表现。这是因为他们难以在这些情况下获取有效的言语信息。为了消除对言语信息的错误理解，聆听者需要运用有关语义、句法、词法、韵律以及对交谈场景判断等方面的知识来填补缺失的言语信息，而该过程需要认知功能，即自上而下听觉处理方式的介入（Rönnberg et al.，2019）。

与言语理解相关的认知功能包括但不限于信息处理和调动词汇的速度（speed of information processing and lexical access）、语音处理技能（phonological processing skills）和工作记忆容量（working memory capacity）。这些功能都和从语义长期记忆（semantic long-term memory）获取信息的能力有关。快速的词汇调动能力意味着可以有效检索并匹配储存在语义长期记忆中的词汇信息，语音处理技能在言语感知中至关重要，因为它们反映了察觉、辨别和识别言语的能力，而工作记忆的容量大小则代表聆听者短暂存储声信息的能力（Rönnberg et al.，2013）。在这些认知功能中，工作记忆可能是预测言语识别表现的最有效的认知因素。Besser等（2013）对二十多项研究的回顾显示，工作记忆容量与多人谈话、稳态言语噪声下的言语识别表现之间均存在正相关（Besser et al.，2013）。

三、言语理解容易度模型

言语理解容易度（the ease of language understanding，ELU）模型是描述认知功能与听觉言语理解间相互作用关系的假设之一。该模型与上文提到的工作记忆容量密切相关，但突出强调了言语理解中的多模式信息（包括视觉信息）输入和语音语义的作用（Rönnberg et al.，2019；Jerker et al.，2013）。ELU模型试图阐明在良好的和具有挑战性的聆听环境下

言语理解的基本机制，并描述了其工作记忆系统对口语和手语的信息输入的语音处理流程。该模型将多模态输入自动且迅速地结合在一起，并形成语音信息流，随后与储存在语义长期记忆中的词义信息进行匹配。这种处理可以是内隐的（被动的）或外显的（主动的）。当聆听条件良好时，就会出现内隐的、毫不费力的听觉处理。在这种情况下，信息输入是完整清晰的，并且很容易与长期记忆中的语音表述相匹配。当聆听条件不理想时，传入的言语信号可能会被噪声掩盖或存在失真。这时就会出现无法与长期记忆相匹配的情况，因此需要外显、主动且积极的自上而下听觉处理方式的补救，以使不理想的输入信号能够被理解。

作为耳蜗损伤的后果之一，感音神经性听力损失患者会接收到不完整或失真的声信号。因此与听力正常的人相比，他们在言语理解时会有意识地使用更多外显处理。根据ELU模型，当听力损失人群使用助听器时，那些更激进的信号处理方式（如快压缩，强降噪算法）会引起声音信号更大程度的失真，这时听觉言语理解过程中的外显处理也会增多。另外，当听力损失人群使用新助听器或新的声音处理算法时，外显处理的使用频率也会增加（Souza et al.，2015）。

四、认知功能与助听器

耳蜗损伤会导致外周听觉系统感知能力下降，进而需要更多的认知资源来完成言语理解。在这种情况下，用于其他认知功能的资源就会相应减少。助听器使用的信号处理算法旨在提供足够的听力补偿或更好的聆听环境。在嘈杂环境下，这些算法对于言语理解至关重要。

然而，先进的信号处理算法也可能会带来副作用，例如目标信号的失真或扭曲等。这些副作用会对助听器用户的言语识别产生不利影响。不理想的言语信号需要更多的外显性认知处理，因此会大量占用工作记忆资源。然而，由于工作记忆资源是有限的，对于助听器用户，这些信号处理算法中也许仅能提供有限的益处。综上所述，每个助听器用户的工作记忆能力可能决定他们是否能从助听器信号处理算法中获得益处，以及获得多少益处（Ng et al.，2013；Souza et al.，2015；Arehart et al.，2015）。

受助听器信号处理算法的影响，初次佩戴助听器的语后聋用户可能需要适应新的语音表征（phonological representations），这和长期记忆中的语音表征不完全匹配。在这种情况下，言语理解需要更多的外显性和自上而下的处理，并需要更多的工作记忆资源。随着时间的推移，用户会逐渐适应助听器的参数，建立起与经助听器处理后言语信号相一致的新语音表征。此时，言语理解中的外显性处理参与的比例会减少，而工作记忆的作用也可能会逐渐下降。因此，有观点认为在语后聋用户初次佩戴助听器或更换不同声音处理算法时，言语理解水平和工作记忆能力之间的相关性可能是最强的，但这种相关性可能会随着时间的推移而减弱（Rönnberg et al.，2021）。

一些研究已经成功证明了助听器用户的认知能力差异和言语识别之间的关系。例如，Lunner（2003）发现，阅读广度测试（reading span test）和韵律判断测试（rhyme judgment test）的得分与噪声下句子识别阈有相关性，且这种相关性在助听条件下和未助听条件下都存在，认知能力较好的人会有更好的助听器佩戴效果。Gatehouse 等（2003）也研究了噪声中认知能力和言语识别之间的关系。他们发现，在噪声（尤其是振幅调制噪声）下言语识别测试中，工作记忆较好的聆听者表现更好。一些研究关注了认知能力差异在不同助听器信号处理算法下的表现。例如，快压缩和慢压缩对于不同认知水平的人可能有着不同的效果。在噪声下的言语识别表现上，认知能力较强的人可以从快压缩中受益，而认知能力较差的人则不一定。最近，有一种集合快慢压缩优点的双压缩（dual compression）被证明在噪声下拥有比快压缩更好的言语识别效果，但是双压缩与认知功能差异的关系还不明确（Chen et al.，2021）。总而言之，如何根据患者的认知状况来设置助听器参数仍是一个有临床意义的问题，值得进一步研究。

五、认知测试在临床听力学中的运用

听力水平是决定言语识别表现的主要因素，而认知功能可能是决定言语识别的第二大因素（Akeroyd et al.，2008）。因此，在临床听力学实践中，认知测试的结果也许可以提供更多信息以辅助判断受试者的言语理解能力。以下将重点讨论在临床上进行认知功能测试的必要性、认知测试的运用，认知功能测试的临床注意事项以及认知测试的结果。

（一）在临床听力实践上进行认知功能测试的必要性

根据临床实践和研究，听力下降的老年人比听力正常的老年人更容易出现认知障碍。即使在控制了性别、种族、教育程度和基础性疾病等因素后，认知障碍的风险仍与听力损失程度有关。实际上，有听力损失的老年人患认知障碍的风险要比健听老年人高出24%（Lin et al.，2013）。因此，听力师可以对存在认知下降风险的听障群体进行认知筛查和提供适当转诊建议（Shen et al.，2016）。在对听损患者进行完整的问诊、临床检查和听力设备验配的过程中，听力师可以与和患者进行大量对话来交换信息，并根据患者的交流表现来发现一些认知功能下降的端倪。在患者的言语交流能力受到影响时，判断其是否存在认知下降对全面诊断患者的言语识别能力具有重要意义。此外，认知功能对助听器参数的设置，帮助患者及其家属建立合理的康复期望值都可能有一定的帮助。因此，关注患者的认知功能状态不仅能给听力师提供有关患者言语理解能力的更完整的信息，也能为制订合理的听力康复计划提供理论支持。

（二）临床听力实践中认知功能测试的运用

对于那些希望获得患者潜在认知障碍信息而不希望过多增加问诊时间的听力师来说，可以将一些小问题或小测试整合到目前的临床流程中。Remensnyder（2012）提供了几个方法：听力师可以在病史收集过程中加入几个简单的问题，如询问患者的记忆力情况以及是否有抑郁症和头部受伤史。在问诊过程中，注意任何反常的交流，如记忆困难和不适当的情感反应，并留意患者是否有无法学习和记忆新信息的情况，或在交流中难以找到准确的词语或做出决定，经常错过约定的时间或事，以及对简单指令的困惑（Robinson et al.，2015）。与患者的家庭成员沟通，收集任何可能表明认知障碍的沟通困难或行为改变的信息，也是很有帮助的（Kiessling et al.，2003）。这些运用可以提供患者是否可能出现的认知能力下降的相关信息。事实上，临床收集上述认知下降相关信息非常重要，听力师可以通过这些信息来判断患者是否需要进一步进行认知功能的测试。

有许多认知筛查测试可以直接评估和量化认知功能（Cordell et al.，2013；Lin et al.，

2013）。常用的测试包括全科医生认知评估（the general practitioner assessment of cognition，GPCOG）（Brodaty et al.，2002）、简易智力状态评估（Mini-Cog）（Borson et al.，2000）、简明精神状态检查（mini-mental state examination，MMSE）（Folstein et al.，1975）、蒙特利尔认知评估（montreal cognitive assessment，MoCA）（Nasreddine et al.，2005），以及圣路易斯大学精神状态检查（saint louis university mental status Examination，SLUMSE）（Shen et al.，2016）。这些测试有几个适用于临床的共同特点。第一，这些测试对所有主要的认知能力（如记忆和注意）都进行了测量；第二，它们很省时，只需要很短的测试时间（通常5～10 min）。第三，这些测试是经过验证的，具有良好的心理测量特性（如敏感性和特异性）。最后，这些测试通常是用纸笔进行的，所以它们很容易操作和解读。经过标准化的培训和练习，听力师可以掌握这些测试。

证据表明，MCI的发病率远高于痴呆症（Prince et al.，2013；Ward et al.，2012）。在临床实践中，MCI患者比严重痴呆症患者更常见。不同的认知筛查测试旨在检测不同类型的认知障碍，对不同类型的认知障碍具有不同的敏感性。例如，GPCOG、Mini-Cog和MMSE对筛查MCI的敏感性较低（Nasreddine et al.，2005）。因此，就认知筛查的价值而言，MoCA测试可能更适合在听力诊所中使用。

（三）认知功能测试的临床注意事项

流行病学数据显示，听力损失和认知障碍的共同发生率较高（Gurgel et al.，2014）。然而，这些研究未考虑一个潜在的共同因素，即那些有听力损失的人可能仅仅因为无法听清测试者的声音而无法通过认知筛查测试（而不是实际上有较低的认知能力）（Dupuis et al.，2015）。研究表明，聆听困难可能部分导致认知测试得分的降低，例如Dupuis等（2015）尝试对MoCA测试进行重新评分，并排除严重依赖听力能力的项目（如句子重复、听觉数字跨度），这提高了听力损失组的通过率。Jorgensen等（2016）通过模拟听力损失（以避免认知能力下降的混淆）测试了年轻的正常听力参与者，证明在存在听力困难时MMSE的表现较低。以上研究还显示，虽然控制了听力下降对测试的影响，认知能力得分会有所提高，但总体上有听力损失的人群通过认知测试的比例仍然比正常听力人群低。因此，在对有听力损失的老年人进行测试时，要尽可能减少听力对测试结果的影响，最好在安静的房间里以面对面的坐姿进行，以防止噪声对言语识别的影响。如有需要，有听力损失的患者应佩戴助听器完成测试。此外，也可以尝试一些视觉接收指令信号的测试，比如阅读广度测试、阅读版的数字广度测试等（Ng et al.，2013），这些措施可减少假阳性的可能，并提高认知测试的准确性。

（四）认知测试结果

由于MCI的临床诊断必须由医生根据患者的综合信息做出（Albert et al.，2011），当在临床中发现患者可能存在的认知下降或认知筛查测试没能通过时，建议听力师实行以下方法。与患者和家庭成员谈论认知与听力之间的联系，最大限度减少认知下降对于言语理解的损害，及时转诊以全面评估认知功能，并酌情与其他医护人员（如主治医生、老年病学专家和神经心理学家）分享患者的听力和认知筛查信息。

对于那些有听力损失并筛查出有认知能力下降的老年患者，听力师应帮助他们尽可能减轻在日常言语交流中的认知负荷。例如，可以采用能够减轻认知负担的助听器策略，包括自适应方向性麦克风以及环境聆听程序等。针对此类助听器用户，听力师应花费更多的时间教他们使用和切换这些功能。在交流过程中，应用简短和清晰的说明，并加入易于理解的图形说明。对于有认知障碍的患者，文字加图形的解释能更容易被理解。在临床上，这类患者往往不能立即掌握助听器的使用方法，听力师应做好多次教学的准备。家属的帮助也非常有效，家属了解认知对听觉系统的影响，能使其理解患者在一些日常交流中表现出的困难。同时，也能帮助家属接受患者听力康复中听力师对其角色的安排，例如耐心帮助患者学习如何操控助听器，或为患者沟通创造低认知需求的环境等。

听力师可能经常遇到听力损失和认知障碍合并的病例（Lin，2011；Lin et al.，2011）。如果不测量认知功能，就很难衡量认知衰退对听力水平的影响。假设两个老年人有相同程度的听力损失，但认知功能水平不同。那么在这种情况下，认知筛查是听力学家能够对这两个客户进行不同治疗的关键工具。再如，当一个老人的言语测试结果很差，听力师可能无法得知该结果是仅仅由听力下降导致的，还是由听力下降和认知下降共同决定的。在得到认知功能测试结果后，听力师就能对患者的言语识别问题有更全面的了解，进而确定个性化的诊疗干预和康复方案。

（五）小结

虽然认知筛查测试是在老年病学和精神病学环境中使用的临床工具，但它们正被越来越广泛地应用于临床听力实践中（Kricos et al.，2006）。目前的人口结构变化带来了更多的老年客户，他们很可能有听力和认知方面的障碍，听力师应该更多地了解认知功能衰退对沟通的影响，更好地应用认知筛查测试。然而，目前并没有很多听力师在临床上将认知筛查测试作为常规检查使用，这可能是因为听力师缺少相应的培训，且独立听力中心缺少适当的转诊资源。因此，听力师要加强对认知功能检查的认识，并能够将测试结果熟练地应用至听力学临床实践中。另外，在临床上实施认知筛查测试也不是一个简单的过程。由于一些实际的原因，如有限的问诊检查时间，认知筛查测试并不包括在大多数听力学诊所的测试组合中。此外，也不是所有来听力中心的患者都需要完成认知测试，这需要听力师能熟练鉴别可能存在认知障碍的患者。

下面是Shen（2016）给听力师开展认知筛查测试的建议。

在诊断过程中：

（1）意识到听力损失和认知障碍的并发性；

（2）牢记认知在交流活动中起着关键作用；

（3）在病史中包括询问有关记忆、抑郁和头部受伤的问题；

（4）注意来自家庭成员或照顾者提供的可能表明认知问题的信息；

（5）考虑对可能有认知障碍的老年客户使用认知筛查测试；

（6）在使用认知筛查测试时，一定要考虑到听力困难的因素，助听设备会对认知测试的准确性有所帮助；

（7）制定一个适合本听力中心的临床流程，指导当老年客户没有通过认知筛查测试时该怎么办（例如，如何根据其他听力学测试结果做出综合判断，推荐患者去哪些医院/科室进行进一步认知检查）。

在康复过程中：

（1）对于认知能力下降的老年客户，使用可以减少认知负担的助听器功能（例如，自适应方向性麦克风、自动程序切换和感应线圈激活等）。

（2）提供清晰而简短的说明，并增加随访交流次数，以加强患者使用听力设备的熟练度。

（3）引导这些客户（和他们的家人），使他们对助听设备的效果有一个现实的期望，并鼓励他们使用良好的沟通策略。

（4）建议进行听觉-认知康复训练，如基于计算机的训练。此部分测试数据对该领域的未来研究有价值。

参考文献

Akeroyd MA，2008. Are individual differences in speech reception related to individual differences in cognitive ability? A survey of twenty experimental studies with normal and hearing-impaired adults[J]. International Journal of Audiology，47 Suppl 2：S53–71.

Albert MS，DeKosky ST，Dickson D，et al.，2011. The diagnosis of mild cognitive impairment due to Alzheimer's disease：Recommendations from the National Institute on Aging-Alzheimer's Association workgroups on diagnostic guidelines for Alzheimer's disease[J]. Alzheimer's & Dementia：The Journal of the Alzheimer's Association，7(3)：270–9.

Arehart K，Souza P，Kates J，et al.，2015. Relationship among signal fidelity，hearing loss，and working memory for digital noise suppression[J]. Ear and Hearing，36(5)：505–16.

Besser J，Koelewijn T，Zekveld AA，et al.，2013. How linguistic closure and verbal working memory relate to speech recognition in noise--a review[J]. Trends in Amplification，17(2)：75–93.

Borson S，Scanlan J，Brush M，et al.，2000. The mini-cog：a cognitive 'vital signs' measure for dementia screening in multi-lingual elderly[J]. International journal of geriatric psychiatry，5(11)：1021–7.

Brodaty H，Pond D，Kemp NM，et al.，2002. The GPCOG：a new screening test for dementia designed for general practice[J]. Journal of the American Geriatrics Society，50(3)：530–4.

Chen Y，Wong LLN，Kuehnel V，et al.，2021. Can Dual Compression offer better mandarin speech intelligibility and sound quality than fast-acting compression[J]? Trends in Hearing，25(5)：2331216521997610.

Cordell CB，Borson S，Boustani M，et al.，2013. Alzheimer's Association recommendations for operationalizing the detection of cognitive impairment during the Medicare Annual Wellness Visit in a primary care setting[J]. Alzheimer's & Dementia：The Journal of the Alzheimer's Association，9(2)：141–50.

Dupuis K，Pichora-Fuller MK，Chasteen AL，et al.，2015. Effects of hearing and vision impairments on the Montreal Cognitive Assessment[J]. Neuropsychology，development，and cognition. Section B，Aging，neuropsychology and cognition，22(4)：413–37.

Folstein MF，Folstein SE，McHugh PR，1975. McHugh，"Mini-mental state". A practical method for grading the cognitive state of patients for the clinician[J]. Journal of Psychiatric Research，12(3)：189–198.

Gatehouse S，Naylor G，Elberling C，2003. Benefits from hearing aids in relation to the interaction between the user and the environment[J]. International Journal of Audiology，42 (Suppl 1)：S77–85.

Gurgel RK，Ward PD，Schwartz S，et al.，2014. Relationship of hearing loss and dementia：A prospective，population-based study[J]. Otology & Neurotology，35(5)：775-781.

Jorgensen LE，Palmer CV，Pratt S，et al.，2016. The effect of decreased audibility on mmse performance：a measure commonly used for diagnosing dementia[J]. Journal of the American Academy of Audiology，27(4)：311-23.

Kiessling J，Pichora-Fuller MK，Gatehouse S，et al.，2003. Candidature for and delivery of audiological services：special needs of older people[J]. International Journal of Audiology，Suppl 2：p. 2S92-101.

Kricos PB，2006. Audiologic management of older adults with hearing loss and compromised cognitive/psychoacoustic auditory processing capabilities[J]. Trends in Amplification，10(1)：1-28.

Lin FR，2011. Hearing loss and cognition among older adults in the United States[J]. Journals of Gerontology Series A-biological Sciences and Medical Sciences，66(10)：1131-6.

Lin FR，Metter EJ，O'Brien RJ，et al.，2011. Hearing loss and incident dementia[J]. Archives of Neurology，68(2)：214-20.

Lin FR，Yaffe K，Xia J，et al.，2013. Hearing loss and cognitive decline in older adults[J]. JAMA Internal Medicine，173(4)：293-9.

Lin JS，O'Connor E，Rossom RC，et al.，2013. Screening for cognitive impairment in older adults：A systematic review for the U.S. Preventive Services Task Force[J]. Annals of Internal Medicine，159(9)：601-12.

Livingston G，Huntley J，Sommerlad A，et al.，2020. Dementia prevention，intervention，and care：2020 report of the Lancet Commission[J]. Lancet，396(10248)：413-446.

Lunner T，2003. Cognitive function in relation to hearing aid use[J]. International Journal of Audiology，42 Suppl 1：S49-58.

Nasreddine ZS，Phillips NA，B é dirian V，et al.，2005. The Montreal Cognitive Assessment，MoCA：a brief screening tool for mild cognitive impairment[J]. Journal of the American Geriatrics Society，53(4)：695-9.

Ng EH，Rudner M，Lunner T，et al.，2013. Effects of noise and working memory capacity on memory processing of speech for hearing-aid users[J]. International Journal of Audiology，52(7)：433-41.

Pendlebury ST，Cuthbertson FC，Welch SJ，et al.，2010. Underestimation of cognitive impairment by Mini-Mental State Examination versus the Montreal Cognitive Assessment in patients with transient ischemic attack and stroke[J]：a population-based study. Stroke，41(6)：1290-3.

Prince M，Bryce R，Albanese E，et al.，2013. The global prevalence of dementia：A systematic review and metaanalysis[J]. Alzheimer's & Dementia：The Journal of the Alzheimer's Association，9(1)：63-75.

Remensnyder L S，2012. Audiologists as gatekeepers-And it's not just for hearing loss. Audiology Today，24(4)：24-31.

Robinson L，Tang E，Taylor JP，2015. Dementia：timely diagnosis and early intervention[J]. British Medical Journal，350：h3029.

Rönnberg J，Holmer E，Rudner M，2019. Cognitive hearing science and ease of language understanding[J]. International Journal of Audiology，58(5)：30714435.

Rönnberg J，Holmer E，Rudner M，2021. Cognitive Hearing Science：Three Memory Systems，Two Approaches，and the Ease of Language Understanding Model[J]. Journal of Speech，Language，and Hearing Research：JSLHR，64(2)：359–370.

Rönnberg J，Lunner T，Zekveld A，et al.，2013. The Easc of Language Understanding (ELU) model：theoretical，empirical，and clinical advances[J]. Frontiers in Systems Neuroscience，7：31.

Rui N，Ryuta K. 2014. Improving Cognitive Function from Children to Old Age：A Systematic Review of Recent Smart Ageing Intervention Studies[J]. Advances in Neuroscience，1–15.

Souza P，Arehart K，Neher T，2015. Tobias，Working memory and hearing aid processing：Literature findings，future directions，and clinical applications[J]. Frontiers in Psychology，2015. 6：1894.

Shen J，Anderson MC，Arehart KH，et al.，2016. Using cognitive screening tests in audiology[J]. American Journal of Audiology，25(4)：319–331.

Ward A，Arrighi HM，Michels S，et al.，2012. Mild cognitive impairment：disparity of incidence and prevalence estimates[J]. Alzheimers Dement，8(1)：14–21.